Kerl, Bruno

Hüttenkunde im Oberharz

Kerl, Bruno

Hüttenkunde im Oberharz

ISBN: 978-3-86741-215-5

Historical Science, Band 30

Auflage: 1
Erscheinungsjahr: 2010
Erscheinungsort: Bremen, Deutschland

© Europäischer Hochschulverlag GmbH & Co KG, Fahrenheitstr. 1, 28359 Bremen (www.eh-verlag.de). Alle Rechte beim Verlag und bei den jeweiligen Lizenzgebern.

Bei diesem Titel handelt es sich um den Nachdruck eines historischen, lange vergriffenen Buches aus dem Jahr 1852 (Clausthal). Da elektronische Druckvorlagen für diese Titel nicht existieren, musste auf alte Vorlagen zurückgegriffen werden. Hieraus zwangsläufig resultierende Qualitätsverluste bitten wir zu entschuldigen.

Beschreibung

der

Oberharzer Hüttenprozesse

in ihrem ganzen Umfange.

Mit Berücksichtigung
anderer metallurgischer Prozesse im Allgemeinen

von

Bruno Kerl

Vicehüttenmeister, berghauptmannschaftlicher Hülfsreferent p. m. c. und Lehrer der allgemeinen, technischen und analytischen Chemie, so wie auch der Hüttenkunde und Probierkunst an der Königlichen Bergschule zu Clausthal.

Mit vier Figurentafeln und acht Stammbäumen.

Clausthal, 1852.
Druck und Verlag der Schweigerschen Buchhandlung.

Herrn

Dr Chr. Zimmermann

Königl. Hannoverschem Bergrathe und Vorstande der Königl. Bergschule
zu Clausthal, Mitgliede des Staatsrathes, Mitglied des Königl. Guelphen-Ordens
vierter Classe und Inhaber der goldenen Verdienstmedaille

seinem hochverehrten Lehrer

in Liebe und Dankbarkeit

der Verfasser.

Vorwort.

Der Mangel aller neueren Literatur über die Oberharzer Hüttenprozesse hat mich veranlasst, besonders im Interesse der vielen alljährlich den Oberharz besuchenden Berg- und Hüttenleute von Fach, die vorliegende Schrift mit gefälliger Unterstützung der Herren Osann, Knocke, Beermann, Kast, Hohmann, Eicke und Reiche, wofür ich denselben meinen tiefgefühlten Dank sage, auszuarbeiten und dabei eine theoretische Begründung mit dem für den Practiker wichtigen Detail zu verbinden.

Um diese Schrift aber auch bei meinem Unterrichte in Hüttenkunde an der Clausthaler Bergschule als Leitfaden benutzen zu können, ist darin das Hauptsächlichste über andere metallurgische Schmelzmethoden mit den Oberharzer Prozessen in einen möglichst passenden Zusammenhang gebracht und an geeigneten Orten die wichtigste metallurgische Literatur gegeben.

Aus demselben Grunde sind auch die hüttenmännisch darstellbaren Metalle, welche auf dem Oberharze nicht gewonnen werden, ganz kurz da abgehandelt, wo Oberharzer Erze oder Hüttenproducte einen Gehalt daran zeigen; z. B. das Wismuth bei der wismuthhaltigen Testasche (pag. 153), Zink und Gold bei der diese Metalle enthaltenden Lautenthaler Blende (pag. 206 und 211) etc. Zinn und Quecksilber, von welchen ersteres am Harze gar nicht, letzteres aber nur selten vorkommt, sind unter den Zusätzen (pag. 268 und 269) aufgeführt.

Den störenden Einfluss, welchen eine solche Einschaltung fremder hüttenmännischer Gegenstände auf die systematische Darstellung des Hauptgegenstandes ausübt, habe ich nicht verkannt und denselben durch die Wahl verschiedener Lettern einigermassen zu beseitigen gesucht. Ganz konnte ich ihn nicht umgehen, wenn ich nicht den Zweck, dieses Buch auch als Leitfaden bei meinem Unterrichte zu benutzen, aufgeben wollte, und möge dieser Uebelstand darin seine Entschuldigung finden.

Schliesslich sehe ich mich noch veranlasst, dem Herrn A. König sowohl für die beigefügten, mit grosser Sorgfalt entworfenen Ofenzeichnungen, als auch für die Mittheilung seiner gründlichen hüttenmännischen Beobachtungen meinen Dank hierdurch abzustatten.

Clausthal, im Februar 1852.

Bruno Kerl.

Inhalt.

1. Abschnitt. Vorbemerkungen.

Allgemeines.

Gegenstand des Hüttenbetriebes 1. Eintheilung der Hüttenprozesse 2. Hüttenanlagen 2. Gewerkschaftliche Verhältnisse 3.

Zugutemachungsmethoden.

1. Schliegarbeit. Bleigewinnungsmethoden 4. Niederschlagsarbeit 6.. Wahl der Zugutemachungsmethode 6. Röstarbeit 6. Vereinigte Niederschlags- und Röstarbeit 7. Schattenseiten der Niederschlagsarbeit 8. Steinbildung 9. Speisebildung 12. Zusammensetzung der Speisen 12. Entsilberung und Entkupferung der Speisen 14. Entnickelung der Speisen 15. Nickelanalysen 16. Schlieggattierung 16. Beschickung 16. Schliegöfen 17. Brennmaterialien 17. Holzkohlen 17. Koks 18. Holz und Torf 18. Erhitzte Gebläseluft 20. Nasenschmelzen 21.

2. Bleisteinarbeit. Theorie 21. Beschickung 23. Schmelzöfen 24. Brennmaterial 24. Schmelzgang 24.

3. Kupferarbeit. Allgemeines 25. Kupfergewinnungsmethoden 25. Flammofenschmelzen 26. Theorie der Kupferschmelzprozesse 27. Röstprozess 28. Reducierendes Schmelzen 29. Beschickung 29. Schmelzöfen 30. Brennmaterial 31. Schwarzkupferschmelzen 31. Gaarmachen 32. Hammergaarmachen 35. Eigenschaften des Kupfers 35. Entsilberung des Kupfers 37. Silbergewinnungsmethoden 37. Harzer Saigerung 42. Mängel derselben 43. Verbesserung derselben 44. Heisse Luft 44.

Anhang zum 1. Abschnitt.

Zusammenstellung der Schmelzpunkte von Metallen u. Hüttenproducten 45. Grade des Glühens 45. Wärmeeffecte der Brennmaterialien 45. Maassen, Gewichte und Münzen 46. Brennmaterialien 51. Wasser und Luft 53. Neueste Atomgewichte und specifische Gewichte der einfachen Körper 53.

2. Abschnitt. Blei- und Silberhüttenbetrieb zur Frankenscharner Hütte bei Clausthal.

A. Schliegarbeit.

Erze 54. Aufbereitung 54. Uebernahme und Aufbewahrung der Schliege 58. Probenehmen 58. Nässprobe 58. Bleiproben im Allgemeinen 59. Oberharzer Bleiproben 60. Silberproben im Allgemeinen 63. Oberharzer Silberproben 64. Kupferproben 67. Hüttenremedien 70. Schlieggattierung 71. Schliegbeschickung 73. Brennmaterial 75. Schmelzöfen 76. Gebläse 80. Berechnung eines Spitzbalges 81. Gezähe 83. Leitung des Schmelzprozesses 83. Producte 88. Ausweis 95.

Anhang zu A. Versuche, die Abänderung der currenten Niederschlagsarbeit betreffend.

1. Verschmelzen der Bleiglanzschliege in einem nach Art der Eisenhohöfen zugestellten Rastofen 96. Veranlassung 96t Ausfall 96. Analysen von Rastofenproducten 98.

2. Verschmelzen Oberharzer Schliege im Flammofen 99. Veranlassung 99. Arten der Flammofenprozesse 99.

B. Bleisteinarbeit.

Zweck 104. Eintheilung 104.

1. Rösten des Bleisteins. Zweck 104. Verfahren 104. Ausweis 106. Rösten mit Torf 106. Rösten mit Gichtgasen 106.

2. Durchstechen des gerösteten Bleisteins. Zweck 107. Beschickung 108. Schmelzofen 108. Brennmaterial 108. Gebläse 109. Leitung des Schmelzens 109. Ausweis 109. Erstes Durchstechen 110. Zweites Durchstechen 112. Drittes Durchstechen 112. Viertes Durchstechen 113.

Anhang zu A u. B.

Materialaufwand und Productenerfolg beim Schlieg- und Steinschmelzen im Jahre 1847 114.

C. Raucharbeit.

Material 115. Beschickung 115. Schmelzgang 115. Producte 116. Ausweis 116.

Anhang zu A, B u. C.

1. Metallausbringen 117.
2. Vergleichung der Oberharzer Niederschlagsarbeit mit der anderer Hütten 117. Tarnowitz 117. Victor Friedrichshütte 118. Antimongewinnung 119.

D. Silberabtreiben.

Allgemeines 121. Treibofen 121. Gebläse 125. Brennmaterial 126. Gezähe 126. Perioden des Treibprozesses 127. Producte 138. Treibausweis 143. Metallverluste beim Treiben 144.

Anhang zu D. Versuche zur Clausthaler und Altenauer Hütte, den Silbergehalt im Werkblei nach Pattinsons Methode anzureichern.

Lampadius Versuche 146. Pattinsons Methode 147.

E. Feinbrennen des Blicksilbers.

Allgemeines 148. Feinbrennmethoden 148. Clausthaler Verfahren 149. Testschlagen 149. Feinbrennofen 149. Zustellung des Ofens 150. Leitung des Feinbrennens 151. Producte 152. Wismuthgewinnung 153. Ausweis 154.

F. Glättfrischen.

Zweck 154. Frischofen 154. Brennmaterial 154. Schmelzgang 155. Producte 155. Ausweis 158. Bleiverlust 158.

Anhang zu F. Versuch, die Glätte nach Sibirischer Methode zu verfrischen. Verfahren 159.

G. Abstricharbeit.

Allgemeines 159.
1. Abstrichsaigern. Zweck 160. Verfahren 160. Ausweis 160.
2. Abstrichfrischen. Zweck 160. Verfahren 160. Producte 161. Ausweis 162.

3. Abschnitt. Blei-, Silber- und Kupferhüttenbetrieb zur Altenauer Hütte.

I. Bleiarbeit.

Allgemeines 163. Ausbringen 163.

II. Kupferarbeit.

Umfang 165.

A. Kiesarbeit. Erze 165.

1. Röstarbeit. Verfahren 165. Verhalten der Schwefelungen beim Rösten 166.
2. Rohschmelzen. Beschickung 167. Schmelzöfen 167. Schmelzgang 168. Producte 169. Ausweis 171.
3. Rösten und Durchstechen des Rohsteins. Rösten 172. Durchstechen 172.
4. Rösten und Durchstechen des Mittelsteins. Rösten 173. Durchstechen 173.
5. Rösten und Durchstechen des ersten Spursteins. Rösten 173. Schmelzen 174.
6. Rösten und Durchstechen des zweiten Spursteins. Rösten 174. Durchstechen 174.
7. Verblasen der Schwarzkupfer. Verfahren 175. Producte 176.
8. Gaarmachen der Schwarzkupfer. Verfahren 176. Producte 176. Hauptausweis 178.

B. Krätzkupferarbeit. Umfang 178.

1. Rösten und Durchstechen des Kupfersteins. Verfahren 178. Ausweis 178.

2. Rösten und Durchstechen des zweiten Kupfersteins. Erfolg 179.
3. Rösten und Durchstechen des dritten Kupfersteins. Erfolg 179.
4. Frischen des Schwarzkupfers. Allgemeines 180. Frischofen 182. Schmelzgang 183. Ausweis 184.
5. Saigern der Frischstücke. Verfahren 184. Ausweis 185.
6. Verblasen der Kiehnstöcke. Allgemeines 185. Verblaseofen 186. Leitung des Prozesses 187. Ausweis 188.
7. Gaarmachen der verblasenen Kiehnstöcke. Verfahren 188. Ausweis 189. Versuche 190.
8. Krätzfrischen. Beschickung 190. Ausweis 191.
9. Verblasenschlacken-Schmelzen. Beschickung 191. Ausweis 191. Kupferglimmer 193. Reinigung des Glimmerkupfers 193.
10. Gaarschlacken-Schmelzen. Verfahren 194. Erfolg 194. Summar.-Verbrauch 195. Hauptausweis 195.

Anhang zum 3. Abschnitt.

1. Versuche, die Saigerung der Oberharzer Krätzschwarzkupfer durch Entsilberung des Kupfersteins mittelst Schmelzens durch die Bleisäule zu ersetzen. Veranlassung 195. Allgemeines Verfahren 196. Verfahren zu Müsen 196. Verfahren zu Andreasberg 196. Verfahren zu Altenau 197. Altaische Hütten 198.
2. Anwendbarkeit der Augustinschen, Ziervogelschen und Gurltschen Entsilberungsmethoden für die Oberharzer Kupfersteine. Ursprung dieser Methoden 198. Augustins Methode 198. Ziervogels Methode 199. Gurlts Methode 199.
3. Kurze Beschreibung der wichtigsten Nichtharzer Kupfer-Hüttenprozesse 201.

4. Abschnitt. Blei-, Kupfer- und Silberhüttenbetrieb zur Lautenthaler Hütte.

A. Bleiarbeit.

Allgemeines 205.

1. Schliegarbeit. Erze 205. Blendeanalysen 206. Silbergehalt der Blende 206. Goldgehalt der Blende 206. Goldgewinnungsmethoden 206. Versuche Zugutemachung der Blende 210. Zinkgewinnungsmethoden 211. Zinkanalysen 213. Schlieggattierung 213. Schliegbeschickung 213. Schliegöfen 215. Schmelzgang 215. Ausweis 216.
2. Steinarbeit. Allgemeines 217. Beschickung 217. Steinöfen 218. Schmelzgang 219. Ausweis 219.
3. Rauch- und Kehrig- oder Fegschliegarbeit. Umfang 219. Beschickung 219. Ausweis 220.
4. Schmelzofen-Schliegarbeit. Beschickung 220. Ausweis 220.
5. Abtreiben. Treibofen 220. Ausweis 221.
6. Glättfrischen. Ofen 221. Verfahren 222. Ausweis 222.
7. Bleidreckfrischen. Verfahren 222.
8. Abstrichsaigern- und Frischen. Ausweis 222.

Anhang zu A. 1—8.
1. Metallausbringen 222.
2. Vergleichung des Lautenthaler Schmelzprozesses mit dem zu Przibram 223.

B. Kupferarbeit.

Eintheilung 225.
1. Kupferkiesarbeit. Erze 225. Schmelzprozess 225. Ausweis 226.
2. Krätzkupferarbeit. Umfang 227. Schmelzprozess 227. Ausweis 227.
3. Kupferschurarbeit. Umfang 227. Productenerfolg 228. Ausweis 228.
4. Kupfersaigerkrätzarbeit. Umfang 228. Productenerfolg 229. Generalproduction 229.

5. Abschnitt. Blei-, Silber-, Kupfer- und Arsenikhüttenbetrieb zur St. Andreasberger Hütte.

Allgemeines 230.

A. Bleiarbeit.

Erze und ihre Aufbereitung 230.
1. Schliegarbeit. Eintheilung 233. Gattieren 233. Beschicken 234. Schmelzöfen 236. Schmelzgang 236. Producte 237. Ausweis 238.
2. Steinarbeit. Rösten 239. Erstes Durchstechen 239. Zweites bis viertes Durchstechen 240. Rauhes Verblasen 240. Durchstechen des Schlackenzeugs 241. Gutes Verblasen 241. Steintreibausweis 242. Hauptausweis 242.
3. Krätzarbeit. Zweck 242. Beschickung 242. Schmelzgang 242. Producte 243. Ausweis 243.
4. Treibarbeit. Abweichungen 243. Eintränken reicher Silbererze 244. Ausweis 245.
5. Glättfrischen. Verfahren 245. Producte 246. Ausweis 246.
6. Abstricharbeit. Saigern 246. Frischen 246. Ausweis 247.

Anhang zu A.
1. Summarischer Metallverlust und Materialaufwand. Metallverlust 247. Silberverlust 247. Bleiverlust 248. Materialaufwand 249.
2. Versuche zur Verbesserung des Hüttenprozesses. Allgemeines 249.

B. Kupferarbeit.

Allgemeines 249.
1. Rösten und Durchstechen des Kupfersteins. Verfahren 250. Ausweis 250.
2. Frischen und Saigern des Schwarzkupfers. Verfahren 251. Ausweis 251.
3. Darren der Kiehnstöcke. Verfahren 251. Ausweis 251.
4. Verblasen der Darrlinge. Verfahren 251. Ausweis 251.
5. Gaarmachen der Verblasenkupfer. Verfahren 252. Ausweis 252.
6. Krätzfrischen. Verfahren 252.

C. Arsenikarbeit.

Erze 252. Aufbereitung derselben 253. Erzeugung von Giftmehl 253. Producte 255. Ausweis 255. Raffination des Arsenikmehls 255. Producte 257. Ausweis 257. Schädlichkeit der Arsenikdämpfe 258.

Anhang zu C.
Versuche, Realgar darzustellen 258.

Erklärung der Figurentafeln 260.
Zusätze und Berichtigungen 264.
Schema zur Zinngewinnung 268.
Schema zur Quecksilbergewinnung 269.

Register.

I. Sach- und Namenregister, die Nicht-Oberharzer Hüttenprozesse betreffend 270.
II. Allgemeine Schemata und Angaben zur Gewinnung der Metalle 272.
III. Verzeichnis der Anlagen (Stammbäume) 272.

1. Abschnitt.
Vorbemerkungen.

Allgemeines.

Den Hauptgegenstand des Oberharzer Hüttenbetriebes*) macht die Zugutemachung von silberhaltigem Bleiglanz aus, mit welchem in verhältnismässig geringer Menge Kupfererze (Kupferkies, seltener Fahlerz und Bournonit) einbrechen. Nur zur St. Andreasberger Hütte werden neben silberhaltigem Bleiglanz eigentliche Silbererze (Rothgiltig, Antimonialsilber etc.) verschmolzen.

Obgleich man in den Aufbereitungsanstalten bemüht ist, den Kupferkies vom Bleiglanz möglichst zu trennen und ihn dann für sich auf Kupfer zu Gute zu machen (Altenauer und Lautenthaler

---

*) Neuere Literatur über den Harz
  Heron de Villefosse Mineralreichthum. Deutsch von Hartmann. Sondershausen 1822 Thl. II. u. III.
  Hausmann über den gegenwärtigen Zustand und die Wichtigkeit des Hannov. Harzes. Göttingen 1832.
  Hausmann Bildung des Harzgebirges. Hannover 1843.
  Zimmermann Wiederausrichtung verworfener Gänge, Lager und Flötze. Darmstadt 1828.
  Zimmermann Harzgebirge. 2 Bde. Darmstadt 1834.
  Roemer Versteinerungen des Harzgebirges. Hannover 1843.
  Roemer in Leonhardts Jahrb. 1844 p. 56.
  Roemer die Mineralien des Harzgebirges, zusammengestellt nach ihrem Härtegrade. Clausthal 1848.
  Roemer Beiträge zur geolog. Kenntnis des nordwestlichen Harzgebirges. (3. Bd. 1. Lf. der Palaeontographica v. Dunker u. Meier. Cassel 1850.)
  Albert, Zimmermann, Bartels, Ey, Jordan, Dörell in Karstens Arch. 2. R. X, 1—235.
  Russeggers Reisen. Stuttgart 1848. IV, 688.

Hütte), so gelingt dies niemals vollkommen, und darin liegt der Grund, dass bei der Gewinnung des Silbers und Bleies stets kupferhaltige Producte mit einem grössern oder geringern Silbergehalt fallen, die dann durch besondere Prozesse auf diese Metalle verarbeitet werden.

Eintheilung der Hüttenprozesse. Die gesammten Oberharzer Hüttenprozesse zerfallen hiernach in zwei Hauptabtheilungen, nämlich

1) in die Silber- und Bleiarbeiten, welche beständig im Betriebe sind, und

2) in die Kupferarbeiten, welche nur periodisch betrieben werden. Sobald sich nämlich eine hinreichende Menge kupferhaltiger Producte der Blei- und Silberarbeiten, so wie auch von reinem Kupferkies angesammelt hat, wird selbige verhüttet.

Hüttenanlagen. Zur Verarbeitung der genannten Erze und Producte sind folgende Hüttenwerke im Betriebe:

1) Die Frankenscharner Hütte bei Clausthal. Sie hat 2 zweiförmige und 3 einförmige Hohöfen zum Schliegschmelzen, 1 Rastofen, 3 Krummöfen für die Bleisteinarbeit, 4 Treiböfen, 1 Glättfrischofen und 1 Saigerherd zum Saigern der Bleidreckkönige. Die jährliche Production beträgt etwa 19000—20000 Mk. Brandsilber, 32000—34000 Ct. Frischblei, 1200—1400 Ct. Hartblei und gegen 8000 Ct. Kaufglätte.

2) Die Altenauer Hütte. Ausser den auf Clausthaler Hütte vorkommenden Blei- und Silbergewinnungsarbeiten geschieht hier die Zugutemachung des bei jenen Arbeiten zur Clausthaler und Altenauer Hütte fallenden silberhaltigen Kupfersteins auf Kupfer und Silber (Krätzkupferarbeit), so wie auch die Verarbeitung von reinem Kupferkies auf Kupfer (Kiesarbeit). Sie hat 4 einförmige Schliegöfen, 2 Steinöfen, 3 Treiböfen, 1 Glättfrischofen, 1 Brillenofen für die Kupferarbeiten, 1 Kupferverblaseofen, 1 Saiger- und 1 kleinen Gaarherd und produciert jährlich etwa 10000—11000 Mk. Brandsilber, 20000—23000 Ct. Frischblei, 600—700 Ct. Hartblei, 1900—2000 Ct. Kaufglätte, 500—600 Ct. Kieskupfer und 200—300 Ct. Krätzkupfer.

3) Die Lautenthaler Hütte. Sie beschafft dieselben Arbeiten, wie die Altenauer, hat 4 einförmige Schliegöfen, 2 Steinöfen, 3 Treiböfen, 1 Glättfrischofen, 1 Brillenofen für die Kupferarbei-

ten, 1 Kupferfrischofen, 1 Saiger- und 1 kleinen Gaarherd. Die jährliche Production beträgt etwa 8000—9000 Mk. Brandsilber, 18000—19000 Ct. Frischblei, 300—400 Ct. Hartblei, 3000 Ct. Kaufglätte, 150—180 Ct. Kieskupfer und 100 Ct. Krätzkupfer.

Diese 3 Hütten verschmelzen die Erze der Gruben des Clausthaler und Zellerfelder Bezirks.

4) Die Andreasberger Hütte. Sie verarbeitet sämmtliche von den Gruben des Andreasberger Bezirks gelieferten Erze auf Silber und Blei und die dabei fallenden silberhaltigen Kupfersteine auf Silber und Kupfer. Eine Nebengewinnung von weissem Arsenikglas findet beim Rösten des silberreichen gediegenen Arseniks (Scherbenkobalts) statt. Sie hat 4 einförmige Schliegöfen, 1 Steinofen, 2 Steintreiböfen, 2 gewöhnliche Treiböfen, 1 Frischofen, 2 Saigerherde, 1 Darrofen und 1 kleinen Gaarherd und producirt jährlich etwa 6000—7000 Mk. Brandsilber, 500—900 Ct. Frischblei, 300—400 Ct. Hartblei, 250—350 Ct. Krätzkupfer.

Die Production sämmtlicher Oberharzer Hütten in den Jahren 1840—1848 ergiebt sich aus folgender Tabelle:

	Brand- silber Mk. Lt.		Kauf- glätte Ctr.	Frisch- Blei Ctr. Pf.		Hart- Blei Ctr. Pf.		Gaar- kupfer Ctr. Pf.	
1840	46337	6	13941	73429	93	1274	49	813	31
1841	46000	9	9684	75763	95	1307	88	763	93
1842	44714	15	12326	73549	14	1298	75	818	—
1843	44950	8	11888	71790	37	1227	56	958	14
1844	43613	7	12216	70898	62	1184	33	997	90
1845	46958	9	9870	78458	52	1331	19	917	98
1846	45971	9	12436	74378	71	1300	—	736	17
1847	44552	8	12285	71915	11	2363	54	1234	43
1848	46631	8	12878	80448	62	2513	8	1255	76

Das bedeutende Mehrausbringen an Frischblei im Jahre 1848 ist durch Verfrischen alter Glätten erfolgt.

Sämmtliche Hütten und Pochwerke sind Königlich, die Gruben aber theils Königlich, theils gewerkschaftlich, wodurch die Haushaltsverhältnisse sehr verwickelt werden. Die gewerkschaftlichen Gruben schmelzen in den Hütten gegen einen zu entrichtenden Zins und erhalten die erforderlichen Materialien, als Holz, Kohlen, Eisen etc. für einen gewissen mässigen Preis aus den Königlichen Forsten und Werken. Dagegen überlassen

Gewerkschaftliche Verhältnisse.

sie die fertigen Producte dem Landesherrn zu bestimmten Preisen, die mehr oder weniger unter den schwankenden Verkaufspreisen stehen, und zwar wird das auf sämmtlichen Hütten ausgebrachte Blicksilber nach dem Feinbrennen in den frühern Clausthaler Münzgebäuden an die Hannoversche Münze abgeliefert. Frischblei, Hartblei, Glätte und Kupfer übernimmt die Königliche Berghandlung in Hannover und besorgt deren Verkauf theils unmittelbar, theils durch Vermittlung ihrer Factoreien im In- und Auslande.

Die Schliege von den Königlichen Gruben sowohl, als auch von den gewerkschaftlichen werden zusammen verschmolzen, und man nimmt dann zur Ausmittlung des den gewerkschaftlichen Gruben zukommenden Antheils am Ausgebrachten den nach der Probe ermittelten Metallgehalt der angelieferten Schliege zum Anhalten. Die Berechnung der aufgewandten Materialien, als Holz, Kohlen, Waasen etc. geschieht für die Gewerken nach der Quantität der angelieferten Schliege oder der ausgebrachten Zwischenproducte, z. B. Werkblei.

Zugutemachungsmethoden.

1. Bleierz- oder Schliegarbeit.

Bleigewinnungs-methoden.

Die bekannt gewordenen hauptsächlichsten Bleigewinnungsmethoden lassen sich unter folgende Abtheilungen bringen*):

1. Abtheilung. Zugutemachung schwefelhaltiger Bleierze.
   1. Theil. Im Flammofen.
      1. Abschnitt. Entfernung des Schwefels durch Röstung und nachherige Einwirkung des beim Rösten gebildeten Bleioxyds und schwefelsauren Bleioxyds auf den noch unzersetzten Bleiglanz.
         1. Kapitel. Der Flammofen hat einen geneigten Herd, auf welchem das erzeugte Blei fortwährend abfliesst. Verfahren in Kärnthen, zu Holzappel für reiche Erze, zu Linz, in Graubündten und Spanien.
         2. Kapitel. Der Flammofen hat einen Sumpf im Herde, aus welchem das Blei von Zeit zu Zeit abgestochen wird.

---

*) Von den einzelnen Prozessen wird im Verlaufe der Beschreibung weiter die Rede sein.

  a. Englischer Röstsaigerprozess in Wales, Derbyshire etc. und Versuche zu Clausthaler Hütte.
  b. Französischer Röstreductionsprozess zu Poullaouen, Pesey, Corfali und Versuche auf Clausthaler Hütte.
 2. Abschnitt. Entfernung des Schwefels durch Eisen. (Französische Niederschlagsarbeit.) Vienne, Poullaouen.
2. Theil. In Schachtöfen.
 1. Abschnitt. Entfernung des Schwefels durch metallisches Eisen. (Niederschlagsarbeit.) Oberharz, Tarnowitz, Emser Hütte, Victor Friedrichshütte.
 2. Abschnitt. Entfernung des Schwefels durch eisenhaltige Substanzen.
  1. Kapitel. Durch Eisenerze. Banat, Vedrin, Clausthaler Rastofenversuche.
  2. Kapitel. Durch geröstete Bleisteine. Fahlun.
  3. Kapitel. Durch Eisenschlacken. Commern.
  4. Kapitel. Durch eisenreiche Bleisteinschlacken. Clausthaler Rastofenversuche.
 3. Abschnitt. Entfernung des Schwefels theils durch Röstung, theils durch metallisches Eisen oder eisenhaltige Substanzen.
  1. Kapitel. Rösten der Erze in freien Haufen und Verschmelzen derselben mit Roheisen und Eisenfrischschlacken. Przibram, Holzappel.
  2. Kapitel. Rösten der Erze theils im Flammofen, theils in freien Haufen und Verschmelzen derselben mit Roheisen oder silberhaltigen Eisensauen der Kupferöfen. Schemnitz, Pontgibaud (Rösten im Flammofen und Schmelzen mit Eisengranalien).
  3. Kapitel. Rösten der Erze in Flammöfen und Verschmelzen derselben mit geröstetem eisenoxydreichen Rohstein. Freiberg.
  4. Kapitel. Rösten schwefelkiesreicher Bleierze in freien Haufen und Verschmelzen derselben ohne besondere eisenhaltige Zuschläge. Unterharz, Gustavs Silberwerk zu Fahlun.
 4. Abschnitt. Entfernung des Schwefels theils durch Röstung im Flammofen, theils durch Einwirkung des oxydierten Bleies auf den noch unzersetzten Bleiglanz in niedrigen Krummöfen. Schottische Bleisaigerarbeit, Northumberland, Pesey.
2. Abtheilung. Zugutemachung oxydierter Bleierze und Hüttenproducte durch ein reducierendes Schmelzen.
 1. Abschnitt. Oxydierte Bleierze. Vedrin, Commern.
 2. Abschnitt. Oxydierte Hüttenproducte.

1. Kapitel. Glätte.
  a. In Schachtöfen. Harz, Freiberg, Tarnowitz, Pesey, Sibirien etc.
  b. In Flammöfen. England, Frankreich, Belgien.
2. Kapitel. Abstrich, Herd und Bleischlacken in Schacht- und Flammöfen.

Niederschlagsarbeit. Die auf den Oberharzer Hütten[1]) übliche Zugutemachungsmethode für die aufbereiteten Bleierze ist die Niederschlagsarbeit, die Zersetzung des Schwefelbleies und Schwefelsilbers durch metallisches Eisen. Fournet[2]) hat als Hauptresultat seiner Untersuchungen über die gegenseitige Einwirkung von Metallen und Schwefelmetallen beim Zusammenschmelzen folgendes wichtige Gesetz aufgestellt: Von den Metallen Kupfer, Eisen, Zinn, Zink, Blei, Silber, Antimon und Arsenik hat Kupfer die stärkste, Arsenik die schwächste Verwandtschaft zum Schwefel; bei den übrigen Metallen dieser Reihe ist die Verwandtschaft zum Schwefel desto stärker, je näher sie dem Kupfer stehen. Zwei in dieser Reihe benachbarte Metalle, von denen das eine oder andere mit Schwefel verbunden ist, entschwefeln sich gegenseitig nur schwierig, während dies desto leichter geschieht, je weiter sie von einander entfernt sind.

Wahl der Zugutemachungsmethode. Die Wahl einer Zugutemachungsmethode für geschwefelte Bleierze hängt hauptsächlich ab von der Beschaffenheit der ihnen beigemengten fremdartigen Substanzen in qualitativer und quantitativer Hinsicht. Die Niederschlagsarbeit ist nur bei reichen Bleierzen oder Schliegen anwendbar, wenn diese Erdarten, aber nicht zu viel fremde Schwefelungen beigemengt enthalten. Diese würden zum Theil durch das Eisen zersetzt werden, also einen unnöthigen Verbrauch daran herbeiführen, und ihr abgeschiedenes Radikal würde das Blei verunreinigen. Für derartige Erze, wie sie z. B. am Unterharz verschmolzen werden, eignet sich besser **Röstarbeit.** die Röstarbeit, auch wohl ordinaire Bleiarbeit genannt. Im Flammofen lassen sich nur die reinsten Bleierze verschmelzen.

---

[1]) Ueber Hüttenbau und Hüttenmaschinenwesen siehe Neuer Schaupl. d. Bgwkd. Bde. XV. — Lampad. Hüttenkunde 2. Thl. 1. Bd. p. 301. — Uebersicht der wichtigsten metallurgischen Literatur von 1740—1830 in Karst. Arch. XV, 228; von 1830—1848 in Scheerers Metallurgie I, 598.
[2]) Erdm. J. f. pract. Ch. II, 120.

Die Niederschlagsarbeit ist zuweilen der Eisenersparung wegen mit **vereinigte Nieder-** der Röstarbeit verbunden, wie z. B. zu Przibram[1]), wo die in freien **schlags- und Röst-** Haufen gerösteten Erze mit Roheisen und Eisenfrischschlacken verschmolzen werden.

Zu Schemnitz[2]) wird der Bleiglanz theils in freien Haufen, theils in Flammöfen geröstet und dann durch Roheisen oder silberhaltige Eisensauen der Kupferöfen entschwefelt.

Zu Freiberg[3]) werden die im Flammofen gerösteten Bleierze durch gerösteten eisenoxydreichen Rohstein zersetzt. Die neuern **Fortschritte des Freiberger Hüttenwesens** bestehen hauptsächlich:

1) in der erweiterten Anwendung von Flammöfen, welche theils als gewöhnliche Zugflammöfen, theils bei tiefer gelegtem Roste als Gasflammöfen vorgerichtet sind. Während früher nur zum Rösten der Amalgamierbeschickung und der Bleierze Flammöfen in Anwendung waren, wendet man sie gegenwärtig auch bei der Roharbeit, zur Concentration und chlorierenden Röstung der für die Augustinsche Silberextractionsmethode bestimmten bleiischen Kupfersteine, zum Raffinieren des Kupfers, zur Zugutemachung armer blendiger Kupfererze und zum Schmelzen von Roh- und Bleischlacken an. Die früher zum Bleierzrösten angewandten kleinen Flammöfen sind bedeutend vergrössert, so dass sie anstatt früher Posten von 5 Ct. jetzt solche von 20 Ct. aufnehmen.

2) in der Einführung zweiförmiger, mit einem Schachtscheider versehener Oefen (Doppelöfen) für die Roh- und Bleiarbeit.

3) in der Anlage einer Extractionsanstalt zur Entsilberung der aus der Bleiarbeit kommenden, im Flammofen concentrierten Bleisteine nach Augustins Methode der Kochsalzlaugerei.

Die Niederschlagsarbeit ist am Oberharz anstatt der früher gebräuchlichen Röstarbeit seit 1744 eingeführt, weil bei letzterer ein bedeutender Aufwand an Rösteholz und Kohle, ein grosser Blei- und Silberverlust theils durch Verflüchtigung, theils durch Verschlackung, und auch nur eine verhältnismässig geringe Production stattfand.[4])

---

[1]) Ann. d. min. 1842 I, 27. — Berg- u. hüttenm. Ztg. 1843 p. 801. — Russegg. Reis. IV, 743.
[2]) Ann. d. min. 4.Sér. X, 595. — Polyt. Centr. 1849 p. 217. — Bgwkfr. XIII. Nr. 1.
[3]) Lamp. Httkde. 2. Thl. 1. Bd. p. 75, 235; dessen Suppl. II, 26, 152, 184; dessen Fortschr. im Gebiete der gesammten Httkde. 1839. — Winkler Beschreibung der Freib. Schmelzprozesse. Freiberg 1837. — Hartmann Repert. d. Bergbau- u. Httkde. II, 390. — Jahrb. f. d. Sächs. Berg- u. Hüttenmann.
[4]) Lampad. Httkde. 2. Thl. 2. Bd. p. 7.

Zu Sala¹) betrug der Silberverlust beim Rösten der sehr zinkischen Erze 7 %, und zur Umgehung desselben wurde ebenfalls die Niederschlagsarbeit eingeführt.

Schattenseiten der Niederschlagsarbeit. Dieselbe hat jedoch auch ihre Schattenseiten, nämlich:

1. Der kostbare Eisenzuschlag geht zuletzt in den Schlacken verloren und sie ist überhaupt nur da anwendbar, wo der Preis des Bleies den des Eisens bedeutend übertrifft. Man hat deshalb mit mehr oder weniger günstigem Erfolg versucht, das metallische Eisen durch Surrogate, z. B. Eisenstein²), Kalk³), Eisenfrischschlacken etc. zu ersetzen.

In den Jahren 1816 und 1817 auf Clausthaler Hütte und 1829 auf Lautenthaler Hütte⁴) angestellte Versuche, Kalk als Surrogat für Eisen beim Schliegschmelzen anzuwenden, fielen sehr ungünstig aus; das Schmelzen gieng streng, Schlacke und Stein sonderten sich nicht gehörig, und der Ofen versetzte sich bald. Desgleichen wurde aus später zu erörternden Gründen die Anwendung des Kalkes bei der Steinarbeit zu Lautenthal nicht für zweckmässig befunden; dagegen giebt derselbe gleichzeitig mit Eisen bei der Altenauer Steinarbeit zugeschlagen gute Resultate. Die Rastofenschmelzversuche zu Clausthaler Hütte⁵) bezweckten ebenfalls mit die Ersetzung des metallischen Eisens durch die eisenreichen Bleisteinschlacken, durch Eisenstein und Kalk.

Zu Fahlun⁶) dient der Eisengehalt des gerösteten Steins als Entschwefelungsmittel für den Bleiglanz. Zu Commern⁷) in der Eifel wendet man Eisenfrischschlacken und zu Holzappel beim Verschmelzen der in freien Haufen gerösteten Erze in Halbhohöfen ebenfalls Eisenschlacke (mit Herd- und Bleischlacken) an.

2. Es bleibt in dem beim Zersetzen des Bleiglanzes durch Eisen gebildeten Stein stets ein Rückhalt an Silber und Blei, welcher oft den vierten bis fünften Theil des Bleies vom ganzen

---

¹) Erdm. J. f. ök. u. techn. Ch. I, 467.   ²) Karst. Arch. 2. R. IX, 434.
³) Dingl. XXII, 286.   ⁴) Zimmerm. Harzgeb. I, 450.
⁵) Karst. Arch. 2. R. X, 91.
⁶) Erdm. J. f. ök. u. techn. Ch. I, 314, 465. — Hausmanns Skandin. Reise V. 127, 173. Russeg. Reis. IV, 641.
⁷) Karst. Arch. IX, 60. — Bergemann chem. Untersuchung der Mineralien- und Hüttenproducte des Bleiberges in Rheinpreussen. Bonn 1830. Russeg. Reis. IV, 380.

Ausbringen ausmacht zu dessen Gewinnung der Prozess bedeutend in die Länge gezogen werden muss.

Eigentlich sollte der Stein, wenn man das nach der stöchiometrischen Rechnung erforderliche Eisenquantum in die Beschickung bringt, nur aus Schwefeleisen bestehen; allein dieses hält wegen seiner grossen Neigung, als electropositiver Bestandtheil Schwefelsalze zu bilden, immer Schwefelblei zurück, und waren im Erz noch andere Metallschwefelungen enthalten, z. B. Schwefelkupfer, Schwefelsilber, Schwefelantimon etc., so finden sich auch diese als die electronegativen Bestandtheile des Schwefelsalzes im Stein.

Dieser Rückhalt an Schwefelblei im Stein scheint nach Karstens Beobachtungen mit der im Ofenschacht sich entwickelnden Temperatur in Verbindung zu stehen und zwar pflegt er bei niedriger Temperatur grösser zu sein, als bei höherer, was wohl darin seinen Grund hat, dass sich Schwefeleisen mit Schwefelblei bei geringerer Temperatur verbindet, als die Abscheidung des Bleies durch das Eisen aus dem Bleiglanz erfolgt. So zeichnete sich der bei dem später noch zu erwähnenden Versuchsschmelzen der Bleierze in einem nach Art der Eisenhohöfen zugestellten Rastofen, in dessen Schmelzraum eine höhere Temperatur stattfand, als beim gewöhnlichen Schliegofen, fallende Bleistein durch seinen geringen Bleigehalt aus, während der Werkeausfall sich vergrösserte. Aber nicht immer ist ein solcher bleiarmer Stein erwünscht. Da nämlich beim Verschmelzen silberhaltigen Bleiglanzes das Schwefelsilber wegen seiner grossen Verwandtschaft zum Schwefeleisen immer theilweise in den Stein geht, so wäre zur Extraction des Silbers, falls der Stein nicht schon hinreichend Blei zur Deckung desselben enthielte, ein Zuschlag von bleihaltigen Producten erforderlich.

Von Einfluss auf die Steinbildung ist auch ein Schwerspathgehalt der Erze. Dieser wird nach Berthiers Beobachtungen bei hoher Temperatur von Eisen, Zink und allen Metallen, die leichter als das Kupfer oxydierbar sind, unter Bildung von Oxysulphureten zerlegt, welche letztere gleichzeitig Baryterde, Schwefelbaryum und das Oxyd und Schwefelmetall des zersetzenden Metalles enthalten. Während nun die Baryterde als sehr starke

Base und kräftiges Flussmittel bleiarme und flüssige Schlacken erzeugt, und dadurch der Schwerspath beim Schmelzprozess förderlich ist, so wirkt er aber im Gegensatz hierzu dadurch wieder schädlich, dass er bei Gegenwart von Kohle und Metalloxyden die Bildung einer gewissen Menge von Schwefelmetallen erzeugt, wodurch der Steinfall vermehrt wird. Bei dem verhältnismässig geringen Schwefelgehalt des Schwerspaths aber wirkt er eher nützlich als schädlich. Bei hoher Temperatur wird er vom Quarz zersetzt, so dass er sich in Schlacken, welche einem starken Hitzegrad ausgesetzt waren, nicht mehr als solcher findet.

Die genannten Uebelstände bei der Niederschlagsarbeit haben hauptsächlich zu den noch später anzuführenden Versuchen auf Clausthaler Hütte Veranlassung gegeben, den Bleiglanz im Flammofen nach der Englischen und Französischen Methode zu verschmelzen, wobei ausser andern ökonomischen Vortheilen das kostbare Eisen durch den Sauerstoff der Luft ersetzt wird, und die geringen Rückstände im Vergleich mit dem reichlich fallenden Steine unerhebliche Aufbereitungskosten verursachen.

Zur Kenntnis der Bildungsart und Zusammensetzung der Steine bei metallurgischen Prozessen haben hauptsächlich Bredberg[1]) und in neuerer Zeit Plattner sehr zu schätzende Beiträge geliefert, indem besonders Bredberg Berzelius' Lehre von den Schwefelsalzen, so wie die von Mitscherlich über den Isomorphismus zu Hülfe nahm und nachwies, dass die Steine Schwefelsalze seien, — analog den in der Natur sich findenden Schwefelsalzen z. B. Fahlerz, Bournonit etc. zusammengesetzt — in denen vicarierende Bestandtheile auftreten. In letzterer Beziehung dürfte Scheerers neu aufgefundener polymerer Isomorphismus Beachtung verdienen.[2])

Soll die Zusammensetzung eines Steines aus der Analyse berechnet werden, so muss man bestimmen, in welchem Schwefelungszustande die einzelnen Metalle vorhanden sind; und bei

---

[1]) Erdm. J. f. ök. u. techn. Ch. V, 237; XII, 287.
[2]) Scheerers Isomorphismus und polymerer Isomorphismus. Braunschweig 1850. — Erdm. J. f. pract. Ch. XLIII, 11. — Kobell in Erdm. J. f. pract. Ch. XLIX, 469.

derartigen Untersuchungen fand **Bredberg** ganz neue Species von Schwefelverbindungen auf. Bezeichnet man mit $\dot{R}$ das bebetreffende Metall, so kommen nach **Bredberg** folgende Schwefelungsstufen in den Steinen vor:

$\dot{R}$ z. B. $\dot{F}e$, $\acute{A}g$, $\dot{Z}n$; $\dot{R}$ z. B. $\ddot{F}e$, $\ddot{C}u$, $\ddot{P}b$; $\dddot{R}$ z. B. $\dddot{F}e$, $\dddot{A}s$, $\dddot{S}b$.

Unter Annahme solcher Schwefelungsstufen lassen sich die Steine als bestimmte chemische Verbindungen, oder auch als Gemenge mehrerer solcher Verbindungen betrachten und nach **Bredberg** in folgende 3 Klassen bringen:

1ste Klasse $= \dot{R}\, \dot{R}^n$; 2te Klasse $= \dot{R}\, \ddot{R}$; 3te Klasse $= \dot{R}^n\, \dddot{R}$,

wo n eine einfache ganze Zahl bezeichnet, der Schwefelgehalt jeder Klasse in engen Grenzen bleibt, die relative Quantität der Metalle aber bedeutend variieren kann, da sie dem Gesetz des Isomorphismus unterworfen ist.

Nicht selten gehen in obige Verbindungen noch Schwefelmetalle von der Zusammensetzung $\dddot{R}$ ($\dddot{F}e$, $\dddot{A}s$, $\dddot{S}b$) ein und es gestalten sich dann obige Formeln ganz allgemein, wie folgt:

1ste Klasse $= x\, \dot{R}\, \dot{R}^n + \dddot{R}^n\, \dddot{R}$.
2te Klasse $= x\, \dot{R}\, \ddot{R} + \dddot{R}^n\, \dddot{R}$.
3te Klasse $= x\, \dot{R}^n\, \ddot{R} + \dddot{R}^n\, \dddot{R}$.

Zu den Steinen der 1sten Klasse gehören z. B.:

a. **Rohstein**, beim Verschmelzen silberarmer kiesiger Erze fallend $= \dot{F}e\, \ddot{F}e^n$, oder

$$\left.\begin{array}{l}\dot{F}e \\ \dot{Z}n \\ Ag\end{array}\right\} \left\{\begin{array}{l}\ddot{F}e^n \\ \ddot{C}u^n \\ \ddot{P}b^n\end{array}\right. \text{ oder } x \left.\begin{array}{l}\dot{F}e \\ \dot{Z}n \\ Ag\end{array}\right\} \left\{\begin{array}{l}\ddot{F}e^n \\ \ddot{C}u^n \\ \ddot{P}b^n\end{array}+\begin{array}{l}\ddot{F}e^n \\ \ddot{C}u^n \\ \ddot{P}b^n\end{array}\right\} \left\{\begin{array}{l}\dddot{A}s \\ \dddot{S}b.\end{array}\right.$$

b. **Bleistein** vom Verschmelzen gerösteter silberhaltiger Bleierze, nach ganz derselben Formel zusammengesetzt.

c. **Dünnstein** von der Schwarzkupferarbeit. Formel $\dot{F}e\, \ddot{C}u^n$ oder

$$\left.\begin{array}{l}\dot{F}e \\ \dot{Z}n\end{array}\right\} \left\{\begin{array}{l}\ddot{C}u^n \\ \ddot{P}b^n \\ \ddot{F}e^n\end{array}\right.$$

d. **Steine** vom Verschmelzen von Kupferkies, Buntkupfererz und Kupferglanz, wie die Mansfelder, sind nach der Formel c. zusammengesetzt.

Zu den Steinen der 2ten Klasse gehören z. B.:

a. **Kupfersteine von Fahlun**, beim Verschmelzen kupferkiesiger Erze mit schwach gerösteten Sshwefelkiesen im Suluofen erzeugt $= \dot{F}e \, \dot{C}u$.

b. **Bleisteine von Fahlun und Sala**, beim Verschmelzen von geröstetem, mit Schwefelkies gemengten Bleiglanz mit Zuschlägen von gerösteten Schwefelkiesen oder Rohsteinen gefallen. Formel

$$\left. \begin{array}{c} \dot{F}e \\ \dot{Z}n \end{array} \right\} \left\{ \begin{array}{c} \dot{F}e \\ \dot{C}u \\ \dot{P}b \end{array} \right.$$

Diese Steine halten constant 26 % Schwefel und sind stark magnetisch.

Zu den **Steinen der 3ten Klasse**, als den schwefelreichsten, gehört:

Der Rohstein der Silberhütte zu Sala $= \dot{R}^3 \, \dot{R}$.

Ausserdem bilden sich solche Schwefelungen beim Verschmelzen der Steine der 2ten Klasse mit etwas Schwefelkies; auch beim Rösten der Kupfersteine bleiben sie als grünlichgelbe kupferkiesartige Kerne zurück.

Von der Zusammensetzung der Oberharzer Bleisteine wird später die Rede sein.

Speisebildung. Speisen — Arsenik- und Antimonmetalle — erzeugen sich vorzüglich beim Verschmelzen arsenhaltiger Nickel- und Kobalterze, arsen- und antimonhaltiger Kupfer- und Bleierze und Steine, bei der Smaltebereitung*) etc. Sie enthalten zuweilen Silicium und *Zusammensetzung der Speisen.* auch Schwefelmetalle beigemengt und lassen sich ihren vorwaltenden Bestandtheilen nach in folgende Abtheilungen bringen:

1. **Nickelarsenikspeisen.**

	a.	b.	c.	d.	e.	f.	g.	h.
Nickel . .	52,63	52,73	49,0	55,58	64,75	47,2	52,58	40,30
Arsenik . .	40,47	44,00	37,8	31,98	35,25	44,3	34,07	26,50
Eisen . . .	2,72	Spur	0,0	0,60	—	—	10,06	6,95
Kupfer . .	1,61	Spur	1,6	2,93	—	Spur	—	3,12
Kobalt . .	Spur	0	3,2	0,00	—	Spur	3,28	10,08
Schwefel .	2,55	1,65	7,8	7,98	—	6,9	1,01	13,71
Sand . . .	—	—	0,6	0,13	—	—	—	—
Antimon. .	—	—	—	—	—	1,0	—	—

*) Ueber Smaltebereitung siehe **Knapps** chem. Technologie I, 444.

a. Speise von Schwarzenfels nach Wille, im Wesentlichen Ni^2 As.
(Karst. Arch. 1. R. XVI, 19. — Lamp. Fortschr. 1839. p. 263).
  b. In Quadratoctaedern krystallisierte Speise nach Wöhler = Ni^2 As.
(Pogg. Ann. XXV, 302; XXVIII, 434).
  c. Speise nach Berthier. (Dessen Probierkunst, Deutsch von Kersten, II, 358).
  d. Speise von Dillenburg nach Schnabel. (Pogg. Ann. B. LXXI, 516).
  e. Krystallisierte Speise nach Francis = Ni^7 As^3. (Pogg. L, 519).
  f. Speise nach Berthier = Ni^2 As.
  g. Speise nach Francis = Ni^5 As.
  h. Ungarsche Speise nach Dougherty. (Rammelsb. Met. p. 373).
  2. **Wismuthhaltige Nickelarsenikspeisen.** (Die Kobaltspeise der Blaufarbenwerke).

	a.	b.
Nickel	43,25	36,2
Arsenik	35,32	29,9
Wismuth	13,18	21,5
Kobalt	3,26	1,3
Eisen	0,97	1,1
Kupfer	1,57	1,5
Schwefel	2,18	6,9

  a. Speise aus Sachsen nach Schneider = Ni^2 As. (Erdm. J. 1848. XLIII, 317).
  b. Böhmische Speise nach Anthon. (Erdm. J. f. pract. Ch. IX, 12.)
  3. **Eisenreiche Nickelarsenikspeisen.**

	a.	b.	c.	d.	e.	f.	g.
Eisen	35,43	68,03	31,40	51,74	51,00	37,21	40,75
Nickel	23,72	6,51	33,43	48,85	14,90	22,72	15.75
Arsenik	14,14	5,04	36,32	29,13	20,10	18,40	3,75
Blei	10,12	0,60	—	Spur	10,10	11,10	—
Kobalt	8,10	1,67	—	2,89	beim Ni.	6,14	1,70
Kupfer	1,75	5,68	—	3,55	1,25	1,10	9,25
Silber	0,089	0,003	—	—	0,05	0,08	0,12
Antimon	Spur	3,35	—	—	—	—	—
Schwefel	3,13	7,81	—	2,04	1,02	2,20	11,50

  a. Speise von der Bleiarbeit zur Antonshütte nach Lampadius. (Erdm. J. f. pract. Ch. XIII, 196).
  b. Unterharzer Bleispeise nach Jordan. (Erdm. Jahrb. f. pract. Ch. X, 421.)
  c. Krystallisierte Speise aus Baiern. (Erdm. J. f. pract. Ch. XLVI, p. 247).
  d. Speise von Victor Friedrichshütte bei Harzigerode nach Rammelsberg = $(Fe, Ni, Co, Cu)^5$ As. (Rammelsb. Met. p. 184).

e. Bleispeise von Halsbrücker Hütte bei Freiberg nach Kersten.
f. Bleispeise von Antonshütte nach Kersten.
g. Kupferspeise von Camsdorf nach Hoe (Bgwkfr. II, 243) enthält 11,47 $\frac{8}{8}$ Silicium und 4,08 $\frac{8}{8}$ mechanisch beigemengte Kieselerde.

4. Bleiische Kupferarsenikspeisen.

	a.	b.
Kupfer	81,87	44,56
Blei	10,26	26,11
Arsenik	1,01	12,98
Antimon	2,55	5,21
Eisen	2,75	5,54
Kobalt	Spur	1,63
Nickel	Spur	0,71
Silber	0,22	0,13
Schwefel	0,60	2,86

a. Unterharzer Königskupfer nach Bodemann. (Bgwkfr. III, 35).
b. Unterharzer Bleisteinspeise nach Ahrend. (Bgwkfr. XI, 138).

Zugutemachung der Speisen.

Die Speisen bilden das Hauptmaterial für die Darstellung des metallischen Nickels behuf der Argentanbereitung, werden jedoch zuweilen bei einem hinreichenden Silber- und Kupfergehalt zuvor auf diese Metalle benutzt.[1]

Entsilberung und Entkupferung der Speisen.

Am Unterharze wurde die Bleispeise früher geröstet und dann mit dem Bleistein verschmolzen. In neuerer Zeit[2]) hat man sie im Spleissofen verblasen, wobei silberhaltiges Schwarzkupfer, welches der Saigerung übergeben wurde, und Schlacken resultierten, die beim Durchstechen mit passenden Zuschlägen Hartblei, nickel- und kobalthaltige Speise und silberhaltigen Kupferstein lieferten.

Das Unterharzer Königskupfer wird unverröstet mit dem gerösteten Rohstein durchgestochen.

Sehr vortheilhaft ist die neuerdings in Freiberg angewandte Methode[3]), die im Flammofen abgeröstete Bleispeise im Schacht- oder Flammofen mit Schwefelkies und Rohschlacke zu schmelzen, wobei concentrierte Speise, silber- und bleihaltiger Kupferstein und absetzbare Schlacken erfolgen. Aus der concentrierten Speise wird durch nochmalige Behandlung derselben mit Arsenikkies und Schwerspath noch ein Theil silberhaltiger Kupferstein ausgeschieden, und dadurch der Nickel- und Kobaltgehalt in derselben

---

[1]) Verschiedene Methoden, Bleispeise zu Gute zu machen. Erdm. Jahrb. XIII, 193, 196, 209.
[2]) v. Uslar im Bgwkfr. IX, 326; XI, 138.
[3]) Jahrb. für den Sächsisch. Berg- und Hüttenmann. 1848. p. 78, 80.

concentriert. Die resultierenden silberhaltigen Kupfersteine werden dann wie gewöhnlich zu Gute gemacht.

Auch durch Amalgamation hat man Speisen vortheilhaft entsilbert.[1])

Die Darstellung des metallischen Nickels behuf der Argentanfabrication[2]) aus Speisen geschieht entweder auf trockenem oder auf nassem Wege, oder auf beiden zugleich. Das ältere Verfahren auf trockenem Wege, z. B. das von Gersdorf und Leithner[3]) angewandte, liefert ein sehr unreines Product, weshalb jetzt der nasse Weg zur Abscheidung der fremden Beimengungen allgemein eingeschlagen werden dürfte.

Nickelgewinnung aus Speise.

Erdmann hat in seiner Schrift „über die Darstellung und Anwendung des Nickels, Leipzig 1827" mehrere Methoden auf nassem Wege angegeben, welche wohl zum Theil den jetzt gebräuchlichen — soweit sie bekannt sind — zum Grunde liegen.

Zu Birmingham[4]) wird die geröstete Speise nach Louyet in Salzsäure gelöst, aus der Lösung bei gewöhnlicher Temperatur durch Chlorkalk und Kalkmilch Eisen und Arsenik, dann durch Schwefelwasserstoffgas Kupfer und Wismuth niedergeschlagen. Erhitzt man dann die filtrierte Flüssigkeit mit Chlorkalk, so verwandelt sich das Kobaltoxyd in Superoxyd und schlägt sich nieder, so dass zuletzt nur noch Nickel in Lösung bleibt, welches durch Kalkmilch im hydratischen Zustande ausgefällt, getrocknet und mit Kohle reduciert wird.

Im Nassauischen, wo die Gewinnung von Nickelspeise oder nickelhaltigem Stein aus einem dort vorkommenden nickelhaltigen Schwefelkies geschieht, soll folgendes Verfahren in Anwendung sein. Die Nickelspeise wird im feingepochten Zustande mit Schwefelsäure angerührt, in einem Flammofen geröstet und ausgelaugt. Die zum Kochen erhitzte Lösung wird mit gepochtem Kalkstein versetzt, welcher zuerst das Eisen, dann Kupfer niederschlägt. Letzteres darf das erste Mal nicht vollständig niedergeschlagen werden, weil sonst gleichzeitig Nickel mit ausfällt; erst beim zweiten Male schlägt man alles Kupfer mit etwas Nickel durch Kalk nieder und löst diesen geringen Niederschlag demnächst in Schwefelsäure auf. Zu der reinen Nickellösung setzt man hierauf Kalkwasser, filtriert das dadurch entstandene Gemenge von Nickeloxydhydrat und Gyps ab, trocknet, glüht, zermahlt und

---

[1]) Winkler Europäische Amalgamation. 1848. p. 191. — Lampad. Fortsch. 1839. p. 129.

[2]) Ueber Argentanfabrication siehe: Dingl. XCII, 338. — Bgwkfr. VIII, 81.

[3]) Bgwkfr. IV, 513. — Berlin. Gew.-, Ind.- u. Handelsblatt IV, 260. — Karst. Arch. 1. R. III. 250.

[4]) Dingl. CXI, 272; CXII. 75. — Erdm. J. f. pract. Ch. XL, 244.

glüht dasselbe längere Zeit mit Soda, wobei die Schwefelsäure des Gypses ans Natron gebunden und durch Wasser extrahierbar wird, während das Nickeloxyd im Gemenge mit kohlensaurem Kalk zurückbleibt. Letzterer wird mit Salzsäure ausgezogen, und sollte hierbei etwas Nickel aufgelöst werden, so thut man die Lösung zu der ursprünglich schwefelsauren. Vielleicht ist es vortheilhafter, anstatt Schwefelsäure Salzsäure zu nehmen, oder den Gyps auf die Weise aus dem Nickeloxyd auszuwaschen, wie dies im Mansfeldschen mit dem bei der Augustinschen Silberextraction erhaltenen Fällsilber geschieht.

Nickelanalysen. Die im Handel in parallelepipedischen Stücken vorkommenden Nickelsorten enthalten mehr oder weniger Nickel, wie folgende Analysen zeigen:

	a.	b.	c.	d.	e.	f.	g.
Nickel . . .	56,25	54,6	73,3	89,35	97,29	83,15	75,00
Kupfer . . .	27,50	30,1	Spur	7,96	0,32	2,25	1,31
Eisen . . .	12,55	11,3	1,6	2,69	0,89	2,90	6,58
Arsen . .	—	—	—	—	—	4,93	3,42
Kobalt . . .	—	—	22,1	—	1,25	6,77	12,50
Unl. Rückstand	3,70	4,0	3,0	—	—	—	—

a. und b. Deutsches Nickel. (Dingl. CII, 256).
c. Englisches Nickel. (Ibid.).
d. Von Henkel in Cassel nach Schnabel. (Pogg. LVXI 516).
e. Von Dillenburg nach Häussler.
f. und g. Von Rolke und Soutzos analysiert. (Ramelsb. Met. p.374.)

Schliessgattierung. Man gattiert bei der Niederschlagsarbeit ärmere und reichere Schliege in der Art, dass ein mittlerer Silber- und Bleigehalt entsteht, der sich für das Ausbringen erfahrungsmässig am vortheilhaftesten gestellt hat.

Beschickung. Beim Beschicken muss man eine günstige Schlackenbildung im Auge haben und diese nöthigenfalls, wenn durch die Gattierung der Erze nicht schon eine solche erzielt ist, durch Zuschläge, z. B. kjeselerdereiche oder basische Schlacken, Spatheisenstein, Kalk etc. herbeiführen. Man pflegt, wie die Oberharzer Schlackenanalysen zeigen, beim Beschicken nach der Bildung von Bisilicaten zu streben, welche als saigere Schlacken langsam erstarren und dadurch dem Bleistein zu seiner gehörigen Absonderung Gelegenheit geben. Im Allgemeinen pflegt die Arbeit bei Schmelzprozessen um so leichter und reiner zu gehen, je höher sich die Basen siliciert haben, wie z. B. der Eisenhohofenprozess lehrt und das versuchte Schmelzen der Bleierze im Rastofen gezeigt hat. Man hat eine Verschlackung des Bleies weniger zu fürchten, weil es nicht, wie bei gerösteten Erzen, im oxydierten Zustande, sondern geschwefelt in den Ofen kommt; und sollte es in die Schlacke übergegangen sein, so wird es bei der hohen Temperatur, welche die Bisilicate zu ihrer Schmelzung erfordern, durch anwesende kräftigere Basen zum grossen Theil ausgeschieden. Zwar wird dadurch die Verflüchtigung des Bleies begünstigt, allein bei Anwendung hoher Oefen weniger schädlich. Gewöhnlich sind die Schliegschlacken keine reinen Bisilicate, sondern Gemenge von Singulo-, Bi- und Trisilicaten. Sub- und Singulosilicate — z. B. Lautenthaler Stein- und Schliegschlacken — erstarren weit leichter, als Bi- und Trisilicate; bei der geringern Silicierung kommen die überschüssigen Basen theilweise nicht zur Auflösung und bleiben im reducierten oder geschwefelten Zustande als gesinterte Masse (Bühnen, Ofensauen) zurück.*)

Mit der beabsichtigten Bildung von Bisilicatschlacken bei der Niederschlagsarbeit steht auch die Anwendung von Hohöfen in Verbindung; ausserdem würde in niedrigen Oefen bei der darin sich entwickelnden geringern Temperatur und der Schliegform der Erze keine hinreichend zersetzende Einwirkung des Eisens auf den Bleiglanz stattfinden und die Bildung von Flugstaub begünstigt werden. Jedoch können gewisse Rücksichten, z. B. der Blendegehalt der Bleiglanzschliege zu Lautenthal, für die Anwendung niedrigerer Oefen sprechen. Die Hohöfen sind nach Art der Sumpföfen zugemacht, damit die sich im Herd öfters anlegenden Massen gut ausgeräumt werden können.

Als Brennmaterial beim Oberharzer Schliegschmelzen werden nur Holzkohlen angewandt und zwar findet bei

---

*) Ueber Schlackenbildung siehe: Bredberg in Karst. Arch. 1. R. VII, 248. — Mitscherlich ebend. p. 234. — Winkler Erfahrungssätze über die Bildung der Schlacken. Freiberg 1827. — Scheerers Metallurgie I, 31. — Ueber die Schmelzbarkeit verschiedener Silicate: Bodemanns Probirkunst. 1845. p. 349. — Starbäck in Karst. Arch. 1. R. XIV, 176. — Sefström in Erdm. J. f. ök. Ch. X, 146; XV, 149. — Lampadius über die Bildung und chem. Mischung der Hüttenproducte. Erdm. J. f. ök. u. techn. Ch. XIV, 259; XV, 22 u. 198; XVI, 146. — Rammelsbergs chem. Metallurgie. 1850. p. 30.

Koks.

weichen ein rascheres Schmelzen statt, als bei harten.[1]) Nach Karsten[2]) geben Koks eine gleichförmigere höhere Temperatur, bei welcher das Eisen leichter auf den Bleiglanz einwirkt und in Folge dessen man mehr Werkblei und eine geringere Quantität bleiarmen Stein ausbringt. Zwar steigt mit der Temperatur auch die Bleiverflüchtigung, allein sie ist wegen des raschen und vollkommenen Schmelzens bei Koks nicht grösser, als bei der langsameren Arbeit mit Holzkohle. Da es nun bei der Oberharzer Schliegarbeit erwünscht ist, einen nicht zu bleiarmen Stein zu erzeugen, dessen Silbergehalt vom Blei gedeckt wird, so fällt damit hier der Hauptvortheil des Koksschmelzens weg.

Holz und Torf.

Holz und Torf eignen sich nicht zum Schliegschmelzen, weil die bei ihrer Verkohlung im Ofen sich entwickelnden Gase zum Hellgehen der Gicht und somit zu einem grösseren Bleiverlust durch Verflüchtigung Veranlassung geben. Auch tragen sie nur einen geringen Satz.

Bei dem durch verschiedene Umstände herbeigeführten und stets zunehmenden Holzmangel am Harze hat man sich veranlasst gefunden, wo es irgend thunlich ist, Surrogate für dasselbe beim Hüttenbetriebe anzuwenden; so z. B. durch Benutzung der beim Steinschmelzen seit 1816 eingeführten Schaumburger Koks und seit 1832 durch Anwendung der Hannoverschen Gaskoks in dem Betrage von etwa 80,000 Cbf. jährlich, wodurch das Material zu pp. 2500 Karren Kohlen weniger erforderlich gemacht ist. Ingleichen ist durch Einführung der heissen Gebläseluft beim Eisenhohofenbetrieb eine nicht unbedeutende Ersparung an Kohlen geschehen. Wie aus den folgenden Mittheilungen des Hüttenraiters Knocke hervorgeht, hat nun besonders der Torf, welcher sich auf den Harzer Hochplateaus als Wurzel- und Pechtorf in bedeutender Ausdehnung findet, schon seit 133 Jahren die Aufmerksamkeit der Harzverwaltung auf sich gezogen, ohne dass bis jetzt eine allgemeine Anwendung davon gemacht ist. 1714 wurde zuerst Torf unweit des jetzigen Torfhauses gestochen, mehrere Jahre lang auf den Unterharzer und Schulenberger Hütten zum Abwärmen der Ofenschächte und Herde, so wie auch zum Saigern verwendet, desgleichen 1717

---

[1]) Ueber das Verkohlen des Holzes, besonders am Harze, siehe: v. Berg Anleitung zum Verkohlen des Holzes. Ein Handbuch für Forstmänner, Hüttenbeamte etc. 1830. — Sonstige Literatur über Verkohlung etc. in Scheerers Metallurgie. 1848. I, p. 604.

[2]) Karst. Arch. 1. R. VI, 96. — Fournet über den Einfluss der Koks bei Behandlung der Bleierze. Ann. d. min. T. VII.

auf Altenauer Silberhütte beim Schmelzen, wobei aber die zu hohen Kosten der Gewinnung und Anfuhr eine vortheilhafte Benutzung nicht gestatteten. Auf den Eisenhütten zu Ilsenburg und Schierke wurde von 1744 bis 1786 Torf vom Brocken gleichzeitig mit Holzkohlen verwandt. Die unerwartete Aufeinanderfolge mehrerer nassen Jahre,*) so wie die verschlechterte Qualität des Eisens bewirkten seine Beseitigung. — 1752 wurde zuerst Bruchberger Torf in Meilern, gemauerten Oefen und eisernen Cylindern verkohlt, und die sehr theuern Torfkohlen an Clausthaler Bergschmiede abgegeben. Man kam dabei zu der Ueberzeugung, dass die Gewinnung des Torfs und die Bereitung der Torfkohlen bei dem damaligen Holzwerthe zu kostbar sei, weshalb dieser Gegenstand bis 1816 ruhte, wo man dann Bruchberger Torf theils roh, theils verkohlt beim Steinschmelzen und Glöttfrischen versuchte. Gegen den rohen Torf sprach hierbei der grössere Metallverlust durch Verflüchtigung des Bleies und die geringere Qualität des Frischbleies; gegen die Torfkohle ihre Zerreiblichkeit und lockere Beschaffenheit, indem sich die Beschickung in die Zwischenräume drängte und dadurch den Luftzutritt behinderte.

1829 und 1830 wurden, aber ohne günstigen Erfolg, am Bärenbruche unweit Buntenbock Versuche mit Baggertorf angestellt; desgleichen Verkohlungsversuche in Meilern, wobei aber aus $35\frac{1}{2}$ Karren rohem Torf nur 7 Karren Kohlen mit einem Aufwande von 10 Thlr. 5 Ggr. $7\frac{1}{4}$ Pf. pro Karren erfolgten.

Wenn nun auch die versuchsweise Anwendung von rohem Torf mit Holzkohlen beim Hohofenbetrieb zur Rothenhütte im Jahre 1841 zur weitern Verfolgung nicht aufforderte, so sind doch die im Jahre 1842 beim Eisenhohofenbetrieb zur Altenauer Eisenhütte angestellten Versuche bei gleicher Gebrauchsweise sehr aufmunternd gewesen, indem die Kosten der Kohlen und des Torfes sich als gleich erwiesen. Desgleichen sind auch die in den Jahren 1844—1846 auf Steinrenner Eisenhütte angestellten Versuche, mit aus Torf erzeugtem Kohlenoxydgas zu puddeln, nicht ungünstig ausgefallen; weniger vortheilhaft bewies sich die Anwendung dieser Torfgase beim Barnstein- und Ziegelbrennen zur St. Andreasberger Hütte. — Von den neuern Versuchen, Torf bei Oberharzischen Blei-, Silber- und Kupferhüttenprozessen anzuwenden, wird an den betreffenden Stellen die Rede sein.

Die Hauptbedenken, welche einer allgemeinen Einführung dieses Materials am Harze entgegenstehen, sind:

1. Das schwierige Trocknen grosser Massen Torf bei den klimatischen Verhältnissen des Harzes.

---

*) Verfahren zum Trocknen des Torfes in Irland. Mittheilungen des Hannov. Gewerbevereins. 1846. p. 71.

2. Die Störung der Wasserwirtschaft, welche durch Abstochung der Torfmoore für den Oberharzer Bergbau unvermeidlich herbeigeführt werden und ein unersetzlicher Nachtheil sein würde.

Die Oberharzer Torfsorten zeichnen sich übrigens durch ihren geringen — 0,74—5 ⅜ — Aschengehalt aus.[1]) Er reduciert im mehr oder weniger trocknen Zustande 11—18 Theile Blei.[2]) 1 Cbf. dichter brauner Sandbrinker Torf wiegt im völlig trocknen Zustande 9 Pfd, im lufttrocknen 12 Pfd. bei 23 ⅜ hygrosk. Wasser; Stieglitzecker resp. 10 und 15 Pfd. bei 26 ⅜ hygrosk. Wasser; der gelbe lockere Moostorf vom Rothenbruche resp. 5 und 7 Pfd. bei 29 ⅜ Wasser.

Der zur Altenauer Hütte bei den Bleiarbeiten versuchsweise angewandte Stieglitzecker braune Torf wurde im lufttrocknen Zustande in Soden von $8\frac{1}{2}''$ Länge, $2\frac{1}{2}''$ Breite und $1\frac{1}{2}''$ Dicke angewandt. 100 Soden wiegen $44\frac{1}{4}$ Pfd. und 200 Stück füllen das 10 Cbf. haltende Kohlenmaass aus. 1 Theil reducirte 12 Theile Blei.

1 Pfd. reiner Kohlenstoff erfordert zur vollständigen Verbrennung $2\frac{2}{3}$ Pfd. Sauerstoff oder 11,6 Pfd. Luft. Da nun 1 Cbf. trockne Luft bei 0° und $28''$ Barometerstand 54,6 Gran $= 0,007$ Pfd. wiegt, und 1 Cbf. Luft von $0^\circ = 1,056$ Cbf. von 15° C ist, so ist 1 Pfd. Luft von $15^\circ = 151$ Cbf. Nach Dumas und Boussingault wiegt 1 Liter Luft bei 0° und 0,76 Meter Luftdruck 1,2995 Gramm und 1 Liter Wasser bei $+ 4^\circ = 1000$ Gramm.

1 Pfd. Holzkohle mit 12 % Asche und hygrosk. Wasser braucht demnach zum Verbrennen 2,34 Pfd. Sauerstoff $= 10,17$ Pfd. Luft.

1 Pfd. Tannenholz mit 18 % hygrosk. Wasser und Asche erfordert bei einer Zusammensetzung seiner Holzfaser aus 50 % Kohlenstoff, 6,5 % Wasserstoff und 43,5 % Sauerstoff zum Verbrennen 1,163 Pfd. Sauerstoff $= 5,06$ Pfd. Luft, wobei der im Holz selbst enthaltene Sauerstoff mit verbraucht wird. (1 Pfd. Wasserstoff erfordert zur Verbrennung 8 Pfd. Sauerstoff.)

Erhitzte Gebläseluft. Durch Anwendung erhitzter Gebläseluft würde sich ähnlich wie durch Koks die Temperatur haben erhöhen und somit ein reineres Ausschmelzen erzielen lassen. Sie ist jedoch

---

[1]) Torf auf dem Harze Bgwkfr. IX, 207; Zimmerm. Harzgeb. I, 314. — Untersuchung der verschiedenen Torfsorten des Königreichs Hannover von Karmarsch in den Mittheilungen des Hannov. Gewerbevereins. 1840. Lief. XXI, p. 56.

[2]) Dokimastische Untersuchung der Brennmaterialien. Bodem. Probierkuhst. 1845. p. 328.

nicht versucht; einestheils, weil sie auf andern Bleihütten in Bezug auf das Ausbringen und den Ofengang kein Glück gemacht hat;[1]) anderntheils, weil zu erwarten stand, dass sich nach Analogie der Eisenhohöfen bei der dadurch erzeugten grössern Hitze keine Nase hätte halten lassen.

Der Betrieb der Niederschlagsarbeit beruht aber ganz auf der Bildung und richtigen Führung der Nase,[2]) deren Hauptfunctionen die Schützung der Form und Brandmauer, die richtige Leitung des Schmelzpunktes und Vertheilung des Windes, und das Aufhalten der Erze, analog der Rast, sind, damit diese nicht zu schnell in den Schmelzraum gelangen. *Nasenschmelzen.*

Obgleich dieses Nasenschmelzen manche Unvollkommenheiten hat, so ist es noch durch keine andere Schmelzmethode zu ersetzen gewesen, wie unter andern die später zu beschreibenden Rastofenschmelzversuche auf Clausthaler Hütte bewiesen haben.

Mit dem Nasenschmelzen pflegt ein derartiges Aufgeben des Brennmaterials und der Beschickung verbunden zu sein, dass letztere an die Formseite, ersteres an die der Form entgegengesetzte Seite kommt, so dass sich im Ofenschachte zwei gesonderte Säulen befinden. Die in der Kohlensäule erzeugte Hitze reicht hin, die gegenseitige Einwirkung der Bestandttheile des Schmelzgutes auf einander herbeizuführen. Ausserdem ist wegen der reducierenden Wirkung des Kohlenoxydgases keine unmittelbare Berührung von Kohle und Beschickung nöthig.[3])

Von den Versuchen auf Clausthaler Hütte, Kohle und Beschickung wie beim Eisenerzschmelzen schichtenweise aufzugeben, wird später die Rede sein.

2. Bleisteinarbeit.

Aus früher angeführten Gründen eignen sich schwefelbleihaltige Verbindungen, denen viel andere Metallschwefelungen *Theorie.*

---

[1]) Ann. d. min. 3. Ser. T. XVII, 1. 1840. — Bgwkfr. VI, 277; IX, 351. — Winkler Beschreib. der Freiberg. Schmelzprozesse. 1837. p. 35. — Merbach Anwendung der heissen Luft im Gebiete der Metallurgie. Leipzig 1840. p. 107. — v. Herder Erläuterung der vorzüglichsten Apparate zur Erwärmung der Gebläseluft. Freiberg 1840.
[2]) Winkler Schmelzprozesse. 1837. p. 50. — Lampadius Supplem. zum Hdbch. d. Httkde. 1818. I, 45.
[3]) Le Play in Ann. d. min. 4. Ser. T. XIX, 267. — Bgwkfr. V, 65.

beigemengt sind, — hierher gehören auch die Bleisteine — nicht für die Niederschlagsarbeit, sondern sie werden zweckmässig der **Röstarbeit** unterworfen. Hierbei verwandeln sich die Schwefelungen unter Entwickelung von schwefliger Säure in Oxyde und schwefelsaure Salze, während ein Theil derselben unzersetzt bleibt. Wird nun das Röstgut einem reducierenden Schmelzen mit kieselhaltigen Substanzen, z. B. Schliegschlacken, im Schachtofen unterworfen, so löst die Kieselerde die schwer reducierbaren Basen (Eisenoxyd, Zinkoxyd etc.), womit das Bleioxyd gemengt ist, auf, während sich letzteres, leichter reducierbar als jene, in metallisches Blei umwandelt. Gleichzeitig werden aber auch die schwefelsauren Salze von der Kohle wieder in Schwefelungen umgewandelt, welche dann mit den beim Rösten unzerlegten Schwefelungen des Kupfers, Silbers, Bleies etc. wieder Stein bilden. Damit dieser nicht zu reich an Blei und Silber ausfällt, giebt man beim reducierenden Schmelzen Zuschläge von Eisen, oder, wie auf Altenauer Hütte, wohlfeiler solche von **Kalk**, welcher letztere den Schwefel des Schwefelbleies nicht direct aufnimmt und damit Schwefelcalcium bildet, — in den Schlacken lässt sich wenigstens kein Schwefelcalcium nachweisen —, sondern einestheils sich mit der beim Rösten gebildeten Schwefelsäure verbindet, anderntheils als stärkere Base das oxydierte Eisen aus den Steinschlacken ausscheidet, welches alsdann entschwefelnd wirkt.

Die Steinarbeit besteht demnach aus einer Röstarbeit, verbunden mit der Niederschlagsarbeit.

Je schwächer man röstet,*) um so mehr Stein resultiert; sein Bleigehalt steigt oft bis 40 % und darüber, so dass noch eine fernere Zugutemachung desselben auf Blei und Silber durch mehrmalige Wiederholung der angegebenen Röst- und Niederschlagsarbeit nöthig wird (1. 2. 3. und 4. Steindurchstechen), bis ein hinreichend blei- und silberarmer Stein (Kupferstein) erfolgt.

Man hat sich viel von der entschwefelnden Wirkung des Wasserdampfes versprochen; durch Regnaults neuere

---

*) **Verhalten der Schwefelmetalle beim Rösten**: Ann. d. min. XXI, 5; XXII, 325; XXVII, 465. — Scheerers Met. I, 11.

Versuche ist jedoch erwiesen, dass für die Entschwefelung der Metalle der atmosphärische Sauerstoff viel wirksamer ist.[1])

Schwefelsilber wird nach Bischof[2]) von Wasserdämpfen bei geringer Hitze leichter zerlegt, als bei Schmelzhitze und zwar erhält man hierbei metallisches Silber in denselben baum-, moos- und drahtförmigen Gestalten, wie es sich in der Natur findet.

Während beim Schliegschmelzen aus früher angegebenen Gesichtung. Gründen Bisilicat- und noch höher silicierte Schlacken erzeugt werden, so hat man beim Steinschmelzen die Bildung von Singulosilicatschlacken vor Augen. Diese erzeugen sich in niedrigerer Temperatur, bei welcher sich weniger Blei verflüchtigt und das in der Beschickung vorhandene Bleioxyd zur Kieselerde geringere Verwandtschaft hat, also weniger leicht in die Schlacke geht, als es bei einer höhern Silicierung der Fall sein würde. Weil jedoch beim Steinschmelzen das Blei als Oxyd vorhanden und in diesem Zustande geneigter ist, verschlackt zu werden, als wenn es sich, wie beim Schliegschmelzen, als Schwefelblei in der Beschickung findet, so sind die Steinschlacken immer bleireicher, als die Schliegschlacken. Zwar könnte man durch stark basische Zuschläge, z. B. durch Kalk, Eisenoxyd, das Blei aus der Schlacke ausscheiden, allein die hierzu erforderliche Temperatur würde hinreichen, um das stets in beträchtlicher Menge vorhandene Eisenoxyd — beim Rösten des schwefeleisenhaltigen Steins erzeugt — zu reducieren und zu schmelzen, wodurch Veranlassung zur Bildung von Eisensauen gegeben würde. Ausserdem findet der Zuschlag an basischen Substanzen darin eine Grenze, dass bei einem Uebermass davon die Kieselsubstanz aus den Ofenschächten aufgelöst wird, in Folge dessen ein unregelmässiges Schmelzen eintreten kann.

Wegen der leichteren Erstarrbarkeit der Steinschlacke scheidet sich der Bleistein weniger leicht von derselben ab, und es würde dadurch ein mechanischer Verlust stattfinden, wenn die Schlacke nicht nochmals durch den Ofen gienge, was zur theilweisen Gewinnung ihres chemisch gebundenen Bleigehalts

---

[1]) Erdm. J. f. pract. Ch. X, 129. — Bgwkfr. VII, 109. — Pogg. Ann. LX, 285.
[2]) Pogg. LX, 289.

erforderlich ist. Wegen der leichteren Erstarrbarkeit der Steinschlacken bilden sich öfters Ansätze im Ofen.

Schmelzöfen. Mit der bei den Steinschmelzarbeiten erforderlichen geringeren Temperatur, als beim Schliegschmelzen, steht auch die Anwendung niedriger Sumpföfen, der Krummöfen, in Verbindung. Früher wurde ein Theil des gerösteten Steins mit Schlieg im Hohofen durchgeschmolzen, wobei die Oxyde des ersteren auf den Bleiglanz entschwefelnd wirken sollten. Man brauchte jedoch mehr Eisen, erhielt mehr Stein und eine unreine heissgrädige Schlacke, während gleichzeitig wegen Hindurchrollen des Schliegs zwischen den Stein der Ofengang öfters in Unordnung kam.[1])

Brennmaterial. Als Brennmaterial[2]) wandte man früher nur Holzkohlen an; seit 1816 ist ein Gemenge von Holzkohlen und Koks in Gebrauch, welche letzteren ein rascheres und vortheilhafteres Schmelzen herbeigeführt haben, in Folge dessen an Arbeitslöhnen und Brennmaterial gespart wird, während gleichzeitig ein reineres Ausschmelzen stattfindet. Die dichteren Hannoverschen Gaskoks leisten mehr, als die grossblasigen Schaumburger Koks.

Schmelzgang. Das Steinschmelzen, ebenfalls ein Nasenschmelzen, geht wegen der basischeren Beschaffenheit der Schlacken weit hitziger, als die Schliegarbeit. Beide Schmelzoperationen stehen in einem innigen Zusammenhang wegen gegenseitiger Consumtion der erzeugten Schlacken. Die kieselerdereichern Schliegschlacken geben ein treffliches Auflösungsmittel für das oxydirte Eisen des gerösteten Steins, während umgekehrt die basischern Steinschlacken die in den Bleiglanzschliegen enthaltene Kieselerde aufzunehmen vermögen. Je besser das Schliegschmelzen, desto besser geht auch das Steinschmelzen, und umgekehrt; und zwar ist dann der Betrieb am geregeltsten, wenn nicht mehr Steinschlacken fallen, als zur Schliegarbeit erforderlich sind. Wie später gezeigt werden wird, hat man das Verhältnis des Werke- und Steinfalls hauptsächlich durch den grössern oder geringern Eisenzuschlag in der Gewalt.

---

[1]) Zimmermann Harzgebirge. II, 70.
[2]) Ueber Brennmaterialien siehe: Neuer Schauplatz d. Bergwerkskunde. XIV. — Scheerers Metallurgie. I, 135.

2. Kupferarbeit.

Die Oberharzer Kupferarbeit bezweckt die Zugutemachung von silberarmem Kupferkies und von silberhaltigen Kupfersteinen, welche bei der Bleiarbeit entstanden sind und deren Kupfergehalt von bei der Aufbereitung nicht völlig abscheidbarem Kupferkies oder von beim Bleischliegschmelzen absichtlich zugesetzten silberhaltigen Kupfererzen (Fahlerzen zu Andreasberg) herrührt. Die Bearbeitung der Erze und Steine geht bis dahin fast einen gemeinsamen Weg, wo die Abscheidung des Silbers beginnen soll.

Im Allgemeinen ist das Ausbringen des Kupfers ein sehr zusammengesetzter Prozess, weil die Kupfererze in der Regel noch andere Metalle, gewöhnlich Eisen, Blei, Arsenik, Antimon, Silber, Zink etc., enthalten, und es zur Gewinnung eines fehlerfreien Metalles durchaus nöthig ist, diese Beimengungen sorgfältig abzuscheiden.

Die bekannten hauptsächlichsten Kupfergewinnungsmethoden lassen sich unter folgende Abtheilungen bringen:

1. Abtheilung. Zugutemachungsmethoden auf trockenem Wege.
 1. Abschnitt. Für geschwefelte Erze.
  1. Kapitel. Die Erze etc. werden zu wiederholten Malen geröstet und einem reducierenden und solvierenden Schmelzen in Schachtöfen unterworfen, wobei die Kohle als Reductionsmittel dient. Am Harz für Kupferkies und Kupferbleisteine; im Mansfeldschen[1]) und zu Riechelsdorf[2]) für Kupferschiefer; in Freiberg[3]) für Kupferbleisteine; zu Fahlun[4]) für Kupfersteine; in Ungarn[5]) für Erze und Steine; Banat[6]) für Erze; Nassau für Erze etc.

---

[1]) Ann. d. min. 3. Ser. XVII, 257. — Hartm. Repert. II, 490. — Karst. Arch. 1. R. XI, 418; 2. R. XVI, 367; VIII, 225. — Bgwkfr. I, 22, 33, 100, 134; V, 209; VII, 23. — Russeg. Reis. IV, 712. — Rammelsb. Met. 1850. p. 221.
[2]) Erdm. J. f. pract. Ch. XXXVII. Heft 3 u. 4. — Bgwkfr. X, 305, 321, 337. — Berg- u. hüttenm. Ztg. 1846. p. 617. — Rammelsb. Met. p. 236.
[3]) Winklers Schmelzprozesse. 1837. p. 165.
[4]) Erdm. J. f. ök. Ch. III, 285; IV, 310; XII, 207, 318. — Hausm. Skandin. Reis. V, 160. — Russeg. Reis. IV, 630. — Polyt. Centr. 1850. p. 500. Berg- u. hüttenm. Ztg. 1850. p. 193. — Rammelsb. Met. p. 218.
[5]) Erdm. J. f. pract. Ch. 1834. I, 193. — Bgwfr. VI, 101, 177. — Karst. Arch. 2. R. IX. 439, 405. — Hartm. Repert. II, 459. — Ann. d. min. 3. Ser. IX, 17. — Neuer Schauplatz d. Bgwkde. XII, 73.
[6]) Ann. d. min. 4. Ser. X, 555, 577. — Lampad. Fortsch. 1839. p. 135.

2. **Kapitel.** Die Erze werden geröstet und im **Flammofen** verschmolzen, wobei die unzersetzten Schwefelungen auf das beim Rösten gebildete Kupferoxyd reducirend wirken. **England,**[1]) **Norwegen,**[2]) **Mansfeld, Freiberg,**[3])**Hamburg, Dillenburg.**

2. **Abschnitt.** Für oxydirte Erze in Schachtöfen. **Chessy,**[4])**Perm.**[5])

2. **Abtheilung.** Zugutemachungsmethoden auf nassem Wege. (Cementkupferdarstellung.)

1. **Abschnitt.** Kupfervitriolhaltige Grubenwasser werden durch Eisen zersetzt. **Schmöllnitz,**[6]) **Anglesea,**[7]) **Moldawa,**[8]) **Napiers Verbesserungen.**[9])

2. **Abschnitt.** Oxydirte Kupfererze werden mit schwefelsauren Dämpfen behandelt, mit Wasser ausgelaugt und die Lauge durch Eisen zersetzt. **Stadtberg in Westphalen.**[10])

3. **Abschnitt.** Gemahlene Kupferkiese werden schwefelsauren Dämpfen ausgesetzt und der ausgezogene Kupfervitriol der Cementation unterworfen.[11])

4. **Abschnitt.** Kupfervitriolhaltige Laugen werden durch Eisen bei gleichzeitiger Anwendung eines galvanischen Stromes zersetzt.[12])

Flammofen-schmelzen.
Der **Flammofenbetrieb** ist hauptsächlich in **England** ausgebildet und in Deutschland wegen Mangels an passendem Brennmaterial weniger gebräuchlich. Er ist hier z. B. eingeführt zu **Freiberg** für arme blendige Kupfererze, zur Concentration der Kupferbleisteine und zur Raffination des Schwarzkupfers; im **Mansfeldschen** zur Concentration der Kupfersteine und zur Raffination des Schwarzkupfers; auf dem **Elbuferkupferwerk** bei Hamburg findet ein vollständiger Flammofenbetrieb statt. Früher war er auch zu **Dillenburg**[13]) gebräuchlich, arbeitete jedoch theurer als der

---

[1]) **Karst.** Arch. 1. R. VIII, 160. — **Hartm.** Repert. II, 506. — **Russeg.** Reis. IV, 428, 467. — Ann. d. min. 4. Ser. XIII, 3. — Berg- u. hüttenm. Ztg. 1848. p. 780; 1849. p. 305. — **Rammelsb.** Met. 1850. p. 251. — **Lampad.** Fortsch. 1839. p. 54.

[2]) **Russeg.** Reis. IV, 601, 613.

[3]) Jahrb. f. d. Sächs. Berg- u. Hüttenm. 1848. p. 81.

[4]) Ann. d. min. 2. Ser. VII, 293. — **Karst.** Arch. XVIII, 183. — **Berth.** Probkst. n. **Kersten** II, 404. — **Dumas** IV, 196. — **Rammelsb.** Met. p. 277.

[5]) Bgwkfr. VII, 431; IX, 159. — **Rammelsb.** Met. p. 278.

[6]) **Dumas** angew. Chem. 1835. IV, 231.   [7]) Ibid. IV, p. 230.

[8]) **Lamp.** Fortsch. 1839. p. 137.

[9]) Bgwkfr. X, 463. — Berg- u. hüttenm. Ztg. 1845. p. 1057.

[10]) Ann. d. min. 4. Ser. I, 477. — Bgwkfr. VI, 417.

[11]) Bgwkfr. XII, 669.   [12]) Bgwkfr. X, 140.

[13]) Bgwkfr. XIII, 33. — Ann. d. min. 4. Ser. XIII, 337.

Schachtofenbetrieb. Während das Kupferausbringen bei beiden gleich war, betrugen die Zugutemachungskosten beim Schachtofenbetrieb für 1 Ct. Erz 1 Fl. 39 Kr. und für 1 Ct. Gaarkupfer 7,06 Fl., beim Flammofenbetrieb resp. 1 Fl. 36 Kr. und 13,85 Fl.

Interessant sind die Versuche von Rivot und Phillips,[1]) gerösteten Kupferkies mit Flussmitteln im Flammofen zu schmelzen und aus der flüssigen Masse das Kupfer durch metallisches Eisen bei gleichzeitiger Anwendung von Kohle auszufällen. Napier[2]) hatte sich vorher zu demselben Zwecke des metallischen Eisens bei gleichzeitiger Anwendung eines galvanischen Stromes bedient.

Alle Kupfergewinnung aus geschwefelten Erzen und Producten auf trockenem Wege beruht auf dem chemischen Grundsatze, dass die dem Kupfer beigemengten Metalle, bis auf Silber und Gold, zum Sauerstoff grössere Verwandtschaft haben, als jenes, dass es sich aber mit der Verwandtschaft zum Schwefel umgekehrt verhält. Röstet man nun geschwefelte Kupfererze oder Kupfersteine, so verflüchtigt sich ein Theil Schwefel, Arsen und Antimon, und es bilden sich Oxyde, schwefel-, arsen- und antimonsaure Metallsalze, während ein Theil des Röstgutes unzersetzt bleibt. Enthält der Kupferstein, wie dies gewöhnlich der Fall ist, Schwefeleisen, Schwefelkupfer und Schwefelsilber, so wird zuerst das Schwefeleisen, dann das Schwefelkupfer und zuletzt das Schwefelsilber in schwefelsaures Salz verwandelt. Bei der Temperatur, wo die Bildung des Silbervitriols geschieht, wird der Kupfervitriol zum grossen Theil, das schwefelsaure Eisenoxyd ganz in Säure und Oxyd zerlegt. Die Schwefelsäure entweicht unzersetzt, wenn sie mit einer schwachen Base, z. B. Eisenoxyd, verbunden war, sonst zerlegt sie sich in schweflige Säure und Sauerstoff, welche dann entweichen, z. B. in Verbindung mit Kupfer- und Silberoxyd. Wird nun das Röstgut bei Zuschlag von kieselerdehaltigen Substanzen, falls solche nicht schon mit den Erzen einbrechen, einem reducierenden Schmelzen bei einer zweckmässigen Temperatur unterworfen, so reducirt sich das Kupferoxyd zu Kupfer, das schwefelsaure Kupferoxyd zu Schwefelkupfer — bei rasch und schnell steigender hoher Temperatur bildet sich mehr Schwefelkupfer aus dem schwefelsauren Kupfer-

---
[1]) Bgwkfr. XI, 696; XII, 406. — Ann. d. min. 4. Ser. XIII, 251.
[2]) Bgwkfr. XI, 584; XII, 270, 406.

oxyd, bei dunkler Rothglühhitze entsteht unter Entwickelung von schwefliger und Kohlensäure metallisches Kupfer — und beide geben dann in Vereinigung mit den unzersetzten Schwefelungen einen neuen Stein (Rohstein), in welchem sich alles Kupfer stets als Ċu vorhanden concentriert hat. So lange die Beschickung noch mehr Schwefel enthält, als das Kupfer zu seiner Verbindung bedarf, geht nichts davon in die Schlacken, sondern alles in den Stein, indem entweder das Kupferoxyd reduciert wird oder sich mit dem Schwefeleisen zu Schwefelkupfer und Eisenoxydul umsetzt. Die andern Metalloxyde, namentlich Eisenoxyd und Zinkoxyd, werden von der Kieselerde verschlackt. Waren im Röstgut Antimon- und Arsenverbindungen vorhanden, so erzeugt sich nebenbei auch wohl noch Speise. (Unterharzer Königskupfer). Soll die Concentration des Kupfers im Stein und die Abscheidung der fremden Oxyde durch Verflüchtigung und Verschlackung gut vor sich gehen, so muss der Röst- und Reductionsprozess zweckmässig geleitet werden.

Röstprozess. In Betreff der Röstung kommt zur Frage, wie weit dieselbe zweckmässig zu treiben ist und wie oft sie in Verbindung mit dem reducierenden Schmelzen wiederholt werden muss, um ein Product von möglichst guter Qualität zu erhalten.

Es gilt in dieser Hinsicht die Erfahrung, dass das Kupfer aus unreinen antimon-, arsen- und bleihaltigen Erzen oder Producten um so besser wird, je schwächer, aber je öfter man röstet und reduciert, weil hierbei den fremden Beimengungen wiederholt Gelegenheit gegeben wird, sich zu verflüchtigen und zu verschlacken. Fehlerhaft ist es hiernach, schon das erste Mal die Röstung so weit zu treiben, dass wegen mangelnden Schwefels zur Steinbildung metallisches Kupfer (Schwarzkupfer) resultirt, welches einen grossen Theil der fremden Beimengungen aufgenommen hat, während gleichzeitig ein Verlust des durch Schwefel nicht geschützten Kupfers durch Verschlackung entstanden ist. Solches unreines Kupfer lässt sich nur mit bedeutenden Schwierigkeiten und Verlusten durchs Gaarmachen reinigen und liefert nie ein Product von besonderer Qualität. Zweckmässig beim Rösten der letzten Steine ist die Anwendung von Kohle, welche auf die gebildeten antimonsauren und arsensauren Metalloxyde reducierend einwirkt und die Verflüchtigung des Antimons und Arsens befördert.

Während der Zweck des Röstens die Oxydation und Verflüch- *Reducierendes Schmelzen.*
tigung der fremden metallischen Beimengungen in den Kupfererzen oder Kupfersteinen ist, so will man durch das reducierende Schmelzen des Röstgutes — Rohschmelzen bei Erzen — einestheils die Verschlackung der erdigen Substanzen und des beim Rösten gebildeten Eisenoxyds, so wie auch möglichste Entfernung des Arsens, Antimons, Zinks, Bleies etc. durch Verflüchtigung und Verschlackung, anderntheils die Reduction des Kupferoxyds und schwefelsauren Kupferoxyds herbeiführen, welche letzteren dann mit den beim Rösten unzersetzt gebliebenen Schwefelungen Stein geben.

Die Oxyde des Bleies, Wismuths, Antimons, Nickels, Kobalts und Kupfers sind bedeutend leichter reducierbar, als die des Eisens, Mangans, Zinns und Zinks. Während bei ersteren die Desoxydation schon bei einer mehr oder weniger starken Rothgluth stattfindet, so reducieren sich letztere erst in der Weissglühhitze.

Bei diesem Schmelzen spielt die Kieselerde eine Haupt- *Beschickung.*
rolle, und es kommt bei Anfertigung der Beschickung hauptsächlich darauf an, dass diese weder zu viel noch zu wenig davon enthält.

Bei einem richtigen Kieselsäureverhältnis verbindet sich das zu Oxydul reducierte Eisen als stärkere Base mit der Kieselerde, während das Kupferoxyd sich zu metallischem Kupfer reduciert und in den Stein geht. Enthält nun die Beschickung zu viel Kieselerde, so wird neben Eisen auch viel Kupfer verschlackt. Bei einem starken Uebermass davon wird die Beschickung zu strengflüssig, die Sätze gehen langsam im Ofen nieder, das oxydierte Eisen bleibt längere Zeit mit der Kohle in Berührung, es reduciert sich und bildet Eisensauen. Ganz derselbe Fall tritt ein, wenn Mangel an Kieselerde vorhanden ist. Das oxydierte Eisen kann nicht verschlackt werden, es reduciert sich und bildet Eisensauen. Diese setzen sich auf der Herdsohle fest und bringen den Ofengang in Unordnung. Gleichzeitig bleibt viel Schwefeleisen im Stein und dieser wird kupferärmer.

Man beurtheilt die Zweckmässigkeit der Beschickung gewöhnlich nach der Beschaffenheit der Schlacke. Diese muss dünnflüssig, also frisch sein, ohne eine rothe Färbung von verschlacktem Kupfer zu zeigen.

Schmelzöfen. Da zur Bildung von Singulosilicatschlacken keine sehr bedeutende Temperatur erforderlich ist, so wendet man beim Verschmelzen der Kupfererze und Kupfersteine gewöhnlich Krummöfen an, weil sie ausserdem bei einem bedeutenden Eisengehalt jener kupferhaltigen Substanzen weniger Veranlassung zur Bildung von Eisensauen geben. Höhere Oefen mit oder ohne Rast*) eignen sich nur für arme erdenreiche Erze wie z. B. für die Kupferschiefer im Mansfeldschen und Hessischen.

Die Oberharzer Kupferöfen sind entweder als Brillenöfen (Altenau und Lautenthal) oder als Sumpföfen (Andreasberg) zugemacht. Beide Methoden haben ihre Vortheile und Nachtheile. Die Brillenöfen sind, weil sie keines Vorherdes bedürfen, mit weniger Kosten herzustellen, indem das dazu nöthige Gestübbe, das Brennmaterial zum Abwärmen und die öfters erforderliche Ausbesserung des Vorherdes, wie sie bei Sumpföfen vorkommt, gespart wird. Gleichzeitig fällt dabei das beschwerliche Abstechen und Reinerhalten des Stiches weg, und sie gestatten das Durchsetzen einer grossen Menge Schmelzgut in einer gegebenen Zeit, weil das Geschmolzene fortwährend abfliesst, während sich im Sumpfofen beim Vollwerden des Herdes die Schlacke durch den Stein hindurch unter der Vorwand hin drängen muss, wodurch eine Verzögerung des Schmelzens entsteht. Ferner machen die Brillenöfen längere Campagnen und sollen ein besseres Product liefern, weil bei dem Zutritt der Luft zu der glühend aus dem Auge tretenden Schmelzmasse noch oxydable Stoffe entfernt werden können. Dagegen veranlassen sie einen grössern mechanischen Kupferverlust, als die Sumpföfen. Stein und Schlacke fliessen zusammen durchs Auge und separieren sich erst im Vortiegel. Soll dies gehörig geschehen, so muss die Schlacke hitzig, stark basisch sein und sie erstarrt dann um so leichter und schliesst dabei Stein mechanisch ein. Fast

---

*) Bäntsch Beitrag zur Feststellung einer Theorie der Anwendung hoher Rastöfen beim Blei- und Kupferhüttenprozesse. Bgwkft. II, 257.

immer greift die im Vortiegel obenaufgehende Schlacke unter sich und vermengt sich mit Stein, welcher verloren gehen würde, wenn man die unmittelbar über ihm befindliche Schlackenschicht nicht immer wieder durchsetzte. Bei Sumpföfen sondert sich Stein und Schlacke bei gehörigem Hitzegrade schon im Vorherd und dadurch wird die Arbeit reinlicher. Die Gewohnheit spricht jedoch bei beiden Schmelzmethoden mit.

Koks geben wegen Beschleunigung des Schmelzens bei Brennmaterial. Kupferarbeiten einen guten Effect und werden entweder für sich oder im Gemenge mit Holzkohlen angewandt.

Die genannte Röst- und Reductionsarbeit muss mit den Schwarzkupferdabei fallenden Kupfersteinen um so öfter wiederholt werden, je schmelzen. unreiner sie sind. Daraus entspringt auf den Oberharzer Hütten das Roh-, Mittel- und Spursteindurchstechen, welche letztere beiden Prozesse man anderwärts wohl mit Concentrieren oder Spuren bezeichnet. — In Andreasberg ist ausserdem zur Reinigung der antimon- und arsenreichen Kupferbleisteine das Verblasen derselben (Steintreiben) üblich. — Der Schwefelgehalt des Steins hat bei den letzten Röstungen[1]) so bedeutend abgenommen, dass er das beim reducierenden Schmelzen gebildete metallische Kupfer nicht mehr aufzunehmen vermag und sich dieses in Substanz als Schwarzkupfer[2]) ausscheidet.

Die Bildung des Schwarzkupfers aus gerösteten Kupfersteinen wird ausser durch Reduction des Oxydes durch Kohle noch durch die Einwirkung des unzersetzten Schwefelkupfers aufs Kupferoxyd befördert, wie der auf dieser Thatsache beruhende Englische Flammofenprozess lehrt. $\dot{C}u + 2 \dot{C}u = 4 Cu + \ddot{S}$. Zuweilen enthalten sehr kupferreiche Steine nach starker Verröstung Kupferoxydul, durch Einwirkung des überschüssigen Kupferoxyds aufs unzersetzte Schwefelkupfer gebildet. $6 \dot{C}u + \dot{C}u = 4 \dot{C}u + \ddot{S}$.

Je mehr sich die genannten Reductionsprozesse dem Ende

---

[1]) Heine über den Röstprozess der Kupfersteine in Stadeln (Bgwkfr. I, 49, 81, 113) und in Schachtöfen (ibid. I, 97). — Bredberg über die Röstungsart der Kupfersteine. Erdm. J. f. ök. u. techn. Ch. I, 56. — Lamp. Fortschr. 1839. p. 134.
[2]) Heine über den Einfluss warmer und kalter Gebläseluft beim Schwarzmachen. Bgwkfr. I, 297.

nähern, um so mehr Kupfer wird, obgleich kein Ueberschuss an Kieselerde vorhanden ist, verschlackt, weil dasselbe bei mangelndem Schwefelgehalt nicht hinreichend mehr gedeckt wird. Solche kupferreichen Schlacken werden gewöhnlich bei den früheren Steinschmelzungen vorgeschlagen.

Gaarmachen des Schwarzkupfers. Das Schwarzkupfer, ein unreines, Eisen, Nickel, Antimon, Arsen, Blei, Zink etc. enthaltendes Product bedarf noch einer sehr sorgfältigen Reinigung, des Gaarmachens, weil geringe Mengen fremder Metalle dem Kupfer seine Geschmeidigkeit nehmen. Diese Operation, welche mit dem Schwarzkupfer direct vorgenommen wird, wenn dasselbe keinen mit Vortheil ausziehbaren Silbergehalt besitzt (Oberharzer Kiesschwarzkupfer), besteht in einem oxydierenden Schmelzen im kleinen oder grossen Gaarherde (Spleissofen), wobei, dem allgemeinen Grundsatze der Kupfergewinnung entsprechend, die fremden Bestandttheile durch die Gebläseluft früher oxydiert werden, als das Kupfer. Es kommt hierbei darauf an, an gewissen Kennzeichen, die aber nach der Qualität des Kupfers variieren, zu erkennen, wann der Oxydationsprozess unterbrochen werden muss. Geschieht dies zu früh, so bleibt das Kupfer unrein, zu jung; wird er zu weit getrieben, so nimmt das Kupfer, zwar von den fremden Metallen gereinigt, Kupferoxydul auf und wird kaltbrüchig, übergaar.

Auf den Harzer Hütten pflegt man das Kupfer etwas übergaar zu machen, um die fremden Beimengungen möglichst zu entfernen, und bleibt ein geringer Gehalt an letzteren zurück, so wird ihr schädlicher Einfluss durch das Kupferoxydul etwas aufgehoben. Uebergaares Kupfer pflegt nicht zu sprühen, weshalb über den Harzer Gaarherden keine Flugstaubkammern angebracht sind, wie dies im Mansfeldschen der Fall ist, wo man das Kupfer eben gaar macht. Zur Erkennung der Gaare nimmt man von Zeit zu Zeit Gaarproben. Dies kann geschehen:

1. dadurch, dass man ein blankes cylindrisches Eisen (Gaareisen) durch die Form in die flüssige Metallmasse taucht und nach der Farbe, dem Gefüge und der Dicke der anhaftenden und abgelösten Kupferschicht (Gaarspahn) die Qualität des Kupfers beurtheilt. (Verfahren am Harz, im Mansfeldschen etc.)

2. dadurch, dass man eine Probe ausschöpft, zu einem Zain giesst und diesen im Schraubstock durch Biegen, Hämmern etc. auf seine Festigkeit und Geschmeidigkeit prüft. (Verfahren beim Raffinieren des Kupfers im Flammofen.)

Dem Gaarmachen im kleinen Herde unterwirft man im Allgemeinen reinere Schwarzkupfer. Unreine dagegen, deren fremde Beimengungen bei der nicht zu vermeidenden Berührung mit Kohle im kleinen Herde immer wieder theilweise reduciert werden würden, macht man im grossen Herde (Spleissofen) gaar, wo bei dem Getrenntsein des Kupfers vom Brennmaterial eine weit kräftigere Verschlackung der beigemengten Metalle stattfindet. Ausserdem lassen sich im Spleissofen bei Anwendung rohen Brennmaterials grössere Quantitäten Kupfer auf einmal verarbeiten. Man wirft zwar dieser letzteren Methode einen bedeutenderen Kupferverlust durch Verschlackung vor; es ist jedoch wahrscheinlich, dass die zu erlangende grössere Reinheit des Kupfers diesen Verlust, falls er wirklich stattfinden sollte, überwiegt. In Spanien wenigstens ist nach der Mittheilung des Professors Rivot das Gaarmachen im Spleissofen vortheilhafter gefunden, als das im kleinen Herde und letzteres nur bei ganz antimon- und arsenfreien Schwarzkupfern in Anwendung. Es findet jedoch dabei ein steter Kampf zwischen Oxydation und Reduction bei grosser Brennmaterialverschwendung statt, weshalb man sich in neuerer Zeit immer mehr dem vollkommeren Englischen Verfahren des Gaarmachens im Flammofen (Mansfeld, Freiberg etc.) zuwendet.

Während das im kleinen Herd erhaltene Kupfer hauptsächlich wegen seines Gehaltes an Kupferoxydul die zur Verarbeitung erforderliche Geschmeidigkeit und Dehnbarkeit nicht besitzt und durch eine nochmalige Reinigung, das Hammergaarmachen, von jener Beimengung befreit werden muss, so resultiert beim Raffinieren des Schwarzkupfers im Flammofen gleich hammergaares Kupfer.

Sehr unreines Schwarzkupfer macht man wohl zweimal im Spleissofen gaar, und nennt dann das erste Gaarmachen Verblasen. Man hält im Handel das Kupfer für um so besser, je dünner die Scheiben beim Rosettieren aus dem kleinen Herde ausfallen. Diese sind jedoch aus ein und demselben Herde fast niemals gleichartig; während die obersten gaar sind, sind es die mittleren weniger und am wenigsten die Könige.

Im Mansfeldschen hat man versucht, das Kupfer durch Polen, d. h. durch Umrühren mit grünen Holzstangen im kleinen Herde gleichartiger und gleich hammergaar zu machen; dies ist zwar gelungen, allein nur mit einem bedeutenden Brennmaterial- und Zeitaufwande. Polt man zu lange, so nimmt das Kupfer Kohle auf und wird brüchig, und es besteht eben die Kunst des Kupferraffinierens im Flammofen darin, das beim oxydierenden Schmelzen des Kupfers aufgenommene Kupferoxydul durch die beim Polen entwickelten Gase zu reducieren, ohne Kohle ins Kupfer zu führen. — Heisse Gebläseluft,[1]) welche erfahrungsmässig bei Oxydationsprozessen weniger zu leisten pflegt, als bei Reductionsprozessen, bewirkt ein zu rasches Einschmelzen und zu langes Gaaren des Kupfers; nasse Kohlen[2]) erhöhen den Zeitaufwand und in Folge dessen den Kupferverlust durch Verschlackung und Verflüchtigung. Zu weiche (Birken- und Aspenkohlen etc.) und zu harte Kohlen (Eichen- und Buchenkohlen) taugen weniger, als Kiefern- und Tannenkohlen. Augustin[3]) empfiehlt beim Gaarmachen im kleinen Herde einen Zuschlag des Schafhäutlschen Mittels zur Reinigung des Kupfers. — Nach Bredberg[4]) kürzt ein Kieselsäurezusatz die Gaarungszeit ab und wirkt besonders auf die Verschlackung des Bleies günstig. Vortheilhaft erwies sich auch bei bleireichen Schwarzkupfern ein stark kalkhaltiger Herd, der das Bleioxyd einsog. — Kalk- und kalihaltige Zuschläge[5]) zeigten keinen bedeutenden Einfluss. — Auf einigen Schwedischen Hütten hat man das Scheibenreissen gegen das Schöpfen[6]) des Kupfers in Formen ausgetauscht, um die Unglücksfälle beim Scheibenreissen und den Verlust an abbröckelndem Kupfer beim Transport zu vermeiden, ausserdem aber auch durch die mögliche Signierung der Kupferbarren den Gewinnungsort bekannt zu machen, während die Scheiben aus allen Werkstätten gleich sind.

Ein antimon- und nickelhaltiges Schwarzkupfer liefert beim Gaarmachen ein mit sogenanntem Kupferglimmer $(\overset{..}{Cu}, \overset{..}{Ni})^{12} \overset{..}{Sb}$, durchzogenes Gaarkupfer, welches dadurch kaltbrüchig gemacht wird. Man pflegt solchem Kupfer beim Gaaren etwas Blei zuzusetzen, welches sich oxydiert und den Kupferglimmer verschlackt, allein es bleibt dann stets ein Theil Blei beim Kupfer, so dass aus glimmerigem Kupfer niemals ein tadelloses Product erfolgt.

---

[1]) Bgwkft. I, 185.   [2]) Ibid. I, 153.   [3]) Ibid. I, 129.
[4]) Ibid. V, 321; XIII, 457.   [5]) Lamp. Fortschr. 1839. p. 140.
[6]) Bgwkfr. V, 325; XIII, 458.

Diese solvierende Eigenschaft des Bleioxyds[1]) ist bei Hüttenprozessen von grosser Wichtigkeit. Dasselbe lässt sich mit leichtflüssigen Oxyden in allen Verhältnissen zusammenschmelzen; von den schwerschmelzbaren nimmt es aber nur gewisse Quantitäten auf und mit manchen Schwefelmetallen verbindet es sich zu Oxysulphureten.

Ein bedeutender Nickelgehalt[2]) macht die Reinigung des Kupfers schwierig, weil sich dieses bei seiner Strengflüssigkeit durch Verschlackung nicht völlig abscheiden lässt. Die Masse ist schwer in Fluss zu bringen, und es bildet sich, wie z. B. beim Verblasen des nickelreichen Verblaseschlackenkupfers zu Altenau, eine mehr gesinterte nickelreiche Kruste, als eigentliche Schlacke.

Das auf den Oberharzer Hütten im kleinen Herde dargestellte Kupfer geht unmittelbar in den Handel. Es lässt sich jedoch in diesem Zustand wegen seines Kupferoxydulgehaltes weder walzen noch hämmern und muss, um diese Eigenschaften zu erlangen, hammergaar gemacht werden. Diese Operation, welche z. B. mit einem Theile der Unterharzer Kupfer zu Oker vorgenommen wird, besteht in einem Einschmelzen desselben bei schwachem Winde in einem dem kleinen Gaarherde ähnlichen Apparate, wobei durch die anwesende Kohle das Kupferoxydul reduciert wird. Bleibt das Kupfer zu lange mit der Kohle in Berührung, so nimmt es einen Theil davon auf und wird wieder spröde und brüchig. Man ermittelt den Grad der Gaare durch viele rasch hinter einander mit einem kleinen Gaareisen genommene Proben (Gaarspäne), welche sehr dünn sein und sich in der Wärme und Kälte hämmern und biegen lassen müssen, ohne zu brechen.

Ist diese Periode eingetreten, so wird das Gebläse abgestellt und das Kupfer, wenn es bis zu einer gewissen Temperatur erkaltet ist, in gusseiserne Formen zu sogenannten Hartstücken gegossen, welche noch rothwarm unter dem Hammer abgepocht werden, wobei sich Kupferasche oder Hammerschlag ablöst.

Wird das hammergaare Kupfer bei zu hoher Temperatur gegossen, so dehnt es sich aus, es steigt in den Formen, und in Folge dessen entstehen

---

[1]) Berthier Probkst. n. Kerst. 1835. I, 314.
[2]) Lampad. Fortschr. 1839. p. 139.

Blasenräume und undichte Stellen im Innern, die dasselbe zu weiterer Verarbeitung untauglich machen. Einige suchen den Grund hiervon in Cohäsionsverhältnissen, in dem Eintritt einer krystallinischen Bildung im Innern der Masse, Andere in einem Schwefelgehalte, und wieder Andere darin, dass Kupfer, ähnlich wie Silber, Sauerstoff absorbiert und diesen beim Erkalten fahren lässt. Dass Kupfer Sauerstoff wirklich absorbiert, haben Marchand und Scheerer[1]) evident nachgewiesen und man kann sich dadurch die heftigen, zuweilen bei nicht gehöriger Vorsicht Unglücksfälle herbeiführenden, Explosionen erklären, welche entstehen, wenn man flüssiges Kupfer in Wasser giesst (Granulieren[2]) zu Oker) oder beim Scheibenreissen auf die noch nicht hinreichend erkaltete Oberfläche Wasser bringt. Bei der dadurch bewirkten raschen Erstarrung entweicht der Sauerstoff plötzlich und wirft das Kupfer umher. Hierdurch erklärt sich auch die Entstehung des Spritzkupfers beim Gaarmachen, dadurch veranlasst, dass der mit deutlich hörbarem Zischen entweichende Sauerstoff Kupfertheilchen mit in die Höhe reisst. Unreines Kupfer zeigt diese Erscheinung wenig oder gar nicht.

Man kann das Steigen des Kupfers dadurch verhindern, dass man dasselbe bei einer bestimmten Temperatur, wobei vielleicht der Sauerstoff schon entwichen ist und eine schnelle Erstarrung eintreten muss, giesst oder etwas Blei oder Zink[3]) zusetzt, wodurch dasselbe aber zu den feinsten Arbeiten untauglich wird. Das Kupfer ist nämlich ungemein empfindlich, die geringste Beimengung anderer Stoffe hat einen nachtheiligen Einfluss auf seine Festigkeit und Geschmeidigkeit. Eisen, Arsen und Antimon machen dasselbe roth- und kaltbrüchig; Zink, Zinn, Wismuth und Kohlenstoff veranlassen Rothbruch und Kupferoxydul Kaltbruch. Kohlenstoffhaltiges Kupfer erzeugt sich, wenn man dasselbe beim Gaarmachen der reducierenden Wirkung der Kohle zu lange aussetzt. Hat es sich im Flammofen durch zu langes Polen erzeugt, so muss man das Gebläse wieder einwirken lassen; ist es im kleinen Herd entstanden, so setzt man wohl einige Scheiben frischen Kupfers zu. Solches kohlenstoffhaltiges Kupfer hat einen sehr grobkörnigzackigen, stenglichen Bruch mit gelblichem Schimmer und starkem Glanze, wird beim Schmieden sehr gleichartig sehnig und verhält sich in Bezug auf seinen Flüssigkeitszustand fast wie reines Kupfer.

Kupferoxydulhaltiges Kupfer, bei zu langer Einwirkung der Gebläseluft gebildet, hat einen ziegel- bis braunrothen Bruch mit mattem Glanze, schuppigkörniges Gefüge, zeigt beim Ausschmieden nur einzelne sehnige Stellen, schmilzt leichter, als reines Kupfer, ist aber dickflüssiger und dehnt sich weniger aus.

---

[1]) Erdm. J. f. pract. Ch. XXVII, 195.
[2]) Winkler in Erdm. J. f. ök. u. techn. Ch. XII, 204.
[3]) Bgwkfr. IX, 384.

Unreines Kupfer, welches die obengenannten Metalle ohne gleichzeitige Beimengung von Kohle und Kupferoxydul enthält, hat eine unreine Farbe, eine schuppigkörnige Textur und mattes Ansehen. Ein gleichzeitiger Gehalt an Kohle verschlechtert und ein solcher an Kupferoxydul verbessert dasselbe. Auch ein Nickelgehalt schadet dem Kupfer.

Reines hammergaares Kupfer zeigt einen rein fleischrothen, zackigen und seidenglänzenden Bruch, welcher beim Ausschmieden vollkommen sehnig und der Farbe und dem Glanze nach noch homogener wird.

Versuche,[1]) das Kupfer durch Zuschläge von kali- und kalkhaltigen Substanzen, desgleichen von Kieselerde zu verbessern, haben kein anwendbares Resultat geliefert, wohl aber ist Thomsons[2]) Reinigungsmethode für unreines Kupfer, von welcher beim Altenauer Kupferhüttenprozess weiter die Rede sein wird, nicht ohne guten Erfolg.

Ungleich complicierter, als vorhin angeführt, werden die Kupfergewinnungsprozesse, wenn die Erze oder kupferhaltigen Producte einen mit Vortheil extrahierbaren Silbergehalt besitzen, wie z. B. die aus den Oberharzer Bleiarbeiten kommenden Kupferbleisteine. Aus solchen Verhältnissen entspringt jedoch der Nachtheil, dass das ausgebrachte Kupfer fast nie rein von fremden Metallen ist. Während das der Entsilberung nicht unterworfene Oberharzer Kieskupfer als gutes Product in den Handel geht, so wird das aus obigen Steinen erzeugte, vorher entsilberte Kupfer als Krätzkupfer bezeichnet.

Entsilberung des Kupfers.

Die Ausziehung des Silbers geschieht entweder aus Kupfererzen oder aus kupferhaltigen Steinen oder aus Schwarzkupfer, und es kommen hierbei folgende Silbergewinnungsmethoden[3]) vor:

Silbergewinnungsmethoden.

1. Abtheilung. Silbergewinnung auf trockenem Wege.
   1. Abschnitt. Einschmelzen reicher Erze in Tiegeln. Kongsberg (Hausm. Skandin. Reise. II, 33. — Russeg. Reise. IV, 551).
   2. Abschnitt. Silbergewinnung mittelst Blei.
      1. Theil. Gewinnung von silberhaltigem Blei (Werkblei).
         1. Kapitel. Bleiarbeit mit silberhaltigen Erzen.
            A. Verschmelzen reicher ungerösteter Silbererze mit ungerösteten Bleierzen oder bleiischen Producten, Kalk und Eisenfrischschlacken in niedrigen Krummöfen. Allemont (J. d. min. Nr. LIX, 807. — Karst. Met. V, 508); mit Eisen in hohen

---

[1]) Lampad. Fortschr. 1839. p. 140.
[2]) Bgwkfr. II, 31. — Dingl. LXXIII, 283.
[3]) Ueber die Auswahl einer Entsilberungsmethode siehe Lampad. in Erdm. J. f. ök. u. tech. Ch. VII, 297.

Schachtöfen. Andreasberger reiche Blei-, Arsenikrückstands- und Fahlerzarbeit.

B. Verschmelzen silberhaltiger Bleiglanze im ungerösteten Zustande mit Entschwefelungsmitteln (Niederschlagsarbeit) und zwar:
  a. Mit metallischem Eisen. Oberharz, Tarnowitz (Karst. Arch. 1. R. I, 135; VI, 170; VII, 54; 2. R. VIII, 103, — Erdm. J. f. ök. u. techn. Ch. XV, 120, 137, 392. — Ann. d. min. 4. Ser. XIII, 271. — Bgwkfr. IX, 369. — Rammelsb. Met. p. 172. — Karst. Met. V, 157.) Victor Friedrichshütte bei Neudorf (Zimmerm. Harzgeb. II, 105. — Bgwkfr. XI, 572. — Zinken der östl. Harz. 1825. Rammelsb. Met. p. 184.), Emser Hütte im Nassauschen (Berthiers Probkst. nach Kersten II, 633, 651. — Erdm. J. f. ök. u. techn. Ch. XIII, 204).
  b Mit Eisensteinen. Banat (Karst. Arch. 2. R. IX, 434). Vedrin (J. d. min. XXXIII, 401. — Karst. Met. V, 146).
  c. Mit gerösteten eisenhaltigen Roh- und Bleisteinen. Sala (Erdm. J. f. ök. u. techn. Ch. I, 314, 465; VI, 113. — Hausm. Skandin. Reise. V, 127, 173. — Russeg. Reis. IV, 641).
  d. Mit Kalk und Eisenfrischschlacken. Commern (Karst. Arch. IX, 60. — Karst. Met. V, 150. — Russeg. Reise. IV, 381.)
  e. Mit Kalk und eisenreichen Bleisteinschlacken. Rastofenversuche zu Clausthal (Karst. Arch. 2. R. X, 131. Lamp. Fortschr. 1839. p. 77).

C. Verschmelzen gerösteter silberhaltiger Bleiglanze mit Entschwefelungsmitteln:
  a. Rösten der Erze in freien Haufen und Verschmelzen derselben mit Roheisen und Eisenfrischschlacken in Schachtöfen. Przibram (Ann. d. min. I, 27. — Berg- u. hüttenm. Ztg. 1843. p. 801. — Russeg. Reis. IV, 743).
  b. Rösten der Erze im Flammofen und Verschmelzen derselben mit Roheisen im Krummofen. Pontgibaud (Dumas IV, 280. — Berth. Probkst. nach Kerst. II, 629. — Erdm. J. f. ök. u. techn. Ch. XIII, 208).
  c. Rösten der Erze im Flammofen und Schmelzen derselben mit geröstetem Rohstein in Schachtöfen. Freiberg (Lamp. Httkde. 2. Thl. 1. Bd. p. 75, 235; dessen Suppl. II, 26, 152, 184. — Winkler Beschrb. d. Freib. Schmelzpr. 1837. p. 75. — Rammelsb. Met. 1850. p. 185. — Hartm. Repert. II, 390. — Jahrb. f. d. Sächs. Berg- u. Hüttenm. — Russeg. Reis. IV, 728).

d. **Rösten der Erze** theils im Flammofen, theils in freien Haufen und Verschmelzen derselben in Schachtöfen mit Roheisen oder silberhaltigen Eisensauen der Kupferhütten. Schemnitz (Ann. d. min. 4. Ser. X, 595. — Polyt. Centr. 1849. p. 217. — Bgwkfr. XIII. Nr. 1. — Karst. Arch. 1. R. XV, 382.); mit Eisenfrischschlacken und Spatheisenstein zu Holzappel (Karst. Met. V, 157. — Erdm. J. f. ök. u. techn. Ch. XIII, 207.)

D. **Verschmelzen gerösteter silberhaltiger Bleiglanze ohne besondern Zuschlag von Entschwefelungsmitteln.**

  a. Rösten schwefelkies- und blendereicher Bleiglanze in freien Haufen und Verschmelzen derselben in Schachtöfen. Unterharz, Gustavs Silberhütte zu Fahlun (Bgwkfr. XI, 604. — Erdm. J. f. ök. u. techn. Ch. VI, 179).

  b. Rösten reiner Bleiglanze in Flammöfen und Verschmelzen derselben in niedrigen Krummöfen. Schottische Bleisaigerarbeit zu Northumberland, Pesey (Karst. Arch. 1. R. VI, 148, 211, 227.), Villefort (Erdm. J. f. ök. u. techn. Ch. XIII, 198.)

  c. Rösten und Schmelzen reiner Bleiglanze in Flammöfen. Englischer, Französischer, Kärnthner Flammofenprozess. (Das Nähere darüber siehe 2. Abschn. A. Anhang 2.)

E. **Verschmelzen gerösteter silberhaltiger Kupfererze mit gerösteten Bleierzen oder Producten von der Treibarbeit.** Müsen (Erdm. J. f. ök. u. techn. Ch. XVI, 48.), Böhmen (Karst. Met. V, 512.)

2. Kapitel. Bleiarbeit mit silberhaltigen Steinen, welche entweder beim Verschmelzen silberhaltiger Erze mit Schwefelkies (Roharbeit zu Freiberg, Sala, Kongsberg, Niederungarn und auf den Kolywanschen Hütten) absichtlich erzeugt oder beim Verschmelzen silber- und kupferhaltiger Bleierze gefallen sind (Oberharz, Unterharz, Müsen etc.)

A. Behandlung des ungerösteten Roh- oder Kupfersteins mit metallischem Blei.

  a. Eintränkarbeit; der geschmolzene Stein wird im geschmolzenen Blei umgerührt. Niederungarn (Erdm. J. f. pract. Ch. I, 193, 479. — Karst. Arch. 2. R. IX, 439, 405. — Hartm. Repert. II, 459. — Ann. d. min. 3. Ser. IX, 17. — Neuer Schaupl. d. Bergwkde. XII, 73.), Kolywansche Hütten (Karst. Met. V, 554. — Neuer Schaupl. d. Bergwkde. XII, 89. — Berg- u. hüttenm. Ztg. 1845. p. 401). Kongsberg (siehe oben.)

b. Schmelzen durch die Bleisäule, oder hydrostatisches Schmelzen; der geschmolzene Kupferstein muss in einer Säule metallischen Bleies in die Höhe steigen. Müsen (Erdm. J. f. ök. u. techn. Ch. XVI, 48.—Karst. Met. V, 520. — Lampad. Fortschr. 1839. p. 75.), Versuche auf den Altaischen Hütten (Berg- u. hüttenm. Ztg. 1845. p. 403.), zu Altenau und Andreasberg (siehe Abschn. 3. Anhang.)

B. Behandlung des ungerösteten Kupfersteins mit bleiischen Producten. Müsen (siehe oben), Victor Friedrichshütte (siehe oben).

C. Verschmelzen des gerösteten Rohsteins mit ungerösteten Bleierzen. Sala (siehe oben). Oder mit gerösteten Bleierzen. Freiberger Bleiarbeit (siehe oben).

D. Verschmelzen des gerösteten Bleisteins ohne Zuschlag von Entschwefelungsmitteln. Freiberger, Andreasberger und Unterharzer Bleisteinarbeit.

E. Verschmelzen des gerösteten Bleisteins mit Eisen. Oberharzer etc. Bleisteinarbeit.

F. Verschmelzen des ungerösteten Bleisteins mit ungeröstetem Bleiglanz und Eisen. Tarnowitzer Schliegschmelzen (siehe oben).

3. Kapitel. Bleiarbeit mit silberhaltigem Schwarzkupfer (Saigerprozess). Ober- und Unterharz (davon später), älteres Verfahren im Mansfeldschen (Lampad. Hüttkde. 2. Thl. 2. Bd. p. 192; dessen Suppl. I, 37; II, 208. — Hartm. Repert. II, 493.), Saigerhütte Grüntbal in Sachsen (Lampad. Hüttkde. 2. Thl. 1. Bd. p. 266. — Erdm. J. f. pract. Ch. XI, 321.), verbesserter Saigerprozess auf Gustavs Silberwerk zu Fahlun (Bgwkfr. XI, 606.)

2. Theil. Gewinnung des Silbers aus silberhaltigem Blei.

1. Kapitel. Abtreibeprozess (Erzeugung von Blicksilber.)

A. In Treiböfen mit unbeweglichem Herd. Oberharz, Unterharz, Freiberg, Tarnowitz, Müsen, Ungarn etc.

B. In Treiböfen mit beweglichem Herd. England (Hartm. Repert. II, 375. — Russeg. Reis. IV, 499.)

2. Kapitel. Concentration des Silbergehalts im Werkblei nach Pattisons Krystallisiermethode. Newcastel (Ann. d. min. 3. Ser. XIV, 75. — Polyt. Centr. 1839. p. 597. — Hartm. Repert. II, 384.), Holywell in Flint (Russeg. Reis. IV, 495.), Marseille, Stolberg bei Aachen, Versuche in Freiberg (Lamp. Fortschr. 1839. p. 96. — Jahrb. f. d. Sächs. Berg- u. Hüttenm. 1839. p. 108.) und am Harz.

3. Kapitel. Feinbrennen des Blicksilbers.

A. In Oefen mit beweglichem Herd. (Test.)
a. Unter der Muffel. Oberharz, Unterharz, Müsen etc.
b. Vor dem Gebläse. Freiberg.
c. In Flammöfen. Tarnowitz, England.
B. Auf unbeweglichem Herde im Flammofen. Ungarn.
3. Abschnitt. Silbergewinnung mittelst Kupfers und Bleies. Silberhaltige Kupfersteine werden mit Schwarzkupfer, Kiehnstöcken und bleiischen Producten zusammengeschmolzen. Dabei verdrängt das Kupfer einen Theil Silber aus dem Stein, welches dann vom Blei aufgenommen wird. Diese chemische Thatsache liegt dem Ungarschen Kupferauflösungsprozess (Citate siehe oben) und dem Abdarrprozess zu Brixlegg in Tyrol und zu Zalathna in Siebenbürgen (Wehrle Httkde. II, 463. — Karst. Arch. IX, 416. 1836.) zum Grunde.

2. Abtheilung. Silbergewinnung auf nassem Wege.
1. Abschnitt. Mittelst Quecksilber. (Amalgamation.)
1. Theil. Europäische Fässeramalgamation.
1. Kapitel. Erzamalgamation. Freiberg (Winkler die Europäische Amalgamation der Silbererze. Freiberg 1848. — Rammelsb. Met. p. 310.), Arany-Idka in Ungarn (Winkler Amalg. 1848. p. 65, 78, 94. — Erdm. J. f. ök. u. techn. Ch. XI, 354. — Bgwkfr. V, 385. — Lamp. Fortschr. 1839. p. 126.)
2. Kapitel. Kupfersteinamalgamation. Frühere Methode im Mansfeldschen (Winkler Amalg. 1848. p. 140. — Russeg. Reis. IV, 718. — Bgwkfr. IX, 495. — Lampad. Httkde. 2. Thl. 2. Bd. p. 211; dessen Fortschr. 1839. p. 5. u. 126. — Hartm. Repert. II, 500. — Rammelsb. Met. p. 304.), Sziklowa im Banat (Wehrle Httkde. II, 492.), Versuche mit Rohstein zu Freiberg (Winkler Amalg. 1848. p. 187. — Jahrb. f. d. Sächs. Berg- u. Hüttenm. 1833. p. 61.)
3. Kapitel. Speiseamalgamation. Oberschlema in Sachsen (Winkler Amalg. 1848. p. 192. — Lampad. Fortschr. 1839. p. 129. — Rammelsb. Met. p. 308.)
4. Kapitel. Schwarzkupferamalgamation. Schmöllnitz (Winkler Amalg. 1848. p. 154. — Hartm. Repert. II, 483. — Prechtl Encykl. I, 257. — Lampad. Httkde. 2. Thl. 2. Bd. p. 211; Suppl. I, 50; Fortschr. 1839. p. 128. — Erdm. J. XI, 390. — Bgwkfr. VI, 101. — Rammelsb. Met. 306.), Offenbanya (Winkler Amalg. 1848. p. 161. — Rammelsb. Met. p. 308.), Sziklowa (Ann. d. min. 4. Ser. X, 577. — Karst. Arch. 1836. IX, 416. Rammelsb. Met. p. 308.), Versuche am Unterharz (Bgwkfr. II, 65.)
2. Theil. Amerikanische Haufenamalgamation.

Peru, Chili, Mexico (Pogg. Ann. XXIV, 109. — Karst. Arch. XVII, 255. — Hartm. Repert. II, 453. — Dumas IV, 329. — Bgwkfr. II, 451; V, 30, 161; VI, 433; VII, 429; VIII, 285, 367; XII, 496. — Dingl. XXXIII, 76; XLVII, 192; CXV, 280, 289. — Rammelsb. Met. p. 319.)

3. Theil. Combinierte Europäische und Amerikanische Amalgamation. Poullaouen (Berg- u. hüttenm. Ztg. 1843. p. 561. — Bgwkfr. I, 233. — Winkler Amalg. 1848. p. 20. — Rammelsb. Met. p. 325.)

2. Abschnitt. Mittelst Kochsalz und Kupfer nach Augustins Methode.

1. Kapitel. Silbererzextraction. Versuche zu Freiberg (Jahrb. f. d. Sächs. Berg- u. Hüttenm. 1850. p. 142.), zu La Motte bei Chambery in Savoyen (Ann. d. min. 4. Ser. XIV, 334.), in Amerika (Dingl. CXV, 281.), Malagutis Versuche (Dingl. CXV, 281. CXVI, 75.)

2. Kapitel. Kupfersteinextraction. Gottesbelohnungshütte im Mansfeldschen (Ann. d. min. 4. Ser. XIV, 334. — Dingl. CXVI, 147. — Winkler Amalg. 1848. p. 205.), Freiberg (Jahrb. f. d. Sächs. Berg- u. Hüttem. 1849, 1850. — Rammelsb. Met. 326.)

3. Kapitel. Schwarzkupferextraction. Versuche zu Freiberg und Oker.

3. Abschnitt. Sonstige Methoden der Silbergewinnung auf nassem Wege.

1. Kapitel. Ziervogels Wasserlaugerei zur Entsilberung der Kupfersteine. Versuche im Mansfeldschen (Ann. d. min. 4. Ser. XIV, 334. — Bgwkfr. XI, 424. — Rammelsb. Met. p. 327.)

2. Kapitel. Pactodes Methode mittelst Kochsalz und Ammoniak für Fahlerze. La Motte bei Chambery (Ann. d. min. 4. Ser. XIV, 331.), Lamp. Versuche. (Bgwkfr. II, 454.)

3. Kapitel. Hauchs vorgeschlagene Methode mittelst Kochsalzes und unterschwefligsauren Natrons (Russeg. Reis. IV, 725. — Dingl. CXV, 281. — Erdm. J. f. pract. Ch. I, 320.)

4. Kapitel. d'Arcets Methode mittelst Schwefelsäure und Kupfer für Kupfersteine (Jahrb. f. d. Sächs. Berg- u. Hüttenm. 1842. p. 107; 1843. p. 74.), für unreines Silber (Winkler Amalg. 1848. p. 122.) und für Schwarzkupfer (Karst. Met. V, 420. — Erdm. J. f. ök. u. techn. Ch. I, 29, 128.)

5. Kapitel. Becquerells galvan. Verfahren (Erdm. J. f. pract. Ch. XL, 449. — Bgwkfr. I, 266, 541; III, 282. — Dingl. polyt. J. LX, 76; LXIX, 165. — Berg- u. hüttenm. Ztg. Ergänzgshft. 1846. p. 63.), Versuche im Mansfeldschen (Scheer. Met. I, 51. und in Freiberg (Lamp. Fortschr. 1839, p. 97.)

Harzer Saigerung. Bei den Harzer Kupferhüttenprozessen sammelt man das Silber im Schwarzkupfer an und unterwirft dieses der Saigerung,[1]) der Extraction des Silbers durch metallisches Blei. Sie beruht darauf, dass, wenn man silberhaltiges Kupfer in einem gewissen Verhältnisse mit Blei zusammenschmilzt (Kupferfrischen) und die entstehende Legierung[2]) (Frisch- oder Saigerstück) erstarren lässt, sich ein Gemenge aus silberhaltigem Blei und einer etwa aus 1 Theil Blei und 3 Theilen Kupfer bestehenden Legierung (Kiehnstock) mit bedeutend geringerem Silbergehalte bildet. Wird dieses Gemenge möglichst bei Luftabschluss der Kupferrothglühhitze ausgesetzt, so saigert das leichtflüssige Werkblei aus und der strengflüssige Kiehnstock bleibt zurück und muss dann durch kräftige Oxydationsprozesse (Darren, Verblasen, Gaarmachen) von seinen fremdartigen Beimengungen befreit werden, welche bis auf das Silber zum Sauerstoff verwandter sind, als das Kupfer.

Die Saigerung ist sehr mangelhaft, weil sie keine völlige *Mängel der* Abscheidung des Silbers gestattet, mit einem bedeutenden Verlust *Saigerung.* an Silber, Blei und Kupfer und einer Menge von Arbeiten verbunden ist, welche zur theilweisen Wiedergewinnung obiger in den vielen Zwischenproducten zurückgebliebenen Metalle dienen. Aus diesen Ursachen sucht man diese Entsilberungsmethode immer mehr und mehr durch andere vollkommenere Prozesse zu ersetzen.

So trat z. B. an die Stelle der frühern Saigerung im **Mansfeldschen** zuerst die Kupfersteinamalgamation, neuerdings **Augustins** Kochsalzlaugerei, die gegenwärtig noch mit **Ziervogels** Wasserlaugerei rivalisirt. Desgleichen ist zur Muldener Hütte bei **Freiberg** die **Augustinsche** Extractionsmethode für die im Flammofen concentrierten Kupferbleisteine versuchsweise in Anwendung. Diese wurden früher schwarz gemacht und nach der Saigerhütte Grünthal geschafft. Wegen temporärer Anhäufung grosser Vorräthe ist die Saigerung hier momentan wieder aufgenommen.

Auch am **Harze** hat man, die Mängel der Saigerung erkennend, Versuche angestellt, die Kupferbleisteine mittelst der **Bleisäule** (hydrostatisches Schmelzen) zu entsilbern, — Amalgamation, Kochsalz- und Wasserlaugerei möchten sich dafür wegen ihrer bleiischen Natur nicht eignen —, es ist jedoch aus später zu erörternden Gründen die Zuflucht wiederum zur Saigerung genommen worden, weil sie sich hier bei den billigen Bleipreisen und der möglichst zweckmässigen Benutzung der

---

[1]) **Karsten** über den Saigerprozess. Dessen Arch. 1. R. IX, 3.
[2]) Ueber Metallegierungen. **Pogg.** XVIII, 240; XXVII, 280.

dabei fallenden Zwischenproducte immer noch am besten bewährt.

Verbesserte Saigerung. Eine wesentliche Verbesserung der Saigerung ist die, dass man die unreinen Zwischenproducte nicht mehr, wie früher, bei den verschiedenen Kupferarbeiten zuschlägt und dadurch das Hauptproduct verdirbt, sondern dieselben eigenen Arbeiten unterwirft und Kupfersorten von geringerer Qualität erzeugt.

Zu Oker ist man wohl in der separierten Behandlung der beim Saigerprozess fallenden Zwischenproducte zu weit gegangen und hat dadurch dem Hüttenprozess eine Ausdehnung gegeben, wie sie kein anderer, selbst nicht der sehr zusammengesetzte Abdarrprozess zu Brixlegg in Tyrol und zu Szaska im Banate,[1]) aufzuweisen hat. Zu seiner Vereinfachung müssen die mehr oder weniger gleichartigen Abfälle, die kein tadelloses Product liefern, gemeinschaftlich verarbeitet werden.

In Freiberg[2]) ist der Saigerprozess dadurch wesentlich verbessert, dass man an die Stelle der früheren, sehr kostspieligen und unvollkommenen Nacharbeiten einen sehr einfachen Schmelzprozess substituiert hat, durch welchen mittelst schwefel- und arsenhaltiger Zuschläge die in den verschiedenen Schlacken und Abfällen enthaltenen Metalle vollständig in Schwefel- und Arsenverbindungen umgeändert werden, aus denen sie sich dann auf bekannte Weise leicht ausbringen lassen. Besonders wichtig ist dieses Verfahren für die Gewinnung des in den Schwarzkupfern enthaltenen Nickels.

Auf Gustavs III. Silberwerk zu Fahlun[3]) in Schweden ist ein combinierter Saiger- und Darrprozess eingeführt, bei welchem eine sehr vollständige Silberextraction ohne bedeutenden Bleiverlust erreicht werden soll.

Man findet in metallurgischen Schriften angegeben, dass Kupfer mit weniger als 8 bis 9 Loth Silber nicht saigerwürdig seien. Dagegen spricht die Erfahrung am Harze, dass Kupfer von 5 Loth Silbergehalt sich noch vortheilhaft auf diese Weise entsilbern lassen.

Im 3. Abschnitte beim Altenauer Hüttenprozesse wird von der Saigerung noch ausführlich die Rede sein.

Heisse Luft. Die Anwendung heisser Gebläseluft hat bei den Kupferhüttenprozessen[4]) eben so wenig Eingang gefunden, als bei den Bleihüttenprozessen.

---

[1]) Karst. Arch. IX, 416.
[2]) Beust Fortschr. d. Sächs. Berg- und Hüttenw. seit 1817. Freiberg 1850.
[3]) Bgwkfr. XI, 601.
[4]) Merbach Anwendung der erhitzten Gebläseluft. 1840. p. 107. — Lampad. Fortschr. 1839. p. 66.

Anhang zum 1. Abschnitt.

1. Zusammenstellung der Schmelzpuncte von Metallen und Hüttenproducten meist nach Plattners[1] Bestimmung.

Zinn 228° Celsius[2] — Wismuth 249 — Blei 322 — Zink 360 — Antimon 432 — Rothe Glätte 954 — Glättfrischschlacke mit 69 ̸ Bleioxyd 981 — Kupferstein 1002 — Silber 1023 — Bleistein 1027 — Schwarzkupfer 1027 — Rohstein 1047 — Bleispeise 1062 — Gold 1102 — Kupfer 1173 — Glättfrischschlacke mit 33,4 ̸ Bleioxyd 1260 — Zinnschlacke 1317 — Blei- und Bleisteinschlacke 1315 bis 1330 — Rohschlacke 1330 bis 1360 — Schwarzkupferschlacke 1345 — Rohe Eisenhohofenschlacke 1388 — Gaare Eisenhohofenschlacke 1431 bis 1445 — Gusseisen 1500 bis 1700 — Stahl 1700 bis 1900 — Stabeisen 1900 bis 2100 — Platin 2534.

2. Grade des Glühens nach Pouillet.

Anfangendes Glühen bei 525° Celsius — Dunkelrothgluth 700 — Anfangende Kirschrothgluth 800 — Starke Kirschrothgluth 900 — Völlige Kirschrothgluth 1000 — Dunkelgelbrothgluth 1100 — Helles Glühen 1200 — Weissgluth 1300 — Starke Weissgluth 1400 — Blendende Weissgluth 1500 bis 1600.[3]

3. Zusammenstellung der Wärmeeffecte verschiedener Brennmaterialien.[4]

Brennmaterialien	Wärmeeffect		
	Absoluter	Specifischer	Pyrometrischer
Kohlenstoff zu Kohlenoxydgas verbrennend . . .	—	—	1310° C.
Gasförmige Brennmaterialien	0,080—0,205	0,00010—0,00027	1450—1850
Holz, lufttrocken bis gedarrt	0,36—0,47	0,14—0,28	1575—1750
Torf	0,37—0,65	—	1575—2000
Braunkohle	0,43—0,85	—	1800—2200
Steinkohlen (5 ̸ hygr. Feucht. und 5 ̸ Asche) . . .	0,79—0,96	1,06—1,44	2200—2350
Torfkohle	0,33—0,85	—	2050—2350
Wasserstoffgas	3,03	—	1611
Holzkohle	0,64—0,97	0,10—0,20	2100—2450
Koks (nicht über 5 ̸ Asche)	0,84—0,97	0,33—0,46	2350—2450
Reiner Kohlenstoff zu Kohlensäure verbrennend .	1,00		2458

[1] Merbach a. a. O. p. 288.
[2] Die Reduction der Thermometergrade auf die verschiedenen Skalen geschieht nach folgenden Formeln, worin n die gegebenen Grade bezeichnet:
a) $n\,R = \frac{4}{5}\,n\,C$. b) $n\,R = (\frac{9}{4}\,n + 32)\,F$. c) $n\,C = \frac{5}{4}\,n\,R$.
d) $n\,C = (\frac{9}{5}\,n + 32)\,F$. e) $n\,F = (n-32) \times \frac{5}{9}\,C$. f) $n\,F = (n-32) \times \frac{4}{9}\,R$. z. B. wie viel Grad nach Fahrenheit sind 30° C.?
Nach d) $30\,C = (\frac{9}{5}\,30 + 32)\,F = 86°\,F$.
[3] Ueber Pyrometer: Bgwkfr. X, 462, 497. — Karst. Arch. 1. R. VIII, 362. — Pogg. XIV, 530. — Dingl. CVI, 152; CVIII, 115; CX, 82. — Merbach

4. Zusammenstellung der gebräuchlichsten Massen, Gewichte und Münzen.*)

Das in wissenschaftlichen Werken fast allgemein gebräuchliche neuere Französische Mass- und Gewichtssystem, wegen seiner einfachen Beziehungen zwischen Mass und Gewicht auch für die Praxis besonders vortheilhaft, soll bei den folgenden Vergleichungen ebenfalls zum Anhalten dienen.

Längenmass. Die Einheit des Französischen Längenmasses bildet das **Meter** $= \frac{1}{10,000,000}$ des Erdquadranten mit folgenden Abtheilungen.

1 M = 1 Meter	1 M = 1 Meter
10 M = 1 Dekameter	0,1 M = 1 Decimeter
100 M = 1 Hektometer	0,01 M = 1 Centimeter
1000 M = 1 Kilometer	0,001 M = 1 Millimeter

1 Meter = 3,423547 Hann. = 3,078444 Par. = 3,280899 Engl. u. Russ. = 3,186199 Preuss., Rhld. u. Dän. = 3,426310 Bair. = 3,531197 Sächs. = 3,504316 Braunschw. = 3,475854 Kurhess. u. Kassel.= 3,490519 Würtemb. = 3,333333 Bad, Nass. u. Schweiz. = 3,163446 Oestr. u. Wien. = 4,000000 Hessendarmst. Fuss. (Mit Ausnahme des Bad., Hessendarmst. und Würtemb. Fusses, welcher 10 Zoll hat, wird 1 Fuss der übrigen Staaten in 12 Zoll à 12 Linien eingetheilt.)

1 Hann. oder Calenb. F. = 0,2920947 Meter = 129,4844 Par. Linien.
1 Hann. Elle = 2 F.
1 Hann. Ruthe = 16 Hann. F. = 0,4673516 Dekameter = 2,397859 Toisen à 6 F. = 0,9292929 Engl. R. à $16\frac{1}{4}$ F. = 1,240896 Preuss. R. à 12 F. = 1,601291 Baier. R. à 10 F. = 1,08811 Sächs. R. à $15\frac{1}{2}$ F. = 1,023592 Braunschw. R. à 16 F. = 1,631300 Würtemb. R. à 10 F. = 1,557839 Bad u. Schweiz. R. à 10 F. = 2,464069 Wien. Klafter à 6. F. = 2,190476 Russ. Faden à 7 F.

1 Harzer Lachter = 8 Spann (Achtel) à 10 Zoll à 10 Lin. = 6,5725347 Hann. F. = 6' 6" 10,445''' Hann. = 851,0407145 Par. Lin. = 1,9198023 Meter = 0,988538 Freib. Lchtr. = 0,917757 Preuss. Lchtr. = 0,949937 Schemnitz. Lchtr.

1 Hann. Meile = 25400 Hann. F. = 0,7419206 Myriameter = 4,610164

---

a. a. O. — Wedgewoods Pyrometer ist in 240° getheilt. Sein Nullpunkt entspricht 580,55° C = 464,44° R = 1076,99° F und 1° Wdg = 72,22° C = 57,78° R = 162° F.

*) Scheerers Met. I, 378.
*) Ueber diesen Gegenstand siehe: Salomons metrologische Tafeln. Wien 1823. — Jäckel neueste Europ. Münz-, Mass- und Gewichtskunde. 2 Bde. Wien 1828. — Aldefeld Masse und Gewichte. Stuttgart und Tübingen. 1838. — Nelkenbrechers Taschenbuch der Mass-, Gewichts- und Münzkunde. Berlin 1842. — Meldola vollständiges Handbuch für Kaufleute. Hamburg und Leipzig 1842. — Noback Taschenbuch der Münz-, Mass- und Gewichtskunde. Leipzig 1844. — Bgwkfr. III, 37. — Lorenz Münz-, Mass- und Gewichtskunde. Leipzig 1847.

Engl. M. à 5280 F. = 0,9849613 Preuss. u. Dän. M. à 2400 F. = 0,8187068
Sächs. M. à 3200 F. = 0,9999708 Braunschw. M. à 2600 F. = 0,8846607
Bad. M. à 29629$\frac{1}{7}$ F. = 1,545668 Schweiz. M. à 1600 F. = 0,9996718
Deutsch. oder geograph. M. (15 = 1 Gr.) = 0,9779275 Oestr. M. à 2400
F. = 6,954762 Russ. Werst à 3500 F. = 1,333162 Engl. u. Franz. See-
meilen (20 = 1 Gr.)

 1 Quadratmeter = 11,72067 Hann. = 9,476817 Par. = 10,76430 Engl. *Flächenmaß*.
u. Russ. = 10,15187 Preuss. u. Dän. = 11,73960 Baier. = 12,46936 Sächs.
= 12,28023 Braunschw. = 12,08156 Kurhess. = 12,18372 Würtemb. =
11,11111 Bad. u. Schweiz. = 10,00739 Wien. Quadratfuss.

 100 Quadratmeter = 1 Are dient als Einheit für das Franz. Feld-
mass; 100 Are = 1 Hektare.

 1 Hann. Morgen = 120 Hann. Quadratruthen = 0,2621010 Hektare
= 0,6476890 Engl. Acre à 160 QR. = 1,026549 Preuss. M. à 180 QR. =
0,7692400 Baier. Tagewerke à 400 QR. = 0,4735994 Sächs. Acker à 300
QR. = 1,047741 Braunschw. Feldmorgen à 120 QR. = 0,8316058 Würtemb.
M. à 384 QR. = 0,7280583 Bad. M. à 400 QR. = 0,5309545 Schwed.
Ton. Land à 56000 QF. = 0,4553728 Wien. Joch à 1600 QKlftr. =
0,2399093 Russ. Dessätine à 2400 QFaden.

 Für Flüssigkeiten bildet die Einheit des Franz. Masses 1 Liter *Körpermaß*.
= 1 Cubicdecimeter oder 1 Kilogramm Wasser von + 4° C. Es kommen dabei folgende Unterabtheilungen vor:

  1 Liter = 1 Liter   1 Liter = 1 Liter
  10 Liter = 1 Dekaliter 0,1 Liter = 1 Deciliter
  100 Liter = 1 Hektoliter 0,01 Liter = 1 Centiliter
  1000 Liter = 1 Kiloliter 0,001 Liter = 1 Milliliter =
               1 Cubiccentimeter oder
               1 Gramm Wasser.

 1 Liter = 0,2568082 Hann. Stübchen à 270 Cbz. = 0,2200967 Engl.
Gallon à 277,27384 Cbz. = 0,8733386 Preuss. Quart. à 64 Cbz. = 0,9354301
Baier. Masskanne à 0,043 Cbf. = 1,067765 Sächs. Kanne à 47,213 Par.
Cbz. = 1,097414 Braunschw. Quart. à 52$\frac{4}{11}$ Preuss. Cbz. = 0,5443525
Würtemb. Helleichmass à 78½ Cbz. = 0,6666667 Bad. und Schweiz. Mass
à $\frac{1}{15}$ Cbf. = 0,3820894 Schwed. Kanne à 0,1 Cbf. = 0,7066484 Oestr.
Mass à 0,0448 Cbf. = 0,8136940 Russ. Stoof à 75 Cbz.

 1 Hann. Ohm = 4 Anker = 40 Stübchen = 80 Kannen = 160 Mass.
 1 Hann. Anker = 1963,039 Par. Cbz. = 38,9396 Liter = 10 Stübchen.
 1 Hann. Stübchen = ¼ Hann. Himten = 270 Hann. Cbz. = 196,3039
Par. Cbz. = 3,89396 Liter = 2 Hann. Kannen = 4 Hann. Quart.
oder Mass.

 1 Hann. Quart. = 49,07597 Par. Cbz. = 0,97349 Liter = 2 Nössel.
 1 Bad. Ohm = 100 Mass à 4 Schoppen oder 1,5 Liter.

1 Baier. Eimer = 60 Masskannen à 1,0690 Liter.
1 Braunschw. Oxhoft = 240 Quart. à 0,9368 Liter.
1 Bremer Oxhoft = 67¼ Stübchen à 4 Quart. à 0,8053 Liter.
1 Engl. Tun = 252 Gallon à 4 Quart. oder 8 Pint. 1 Quart. = 1,1358 Liter.
1 Hamb. Fuder = 6 Ohm à 80 Kannen à 2 Quart. à 2 Oesel oder 0,9050 Liter.
1 Hessenkass. Ohm = 20 Viertel à 4 Mass à 1,9495 Liter.
1 Hessendarmst. Ohm = 80 Mass à 4 Schoppen oder 2 Liter.
1 Lübeck. Oxhoft = 60 Stübchen à 4 Quart. à 0,9094 Liter.
1 Meckl. Oxhoft = 240 Pott oder Quart. à 2 Plank oder 0,9057 Liter.
1 Nass. Ohm = 80 Weinmass à 4 Schoppen oder 1,6947 Liter.
1 Oestr. Eimer = 40 Mass à 4 Seidel oder 1,4151 Liter.
1 Oldenb. Oxhoft = 6 Anker à 26 Kannen oder 40 Quart.; 1 Kanne = 1,3687 Liter.
1 Preuss. Oxhoft = 180 Quart. à 1,1450 Liter.
1 Sächs. Oxhoft = 210 neue Kannen à 1 Liter.
1 Sächs. Eimer = 72 Dresdn. Kannen à 0,9365 Liter.
1 Schwed. Oxhoft = 6 Anker à 15 Kannen à 2,6171 Liter.
1 Würtemb. Eimer = 10 Imi à 16 Mass à 4 Schoppen oder 1,8370 Liter.

Für feste Körper sind folgende Gemässe gebräuchlich:

1 Hectoliter = 3,210102 Hann. Himten à 1,25 Cbf. = 2,751208 Engl. Bushel à 8 Gallons = 1,819455 Preuss. Scheffel à 3072 Cbz. = 0,4497260 Baier. Scheffel à 208 Masskannen = 0,9631250 Sächs. Scheffel à 7900 Cbz. = 3,210812 Braunschw. Himten à 2316 Cbz. = 0,7812500 Hessendarmst. Malter à 128 Liter = 0,5642500 Würtemb. Scheffel à 7537 Cbz. = 0,6666667 Bad. u. Schweiz. Malter à 100 Mass = 1,625897 Oestr. Metzen à 1,9471 Cbf. = 3,814190 Russ. Tschetwerik à 1600 Cbz.

1 Hann. Last = 16 Malter; 1 Malter = 6 Himten; 1 Himten = 4 Metzen; 1 Metze = 4 Köpfe.

1 Hann. Himten = 1¼ Hann. Cbf. = 1570,431 Par. Cbz. = 31,15166 Liter.

Die Einheit für das Franz. Holzmass etc. bildet 1 Stere = 1 Kiloliter = 1 Cubikmeter.

1 Cubikmeter = 40,12627 Hann. = 29,17385 Par. = 35,31658 Engl. u. Russ. = 32,34587 Preuss. u. Dän. = 40,22350 Baier. = 44,03176 Sächs. = 43,03380 Braunschw. = 41,99374 Kurhess. = 42, 52752 Würtemb. = 37,03704 Bad. u. Schweiz. = 31, 65785 Oestr. Cbf.

Besondere beim Harzer Berg- und Hüttenwesen gebräuchliche Gemässe sind noch folgende:

1 Treiben (Erz) = 40 Tonnen à 7 Hann. Cbf.
1 Karre (Kohlen) = 10 Mass à 10 Hann. Cbf.

1 Malter (Rösteholz) = 80 Hann. Cbf.
1 Balge (Koks) = 2 Cbf. am Oberharz u. = 3 Cbf. am Unterharz.
1 Scherben am Unterharze = 4 Cbf. 526¼ Cbz. Harzer Lachtermass.
Die Einheit des Franz. Gewichts bildet 1 Gramm,*) das Gewicht Gewichts. von 1 Cubikcentimeter Wasser bei $+ 4°$ C im luftleeren Raume, mit folgenden Abtheilungen:

1 Gr = 1 Gramm
10 Gr = 1 Dekagramm
100 Gr = 1 Hektogramm
1,000 Gr = 1 Kilogramm
10,000 Gr = 1 Myriagramm
100,000 Gr = 1 Quintal
1,000,000 Gr = 1 Millier

1 Gr = 1 Gramm
0,1 Gr = 1 Decigramm
0,01 Gr = 1 Centigramm
0,001 Gr = 1 Milligramm

1 Kilogramm = 2,138072 Preuss., Hann., Kurhess., Braunschw., Weimar. = 2,000000 Sächs., Bad., Hessendarmst., Schweiz. = 1,785714 Baier. = 2,137995 Würtemb. = 1,785675 Oestr. = 2,002768 Dän. u. Norw. Pfund = 2,351063 Schwed. Schaalpfd. = 2,441883 Russ. Pfd. = 2,204597 Engl. Pfd. Adp. 1 Quintal = 100 Kilogramm = 2,138072 Hann. u. Braunschw. Ctr. à 100 Pfd. = 1,942702 Preuss. u. Kurhess. Ctr. à 110 Pfd. = 1,785714 Baier.-Ctr. à 100 Pfd. = 2,000000 Sächs. Ctr. à 100 Pfd. = 2,055764 Würtemb. Ctr. à 104 Pfd. = 1,968390 Engl. Ctr. à 112 Pfd. Adp. = 2,002768 Dän. u. Norw. Ctr. à 100 Pfd. = 1,959219 Schwed. Ctr. à 120 Pfd. = 1,785675 Oestr. Ctr. à 100 Pfd. = 6,104708 Russ. Pud à 40 Pfd.
1 Hann. Schiffslast = 40 Ctr. = 1870,844 Kilogramm; 1 Ctr. = 100 Pfd. = 46,7711 Kilogr.; 1 Pfd. = 32 Loth; 1 Loth = 4 Quentchen.
1 Hann. Medicinalpfund = 24 Loth. Hann. = 350,783 Gramm = 12 Unzen; 1 Unze = 29,2319 Gramm = 8 Drachmen; 1 Drachme = 3,65399 Gramm = 3 Skrupel; 1 Skrupel = 1,21800 Gramm = 20 Gran; 1 Gran = 60,9 Milligramm.
1 Hann. Mark Münzgewicht = ½ Pfd. = 16 Loth à 18 Grän für Silber und = 24 Karat à 12 Grän für Gold.

---

*) Das Franz. Grammengewicht gestattet eine wichtige Beziehung zwischen absolutem und specifischem Gewichte. Da nämlich das specifische Gewicht des Wassers = 1 angenommen wird und 1 Cubikcentimeter Wasser 1 Gramm wiegt, so drückt das specifische Gewicht fester und flüssiger Körper das absolute Gewicht von 1 Cubikcentimeter in Grammen oder von 1 Cubikdecimeter in Kilogrammen aus. Das specifische Gewicht des Silbers ist = 10,5; folglich wiegt ein Cubikcentimeter Silber 10,5 Gramm oder 1 Cubikdecimeter 10,5 Kilogramm.
— Kennt man das Gewicht Wasser in Grammen oder Kilogrammen, welches ein Gefäss fasst, so drückt dieses Gewicht seinen Rauminhalt in Cubikcentimetern oder Cubikdecimetern aus.

1 Engl. Ctr. == 112 Pfd. à 16 Unzen à 16 Drachmen; 1 Pfd. ==
0,4535976 Kilogramm: 1 Tonne == 20 Ctr.
1 Russ. Pud == 40 Pfd. à 32 Loth == 16,38 Kilogr.
1 Schwed. Ctr. == 120 Schaalpfd.; 1 Schiffspfd. ==. 20 Liesspfd. à
20 Schaalpfd.; 1 Schaalpfd. == 0,4253395 Kilogr. == 32 Loth à 4 Quentch.
== 0,9092 Preuss. Pfd.
1 Portug. Ctr. == 128 Pfd. à 0,458976 Kilogr.

Münzen. 1 Hann. Thaler == 1 Preuss. == 1 Sächs. == 1 Hess. Thlr. == 3,75
Francs == 1 Fl. 25ᵃ Xr. Ostr. == 1 Fl. 45 Xr. Rhld. == 1 Mk. 15 Schill.
7 Pf. Hamb. B. == $66\frac{8}{12}$ Grote Brem. == 1 Reichsbankthlr. 30$\frac{1}{4}$ Schill. Dän·
== 3 Schill. Sterl. Engl. == 1,78 Fl. Niederl. == 6 Fl. 5$\frac{1}{4}$ Grosch. Poln.
== 0,93 Silberrubel Russ. == $31\frac{5}{12}$ Schill. Spec. Schwed. == 1$\frac{1}{4}$ Fl. Schweiz.
== 13$\frac{3}{4}$ Real. Span. == 15—17 Piaster Türkisch == 0,696 Dollar Amerik.
== 4,15 Drachm. Griech.

1 Hann. Thlr. == 24 Gutegr. à 12 Pf.
1 Preuss. Thlr. == 30 Silbergr. à 12 Pf.
1 Hess. Thlr. == 30 Silbergr. à 12 Heller.
1 Sächs. Thlr. == 30 Neugr. à 10 Pf.
1 Franc == 100 Centimes; 1 Sous oder Sols == 5 Centim.
1 Engl. Pfd. Sterl. (Livre) == 20 Schill. à 12 Pence == 6 Thlr. 23
Sgr. Preuss. == 6 Thlr. 18 Ggr. 4$\frac{1}{2}$ Pf. Hann. == 11 Fl. 50$\frac{1}{4}$ Xr. Rhld.; 1
Guinee == 21 Schill. == $1\frac{1}{20}$ Pfd. Sterl. oder Sovereign.
1 Hamb. Mark Banco == 16 Schill. à 12 Pf. == 15 Sgr. 2 Pf. Preuss.;
1 Mark Cour. == 16 Schill. à 12 Pf. == 12 Sgr. 4$\frac{1}{2}$ Pf. Preuss.
1 Brem. Reichsthlr. == 72 Groten à 5 Schwaren == 1 Thlr. 1 Sgr.
6 Pf. Preuss.
1 Schwed. Speciesthlr. == 48 Schill. à 12 Rundstück == 1 Thlr. 15
Sgr. 10 Pf. Preuss.
1 Norweg. Speciesthlr. == 5 Mk. à 24 Schill. == 1 Thlr.' 15 Sgr.
5 Pf. Preuss.
1 Dän. Reichsbankthlr. == 6 Mk. à 16 Schill. == 22 Sgr. 8$\frac{1}{2}$ Pf. Preuss.
1 Rhld. oder Ungar. Gulden == 60 Kreuz. à 4 Pf. == 17 Sgr. 6 Pf.
Preuss. == 14 Ggr. Hann. == 17$\frac{1}{2}$ Ngr. Sächs. == 2 Fr. 14$\frac{1}{2}$ Centim.
1 Oestr. Gulden == 60 Kreuz. à 4 Pf. == 21 Sgr. Preuss. == 16 Ggr.
9$\frac{2}{5}$ Pf. Hann. == 1 Fl. 13$\frac{1}{4}$ Xr. Rhld.
1 Belg. Gulden == 100 Cents == 16 Sgr. 11,66 Pf. Preuss.
1 Poln. Gulden == 30 Grosch. == 4 Sgr. 10,14 Pf. Preuss.
1 Russ. Silberrubel == 100 Kopeken == 1 Thlr. 2 Sgr. 4 Pf. Preuss.
1 Amerik. Dollar == 100 Cents == 1 Thlr. 12 Sgr. 10 Pf. Preuss.
1 Span. Reale de Veillon == 2 Sgr. 2 Pf. Preuss.; 1 Piaster ==
20 Realen.
1 Türk. Piaster == 2 Sgr. Preuss.

1 Griech. Drachme = 100 Lepta = 7 Sgr. 2,8 Pf. Preuss.
1 Röm. Skudo = 1 Thlr. 13,54 Sgr. Preuss.
1 Schweiz. Franken = 10 Batzen à 10 Rappen = 11 Sgr. 4 Pf. Preuss.

5. Brennmaterialien.

1) **Holz** enthält im lufttrockenen Zustande durchschnittlich 40 § C incl. 1 § (0,5—5) Asche, 40 § chem. geb. und 20 § (18—25) hygrosk. HO, reduciert 12,5—15 Gewthle Blei aus Glätte oder, erhitzt 28,8—32 Theile Wasser von 0—100° C und liefert beim Verkohlen je nach der dabei angewandten Temperatur 12—27 § Kohlen dem Gew. und 40—72 § dem Vol. nach. Die feste Holzmasse besteht aus 50 § C und 50 § chem. geb. Wasser. — Specif. Gewicht h a r t e r Hölzer: Ahorn 0,645, Birke 0,627, Rothbuche 0,591, Weissbuche 0,770, Steineiche 0,708, Stieleiche 0,678, Erle 0,538, Esche 0,670, Ulme 0,568; w e i c h e r Hölzer: Linde 0,489, Schwarzpappel 0,387, Weide 0,487, Fichte 0,472, Kiefer 0,550, Lärche 0,474, Edeltanne 0,481. — Nach K a r m a r s c h wirken 1000 massive Hann. Cbf. Fichtenholz = 650 Buchen oder Föhren = 680 Birken = 900 Erlen, oder 1 Klftr. Fichtenholz von 144 Cbf., welches nach Abrechnung der nahe zu ¼ anzunehmenden Zwischenräume 108 Cbf. wirkliche Holzmasse enthält = ¾ Klftr. Buchen- oder Föhren- = ⅞ Klftr. Birken- = 1 Klftr. Erlenholz. — 1 Harz. Mltr. Rösteholz (4′ l., 3′ 4″ br. u. 6′ h.) = 80 Cbf. wiegt 1378 Hann. Pfd.; 1 Hann. Cbf. luftr. Fichten- oder Tannenholz wiegt durchn. 36 Pfd. Köln. — Nach den Versuchen des Hessischen Gewerbevereins hält 1 Stecken (100 Cbf.) Scheitholz 70, Prügelholz 60, Stockholz 50 und Reisig 25 Cbf. solide Holzmasse. 1 Stecken luftr. Buchenscheitholz wog 1560 Pfd. — 1 Wien. Klftr. (6′ l., 3′ br. u. 6′ h.) hält 108 Cbf. mit den Zwischenräumen; ohne dieselben bei Ahorn 67,5, Birken 69, Buchen 74, Eichen 74, Erlen 69, Fichten 81, Kiefer 72, Lärchen 72, Tannen 81, Weiden 69 Cbf. 1 Klftr. Scheitholz = 2 Klftr. Stockholz; 4 Klftr. Prügelholz = 3 Klftr. Scheitholz derselben Art. 1 Wiener Klftr. luftr. Fichtenholz wiegt 21, Tannen- 23, Rothbuchen- 26—28, Birken 28, Steineichen 32 und Hainbuchen 35 Ctr.

2) **Torf** von bester Qualität enthält im luftr. Zustande 43 C, 1,5 H, 28,5 chem. geb. HO, 25 hygrosk. HO und 1—2 (1—30) Asche; die organ. feste Masse des Torfes besteht aus 60 C, 2 H und 38 chem. geb. HO. — Die Torfarten reduciren 8—27 Thle. Blei oder erwärmen 18,1—62,7 Thle. Wasser von 0—100° C. — K a r m a r s c h hat bei Untersuchung von Hann. Torfsorten folgende Resultate erhalten:

	Rasentorf	Erd. Wurzelt.	Erdtorf	Pechtorf
Specif. Gew. . . .	0,113—0,263	0,240—0,600	0,564—0,902	0,639—1,033
Gew. v. 1 Cbf. in Pfd.	6—14	13—32	29—48	34—55
1 Pfd. verdpft. Wasser, Loth	53—61	60—73	53—73	58—78
Aschengehalt, Pct. .	0,5—1,5	1—5	10—30	1—8

	Rasentorf	Erd.Wurzelt.	Erdtorf	Pechtorf
1000 Pfd. Torf = lufttr. Fichtenholz, Pfd..	817—1017	873—1225	885—1212	967—1225
1000 Cbf. Torf = lufttr. Fichtenholz, Cbf..	231—479	487—1393	1178—1753	1519—2538

1 Pfd. lufttr. Holz verdampft etwa 60, 1 Pfd. Holzkohle 118 Loth Wasser.

3) Braunkohlen haben im lufttr. Zustande folgende Zusammensetzung: fasrige 48 C, 1 H, 31 chem. geb. HO, 20 hygr. HO; erdige resp. 56, 2, 22, 20; muschlige resp. 60, 3, 17, 20. Sie reducieren 16—25 Thle. Blei oder erwärmen 38—57 Thle. Wasser von 0—100°, haben ein specif. Gew. von 1,15—1,3 und enthalten 1—50 ß Asche, gewöhnlich 5—10 ß. Die feste Braunkohlensubstanz besteht bei der faserigen Varietät aus 60 C, 1 H, 39 chem. geb. HO; bei der erdigen aus resp. 70, 2, 28 und bei der muschligen aus resp. 75, 3, 22. — 1 Wien. Cbf. fossiles Holz wiegt ohne Zwischenräume 62—72 Pfd.; 1 Cbf. lufttrockene Braunkohle 70—80 Pfd.

4) Steinkohlen zeigen im lufttr. Zustande folgende Beschaffenheit:

	C	H	HO hygr. u. chem.	Asche	Spec. Gew.	1 Thl. red. Pb	Kokserfolg
Sandkohle..	69	3	23	5	1,34	21—32	55—65 ß
Sinterkohle.	75	4	16	5	1,30	19—31	60—70
Backkohle..	78	4	13	5	1,26	23—32	60—80
Anthracit..	85	3	7	5	1,50	26—33	85—94

Der Aschengehalt variiert zwischen 1 und 30 ß, übersteigt aber selten 5 ß; desgleichen kommt der Gehalt an hygrosk. Wasser nicht über 13 ß. Die feste Steinkohlenmasse besteht bei Sandkohlen aus 77 C, 3 H, 20 chem. geb. HO; bei Sinterkohlen aus resp. 83, 4 und 13; bei Backkohlen aus resp. 87, 4 und 9; bei Anthracit aus resp. 95, 3 und 2. — 1 Wien. Cbf. lufttr. Steinkohle wiegt 68—78 Pfd., mit Rücksicht auf die Zwischenräume 44—48 Pfd.; 1 Cbf. Anthracit 72—100 Pfd.

5) Holzkohlen bestehen im frischen Zustande aus 97 C und 3 Asche, im lufttr. aus 85 C, 12 (10—15) hygrosk. HO und 3 Asche. Sie reducieren 30,6—32,4 Thle. Blei oder erwärmen 68—72 Thle. Wasser von 0—100°. Reiner Kohlenstoff reduciert 34 Thle. Blei. — Specif. Gew. der Kohlen von Erlen 0,134, Birken 0,203, Weissbuchen 0,188, Eichen 0,155, Rothbüchen 0,187, Rothtannen 0.176, Linden 0,106. — Mit Berücksichtigung der Zwischenräume wiegt nach Knapp 1 Hess. Cbf. Buchenscheitholzkohle 8—9, dieselbe aus Prügelholz 7—7,5, von den weichen Hölzern 4,5—5,5, Nadelholz 5,5—7, Kohle von Eichenscheitholz 7—8, von Prügelholz 6—6,5 Pfd. Hess.

6) Koks enthalten 85—92 C, 5—10 hygr. HO und 3—5 Asche, reducieren 22—28,5 Thle. Blei oder erwärmen 50—65,6 Thle. Wasser von 0—100° und haben ein specif. Gewicht von 0,35—0,48. — Nach Karsten wiegt 1 Cbf. Rhld. Sandkoks aus Theeröfen 38, aus Meilern 35, Sinterkoks

desgl. 22, Backkoks desgl. 25—28, aus Oefen 22—25 Pfd. Preuss. incl. der Zwischenräume.

Eine Zusammenstellung der Wärmeeffecte nach Scheerer ist pag. 45 gegeben. Man versteht unter absolutem Wärmeeffect oder Brennkraft von Brennmaterialien diejenigen relativen Wärmemengen, welche aus einem bestimmten Gewichtsquantum derselben entwickelt werden. Die aus einem bestimmten Volumen derselben erzeugten Wärmemengen nennt man specifische Wärmeeffecte und pyrometrische oder Heizkraft, den Grad der entwickelten Wärme.

6. Wasser und Luft.

1 Cbf. destilliertes Wasser hat bei 12° R. in den betreffenden Ländern folgendes Gewicht: Baden 53,90, Baiern 44,34, Braunschweig 49,68, Dänemark 61,82, England 62,54, Frankreich 70,02, Hamburg 47,76, Hannover 53,22, Harzer Lchtrm. 50,98, Hessendarmstadt 31,25, Kurhessen 49,12, Nassau 265,04, Oestreich 56,87, Preussen 66, Russland 69,02, Sachsen 48,22, Schweden 61,2, Weimar 38,67, Würtemberg 50,21 Pfd.

1 Preuss. Cbf. Luft von 0° und 28'' Bar. = 0,06562 Pfd. Preuss. und 1 Pfd. Luft von 0° und 28'' Bar. = 11,68 Cbf. und bei 15° = 12,4 Cbf.[1]) — Luft ist 772 mal leichter, als Wasser; ihr mittlerer Druck auf 1 Preuss. Qdrtz. beträgt 15 Pfd., und eine Luftsäule von 76 Par. Fuss = 10944 Par. Lin. hält einer Quecksilbersäule von 1 Lin. das Gleichgewicht. — 100 Gwthle. Luft enthalten 23 Gwthle. Sauerstoff, 100 Massthle. Luft 20,8 Massthle. Sauerstoff.

7. Neueste Atomgewichte und specifische Gewichte[2]) der einfachen Körper (H = 1).

Ag . 108	(10,5)	Co . 29,5	(8,5)	Mn . 28	(8,0)	Sb . 129	(6,7)
Al . 13,7		Cr . 26,7	(6,0)	Mo . 46	(8,6)	Se . 39,5	(4,3)
As . 75	(5,7)	Cu . 31,7	(8,8)	N . 14	(0,9)	Si .. 21,3	
Au . 197	(19,2)	D . 50		Na . 23	(0,9)	Sn . 58	(7,3)
B . 10,9		F . 19		Ni . 29,6	(9,0)	Sr . 43,8	
Ba . 68,5	(4,0)	Fe . 28	(7,7)	O . 8	(1,1)	Ta . 184	
Be . 4,7		H . 1	(0,07)	Os . 99,6	(10,0)	Te . 64,2	(6,2)
Bi . 213	(9,8)	Hg . 100	(13,5)	P . 32	(1,7)	Th . 59,6	
Br . 80	(2,9)	I . 127,1	(4,9)	Pb . 103,7	(11,4)	Ti . 25	(5,5)
C . 6	(3,5)	Ir . 99	(15,8)	Pd . 53,3	(12,0)	U . 60	
Ca . 20	(3,1)	K . 39,2	(0,8)	Pt . 98,7	(21,4)	V . 68,6	
Cd . 56	(8,6)	La . 47		R . 52,2	(11,3)	W . 95	(17,4)
Ce . 47		Li . 6,5		Ru . 52,2		Zn . 32,6	(6,8)
Cl . 35,5	(2,4)	Mg . 12		S . 16	(1,9)	Zr . 22,4	

[1]) Hiernach sind die pag. 20 Zeile 18 von oben gemachten, aus Rammelsbergs Met. pag. 39 entlehnten falschen Angaben zu berichtigen.
[2]) Die in Klammern befindlichen Zahlen bezeichnen das specifische Gewicht.

2. Abschnitt.
Blei- und Silberhüttenbetrieb zur Frankenscharner Hütte bei Clausthal.[1])

Es kommen folgende Hauptarbeiten vor:

A. Schliegarbeit.

Erze   Die Clausthaler Hütte verschmilzt fast sämmtliche Erze des Rosenhöfer und Bergwerkswohlfahrter Revieres,[2]) den grössten Theil der Erze des Burgstätter Reviers, ausser denen von der Grube Caroline, und etwa 200 Röste von der Grube Ring und Silberschnur im Zellerfelder Reviere.

Aufbereitung.   Die Aufbereitung der Oberharzer Bleierze[3]) ist nach dem

---

[1]) Ueber den Oberharzer Hüttenbetrieb siehe: Héron de Villefosse über den Mineralreichthum. Deutsch von Hartmann. III, 291. 1823. — Lampad. Httkde. 2. Thl. 2. Bd. p. 7 u. 229; dessen 1. Supplementband. 1818. p. 31; 2. Supplbd. 1826. p. 191; dessen Fortschr. 1839. p. 75 u. 123. — Karst. Arch. 2. R. X, 91 u. 131. — Karst Metallurgie. V, 162. — Zimmerm. Harzgebirge. I, 432; II, 64. — Hartm. Repert. II, 265. Rammelsb. Metallurgie. 1850. p. 174.

[2]) Sämmtliche Oberharzische Gruben sind in 3 Bezirke getheilt, den Clausthaler, Zellerfelder und Andreasberger. Jeder derselben umfasst wieder mehrere Reviere, so z. B. der Clausthaler Bezirk das obere, mittlere und untere Burgstätter, das Rosenhöfer und Bergwerkswohlfahrter Revier; der Zellerfelder Bezirk den Zellerfelder Hauptzug und das Lautenthaler Revier; der Andreasberger Bezirk die Gruben des in- und auswendigen Revieres.

[3]) Siehe: Seidensticker in Hausm. Norddeutsch. Beitr. 1806. — Villefosse a. a. O. III, 149. — Schulz in Karst Arch. 1. R. V, 142. — Ey ibid. 2. R. X, 149, 179. — de Hennezel in den Ann. d. min. 4. Ser. IV, 339. — Hausm. gegenwärt. Zust. d. Hann. Oberh. 1832. p. 146. — Zimmerm. a. a. O. I, 415. — Neuer Schaupl. d. Bgwkde. IX, 41.

Urtheile Sachverständiger, z. B. **Russeggers** und **Rittingers**, rationell und vollkommen wissenschaftlich durchgeführt und steht, wenn auch hier und da noch vereinfachbar, auf einer hohen Stufe der Vollkommenheit. Die Stossherdarbeit, bisher nur im geringen Masse und mehr versuchsweise in Anwendung, ist in neuerer Zeit vervollkommnet und soll eine weitere Ausdehnung erhalten. Versuche mit **Rittingers** Spitzkastenapparate scheinen zu einem günstigen Resultate führen zu wollen.

Die Schliege werden in folgender Gestalt nach der Hütte geliefert:

1. als trockne Schliege, und zwar als: Stuffschlieg (St.) [Rätterstuff von der Trockenscheidung; Rätterschlieg von der Setzarbeit} und Setzschlieg (S. oder Setz) von verschiedenen Arbeiten.

2. als nasse Schliege, und zwar als: Grabenschlieg (gr.) vom Schlämmgraben und Sichertrog aus Schossgerennvorrath; — Schwänzelschlieg (X) vom Schlämmgraben und Sichertrog aus den Abfällen des Grabenschlieges; grobgewaschener Schlieg (gww.) vom Plannenherde aus den Abfällen des Schwänzelvorrathes; — Untergerennschlieg (u.) vom Untergerennkehrherd, Sichertrog und Stossherd aus Untergerennvorrath; — Schlammschlieg (Schl.) vom Schlammschliegherde aus den zäheren Schlämmen, welche nach dem Untergerennschlieg folgen; — Gerennschlammschlieg vom Kehrherde aus der Trübe, die aus den Untergerennschliegfässern weggeht; — Afterschliege vom Pochen und Verwaschen des Afters.

Im Jahre 1849 wurden bei dem Aufbereitungshaushalte des Clausthaler und Zellerfelder Bezirks folgende Resultate erhalten:

Reviere	Aufbereitete Erze		Producierte Röste				Deren Centnerzahl excl. des Kieses	Gehalt in 1 Ctr.	
	Treiben à 40 Ton.	Tonnen à 7 Cbf.	Stuff, Rätter und Setz	Nasse	Kies	Summa excl. des Kieses		Silber Lt.	Blei ℔
Clausthaler	4910	35_2	—	—	—	3481	132,609	$3\frac{3}{8}$	56
Zellerfeld	1099	3	$210\frac{2}{3}$	$318\frac{1}{3}$	—	529	20,074	$4\frac{5}{8}$	$55\frac{1}{4}$
Lautenthaler	894	13	574	$250\frac{1}{2}$	$53\frac{1}{3}$	$824\frac{1}{2}$	31,342	$2\frac{3}{8}$	$66\frac{1}{2}$
Summa	6910	$2\frac{1}{2}$	$784\frac{2}{3}$	$568\frac{5}{6}$	$53\frac{1}{3}$	$4834\frac{1}{2}$	184,025	—	—

Der Metallgehalt der Schliege variiert sehr, und zwar pflegt der Silbergehalt um so mehr abzunehmen, je grobblättriger der Bleiglanz wird.

Reiner Bleiglanz besteht aus 86,55 $\frac{0}{0}$ Blei und 13,45 $\frac{0}{0}$ Schwefel und hält nach Berthier[1]) am gewöhnlichsten 0,01—0,03 $\frac{0}{0}$ Silber; welcher Gehalt jedoch zuweilen bis 0,5, selten bis zu 1 $\frac{0}{0}$ steigt. Malaguti und Durocher[2]) fanden bei ihren neuesten Versuchen in Bleiglanzen Spuren bis 7 $\frac{0}{0}$ Silber, in Blenden Spuren bis 0,88 $\frac{0}{0}$ und wenigstens Spuren von Silber in allen untersuchten Schwefel-, Kupfer- und Arsenikkiesen, und zwar waren geschwefelte Mineralien immer reicher, als oxydierte. Von den in der Natur verbreitetsten Metallen kommen Eisen, Blei, Zink und Kupfer sehr häufig zusammen vor.[3]) In Bezug auf ihren Silbergehalt pflegen die eisenhaltigen Schwefelungen immer die ärmsten zu sein; es folgen dann die zink-, blei- und kupferhaltigen.

Der durchschnittliche Metallgehalt der im Jahre 1849 verschmolzenen Schliege des Clausthaler und Zellerfelder Bezirks, so wie die Qualität der denselben beigemengten metallischen und erdigen Fossilien ist aus folgender Zusammenstellung ersichtlich:

Gruben	Gehalt Silber Lt.	Gehalt Blei $\frac{0}{0}$	Beigemengte Gangart etc.
1. Clausthaler Bezirk.			
a. Burgstätter Revier.			
Dorothea	$2\frac{7}{8}$	60	Viel Quarz und Kalkspath;
Caroline	$3\frac{5}{8}$	60	Kupfer- und Schwefelkies
Bergmannstrost	$2\frac{5}{8}$	59	auf der Charlotte; viel
St. Margarethe	$3\frac{3}{4}$	60	Blende im obern Burg-
Anna Eleonore	$4\frac{1}{2}$	60	stätter Reviere.
Kranich	$4\frac{3}{4}$	65	
Herzog Georg Wilhelm	4	60	
König Wilhelm	$3\frac{1}{8}$	61	
Königin Charlotte	$4\frac{3}{8}$	55	
b. Rosenhöfer Revier.			
Neuer Thurm Rosenhof	$1\frac{3}{4}$	55	Viel Spatheisenstein u. Schwer-
Alter Segen	$2\frac{1}{8}$	47	spath; weniger Kalkspath u.
Silbersegen	$1\frac{7}{8}$	40	Quarz, etwas Kupferkies u. Schwefelkies, seltener Blende u. Bournonit.
c. Bergwerkswohlfahrter Revier.			
Bergwerkswohlfahrt	$6\frac{5}{8}$	$52\frac{1}{4}$	Schwerspath und Kalkspath; Bleischweif und Fahlerz.
2. Zellerfelder Bezirk.			
a. Zellerfelder Revier.			
Ring und Silberschnur	$3\frac{7}{8}$	57	Kieselig.
Regenbogen	4	59	
Juliane Sophie b. Schulenberg	2	60	Quarz, Blende und Kupferkies.
Hülfe Gottes bei Grund	$6\frac{3}{8}$	53	Schwerspath, Quarz, etwas Blende und Spatheisenstein.
b. Lautenthaler Revier.			
Herzog August z. Bockswiese	$2\frac{5}{8}$	69	Sehr rein; Kalkspath, wenig Kiesel; Bleischweif.
Lautenthals Glück	2	62	Viel Blende und Kalkspath.

[1]) Hausm. Min. II, 1. p. 96. [2]) Ann. d. min. 4. Ser. XVII, 83. [3]) Breit-

Die Quantität der in den Schliegen enthaltenen fremdartigen Beimengungen ergiebt sich aus den folgenden von Bruel und Bodemann angestellten Analysen:

	Dorotheer				Herzog Auguster Setzsiebstuff			Rosenhöfer Schliege		
	Bleiglanz	Setzsiebgräupel	Setzsiebgräupel bes. ausgesucht	Stuflgräup. sorgfältig ausgeklaubt	1.	2.	3.	Grabenschlieg besonders ausges. getrieben schwach | stark		Schwänzel-
Pb S .	77,34	77,66	94,47	89,21	89,25	81,02	96,14	30,50	51,47	36,47
Cu^2 S .	0,59	2,07	0,35	Spur	0,81	1,77	0,15	—	—	—
Fe S .	0,67	2,00	0,47	Spur	1,08	2,41	0,30	—	—	—
Ag S .	0,12	0,11	0,13	0,10	0,13	0,09	0,09	—	—	—
Zn S .	1,33	—	—	—	0,50	—	—	—	—	—
Sb S^3 .	0,14	2,43	1,87	—	0,33	4,36	1,99	—	—	—
$Al^2 O^3$.	5,13	0,36	Spur	2,68	1,25	0,34	—	—	—	—
CaO, CO^2	1,78	2,70	1,01	Spur	0,48	4,24	0,01	8,38	3,65	6,95
MgO, CO^2	0,23	—	—	Spur	0,04	—	—	—	—	—
SiO^3	12,38	11,50	1,21	4,05	6,33	2,98	0,53	3,90	7,03	4,65
FeO, CO^2	—	—	—	—	—	—	—	57,22	37,85	57,93
Summa	99,71	98,83	98,51	96,03	100,20	97,21	99,21	100,00	100,00	100,00

Die Zusammensetzung einiger im Clausthaler und Zellerfelder Bezirke vorkommenden metallischen Fossilien ist, wie folgt, gefunden:

	Pb	Cu	Ag	Fe	Zn	Co	Sb	S	Se	Pb S	Zn S	Fe S	Sb S^3	Cd
I.	42,50	11,75	—	5,00	—	—	19,75	18,00	—	—	—	—	—	—
II.	—	37,50	3,00	6,50	—	—	29,00	21,50	—	—	—	—	—	—
III.	—	34,48	4,97	2,27	5,55	—	28,24	24,73	—	—	—	—	—	—
IV.	63,92	—	—	0,45	—	3,14	—	—	31,42	—	—	—	—	—
V.	—	—	—	—	—	—	—	—	—	95,85	3,34	0,54	0,30	—
VI.	—	—	—	2,13	63,60	—	—	33,40	—	—	—	—	—	0,45
VII.	—	—	—	3,63	61,91	—	—	32,92	—	—	—	—	—	0,50

I. Bournonit von Clausthal nach Klaproth. (Beitr. IV, 86, 90). — II. Schwarzgiltigerz vom Altensegen nach Klaproth. (Ibid. p. 68.) — III. Desgl. nach Rose. (Pogg. XV, 576.) — IV. Selenkobaltblei vom Lorenz nach Rose. (Pogg. III, 288.) — V. Bleischweif von Bockswiese nach Rammelsberg. (Dessen Handwörterb. 4. Suppl. p. 24.) — VI. Braune Zinkblende vom Rosenhof nach B. Osann. — VII. Desgl. vom Bergmannstrost nach B. Osann. (VI. und VII. im Clausthaler chem. Laboratorium.)

---

haupt Paragenesis der Mineralien. Freiberg 1849. — Elie de Beaumont Vertheilung der Elemente in der Natur. Liebigs Jahresber. 1849. p. 785.

Uebernahme und Aufbewahrung der Schliege.*)

Die Schliege werden aus den Pochwerken in das Schliegmagazin der Hütte geschafft und von derselben rostweise übernommen. 1 Rost nasser Schlieg wiegt durchschnittlich 42 Ctr., trockner 39 Ctr. Das Auswiegen geschieht nach Centnern, und ist der letzte Centner nicht voll, so muss das Fehlende bei der nächsten Anfuhr ergänzt werden. Nasser und trockner Schlieg werden separiert in den mit gehörigen Signaturen (Qualität, Quantität, Name der Grube etc.) versehenen Feldern des Schliegmagazins aufbewahrt, so dass sich im obern Stockwerk desselben trockner, im untern nasser befindet.

Probenehmen.

Beim Abwiegen, welches in einem Kübel geschieht, der auf einer rostartigen Wagschale steht, wird, noch ehe die Zunge einspielt, von jedem Centner mit einem Löffel eine Probe genommen, welche gehörig durchgerieben dem Nässprobierer zur Bestimmung der Nässe und dem Berg- und Berggegenprobierer im trocknen Zustande, mit einem Verzeichnis (Probenzettel) versehen, zur Ermittelung des Silber- und Bleigehaltes übergeben wird. Gleichzeitig wird dieser Gehalt auf der Hütte bestimmt und aus dem erhaltenen dreifachen Resultate der Durchschnittsgehalt vom Pochverwalter berechnet, indem derselbe beim Blei das arithmetische Mittel, beim Silber nach Umständen ebenfalls das arithmetische Mittel oder die beiden übereinstimmenden Angaben nimmt. Bei silberarmen Erzen nämlich, wo nur eine Differenz von $1/2$ Loth beim Probieren gestattet ist, stimmen immer 2 Gehalte überein; bei reichern, wo eine grössere Differenz gestattet ist, wird das arithmetische Mittel genommen.

Zur Ausgleichung vorkommender Differenzen zwischen den 3 Probierern durch die Generaluntersuchungsproben erhält der Pochverwalter eine vierte Büchse, und die Hauptbüchse, aus welcher die andern 4 gefällt sind, bleibt zur Reserve auf der Hütte.

Nässprobe.

Die Nässprobe wird in der Weise ausgeführt, dass man nach einem verjüngten Gewichte — 1 Ctr. Nässgewicht = 1 Loth Civilgewicht — bei nassen Schliegen 42 Ctr., bei trocknen 39 Ctr. abwiegt und auf dem Trockenofen in kleinen eisernen Pfannen

---

*) Ueber Erzabnahme und Erzprobe siehe Schaupl. d. Bgwkde, XIII.

so lange erwärmt, bis alles Wasser entfernt ist. Die nassen Schliege enthalten gewöhnlich auf 1 Rost von 42 Ctr. 3—6 Ctr., die trocknen auf 1 Rost von 39 Ctr. 1 Ctr. Nässe. Das Auswiegen geschieht bis auf ⅛ Ctr., und es findet bei dieser Probe keine Controle statt.

Auf den Sächsischen Hütten ist der Nässprobiercentner zu 15 Pfundtheilen des Landesgewichtes = 75 Gramm angenommen und das Auswiegen geschieht bis auf ¼ Pfd. 1 Ctr. Landesgewicht = 50 Kilogramm = 100 Pfd. 1 Pfd. = 100 Pfundtheile.

Die Auswahl eines Probierverfahrens zur Ermittelung des Bleigehaltes in Erzen und Producten hängt hauptsächlich von der Qualität und Quantität der denselben beigemengten Substanzen ab, und es lässt sich in dieser Beziehung folgende Klassification machen:

I. Proben auf trocknem Wege.
  A. Geschwefelte Erze und Producte.
    1. Geringer Gehalt an beigemengten Schwefelungen; dagegen grösserer oder geringerer Gehalt an erdigen Substanzen.
      a. Potaschenprobe. Oberharz,[1] Tarnowitz.[2]
      b. Probe mit schwarzem Fluss und Eisen.[3] Freiberg. — Probe mit Soda und Eisen.[4] Frankreich. — Schmelzen in eisernen Tiegeln mit schwarzem Fluss oder Soda.[5] Frankreich, Schottland.
    2. Bedeutender Gehalt an beigemengten Schwefelungen, geringerer oder grösserer an erdigen Beimengungen.
      Röstprobe.[6] Unterharz und Freiberg (für blendige Erze).
  B. Oxydierte Erze und Producte.
    1. Reduction mit schwarzem Fluss.[7] (Schlacken, Abstrich, Herd etc.)
    2. Reduction mit schwarzem Fluss und Eisen.[8] (Gerösteter Bleiglanz und Bleistein, Bleioxyd gebunden an Schwefel-, Selen-, Arsensäure etc.)

---

[1] Bodemanns Probierkunst. Clausthal 1845. p. 218.
[2] Erdm. J. f. ök. u. techn. Ch. XV, 405.
[3] Bodem. a. a. O. p. 224. — Berth. met. analyt. Ch. Deutsch von Kerst. 1836. II, 672.
[4] Berth. a. a. O. II, 673. [5] Bodem. a a O. p. 226. — Berth. a. a. O. II, 673.
[6] Hollunders Probkst. 1826. II, 85. — Wehrles Httkde. 1841. II, 220. — Berth. a. a. O. II, 660, 668.
[7] Bodem a. a. O. p. 232. — Berth. a. a. O. II, 680. [8] Bodem. a. a. O. p. 230.

II. Proben auf nassem Wege.
A. Mitelst titrierter Flüssigkeiten für reinere Erze etc.
1. Flores Domontes Verfahren mittelst Schwefelnatriumlösung.[1])
2. Maguerites Methode mittelst übermangansauren Kalis.[2])

B. Mittelst Schwefelsäure[1]) für die sub I. A. 2. bezeichneten Erze etc.

Oberharzer Bleiproben. Schliegprobe. 1 Probiercentner (= $\frac{1}{4}$ Loth Civilgewicht = 100 Pfd. à 32 Loth = 3,654 Gramm) Schlieg wird mit dem 3—4fachen Gewicht trockner Pottasche in einem Thontiegel gemengt und einige Linien hoch mit Kochsalz bedeckt. Strengflüssigen blendigen oder quarzigen Erzen giebt man wohl einen Boraxzuschlag. 42 solcher beschickten Tiegel werden in den rothglühenden Muffelofen eingetragen, bei geöffneten Zügen und geschlossener Muffelmündung etwa 20 Minuten heiss gethan, bis das Einschmelzen geschehen ist, dann bei geschlossenen Zügen und halb geöffneter Muffelmündung etwa 10 Minuten kaltgethan (Abdampfen) und zuletzt wieder eine gute Viertelstunde heiss.

Bei der ersten Hitze findet eine Zerlegung des Bleiglanzes durch die Pottasche in der Weise statt, dass sich metallisches Blei und ein aus Schwefelkalium und Schwefelblei bestehendes Schwefelsalz bildet. Dieses würde in der Schlacke zurückbleiben und somit der Bleigehalt zu gering gefunden werden, wenn man nicht durch das Kaltgehnlassen den Sauerstoff der Luft auf jenes Schwefelsalz einwirken liesse, wobei sich das Schwefelkalium in schwefelsaures Kali verwandelt und das frei gewordene Schwefelblei von der überschüssigen Pottasche entschwefelt werden kann. Durch das letzte Heissthun soll eine Ansammlung der Bleitheilchen bewirkt werden, wobei das leichtflüssige Kochsalz als Spülmittel dient. Das Auswiegen der entschlackten Könige geschieht bis auf einzelne Pfunde, und es ist bei dieser Bleiprobe eine Differenz von 5 Pfd. gestattet.

Wegen der Flüchtigkeit und leichten Verschlackbarkeit des Bleies und seiner Verbindungen lässt sich auf trocknem Wege der Bleigehalt niemals scharf bestimmen, indem selbst die besten Methoden einen Verlust von 6—12 % geben. Solche Proben können demnach nur dazu dienen, möglichst rasch den relativen Bleigehalt der Substanzen von analoger Beschaffenheit kennen zu lernen und ein Anhalten für das Ausbringen im Grossen zu geben.

---

[1]) Schwarz Massanalysen. 1850. p. 86.   [2]) Ibid. p. 87.
[3]) Bodem. a. a. O. p. 228. — Bgwfrd. III, 33.

Zur Ermittelung der bei den metallurgischen Prozessen wirklich stattfindenden Bleiverluste lassen sich die trocknen Proben nicht anwenden, sondern man muss dabei stets zum nassen Wege seine Zuflucht nehmen, oder doch wenigstens durch genaue analytische Versuche ein für allemal bestimmen, wie gross der Bleiverlust bei der befolgten Probiermethode ist.

Bredberg[1]) hat vielfache Versuche angestellt, um den Einfluss nachzuweisen, welchen das gewählte Probierverfahren und der Gehalt des Bleiglanzes an fremden Beimengungen auf das Ausbringen an Blei hat, und er ist dabei zu folgenden Resultaten gekommen:

1. Das beste Ausbringen bei reinem Bleiglanz gestattete die Probe mit schwarzem Fluss, Borax und Eisen (95 $\S$ vom wirklichen Bleigehalt); dann folgte die Röstprobe bei Zuschlag von Eisen (89,1 $\S$); dann die Röstprobe ohne Eisen (79,9 $\S$); und den geringsten Gehalt gab die Potaschenprobe (50 $\S$).

Bredberg hat bei letzterer, welche häufig als sehr ungenau angefochten wird, darin gefehlt, dass er sich mit einem einmaligen Heissthun begnügt und das dabei gebildete bleihaltige Schwefelsalz in den Schlacken unzersetzt gelassen hat. Bei näherer Vergleichung der Harzer Potaschenprobe mit der Freiberger Probe mit schwarzem Fluss und Eisen ergiebt sich, dass die Potaschenprobe weniger umständlich anzurichten ist und die gleichzeitige Anstellung vieler Proben gestattet, dagegen eine grössere Uebung und Aufmerksamkeit des Probierers erfordert, namentlich was das richtige Abdampfenlassen der Proben betrifft. Wird dasselbe zu lange fortgesetzt, so oxydiert sich Blei und geht in die Schlacken, wird es zu früh unterbrochen, so bleibt unzersetztes Schwefelblei in den Schlacken. Da man nun für die Beendigung dieser Periode kein bestimmtes Kennzeichen hat, ausser die Erfahrung, so steht die Potaschenprobe der mit schwarzem Fluss und Eisen in Bezug auf die Genauigkeit nach, jedoch bei weitem nicht in dem Grade, wie Bredberg gefunden hat. Es kommt nämlich bei letzterer nur auf ein einmaliges Zusammenschmelzen an, wobei der schwarze Fluss die Oxydation des Bleies verhindert und das anwesende Eisen das etwa in der Schlacke zurückbleibende Schwefelblei entschwefelt. Ausserdem lässt sich diese Probe, welche durchschnittlich immer einige Procent Blei mehr liefert, als die Potaschenprobe, sowohl im Muffel- als auch im Windofen anstellen.

2. Je geringhaltiger das Erz [2]) ist, desto unsicherer wird auch das Bleiausbringen, und zwar verursacht ein Gehalt an Zinkblende und Schwefelkies mehr Schwierigkeiten, als ein solcher an erdigen Beimengungen, welcher sich durch erhöhten Boraxzusatz beseitigen lässt. Durch Röstung

---

[1]) Erdm. J. f. ök. u. techn. Ch, XII, 179.
[2]) Delesse Schmelzversuche mit Gebirgsarten; Liebigs Jahresber. 1848. p. 1234; 1849. p. 783. — Rammelsb. 4. Suppl. p. 47.

und starken Zusatz von schwarzem Fluss und Eisen lassen sich Blende und Schwefelkies am besten unschädlich machen; auch ein Salpeterzusatz wirkt vortheilhaft.

Die Freiberger Muffelofen [1]) mit Steinkohlenfeuerung geben eine höhere Hitze, als die Harzer mit Holzkohlenfeuerung und gestatten eine bessere Regulirung der Temperatur. Alle Freiberger Probierwaagen sind mit einer sehr zu empfehlenden Pinselvorrichtung [2]) versehen, welche die unnöthige Schwingung der Scheere verhütet und ein rascheres Auswiegen gestattet. Man theilt hier 1 Probiercentner zu 3,75 Gramm in 100 Pfd., 1 Pfd. in 100 Pfundtheile, und 1 Pfundtheil wieder in zweimal 0,5 Pfundtheile = 0,1875 Milligramm.

Die Soda steht, wie am Harze die Erfahrung gelehrt hat, der Potasche als flussbeförderndes und Entschwefelungsmittel nach und liefert 3—4 $\text{\textbeta}$ Blei weniger, als letztere. Die in neuerer Zeit vorgeschlagenen Proben mit titrierten Flüssigkeiten lassen Manches zu wünschen übrig.

Bleistein wird ebenso auf Blei probirt, wie Schlieg, nur giebt man noch einen Kohlenstaubzusatz und die letzte Hitze länger. Die Kohle befördert die Reduction des Kalis und somit die Entschwefelung; in zu bedeutender Menge vorhanden, vermindert sie die Schmelzbarkeit der Masse.

Schlieg- und Bleisteinschlacken werden in Quantitäten von 2 Ctr. mit Potasche, Kohlenstaub, etwas Borax und einer Kochsalzdecke nach dem Abflammen noch 1½ Stunde unter der Muffel geschmolzen.

Glätte und **Abstrich** schmilzt man mit Potasche, Kohle und einer Potaschendecke rasch ein; **Herd** mit Potasche, Kohle und Kochsalzdecke.

In sehr **bleiarmen Substanzen**, z. B. Fluthaftern, Schlacken etc. hat man den Bleigehalt dadurch bestimmen wollen, dass man dieselben wie eine gewöhnliche Potaschenprobe beschickt und mit einer gewogenen Menge metallischen Silbers schmilzt, wo dann das Mehrgewicht des letzteren den Gehalt an Blei angeben soll, was jedoch sehr misslich ist. — Auch berechnet man wohl — was übrigens nicht ganz richtig ist — den Bleigehalt in Aftern auf die Weise, dass man ihn bei bekanntem Silber- und Bleigehalte des Schliegs, woraus er entstanden ist, proportional seinem Silbergehalte, der sich hinreichend genau finden lässt, annimmt. Hielt z. B. der Schlieg 70 Pfd. Blei und 4 Lt. Silber, und der daraus entstandene After $\frac{1}{16}$ Lt. Silber, so ist sein Bleigehalt gleich $\frac{70}{16 \cdot x} = 0{,}5$ Pfd.

---

[1]) Bode m. a. a. O. p. 23. — Jahrb. f. d. Sächs. Berg- u. Hüttenm. 1842. p. 1.
[2]) Plattners Löthrohrprobierkunst. 1847. p. 33.

Professor Rivot hat mir folgendes Verfahren zur Bestimmung geringer Bleimengen mitgetheilt: 100 Gramm des Probemehls werden mit 100—150 Gr. Aetznatron und 150—250 Gr. calcinierter Soda gemengt, je nachdem die beigemengten Erdarten mehr oder weniger von letzterem Flussmittel erfordern. In das Gemenge steckt man ein hufeisenförmig gebogenes Eisenblech von 1" Breite und 1¼''' Dicke so ein, dass dasselbe mit seinen beiden Enden auf dem Boden des Schmelztiegels aufsteht, der gekrümmte Theil aber frei hervorragt. Der mit einigen groben Kohlen bedeckte Tiegel wird so in einen Windofen gesetzt, dass er sich etwa nur 2" unter dessen Mündung befindet, und dann langsam erhitzt bei anfangs aufgesetztem Dome. Nach 15—20 Minuten ist die Masse in Fluss; man rührt sie mit dem Eisenblech beständig um und zieht dieses von Zeit zu Zeit heraus, um zu beobachten, ob noch kleine Bleikügelchen daran haften. Ist dieses nicht mehr oder nur noch unmerklich der Fall, so ist der Prozess beendigt; der Tiegel wird aus dem Ofen genommen und nach dem Erkalten zerschlagen.

Bei Auswahl eines Probierverfahrens für eine silberhaltige Substanz kommt deren qualitative Beschaffenheit und ihre Reichhaltigkeit in Betracht. *Silberproben im Allgemeinen.*

Die gebräuchlichen Probiermethoden lassen sich unter folgende Abtheilungen bringen:

1. Silberproben auf trocknem Wege.
    1. Abtreiben der Probe für sich auf der Kapelle.[1] (Silberhaltiges Wismuth, Werkblei, Frischblei etc.)
    2. Abtreiben mit Blei. Silberreiche Legierungen,[2] Erze etc. (Blicksilber, Brandsilber, legiertes Kupfer, Rothgültigerz etc.)
    3. Ansieden der Probe mit Kornblei und Abtreiben des dabei erhaltenen silberhaltigen Bleies.[3] (Aermere und reichere Erze und Hüttenproducte, als Steine, Speisen, Schwarz- und Gaarkupfer, Abstrich, Schlacken (nachdem ihr Silbergehalt durch Zusammenschmelzen mit Schwefelkies[4] entweder in einem Stein concentriert ist, oder nicht) etc.)
    4. Verfahren, wie bei Bleiproben und Abtreiben des dabei erhaltenen Bleikönigs.[5] (Bleireiche und silberärmere Erze, Steine, Schlacken, Glätte, Herd etc.)
    5. Schmelzen der Probe mit Glätte und schwarzem Fluss und Abtreiben

---
[1] Bodem. Probkst. p. 129.
[2] Ibid. p. 131. — Karst Arch. 1. R. II, 194; XI, 56. — Dingl. XCVIII, 285.
[3] Bodem. a. a. O. p. 111, 129. — Karst. Arch. a. a. O. II, 200; III, 66; VI, 426. — Erdm. J. f. ök. u. techn. Ch. XII, 171.
[4] Bodem. a. a. O. p. 128. — Erdm. a. a. O. I, 140.
[5] Bodem. a. a. O. p. 124, 127.

des erhaltenen Bleikönigs.[1]) Dieses Verfahren ist besonders geeignet für silberarme geschwefelte Substanzen, z. B. Schwefelkies, Kupferkies, Blende etc. — Pettenkofer[2]) hat die Glätte vortheilhaft durch Bleizucker ersetzt. — Malaguti und Durocher[3]) erzeugen sich zu diesem Behufe eine silberfreie Glätte durch Erhitzen von Bleizucker und Calcinieren desselben bei Zusatz von Salpetersäure und wenden als Fluss- und Reductionsmittel schwarzen Fluss und Soda an. Sie fanden mittelst dieser Methode sehr geringe Silbermengen in vielen Mineralien, in Meerespflanzen und im Meerwasser. Die Erze wurden entweder ungeröstet bei Salpeterzusatz mit obigen Ingredienzien beschickt oder vorher geröstet. In letzterem Falle entstand immer ein beträchtlicher Silberverlust.

2. Silberproben auf nassem Wege.

1. Mittelst titrierter Kochsalzlösung nach Jordan[4]) und Gay-Lussac;[5]) besonders für kupferhaltiges Silber.
2. Mittelst titrierter Cyankaliumlösung nach Schoffka.[6])
3. Behandlung der Probe mit Schwefelsäure, Zusatz von Kochsalz und Ansieden des ungelösten chlorsilberhaltigen Rückstandes mit Kornblei;[7]) für silberarme Schwefelungen.
4. Behandlung des Probemehls mit Königswasser und Ansieden des Rückstandes mit Kornblei.[8])
5. Mittelst Zennecks Aeroskops.[9])

Mittelst der trocknen Probe lassen sich die geringsten Mengen von Silber auffinden, wie Malaguti und Durocher[10]) neuerdings durch vielfältige Versuche erwiesen haben; bei bedeutendem Silbergehalt, namentlich bei silberreichen Legierungen giebt die Gay-Lussac'sche Probe ein genaueres Resultat.[11])

Oberharzer Silberproben. Schlieg wird bei einem Gehalt bis 4 Loth Silber und bei einem hinreichenden Bleigehalt mit Potasche auf Blei probiert

---

[1]) Bodem. a. a. O. p. 121. — Erdm. J. f. ök. u. techn. Ch. XII, 176.
[2]) Dingl. C, 459. — Bgwkfr. XI, 49. — Polyt. Centr. 1846. p. 514.
[3]) Ann. d. min. 4. ser. XVII, 7.
[4]) Pogg. Ann. XXIV, 46. — Bodem. a. a. O. p. 148.
[5]) Gay-Lussac vollst. Unterricht über das Verfahren, Silber auf nassem Wege zu probieren. Deutsch von Liebig. 1833. — Bodem. a. a. O. p. 139.
[6]) Bgwkfr XI, 488.   [7]) Bodem. a. a. O. p. 128.
[8]) Ibid. p. 128.   [9]) Erdm. a. a. O. I, 132; III, 443.
[10]) Ann. d. min. 4. Ser. XVII, 3. — Polyt. Centr. 1847. p. 1149; 1850. p. 238, 348. — Dingl. CXV, 276. — Liebigs Jahresber. 1849. p. 629.
[11]) Ergebnis der vergleichenden Versuche über das Probieren des Silbers auf trocknem und auf nassem Wege. Jahrb. f. d. Sächs. Berg- u. Hüttenm. 1836. p. 70. — Erdm. J. f. ök. u. techn. Ch. X, 418.

und der dabei erhaltene König abgetrieben. Bei Andreasberger Proben setzt man hierbei den antimon-, arsen- und kupferhaltigen Königen 25—50 Pfd. Kornblei zu. Beträgt der Silbergehalt über 4 Loth, so wird die Probe angesotten und zwar auf die Weise, dass man 1 Ctr. mit 4 Ctr. Kornblei in einem flachen Ansiedescherben mengt, mit 4 Ctr. Kornblei bedeckt und so lange — 20 bis 25 Minuten — im Muffelofen heiss thut, bis die Schmelzung eingetreten ist und die Verschlackung beginnt. Diese lässt man bei theilweise geschlossenen Zügen und nur wenig zugelegter Muffelöffnung so lange fortgehen, bis fast die ganze metallische Oberfläche zugeschlackt ist. Dann wird die Probe herausgenommen, der entschlackte König möglichst kühl abgetrieben und das resultierende Silberkorn bis auf $\frac{1}{4}$ Loth ausgewogen, wobei man das durch Verschlacken und Abtreiben von 8 Ctr. Kornblei erhaltene Silberkorn zu den Gewichten legt. Ein fast ganz silberfreies Blei zum Probieren erfolgt beim Zersetzen von Bleizuckerlösung mittelst metallischen Zinks. Strengflüssigen Erzen setzt man wohl 25 Pfd. Borax und etwas Glas zu. Die arsenikalischen reichen Andreasberger Schliege erfordern beim Verschlacken eine hohe Temperatur, um vollständig in Fluss zu kommen. Es erzeugt sich leicht ein Rand von strengflüssiger Schlacke, welcher Silber zurückhält. Antimonsilber erfordert zur Zersetzung viel Blei, am besten das 16fache und ausserdem noch einen starken Boraxzuschlag.

Wegen Mangelhaftigkeit des Probierverfahrens ist den drei Probierern eine gewisse Differenz gestattet, und zwar bei 1 bis 5 Loth Silbergehalt des Erzes eine solche von $\frac{1}{2}$ Loth; bei $5\frac{1}{4}$ bis 10 Loth Gehalt $\frac{3}{4}$ Loth und bei $10\frac{1}{4}$ Loth und darüber 1 Loth Differenz. — In Freiberg werden alle Proben auf Silber angesotten, und zwar Bleierze mit dem 12- bis 14fachen Blei.

Arme Fluthabgänge etc. werden nach Bauersachs auf die Weise probiert, dass man 8 bis 16 Ctr., jeden einzeln, mit Pottasche und Kohlenstaub mengt, auf die Oberfläche je einer Probe 1 Ctr. Kornblei streut, sie mit Kochsalz bedeckt, etwa 1 Stunde schmilzt, dann etwas abdampfen lässt, und zuletzt abermals eine starke Hitze gibt. Die erhaltenen 8 oder 16 Bleikönige werden gemeinschaftlich verschlackt, auf einer Kapelle abgetrieben und der Silbergehalt des angewandten Kornbleies von dem erhaltenen Silberkorn abgezogen. — Anstatt Kornblei, Pottasche und Kohle wendet man zweckmässiger schwarzen Fluss und Glätte an, und noch wirksamer dürfte der von Pettenkofer vorgeschlagene Bleizucker sein. Auch kann der nach Rivots Bleiprobe erhaltene Bleikönig abgetrieben werden.

Bleistein, Bleischlacken, Glätte, Abstrich und Herd werden, wie früher gezeigt, auf Blei probiert und dieses treibt man ab; Schlacken werden auch wohl angesotten.

Werkblei wird in Quantitäten von 4 Ctr., Frischblei von 8 Ctr. abgetrieben.

Kupferstein wird in Quantitäten von 50 Pfd. mit dem 8fachen, Schwarz- und Gaarkupfer mit dem 16fachen Blei angesotten und abgetrieben.

Brandsilber wird in der Weise auf seine Feine probiert, dass man 4 Loth Feingewicht — 1 Mk. = $\frac{1}{4}$ Probiercentner = 16 Loth à 18 Grän — doppelt abwiegt, indem das eine Mal die Probe oben, das andere Mal unten vom Brandstück weggenommen ist. Das Silber wird in ein Skarnitzel gewickelt und in die gut abgeäthmete Kapelle eingetragen. Sobald das Papier verbrannt ist, trägt man zu jeder Probe 16 Loth möglichst silberfreies Blei, lässt bei geöffneten Zügen und zugelegter Muffelöffnung des kleinen Probierofens antreiben, und zieht, sobald dies geschehen ist, die bisher in der Mitte der Muffel stehenden beiden Proben nach vorn hin. Bei fortwährend offenen Zügen und einer kleinen Kohle in der Muffelmündung kühlt man im Anfange öfters mit dem Kühleisen und schiebt die Proben, je näher sie dem Blick kommen, allmälig wieder zurück und lässt sie heiss blicken. Es muss sich Federglätte erzeugen, ohne dass das Blicken in der Glätte stattfindet. Beide Silberkörner werden dann gemeinschaftlich bis auf $\frac{1}{8}$ Grän ausgewogen. Das Oberharzer Brandsilber hält durchschnittlich 15 Loth 16 Grän Feinsilber.

Dem eben beschriebenen Oberharzer Verfahren ist das in der Hannoverschen Münze gebräuchliche vorzuziehen. 8 Loth Probe, durch Umschalen genau abgewogen, werden mit 44 Loth Blei abgetrieben, indem man in die etwa in der Mitte der Muffel stehenden Kapellen erst die Hälfte Blei thut und sobald dieses angetrieben ist, das in ein Skarnitzel gewickelte

Silber und zuletzt nach dem Verbrennen des Papiers die andere Hälfte Blei hinzufügt. Sobald die Probe treibt, legt man in die Muffelöffnung eine kleine Kohle und stimmt die Temperatur durch allmäliges Schliessen und Oeffnen der Züge. Die Temperatur ist richtig, wenn der Rauch im Ofen wirbelt; sie ist zu hoch, wenn er gerade in die Höhe steigt und zu niedrig, wenn er dicht über den Kapellen hinschleicht. Gleichzeitig gibt das Glühen der letzteren, die Entstehung von Federglätte und die mehr oder weniger grosse Neigung des Metallbades zur Bildung eines Glättrandes ein Anhalten.

Mit Kupfer legiertes 12löthiges Silber, wie es z. B. vermünzt wird, treibt man in Quantitäten von 4 Loth (Tiegelprobe) oder 8 Loth (Stockprobe) mit resp. 42 und 84 Loth Blei ab.

Bei derartigen silberreichen Legierungen muss zunächst durch eine vorläufige Probe oder mittelst des Probiersteins [1]) der ungefähre Silbergehalt ermittelt werden, um danach die erforderliche Bleimenge aus Tabellen,[2]) welche durch die Erfahrung gefundene Zahlen enthalten, zum Abtreiben nehmen zu können.

Zur Bestimmung des Gaarkupfergehalts in geschwefel- Kupferproben. ten Erzen, Hüttenproducten etc. ist am Oberharz, so wie auch anderwärts die Röstprobe[3]) gebräuchlich, welche folgende Operationen erfordert:

1. Das Rösten, wobei man sich zur Zerlegung der entstehenden schwefelsauren Salze reducierender Zuschläge von Kohlenstaub, Unschlitt oder nach Plattner von kohlensaurem Ammoniak bedienen kann.

2. Das reducierende Schmelzen auf Schwarzkupfer. Das Röstgut wird mit schwarzem Fluss (1 Salpeter und 2 bis 2½ Weinstein), Glas und Borax gemengt, in einer Hessischen Kupfertute mit Kochsalz bedeckt und im Windofen eingeschmolzen. In Freiberg thut man unter die Kochsalzdecke stets ein Stückchen Kohle, was bei der Reduction sehr förderlich ist. Oxydierte Erze und Hüttenproducte bedürfen der vorherigen Röstung nicht, sondern werden gleich schwarz gemacht.

Im Mansfeldschen setzt man den schwarzen Fluss verschieden zusammen, und zwar bei einem Kupfergehalt unter 40 % aus 8 Salpeter und 14 Weinstein; bei 40 bis 50 aus 9 und 16, bei 50 bis 70 aus 8 und 20.

---

[1]) Mitthlgn. d. Hannov. Gwbv. 1835. p. 297. — [2]) Bodem. a. a. O. p. 133.
[3]) Bodem. a. a. O. p. 203. — Erdm. J. f. ök. u. techn. Ch. XII, 186.

3. **Das Gaarmachen des Schwarzkupfers auf der Kapelle mit Blei.** Der resultierende Schwarzkupferkönig wird mit dem 1- bis 3fachen Blei, je nachdem er mehr oder weniger bleiisch ist, bei anfangs starker Hitze auf der Kapelle angetrieben, dann lässt man die Temperatur etwas sinken und erhöht sie allmälig wieder bis zum Blick. Sobald dieser eingetreten ist, streut man etwas Kohlenstaub auf die Kapelle und löscht sie in Wasser ab. Gleichzeitig mit der Probe wird eine Gegenprobe mit einer gleich grossen Menge Gaarkupfer und Blei gemacht, und der bei letzterer durch Verschlackung herbeigeführte Kupferverlust dem bei der Probe gefundenen Gaarkupfergehalte zugerechnet.

Die Freiberger Methode des Gaarmachens auf dem Scherben[1]) mit Borax möchte wohl vor dem angeführten Harzer Verfahren den Vorzug verdienen, weil sich nach ersterer mehrere Proben gleichzeitig anfertigen lassen und keine Gegenproben erforderlich sind.

Die trockne Probe ist im allgemeinen umständlich, beschwerlich, kostspielig und ungenau; geringe Kupfergehalte lassen sich darnach gar nicht bestimmen, indem die den Erzen beigemengten Gebirgsarten, namentlich Quarz und ausserdem das Kali des schwarzen Flusses aufs Kupfer verschlackend einwirken. Fuchs[2]) beseitigt diesen Uebelstand dadurch, dass er das todtgeröstete Erz einem Rohschmelzen mit Schwefelkies, Schwefel, Glaspulver und Borax unterwirft, den dabei erfolgenden kupferhaltigen Rohstein röstet und mit schwarzem Fluss reducirt, wobei das Kupferoxyd durchs Eisenoxyd vor der Verschlackung geschützt wird.

In Freiberg giebt man beim reducirenden Schmelzen armer gerösteter Kupfererze mit schwarzem Fluss einen Zusatz von 8 bis 10 % Antimonoxyd, um das Kupfer ans Antimon zu binden und beide in einem König anzusammeln.

Oberharzer arme Kupferschlacke wird in Quantitäten von mehreren Centnern mit Pottasche und Kohle unter der Muffel geschmolzen und der erfolgende Kupferkönig bei einem Zusatz von Gaarkupfer gaargemacht, der demnächst wieder in Abzug gebracht wird.

Die Mängel der trocknen Kupferprobe erkennend, hat man, besonders in neuerer Zeit, seine Zuflucht vielfach zum nassen Wege genommen und folgende Proben in Vorschlag gebracht:

1) Die Schwedische Kupferprobe,[3]) z. B. zu Fahlun gebräuchlich. Das Erz etc. wird in Schwefelsäure gelöst und aus dieser

---

[1]) Bodem. a. a. O. pag. 210.   [2]) Bgwkfr. VII, 17.
[3]) Bodem. a. a. O. pag. 188. — Karst. Arch. 2. R. XII, 567. — Bgwkfr. I, 409; II, 205; VII, 18. — Erdm. J. f. ök u. techn. Ch. III, 269.

Lösung das Kupfer durch Eisen ausgefällt. Sie gestattet zwar die genaue Bestimmung geringer Kupfermengen (bis ¼ Pfd. und weniger), erfordert aber Uebung in chemischen Manipulationen und wenigstens 12 Stunden Zeit, ausserdem ein antimon- und arsenfreies Probiergut. Das Aufschliessen der Substanz mit Schwefelsäure muss höchst sorgfältig geschehen und ist oft schwierig.

2. Levols Methode,[1]) in einer kupferoxydhaltigen ammoniakalischen Lösung das Kupferoxyd durch eingestelltes Kupferblech bei Luftabschluss zu Oxydul zu reduciren und aus dem Gewichtsverlust des Kupferblechs den Gehalt der Lösung zu berechnen, ist zwar genau, aber sehr zeitraubend.

3. Byers und Roberts galvanisches Verfahren[2]) ist unpractisch.

4. Peloüzes Methode,[3]) das Kupfer aus seiner blauen ammoniakalischen Lösung durch eine titrierte Schwefelnatriumlösung, die bis zum Verschwinden der blauen Farbe zugesetzt wird, zu bestimmen, empfiehlt sich durch ihre Schnelligkeit und Genauigkeit und zwar besonders bei kupferhaltigen Legierungen. Unreine Kupfererze und Hüttenproducte lassen sich weniger sicher danach behandeln und ein grosser Uebelstand dabei ist noch der, dass sich die Normalflüssigkeit bei dem nicht zu vermeidenden Luftzutritt leicht verändert.

5. Heines Probe[4]) mit blauen ammoniakalischen Musterflüssigkeiten ist zur Ermittlung geringer Kupfergehalte sehr geeignet und neuerdings durch Jacquelain[5]) auch zur Bestimmung grösserer Kupfermengen tauglich gemacht.

6. Böttger in Eisleben bestimmt das Kupfer in armen Kupferschiefern (Sanderzen) als wasserfreies schwefelsaures Kupferoxyd, indem er die königssaure Lösung mit Schwefelwasserstoff, den entstandenen kupferhaltigen Niederschlag mit Salpetersäure und dann zur Abscheidung des Bleies mit Schwefelsäure behandelt, die zurückbleibende Kupfervitriollösung zur Trockne dampft und die trockene Masse bis zur Rothgluth erhitzt.

Neuerdings hat Plattner[6]) ein genaues systematisches Verfahren zur Ausmittelung eines in Erzen, Hüttenproducten etc. befindlichen Gehalts

---

[1]) Bodem. a. a. O. p. 202. — Bgwkfr. V, 412.
[2]) Bgwkfr. IV, 130. — Bodem. a. a. O. p. 202.
[3]) Dingl. CII, 40. — Erdm. J. f. pract. Ch. XXXVII, 449; XXXVIII, 407. — Bgwkfr. X, 404; XI, 38, 129. — Schwarz Massanalysen, p. 81.
[4]) Bgwkfr. I, 33. — Bodem. a. a. O. p. 197.
[5]) Dingl. CXII, 38. — Erdm. J. f. pract. Ch. XLVI, 174. — Bgwkfr. XI, 300. — Haid. Berichte über die Mitthlgn. etc. IV, 89. 1848.
[6]) Plattner Beitrag zur Erweiterung der Probierkunst. Freiberg 1849.

an Kobalt, Nickel, Kupfer, Blei oder Wismuth auf trocknem Wege kennen gelehrt, welches folgende Manipulationen erfordert.

a) Röstung der Substanz, wenn sie Schwefel oder Schwefelsäure enthält, mit kohlensaurem Ammoniak.

b) Glühen derselben mit metallischem Arsenik, wobei sich obige Metalle arsenicieren.

c) Schmelzen der arsenicierten Masse mit schwarzem Fluss, Borax und Eisen, um Blei und Wismuth regulinisch abzuscheiden, die Arsenikmetalle aber zu einem König zu vereinigen.

d) Oxydierendes Schmelzen des Königs auf dem Gaarscherben mit Borax, wobei bis zu einem gewissen, durch bestimmte Merkmale angedeuteten Zeitpunkte nur Arsenikeisen verschlackt wird, Kupfer, Nickel und Kobalt aber, an überschüssiges Arsen gebunden, zurückbleiben.

e) Entfernung des überschüssigen Arsens durch Glühen der von Eisen befreiten Arsenmetalle auf einer Kokskapelle, wobei die chemischen Verbindungen von Co^4 As, Ni^4 As und Cu^4 As als König zurückbleiben, der dann genau ausgewogen wird.

f) Behandlung dieses Königs zu verschiedenen Malen — jedesmal bis zu einem gewissen, durch bestimmte Kennzeichen characterisierten Momente — auf dem Gaarscherben mit Borax, wobei sich zuerst Arsenikkobalt, dann Arseniknickel verschlackt, Arsenikkupfer aber zurückbleibt. Erstere beiden, durch den Verlust beim Verschlacken gefunden, können, weil sie chemiche Verbindungen sind, auf ihren Nickel- und Kobaltgehalt berechnet werden.

g) Erhitzen des Arsenkupfers auf einer Kokskapelle, wobei das Arsen entweicht, das Kupfer aber zurückbleibt.

Besondere Beachtung verdienen auch die **quantitativen Löthrohrproben**, welche Plattner[1]) mit dem besten Erfolge auf das Probieren von Gold, Silber, Kupfer, Blei, Zinn, Nickel und Kobalt haltigen Substanzen angewendet hat.

Die beim Oberharzer Probieren nöthigen Ansiede- und Bleischerben[2]) bezieht man aus Uslar und Goslar, die Kupfertuten aus Gross Almerode in Hessen und die Muffeln aus Uslar. [3])

Hüttenremedien. Zur Deckung des bei Anlieferung und Verarbeitung der Erze unvermeidlichen Verlustes, den die Hütte nicht allein tragen kann, sind ihr gewisse Hülfsmittel, Remedien, gestattet, wodurch

---

[1]) Plattner die Probierkunst mit dem Löthröhre. 2. Aufl. Freiberg 1847.
[2]) Ueber die Freiberger Probiergefässe siehe Plattners Beitrag z. Probierkunst. 1849. p. 7.
[3]) Mitthlgn. d. Hannov. Gwbv. 1838. p. 242; 1839. p. 410.

sie sich für den genannten Verlust entschädigen kann. Solche Remedien kommen auf den Oberharzer Hütten vor:

1. Bei Bestimmung der Nässe, wo man $\frac{1}{2}$ Ctr. und darüber der Hütte für einen ganzen anrechnet, unter $\frac{1}{2}$ Ctr. für dieselbe aber nicht in Anrechnung bringt. Erfahrungsmässig gestaltet sich dieses Verhältnis zu Gunsten der Hütte und lässt sich, da das Auswägen bei der Nässprobe bis auf $\frac{1}{8}$ Ctr. geschieht, stets nachrechnen.

2. Beim Probieren der Schliege auf Silber, wo nur bis auf $\frac{1}{4}$ Loth ausgewogen wird, also der Hütte möglicher Weise, wenn die Zunge der Wage nicht genau einspielt, auf jeden Centner Schlieg etwas zu Gute kommt. Ausserdem erwächst der Hütte noch dadurch ein Remedium, — und dadurch wird das Mehrausbringen an Silber im Grossen gegen die Probe hauptsächlich mit veranlasst — dass bei ersterem der Silberverlust durch Kapellenzug,*) wie er bei der Probe stattfindet, nicht eintritt, weil der silberhaltige Herd vom Treiben immer wieder in die Schmelzarbeiten zurückgeht.

3. Beim Probieren auf Blei, weil die trockne Probe den Bleigehalt stets zu niedrig angibt, und zwar verhältnismässig um so niedriger, je ärmer der Schlieg ist. Man pflegt bei der Bleiprobe so viel Pfunde Differenz anzunehmen, als in dem gefundenen Gewicht des Bleikönigs Zehner enthalten sind. Bei einem Bleigehalt von 21 Pfd. und 69 Pfd. würde also die Differenz der einzelnen Proben resp. 2 und 6 Pfd. betragen können.

Möglicher Weise kann der Hütte noch ein Remedium entstehen durch die Anwendung einer zu hohen Temperatur bei Anfertigung der Nässprobe.

Sämmtliche nach Clausthaler Hütte in einem Jahre gelieferten Schliege theilt man, um Uebersichtlichkeit und einen gleichmässigen Betrieb zu erhalten, in 12 Posten, sogenannte Schliegabschnitte, wovon jeder je nach der stärkern oder schwächern Anlieferung 150—210 Röste enthält. Zum Ausbringen des Silbers und Bleies aus einem solchen Erzquantum sind etwa $\frac{5}{4}$ und das Ausbringen des Kupfers mitgerechnet, etwa $\frac{7}{4}$ Jahre nöthig. Man nimmt

Schlieg-Gattierung.

---

*) Ueber die Grösse des Kapellenzuges siehe Bodem. a. a. O. p. 138.

beim Gattieren jedesmal 30 Röste in Arbeit, so dass bei einem Schliegabschnitt von 180 Rösten 6 Mischungen, Maschen, gemacht werden. Die verschiedenen, zu einer Masche ausgesetzten Schliegsorten werden in Karren von etwa $3^1/_2$ Ctr. Inhalt aus den einzelnen Feldern des Schliegmagazins geholt und auf einem der beiden darin befindlichen Maschplätze schichtenweise so über einander gestürzt, dass die nassen Schliege möglichst unten hin kommen. Diese Maschplätze sind 26' lang, 10' breit und 4' hoch und an der einen langen Seite in 10, an den beiden schmalen durch Einschnitte in 3 gleiche Theile getheilt. Nach diesen Marken macht man auf der Oberfläche der Masche furchenartige Einschnitte, wodurch diese in 30 Theile getheilt wird, deren jeder 1 Rost enthält. 1 Rost Schlieg in die Masche zu bringen lohnt 1 Ggr. 7 Pf.

Das Gattieren der Schliege ist hier wegen der Mannigfaltigkeit derselben schwierig und geschieht nach folgenden Grundsätzen:

1. Durch Versetzen der strengflüssigen, kieselerdehaltigen Erze des Burgstätter und Zellerfelder Revieres mit den leichtflüssigen eisenspäthigen vom Rosenhöfer Reviere sucht man eine mittlere Schmelzbarkeit zu erreichen, geht jedoch mit den gutartigen Rosenhöfer Erzen möglichst sparsam um, so dass nur etwa $^1/_4$ der gattierten Masche daraus besteht.

2. Man sucht durch Mischen ärmerer und reicherer Schliege — die nassen pflegen reicher zu sein, als die trocknen — der Masche einen gewissen Durchschnittsgehalt zu geben, welcher sich erfahrungsmässig für das Ausbringen am vortheilhaftesten erwiesen hat, und 54—56 Pfd. Blei und 3—$3^1/_2$ Lth. Silber im Centner beträgt. Dieser Gehalt muss bei den Maschen der einzelnen Schliegabschnitte möglichst constant sein, weil die Arbeiter bei dem gebräuchlichen Gedingschmelzen nach der Quantität der ausgebrachten Producte ihre Löhne empfangen.

Nach diesen Grundsätzen ist z. B. die Gattierung der folgenden Masche geschehen:

Name der Gruben	Röstezahl	Gehalt an Silber		Gehalt an Blei	
		Mk.	Lt.	Ctr	℔
Dorothea	$55\frac{5}{12}$	333	$1\frac{3}{4}$	1211	60
Bergmannstrost	$45\frac{1}{6}$	277	$15\frac{3}{4}$	1020	13
Kranich.	$21\frac{3}{4}$	213	$14\frac{1}{2}$	529	12
Margarethe	$21\frac{1}{4}$	172	7	453	88
Alter Segen	$7\frac{1}{8}$	24	9	85	80
Rosenhof	$20\frac{5}{8}$	76	$2\frac{1}{2}$	370	83
Bergwerkswohlfahrt . .	$13\frac{1}{2}$	191	10	219	35
Ring und Silberschnur .	$27\frac{3}{8}$	228	5	605	70
Summa . .	$210\frac{11}{12}$	1518	$1\frac{1}{2}$	4496	70

oder in 1 Ctr. Schlieg, den Rost zu 38 Ctr. Trockengewicht gerechnet, 56 Pfd. Blei und 3 Lth. Silber.

Diese Operation nimmt man auf dem Beschickungsboden neben der Gicht der Schmelzöfen vor, wohin zu 1 Schicht von dem Maschplatze jedesmal 1 Rost gattierter Schlieg gelaufen wird, wofür man pro Rost 3 Ggr. bezahlt. Dieser wird in folgender Reihenfolge mit den Zuschlägen schichtenweise über einander aufgestürzt: Schlieg-Beschickung.

7—10 Karren à $2^1/_3$—3 Ctr. Steinschlacken; 26 Ctr. gattierter Schlieg; $2^1/_2$ Ctr. Granuliereisen; $2^1/_2$ Ctr. bleiische Vorschläge (erste und letzte Glätte); $1^1/_2$ Ctr. Abstrich; 3—4 Karren à $2^1/_4$—$2^1/_2$ Ctr. Schliegschlacken; 14 Ctr. Schlieg; 2 Ctr. Granuliereisen; 2 Ctr. bleiische Vorschläge; 3—4 Karren Schliegschlacken.

Dieses für eine 12stündige Schmelzschicht angerichtete Haufwerk besizt die Gestalt einer abgestumpften Pyramide, welche zur Basis ein Rechteck von etwa 10′ Länge und 5′ Breite und eine Höhe von $1^1/_4$′ hat. 1 Cbkf. Beschickung wiegt ungefähr 112 Pfd. und das Gewicht der ganzen Schicht beträgt etwa 92 Ctr.

Die einzelnen Bestandtheile der Beschickung sollen in folgender Weise wirken (cfr. pag. 16).

1) Das Eisen in Gestalt von Granulier-, Wasch- und Brucheisen, von sämmtlichen Harzer Eisenhütten angeliefert, ist zur Aufnahme des Schwefels *) bestimmt; graues Roheisen soll kräftiger wirken als weisses, noch besser Schmiedeeisen.

*) Jordan Versuche über Entschweflung des Bleiglanzes etc. Erdm. J. f. ök. u. techn. Ch. XI, 329.

Nimmt man 1 Rost Schlieg zu 38 Ctr. mit einem Gehalt von 56$\frac{5}{8}$ Blei an, so sind darin pp. 22 Ctr. Blei enthalten, welche als Bleiglanz mit 3,4 Ctr. Schwefel verbunden sind. Zur vollkommenen Entfernung desselben sind, unter Annahme der Bildung von Fe S, 5,95 Ctr. reines Eisen oder 6,2 Ctr. Roheisen mit $4\frac{5}{8}$ Kohlenstoff erforderlich, und es werden hiernach die zu 1 Rost Schlieg zugeschlagenen $4\frac{1}{2}-5$ Ctr. Roheisen nicht ausreichen, um allen Bleiglanz zu zersetzen. Da nun aus früher (pag. 9) entwickelten Gründen wegen der grossen Verwandtschaft der Schwefelungen zu einander auch bei überschüssigem Eisen keine vollkommene Zersetzung des Schwefelbleies eintreten, wohl aber ein grosser Theil des in der Beschickung enthaltenen Schwefelkupfers entschwefelt werden, und das ausgeschiedene Kupfer ins Werkblei und demnächst ins Frischblei übergehen würde, so gibt man einen geringeren Eisenzuschlag, als zur vollständigen Zersetzung des Schwefelbleies erforderlich ist. Es bleibt alsdann auch ein den Silbergehalt des Steins deckender Bleigehalt in diesem zurück.

Wie bereits (pag. 24) angeführt, muss bei der Niederschlagsarbeit darauf gesehen werden, dass nicht mehr bleireiche Steinschlacken erzeugt werden, als zur Schliegarbeit erforderlich sind, oder mit anderen Worten, dass Stein und Werkefall bei derselben in einem gewissen Verhältnis stehen. Dieses ist auf Clausthaler Hütte am zweckmässigsten 3:4 und entspricht obigem Eisenzuschlag. 1 Ctr. Eisen kostet 1 Thlr. 21 Ggr. bis 2 Thlr. 3 Ggr. Von den Versuchen, das met. Eisen durch gerösteten Bleistein zu ersetzen, war pag. 24 die Rede.

2. Die Steinschlacken geben einen sehr geeigneten Zuschlag fürs Schliegschmelzen; einmal, weil sie noch 5—7 Pfd. Blei und 0,05—0,1 Lth. Silber im Centner enthalten, dann aber vorzüglich wegen ihrer basischen Natur, vermöge welcher sie die in den Schliegen enthaltene Kieselerde aufzunehmen und dadurch das Blei vor Verschlackung zu schützen im Stande sind. Sie machen den Ofengang hitziger und bewirken ein rascheres Schmelzen, aber nicht immer ein besseres Ausbringen, weil sie eine zu frische Schlacke erzeugen, welche leicht Metalltheilchen mechanisch zurückhält.

3. Die Schliegschlacken werden hauptsächlich zugeschlagen, um einen zu hitzigen Ofengang zu vermeiden, indem sie als kieselerdereiche strengflüssigere Verbindungen die Wirkung der basischern Steinschlacken aufheben und dadurch ein Mittel abgeben, den Schmelzgang saigerer oder frischer zu machen.

Ausserdem dienen die Schlackenzuschläge überhaupt noch dazu, das Durchlaufen der Schliege zu verhindern, was man anderwärts wohl durch ein schwaches Rösten oder Einbinden*) derselben in Kalk zu erreichen

---

*) Einbindemethoden siehe in Lamp. Fortschr. 1839. p. 3.

sucht. Ferner geben sie ein bequemes Medium ab, in welchem sich die zerstreuten Theilchen der geschmolzenen Metalle und Schwefelungen zu einem Ganzen vereinigen können, welches dann vor der oxydierenden Einwirkung der Luft geschützt ist.

4. Die Producte von der Treibarbeit — Abstrich mit 80—86 Pfd. Blei und 0,062—0,125 Lth. Silber, Vorschläge (letzte Glätte) mit 86—90 Pfd. Blei und 0,062—0,75 Lth. Silber und Herd mit 66—74 Pfd. Blei und 0,5—2,25 Lth. Silber werden einestheils zugesetzt, um ihren Blei- und Silbergehalt nebenbei zu gewinnen, dann aber auch mittels des daraus reducierten Bleies die Entsilberung vollständiger zu machen. Das Blei hat nämlich die Eigenschaft mit geschmolzenen silberhaltigen Schwefelungen in Berührung das Schwefelsilber in der Weise zu zersetzen, dass sich Schwefelblei und silberhaltiges Blei erzeugt. Auch wirkt Bleioxyd direct zersetzend auf Schwefelblei.

Aus früher (pag. 17) erörterten Gründen haben sich nur Brennmaterialien. Holzkohlen gut bewährt und zwar schmilzt man mit weichen Kohlen in derselben Zeit mehr weg als mit harten. 1 Cbkf. harte Kohlen = 10—10½ Pfd., weiche = 6—6½ Pfd. Ausser dass Koks[1]) einen zu bleiarmen Stein lieferten, dessen Bleigehalt den Silbergehalt nicht deckte, kamen sie unzersetzt mit den Schlacken wieder zum Vorschein und waren ganz mit Blei durchdrungen und überzogen.

Koks leisten beim Schmelzen nur da gute Dienste, wo man Erze in Knörpelform[2]) verschmilzt, wie z. B. zu Tarnowitz und Victorfriedrichshütte im Anhaltschen, und besonders noch in dem Falle, wenn es bei unbedeutendem Silbergehalt des Steins nur darauf ankommt, diesen möglichst bleiarm zu machen (Tarnowitz).

Nicht immer geht das Schmelzen der Erze in Schliegform gut von Statten, was wegen der grössern Oberfläche, welche sie dem Schmelzmittel darbieten, erwartet werden sollte. Bei ihrem Niedergange im Ofen sintern sie, anstatt eine lockere Masse zu geben, mit dem Schmelzmittel zusammen, umhüllen und inkrustieren die Kohlen, erfordern in diesem Zustande stärkere Hitze, also mehr Brennmaterial, und stören den Ofengang durch Bildung

---

[1]) Leistung der Holzkohlen gegen Koks beim Freiberger Schmelzen. Jahrb. f. d. Sächs. Berg- u. Hüttenm. 1831. p. 142. — Erdm. J. f. ök. u. techn. Ch. VII, 159. — Vergleichende Versuche über das Koksschmelzen in Oefen von versch. Höhen. Erdm. a. a. O. IV, 223.

[2]) Lamp. über die zweckmässige Grösse des Kornes der Beschickungen fürs Schachtofenschmelzen. Erdm. a. a. O. II, 402. 511. — Rienecker über das Knörpelschmelzen. Bgwkfr. XI, 572.

von Ansätzen und Bühnen. Ausserdem geben Schliege mehr Veranlassung zur Bildung von Flugstaub.

Versuche mit Astholz fielen in Bezug auf das Ausbringen und den Schmelzgang ungünstig aus; besonders schwer war es, den Ofen dunkel zu erhalten.

Auch auf andern Hütten [1]) hat sich die Anwendung unverkohlter Brennmaterialien als Holz, Torf, Steinkohlen beim Bleierzschmelzen nicht bewährt.

Schmelzöfen. Zum Schliegschmelzen dienen ein- und zweiförmige Sumpföfen (pag. 17) von 22 Höhe, welche entschiedene Vortheile vor den früher angewandten Krummöfen gewährt haben. Die Gicht lässt sich leichter dunkel halten; die Erze kommen besser vorbereitet zum Schmelzen; der Bleiverlust durch Verflüchtigung und Verschlackung ist geringer und die Production in derselben Zeit bedeutender.

Das Material zum äussern Ofenbau bildet Grauwacke, zum innern Barnsteine, Thonschiefer und Sandsteine. Die Formwand pflegt unten im Schmelzraum aus Sandstein zu bestehen. Die Barnsteine [2]), von der schwarzen Hütte bei Osterode bezogen, werden da angewandt, wo das Feuer stärker einwirkt; die Thonschiefersteine [3]), auf der hiesigen Hütte geschlagen, dienen zur übrigen Ausmauerung. [4])

Die Dimensionen der Schliegöfen (Taf. I, Fig. 1—8) sind folgende:

	Einförmige		Zweiförmige Oefen	
	Fuss	Zoll	Fuss	Zoll
Ganze Höhe des Ofens über dem Herdbleche	18—22	—	18—22	—
Formhöhe über dem Bleche	1	4	1	6
Weite an der Vorwand	1	8	1	8
Weite an der Formwand	2	—	2	6
Grösste Weite bis auf 5' Höhe	2	6	3	—
Grosser Durchmesser der fast elliptischen Gichtöffnung	2	—	2	6
Kleiner Durchmesser der fast elliptischen Gichtöffnung	2	—	2	—
Tiefe des Ofens unten	3	6	3	6
Stärke der Vorwand	—	6	—	6
Weite des Formlochs	—	4	—	4
Weite der Formen von einander	—	—	—	8
Fall der gusseisernen, mit der Formwand egalen Form	—	$\frac{1}{4}-\frac{3}{4}$	—	$\frac{1}{4}-\frac{3}{4}$
Böschung der Formmauer bis zur Gicht	1	$4-1$	1	6

[1]) Erdm. a. a O. XII, 338. 341; XV, 135. — Lamp. Fortschr. 1839. p. 40. — Karst. Arch. 2. R. VIII, 103. — Merbach die Anwendung erhitzter Gebläseluft im Gebiete der Metallurgie. 1840. p. 107.

Das Messen der Oefen*) geschieht von der obern Kante des den Vorherd umschliessenden Bleches aus, weil die Tiefe des Bodens verschieden sein kann.

Man hat mit zweiförmigen Oefen eine etwas grössere Production in derselben Zeit, als mit einförmigen erzielt, allein ohne Ersparung von Brennmaterial. Ausserdem ist der Steinfall dabei beträchtlicher und die Arbeit ist wegen richtiger Führung zweier Nasen schwieriger, weshalb man nur geübtere Schmelzer vor denselben arbeiten lässt. Hinreichend genaue vergleichende Resultate über den Betrieb beider Oefen fehlen, wären aber jedenfalls erwünscht, da man sich nach ihrem Ausfall bestimmt für den einen oder andern entscheiden könnte. Ein regelmässigerer Gang würde sich wahrscheinlich in den zweiförmigen Oefen erreichen lassen, wenn man ihnen einen Schachtscheider gäbe, d. h. durch eine gemauerte Scheidewand, die von der Aufgebeöffnung bis auf einige Fuss über die Form reicht, den Schacht in 2 Theile theilte, wodurch ein viel regelmässigeres Niedergehen der Gichten erreicht wird.

In Freiberg haben solche Oefen (Doppelöfen genannt) bei zweckmässiger Abänderung des Schmelzraums und verstärkter Windzuführung in Bezug auf den Ofengang, das Ausbringen und den Brennmaterialverbrauch sehr günstige Resultate gegeben. Neuerdings soll jedoch der Schachtscheider weggeworfen sein und das Schmelzen in gewöhnlichen zweiförmigen Oefen geschehen.

Sowohl die ein- als zweiförmigen Oefen sind über ihren Gichtöffnungen mit Condensationsräumen (Gestübbekammern) versehen, worin sich die aus der Gicht verflüchtigten Stoffe (Hüttenrauch) zum Theil niederschlagen. Es wird dadurch einestheils ihr schädlicher Einfluss auf die Umgebung gemindert; anderntheils aber auch durch ihre Zugutemachung (Rauchafbeit) ein erheblicher Metallgewinn herbeigeführt.

---

[2] Untersuchung einiger Lehmsorten in Bezug auf ihre Brauchbarkeit zu Barnsteinen. Polyt. Centr. 1847. p. 1301.

[3] Ueber Anwendung des Thonschiefers zur Darstellung von Barnsteinen. Dingl. CXIII, 133; Polyt. Centr. 1849. p. 1306.

[4] Ueber die Engl. feuerfesten Mauersteine (fire bricks), sowie über die von Uslar, siehe Mitthlgn. d. Hannov. Gwbv. 1838. p. 242; 1839. p. 410.
— Ueber Klinker: Berlin. Handels-, Industr.- u. Gewerbeblatt. IV, 205. — Ueber die zum Ofenbau erforderlichen Materialien siehe Scheerers Met. I, 58.

*) Allgemeine Verhältnisse über die Schmelzöfen, die Lage der Form und Düse etc. siehe in Winkler's Beschreibung der Freiberger Schmelzprozesse. 1837. p. 21.

In Freiberg[1]) hat man die Flugstaubkammern abgeworfen und keinen Unterschied im Bleiausbringen gemerkt, was wohl seinen Grund darin hat, dass das Schmelzen daselbst mit ärmeren Erzen und bei geringerer Windpressung geschieht, als am Oberharze, wo man gegen 4 und mehr Prct. Rauch mit 30—40 Pfd. Blei in den Rauchkammern fängt. Dass durch die Gestübbekammern die Bildung des Flugstaubes befördert werden sollte, ist nicht wahrscheinlich.

Das Zumachen der Schliegöfen geschieht nach Art der Sumpföfen mittelst eines Gestübbes aus $2/3$ Kohlenklein und $1/3$ Thonschiefermehl. Thonschiefer schmilzt leichter als Landlehm. Auf den Freiberger Hütten[2]) hat man das Kohlenklein vortheilhaft durch Kokslösch ersetzt.

Analysen einiger Harzer Thonschiefer.

	I.	II.	III.	IV.	V.	VI.	VII.	VIII.	IX.	X.
SiO_2	56,90	57,00	58,56	66,06	49,87	60,0	61,24	73,29	60,03	61,74
Al_2O_3	21,18	20,18	23,31	21,39	26,41	15,7	18,45	16,61	14,97	19,81
Fe_2O_3	11,50	11,62	10,60	4,16	6,95	12,2	—	—	8,94	—
FeO	—	—	—	—	—	—	11,70	—	—	10,08
Mn_2O_3	—	—	—	—	1,21	—	—	—	—	—
CaO	—	—	—	0,50	2,10	1,4	0,05	3,01	2,08	0,83
MgO	—	—	—	—	0,87	—	4,91	1,76	4,22	3,03
KO	—	—	—	2,03	2,96	—	1,22	3,49	3,87	1,95
NaO	—	—	—	—	1,62	—	2,59	2,23	—	1,31
C	—	—	—	—	0,65	10,7	0,49	—	—	0,07
HO	—	—	—	—	7,05	—	—	—	5,67	0,93
Glühverlust	10,37	10,27	5,65	5,00	—	—	—	—	—	—
Summa	99,95	99,07	98,10	99,14	100,08	100,00	100,95	100,39	99,72	100,00

I. Thonschiefer aus dem Rabenthale n. Jordan. — II. Desgl. von der Innerste. — III. Thonschiefermehl von Clausthaler Hütte nach Bodem. — IV. Gangthonschiefer aus einer Ruschel im mittleren Burgstädter Reviere nach Bodem. — V. Gangthonschiefer von der Grube Neue Margarethe nach W. Kayser. Hält noch eine Spur BaO und 0,39 S. (Im hiesigen Laboratorium) — VI. Thonschiefermehl von Andreasb. Hütte. (Im hiesigen Laboratorium.) — VII. Kieselschiefer von Lerbach nach Schnedermann. (Hausm. Bild. d. Harzgeb. pag. 77.). — VIII. Hornfels von Achtermannshöhe. — IX. Dachschiefer von Goslar nach Frick (Pogg. Ann. XXXV, 193). — X. Thonschiefer aus dem Selkethale nach Pierce. (Rammelsb. Handw. 4. Suppl. p. 235.)

---

[1]) Jahrb. f. d. Sächs. Berg- und Hüttenmann. 1838. p. 50.
[2]) Jahrb. f. d. Sächs. Berg- und Hüttenmann. 1831. p. 144. — Lamp. Fortschr. 1839. p. 75.

Sonstige Thonschieferanalysen*) ausser vom Harze zeigen einen Gehalt von 44—79$ Kieselerde, 10—36$ Thonerde, 5—16$ Eisenoxyd, 2—16$ Kalkerde, 0,5—3$ Magnesia, 1—7$ Kali, 0,04—2$ Natron und 1—7$ Wasser.

Das Verfahren beim Zumachen ist folgendes: Auf die befeuchtete Lehmsohle stürzt man Gestübbe, gibt diesem bis zum Nasenstuhl hinauf die gehörige Form, stampft im Vorherd mit einem Fäustel eine Lage Gestübbe auf, drückt in diese vor der demnächstigen Vorwand einen abgestumpften Holzkegel (Herdholz Taf. II., Fig. 17) mit der Spitze nach unten ein und setzt dicht davor nach dem Innern des Ofens zu zwei Barnsteine auf die hohe Kante, wodurch der demnächstige Herdtiegel von 1 Fuss Tiefe und 8—10″ oberem Durchm. und die Spur von 3—4″ Breite gebildet werden sollen. Gleichzeitig legt man etwa 2 Zoll vom Herdholz entfernt das konische Stichholz (Taf. II., Fig. 18) auf die feste Sohle nach der Richtung zu, wohin die flüssige Metallmasse demnächst abgestochen werden soll, und stampft den Vorherd nebst dem in den Ofen hineinragenden Theile mit Gestübbe voll. Nachdem darauf Herdholz, Stichholz und die Barnsteine weggenommen sind, wird quer über die durch letztere gebildete Spur ein Sandstein (Vorsetzstein) von 2—3″ Dicke, 10—12″ Höhe und der Breite der Vorwand etwa 2″ in das Gestübbe der Spurwände eingesenkt, um das Hervortreiben von Bleidämpfen durchs Gebläse möglichst zu verhindern. Nachdem dieser Vorsetzstein, welcher also den untersten Theil der Vorwand bildet, durch Lehm mit den Ofenwänden verbunden ist, wird der Stichherd aus Gestübbe geschlagen; sodann der Herd mit glühenden Kohlen 8—9 Stunden lang abgewärmt und die noch offene Vorwand mit Barnsteinen vermauert, welche mit

---

*) Thonschiefer aus dem Nassauschen nach Wimpf (Pogg. XXXV, 188), nach Bischof (dessen Geolog. II, 1075); aus dem Badenschen von Holzmann (Pogg. a. a. O.); aus dem Siegenschen nach Bischof (Geolog. II, 991); von Coblenz nach Frick (Pogg. a. a. O. p. 193); aus Thüringen nach Frick (Ibid. p. 193); von Downshire nach Stokes (Ibid. p. 188); nach d'Aubuisson (Ibid.); von Prag nach Pleischl (Erdm. J. f. pract. Ch. XXXI, 45); aus Glatz nach Bischof (Geolog. II, 995); aus den Ardennen nach Sauvage (Ann. d. min. 4. Sér. VII, 411; Rammelsb. Handw. 4. Suppl. p. 222).

einem Mörtel aus Lehm, Thonschiefermehl und Schäbe verstrichen werden. Der Ofen ist alsdann zum Beginn der Schmelzcampagne fertig. Die Art der Zustellung ergibt sich aus Taf. I., Fig. 9. Man braucht zu einem Zumachen etwa 6 Karren à 4 Himten à 1¼ Cbkf. Gestübbe, welches im Tagelohne gepocht wird.

Gebläse. Auf Clausthaler Hütte, so wie überhaupt auf den Oberharzer Hütten, sind hölzerne, von 15½' hohen und 1 17/24—2' breiten Wasserrädern mit 40 Schaufeln bewegte Balggebläse, sogenannte Spitzbälge¹) (Taf. I., Fig. 10) in Anwendung, welche in mancher Beziehung, namentlich in Betreff ihres grossen schädlichen Raumes und ihres geringen Wind- und Krafteffectes als schlechte Gebläse zu betrachten sind, sich aber durch Wohlfeilheit empfehlen.

Die einförmigen Oefen erhalten ihren Wind von je 2, die zweiförmigen von je 4 gekuppelten Spitzbälgen, die in einen gemeinsamen Regulatorkasten blasen, aus welchem der Wind mittelst lederner Düsenschläuche in den Ofen geführt wird. Ein einförmiger Ofen erhält nach den Manometer-Beobachtungen des Hüttenmeisters E. Strauch bei 2 Zoll Düsendurchmesser und 10,2 Lin. Quecksilberpressung pro Minute 250 Cbkf., jeder zweiförmige Ofen bei denselben Düsendurchmessern und bei 8 Lin. Pressung 448 Cbkf. Luft von 0° C und 28 Zoll Barometerstand. ²)

---

¹) Ueber Spitzbälge: Karst. Met. III. 182, Fig. 356—372. — Tunner Stabeisen- und Stahlbereitung. 1846. p. 163. — Scheerers Met. I, 410. — Winkler Freib. Schmelzproz. 1837. p. 37.

²) Die Berechnung ist nach der folgenden, aus Scheerers Met. I, 465 entlehnten, aber für Hannoversches Mass umgeänderten Formel geschehen:

$$Q = 2666,3(1-0,084. \sqrt{M}) D. \sqrt{\frac{M(B+M)}{1+t, 0,003665}}$$

Hierin bezeichnet: Q die während 1 Minute ausgeblasene Luftmenge von 0°C. und 28" Barometerstand; — M den in Zollen ausgedrückten Stand des Quecksilbermanometers; — B den derzeitigen Barometerstand in Zollen; — D, den Flächeninhalt der Düsenmündung in Quadratfuss; —. t die Temperatur der Gebläseluft nach Celsius.

Eine bei manometr. Beobachtungen in Fussen gefundene Wasser-

Auf den Freiberger Hütten wird wegen der leichtflüssigern Beschickung und des Schmelzens mit offner Brust weniger Wind gebraucht, nämlich zur Halsbrücker Hütte beim einförmigen Bleiofen 132,29 (2,6 []'' Düsenquerschn. und 3,6''' Pr.), beim Doppelofen 212,63 (2,6 []'' Dq und 2,2''' Pr.) Cbf. Luft; zur Muldner Hütte beim einförmigen Bleiofen 110,53 (2,6 []'' Dq. und 2,6''' Pr.) und beim Doppelofen 184,51 Cbf. (2,6 []'' Dq. und 1,8''' Pr.). — Auf den Unterharzer Hütten erhält ein Bleiofen bei 1¼'' Düsendurchm. und 10''' Pr. 136 Cbf.; zu Tarnowitz beim Erzschmelzen 300 Cbf. (⅜ Pfd. Pr.), beim Schliegschmelzen 340—350 Cbf. (¼ Pfd. Pr.); zur Victorfriedrichshütte bei 1⅞'' Düsendurchm. und 1—1¼ Pr. 206 Cbf. Luft.

Zur Bestätigung der Erfahrung, dass die aus dem Gebläsewechsel mit Rücksicht auf den Inhalt der Gebläse ermittelte Windmenge wegen des schädlichen Raumes, undichter Schliessung der Ventile und Liederung etc. zu hoch ausfällt und dann zwischen der Menge des eingeblasenen Windes und jener der verbrannten Kohlen keine Uebereinstimmung stattfindet, möge die folgende Berechnung*) dienen:

Die aus einem Spitzbalg bei jedem Spiele ausgepresste Luft würde dem räumlichen Inhalte gleich sein, um welchen der Balg nach beendigter Auspressung kleiner geworden ist, wenn nicht die im schädlichen Raume zusammengepresste Luft beim Aufgehen des Oberkastens einen Theil desselben füllte. Letzterer Umstand soll jedoch bei der Berechnung des Inhalts des hier in Betracht kommenden lichten Oberkastens A B C D E F G H (siehe umstehende Figur) nicht berücksichtigt werden.

Berechnung eines Spitzbalges.

säule W lässt sich auf eine Quecksilbersäule in Zollen = Q reducieren nach der Formel $Q = \dfrac{W \cdot 12}{13,596} = 0,882\ W$.

Ist die Windpressung in Gewichtstheilen, z. B. in Pfunden P für 1 Q. Z. angegeben, so lässt sie sich auf eine Quecksilbersäule in Zollen = Q zurückführen nach der Formel $Q = \dfrac{P}{0,418}$ — 1 Pfd. Pressung = 2,39 Zoll Quecksilber = 2,71 Fuss Wassersäule. — 1 Cub. Meter Luft wiegt = $1,709 \cdot \dfrac{h}{1 + 0,00374\ t}$ Kilogramm, wo h den Barometerstand in Metern und t die Temperatur der Luft nach Celsius bezeichnet.

*) Scheerer hat in seiner Met. I, 468 eine andere Methode zur Berechnung der Holzbälge angegeben.

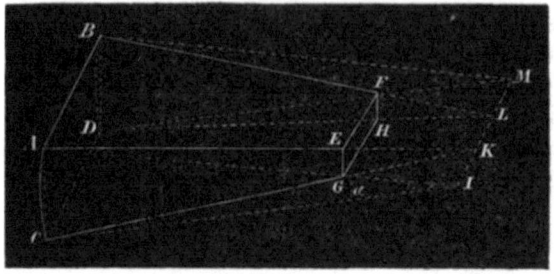

Man verlängere AE u. CG, bis sie sich in K schneiden, desgleichen BF und DH bis zum Schnitt in L, verbinde L mit K durch eine Linie und trage auf deren Verlängerung von der Mitte aus AB = IM ab. Wird noch I mit A und C, M mit B und D verbunden, so bildet ABCDMI einen Cylinderausschnitt, dessen Axe IM ist. Von dem Inhalte desselben müssen, um das Volum des Oberkastens ABCDEFGH zu finden, abgezogen werden:

1. zwei Pyramiden ACIK und BDML, deren Grundflächen ACI und BDM und deren Höhen IK und ML gleich sind; und
2. das keilförmige Stück EFGHKL.

Gegeben sind nun folgende Dimensionen eines Oberkastens im Lichten, in so weit sie beim Gange des Gebläses auf Frankenscharner Hütte zur Wirkung kommen:
AE = CG = 8'; AC = BD = 2' 5,5''; EG = FH = 1''; AB = IM = 2' 10,5''; EF = GH = 8,5''.

Der Inhalt des Cylinderausschnittts ABCDIM ist =
$$\frac{CI^2 . AB . \pi . \alpha^0}{360} = \frac{CI^2 . 2' 10, 5'' . 3,14 . \alpha'}{360 . 60} \quad (I.)$$

Die in diesem Ausdrucke unbekannte Grösse CI findet sich aus dem rechtwinkligen Dreiecke CIK

$$CI = \sqrt{CK^2 - IK^2} \quad (II.)$$

Nun ist CK = CG + GK, GK = 3,37'' (nach der Aehnlichkeit der Dreiecke AKC und EKG), also CK = 8' + 3,37'' = 8' 3,37''. Ferner ist IK = IM − (KL + LM), oder da IK = LM, und IM = AB ist, auch IK =
$$\frac{AB - KL}{2} = \frac{34,5'' - 7,6''}{2} = 13,5''.$$ (KL ergibt sich nämlich aus der Aehnlichkeit der Dreiecke oder durch trigonometrische Rechnung = 7,6''). Setzt man nun die für CK und IK gefundenen Werthe in die Gleichung (II.), so findet sich CI = $\sqrt{(8' 3,37'')^2 - (13,5'')^2}$ = 8' 2,22''.

Der ausser CI in (I.) unbekannte Winkel α, den die Radien AI und CI einschliessen, lässt sich auf trigonometrischem Wege bestimmen, nämlich
$$\sin. \tfrac{1}{2}\alpha = \frac{\tfrac{1}{2} AC}{CI} = \frac{14,75}{98,2} = 8^0 \ 31' \text{ oder } \alpha = 17^0 \ 16' = 1036 \text{ Minuten.}$$

Die Werthe für CI und α in (I.) gesetzt, gibt den Inhalt des Cylinderausschnitts =
$$\frac{(8' \ 2,2'')^2 . 2' \ 10,5'' . 3,14 . 1036}{360 . 60} = 28,903 \text{ Cbf. (III).} \text{ Hiervon}$$
müssen zunächst die beiden Pyramiden ACIK und DBML, oder da sie

gleich sind, ACIK doppelt abgezogen werden. Die Höhe der Grundfläche ACI findet sich durch trigonometrische Rechnung zu 8' 10,8", die Grundlinie AC = 2' 5,5", folglich der Quadratinhalt = 9,93 []' und der Cubikinhalt der Pyramide, wenn man 9,93 mit IK = 1' 1,5" multiplicirt, 3,7 Cbf. und der beider Pyramiden 7,4 Cbf. Wird dieser vom obigen Cylinderausschnitt abgezogen, so bleibt der Körper
$$ABCDKL = 21{,}503 \text{ Cbf. (IV.)}$$
Hiervon muss noch das Stück EFGHKL abgezogen werden, dessen Volumen sich, wenn man es seiner Unbedeutendheit wegen als Pyramide betrachtet, zu 9,5 Cbz. = 0,005 Cbf. ergibt, so dass sich der Inhalt des Balgraumes ABCDEFGH zu 21,498 Cbf. findet, welcher annähernd für die Windmenge angenommen werden darf, welche ein Balg beim einmaligen Niedergange auspresst. Wechseln nun beide Bälge eines einförmigen Ofens zusammen in der Minute 16—20mal, so werden 344—430 Cbf. Luft ausgepresst, während die Manometerbeobachtung nur 250 Cbf. ergibt.

Das Gezähe vor jedem Ofen besteht aus 2 Schlackengabeln (Taf. II., Fig. 11), 1 Brusträumer (Fig. 12), 1 Kelle (Fig. 13), 2 Stecheisen (Fig. 14), 1 Herdschaufel (Fig. 15), 3 Räumeisen (Fig. 16) von 5—8' Länge und $3/4$—$1\frac{1}{4}$" Stärke, 1 Herdholz (Fig. 17), 1 Stichholz (Fig. 18), 1 Hohlkrücke (Fig. 19), 1 Räumnadel von etwa 14' Länge und $3/4$" Stärke, 1 gusseisernem Stossfäustel zum Zumachen, 1 schmiedeeisernem Fäustel von 12—14 Pfd. Gewicht zum Keilen, 4—6 Werkepfannen, 1 Kratze, 1 Trog, 1 Füllfass, 1 Kohlenkrahle und mehreren Stopfhölzern.

Gezähe.

Soll die Schmelzcampagne beginnen, so wird der Ofenschacht etwa 6—8' hoch mit Kohlen angefüllt, welche alsbald mittelst des natürlichen Luftzuges ins Glühen gerathen, hierauf aber der Schacht bis auf 3 oder 4' unter der Gichtöffnung mit Holzkohlen versehen, wodurch seine völlige Austrocknung erreicht wird. Nach Vollendung dieser etwa 4 Stunden dauernden Abwärmperiode wird das Gebläse angelassen und der Grund zur Nasenbildung dadurch gegeben, dass man einige Schliegschlackensätze (Nasenschlacken) nach und nach auf mehrere Füllfässer voll eingetragener Kohlen (à 20—24 Pfd. schwer) setzt; dann lässt man wieder einige leichte Beschickungssätze von etwa 1—$1\frac{1}{2}$ Trögen Erz à 60—65 Pfd. auf 1 Füllfass Kohlen so lange folgen, bis sich eine Nase von hinreichender Länge und solcher Festigkeit gebildet hat, dass sie einen grössern Erzsatz vertragen kann. Vom Zwecke der Nasenbildung war früher (pag. 21) die

Leitung des Schmelzprozesses.

Rede. Dieser wird am vollständigsten erreicht, wenn man die Nase 12—16" lang, etwas niederwärts, vorn etwas porös (sternlichte), rings herum aber dunkel erhält. In diesem Zustande beträgt der gewöhnliche Erzsatz nach 4—5tägigem Ofengange etwa 3 und gegen das Ende der Campagne $3\frac{1}{2}$—4 Tröge auf 1 Füllfass Kohlen oder durchschnittlich 7—9 Pfd. Beschickung auf 1 Pfd. Brennmaterial.

Das Aufgeben der Beschickung und der Kohlen geschieht in der Weise, dass man erstere an die Formwand, letztere aber so an die Vorwand setzt, dass der grösste Theil davon nach vorn, ein Theil aber zwischen den Satz kommt (pag. 21). Während der ersten Stunden räumt man die bei der noch nicht durchgewärmten Sohle sich reichlich bildenden Bühnen fleissig aus und lässt den Ofen flammen (mit heller Gicht gehen), um ihn gehörig abzuwärmen; gewöhnlich erst nach geschehenem ersten Abstich wird die Gicht fortwährend dunkel erhalten. Eine flammende Gicht lässt immer auf eine zu hohe Temperatur im Ofen, also auf ein nicht richtiges Verhältnis von Satz und Kohle schliessen, wodurch die Verflüchtigung des Bleies sehr befördert wird. Gleichzeitig findet eine unvortheilhafte Benutzung der Kohlen statt; das Eisen oxydiert sich, verliert dadurch an Niederschlagsvermögen und gibt zur Bildung heissgrädiger Schlakken Veranlassung. Bricht die Flamme hervor, sei es, dass dies durch einen zu geringen Erzsatz oder sonst wie veranlasst ist, so wird sie mit Wasser ausgegossen, was jedoch wegen der schädlichen Einwirkung desselben auf die heissen Ofenwände und wegen der Beförderung der Ofenbruchbildung möglichst zu vermeiden ist.

Man erreicht das Dunkelgehen der Gicht dadurch, dass man eine richtige Nase zu erhalten sucht und zur rechten Zeit, wenn die Schmelzsäule niedergegangen ist, den Ofen wieder voll trägt. Damit sich der vor dem Ofen befindliche Arbeiter von dem Zustande der Gicht stets unterrichten kann, befindet sich einige Fuss über derselben eine Oeffnung, das Flammloch, welches stets dunkel sein muss.

Bei einem guten Ofengange, — also bei richtiger Nasenführung, dunkel gehaltener Gicht und gehöriger Ausräumung der

Ansätze aus dem Herde, namentlich zu Anfang der Campagne —
geht die Beschickungssäule allmälig und nicht ruckweise nieder;
die Schlacke tritt regelmässig und leicht unter dem Vorsetzstein
hervor und fliesst auf die Schlackentrifft, von wo sie mit der
Schlackengabel (Forke) abgehoben wird; das Gebläse wirkt gehörig durch, und es befinden sich hinter dem Vorsetzstein Kohlen.
Hat sich unter solchen Umständen der Herd mit Werken und
Stein gefüllt, was man daran erkennt, dass beim Einbringen
eines Holzspahns in den Herd Steintheilchen herausgeworfen
werden; so schreitet man bei abgestelltem Gebläse zum Abstechen der Werke und des Steines, welche sich im Stichherd
separieren und durch Abheben des erstarrten Steins vom noch
flüssigen Werkblei getrennt werden. Letzteres wird in eiserne
Formen ausgekellt, die einen Kugelabschnitt bilden. 5 solcher
Werkscheiben pflegen 2 Ctr. zu wiegen. Der Stein wird in faustgrosse Stücke zerschlagen und ins Rösthaus geschafft. Bei zu
frühem Abheben desselben läuft er aus, und die Werke werden
von neuem davon bedeckt; kühlt er zu lange, so haftet Werkblei
daran.

Nach dem jedesmaligen Abstechen, welches etwa alle 2—2$^1/_2$
Stunden geschieht, wird der Herd sorgfältig von allen Ansätzen
gereinigt, der Vortiegel mit Kohlenklein bestreut, das Gebläse
wieder angelassen, und die Arbeit von neuem begonnen.

Durch mancherlei Umstände können nun mit und ohne Ver-
schulden des Arbeiters Störungen im Ofengange eintreten;
und in dieser Hinsicht kommen hauptsächlich folgende Erscheinungen vor:

a. Die Nase wird zu lang (läuft an). Hierdurch
wird der Schmelzpunkt zu weit nach der Vorwand gerückt, in
Folge dessen dieselbe durchgefeuert werden kann. Dieser Umstand wird gewöhnlich durch einen zu schweren Satz herbeigeführt, auch schlechte, nasse Kohlen können Schuld daran sein.
Man bricht alsdann an Beschickung ab, oder gibt, wenn dies
noch nichts helfen sollte, einige leere Kohlengichten auf. Will
die Nase dennoch nicht zurückgehen, so bricht man die Vorwand
oberhalb des Vorsetzsteines auf, um einen Theil davon wegzu-
keilen. Der danach entstehende hohle Raum wird vor dem

Einsetzen der Vorwand mit groben Kohlen ausgefüllt. Im Falle, dass die Vorwand durchgefeuert sein sollte, hängt man das Gebläse ab und vermauert die fehlerhafte Stelle mit Barnsteinen. Sollte die Nase vorn zugegangen sein, so dass der eingeblasene Wind wieder zurückprallt, so muss sie mit einem Räumeisen durchgestossen werden.

b. **Die Nase wird zu kurz (geht zurück) oder geht ganz weg.** Dieser Zustand, weit unangenehmer als der vorige, tritt gewöhnlich in Folge einer unregelmässigen Satzführung oder zu leichter Sätze ein. Ist die Nase ganz verschwunden, so wird der Formrüssel angegriffen und weggeschmolzen, ist sie zu kurz geworden, so wird der Schmelzpunkt zu sehr nach hinten verlegt, in Folge dessen an der Vorwand und im Herde sich erstarrte Massen ansetzen (**es legt sich ein**), deren Entfernung oft grosse Schwierigkeiten macht und ein Aufbrechen des Ofens herbeiführen kann. Dieses Aufbrechen der Vorwand, eine der beschwerlichsten Operationen, wird erforderlich, wenn die austretende Schlacke matt ist, oder ganz zurückbleibt, und der Wind nicht unter dem Vorsetzstein durchbläst, nachdem derselbe gereinigt ist. Man nimmt alsdann den Vorsetzstein weg, reinigt den Herd und die Futtermauern von Ansätzen und setzt einen neuen Vorsetzstein ein, wonach die Nase Raum gewinnt, wieder anlaufen zu können. Man befördert dies durch erhöhten Erzsatz, oder durch Eingiessen von Wasser in die Form, damit die davor befindlichen Schlackenmassen erstarren; oder man bringt durch den Formrüssel Lehm, Thonschiefer etc. in den Ofen und sucht so eine künstliche Nase zu bilden. Verpönt ist es, Ziegelstücke, Barnsteine etc. von oben an die Formwand zu setzen, wodurch zwar schnell eine Nase gebildet wird, allein diese wird leicht zu lang und erfordert wegen ihrer Strengflüssigkeit einen grossen Aufwand an Brennmaterial, um sich zu verkürzen.

Geht die Nase zurück und ist sie gleichzeitig hell, so sagt man: **die Nase feuert.**

c. **Es tritt Rohgang ein (es liegt oder fällt lose.)** Der Rohgang, gewöhnlich eine Folge unregelmässiger Satzführung oder zu schneller Steigerung des Satzes bei schwacher Nase, wird dadurch angezeigt, dass die Schlacke matt und steif wird, wenig davon in den Herdtiegel tritt, und sich im Herde rohe Beschickung befindet, welche an den Seitenwänden des Ofens niedergegangen ist und den eigentlichen Schmelzpunkt vor und über der Nase nicht passiert hat. In Folge dessen setzen sich Bühnen im Herde an und es erfolgt eine mussige, unreine Schlacke. Tritt eben Rohgang ein und war der Ofen noch nicht lange im Gange, so lässt er sich durch leichte Sätze, fleissige Anwendung des Brusträumers und Vermehrung der Zuschläge, namentlich der Steinschlacken beseitigen, wodurch freilich das Haufwerk vermehrt und der Kohlenaufwand vergrössert wird.

Weit schwieriger ist die Verhinderung und Beseitigung des Rohganges, wenn der Ofen schon längere Zeit (4—6 Wochen) im Betriebe war und sich Ofenbrüche angesetzt haben, welche ein **Kippen des Satzes** veranlassen, in Folge dessen dieser roh in den Herd kommt. Auch geben sie, indem sie sich 5—6' über dem Vorsetzstein an der Vorwand ansetzen, Veranlassung zu dem sogenannten **Auffeuern**, worunter man ein Durchschmelzen der Formwand versteht. Bleibt nämlich der Satz auf den Ofenbrüchen hängen (**der Ofen hängt**) und die Kohlen gelangen allein in den Schmelzraum, so wird die Hitze so gross, dass die Formmauer durchschmilzt (**es feuert auf**). Man muss in solchem Falle die ausgebrannte Oeffnung mit Barnsteinen und Lehm wieder verschliessen, und gleichzeitig den hängen gebliebenen Satz mit einer $1/2$—$3/4$" starken und 10—14' langen Eisennadel (Räumnadel), die man durch ein in der Vorwand befindliches, lose versetztes Loch einbringt, in den Schmelzraum herabholen, wodurch dann stets periodischer Rohgang und ein Einlegen in den Herd herbeigeführt wird.

d. **Erneuerung des Vorherdes.** Durch häufiges Ausräumen der Bühnen wird der Vorherd schadhaft, der Herdtiegel zu gross, der Stich fest, es legt sich stark ein und der Ofengang wird dadurch gestört. Man stellt alsdann das Gebläse ab, verstopft die Formöffnung mit Lehm, entfernt alles Geschmolzene aus dem Herd, räumt das Gestübbe über dem Stich weg, schiebt durch die Spur ein Stück Holz in den Ofen, um das Herabfallen der Ofenfüllung zu verhindern, schliesst die Ofenbrust mit feuchtem Gestübbe, räumt das alte Gestübbe aus dem Vorherd weg und ersetzt dasselbe bei gleichzeitiger Legung eines neuen Stiches durch frisches. Hierauf wird der neue Vorherd 3—4 Stunden abgewärmt, die Brust geöffnet und der Ofen wieder in Gang gesetzt. Gewöhnlich macht man alle 10—14 Tage einen neuen Vorherd; der Stichherd bedarf noch einer öftern Erneuerung. Erfahrungsmässig fällt bei jedem neuen Herde mehr Stein, als wenn er erst einige Zeit im Gebrauche gewesen ist.

e. **Ausschuren (Ausblasen) des Ofens.** Haben sich die sub c erwähnten Ofenbrüche in so bedeutender Menge angesetzt, und ist der Schmelzraum so weit geworden, dass ein vortheilhafter Ofenbetrieb nicht weiter möglich ist, so schreitet man, gewöhnlich nach 6—7wöchentlicher Campagne, zum Ausblasen des Ofens. Man gibt einige leichte Sätze Beschickung, dann nur Kohlen auf, verschmiert die zur Gichtmündung führende Arbeitsthür, lässt den Inhalt des Ofens bis in die Formgegend sinken, was durch in die Vorwand geschlagene Löcher beobachtet wird, und stellt das Gebläse ab. Nachdem der Vorsetzstein und ein Theil der Vorwand eingeschlagen ist, werden die noch im Ofen befindlichen Kohlen mittelst einer Krücke (Hohlkrücke, Höllkrücke) herausgezogen, die geschmolzenen Massen in den Stichherd abgelassen, und noch vor dem völligen Erkalten des Ofens alle Ansätze aus dem Herde ausgeräumt, sowie auch die Herdmasse zerstört. Nach dem völligen Erkalten des Ofens wird der Schacht von Ansätzen etc. gereinigt, durch Ausbesserung wieder auf seine ursprünglichen Dimensionen gebracht und zum Zumachen fertig hergestellt.

Producte vom Schliegschmelzen. Beim Schliegschmelzen fallen folgende Producte:

1. **Werkblei** mit durchschnittlich $1/2$—1% Kupfer, 3—4% Antimon, Spuren von Eisen und Schwefel und 4,5—5,25 Lth. Silber im Centner. Zum Abtreiben, wobei, wenn es sehr antimonhaltig ist, ein auffallend stechender Geruch durch Oxydation des Antimons entsteht.

Das Werkblei ist ein Gemenge verschiedener Metall-Legirungen, die sich beim Erkalten nach ihrem specifischen Gewichte absetzen. Gewöhnlich befindet sich am tiefsten Punkte mehr Kupfer und Silber, weiter oben mehr Antimon, was bei Wegnahme einer Probe zur Analyse zu berücksichtigen ist. Man nimmt allgemein an, dass in Legirungen (Pogg. XVIII,

240; XXVI, 280) die Metalle sich in bestimmten Proportionen verbunden haben und ein Ueberschuss des einen oder andern Metalls der gebildeten Legierung als Auflösungsmittel dient, welches nach dem Erstarren mit jener gemengt bleibt. Zuweilen scheidet sich die entstandene Legierung vermöge ihrer Krystallisationsfähigkeit in deutlichen Krystallen aus, wie z. B. aus flüssigem Werkblei eine Legierung von Blei und Silber. Amalgame sondern sich leichter aus dem flüssig bleibenden Quecksilber krystallisiert ab. Nach Levol (Polyt. Centr. 1851. p. 56) geben Silber und Kupfer nur eine chemische Verbindung, wenn sie sich in dem Verhältnis von 71,893 Ag und 28,107 Cu = $Ag^3 Cu^4$ vereinigen. — Als Gründe dafür, dass die Legierungen chemische Verbindungen sind, gelten: das häufige Auftreten von Feuererscheinungen bei ihrer Bildung, das ungleichförmige Sinken der Temperatur beim Erstarren, indem beim Erstarrungspunkte der aufgelösten Legierung die Temperatur oft längere Zeit stehen bleibt, und endlich der Umstand, dass Legierungen nicht die mittlere Dichtigkeit der sie componierenden Metalle besitzen.[1]

Jordan hat die Zusammensetzung von Clausthaler (I. und II.) und Altenauer (III.) Schliegwerkblei wie folgt gefunden (Erdm. J. f. pract. Ch. IX, 84):

	Pb	Cu.	Ag	Sb
I.	95,97	0,40.	0,17	3,46.
II.	96,34	0,52.	0,17	2,96.
III.	96,55	0,51.	0,16	2,78.

2. Stein mit 28—38 Pfd. Blei und 2,25—2,75 Lth. Silber im Centner nach der dokimastischen Probe. Kommt verröstet zur Steinarbeit.

Die Oberharzer Bleisteine, welche sich auf die pag. 9 angegebene Weise bilden, sind meist derb, oft strahlig und zeigen gewöhnlich Aehnlichkeit mit kleinspeisigem, seltener grobspeisigem Bleiglanz, unterscheiden sich jedoch davon schon dem Aeussern nach durch ihre Porosität. Zuweilen bilden sich, am häufigsten zur Lautenthaler Hütte, an der Unterseite der Bleisteinscheiben Krystalle von ½ Zoll Länge und darüber, welche im Innern vollkommenen Metallglanz zeigen, auf der Aussenseite aber rauh und mit einem dunkelrothbraunen Ueberzug von Eisenoxyd versehen sind, welches sich durch Oxydation des Schwefeleisens bei hoher Temperatur an der Luft gebildet hat. Die Krystalle scheinen auf den ersten Anblick Rhomboeder zu sein, zeigen aber einspringende Winkel und sind nach G. Rose (Pogg. LIV, 271) und Hausmann[2]) Würfel, die mit einer ihrer Ecken aufgewachsen sind; dabei sind sie aus diesen äusserst kleinen

---

[1]) Kopp Modification der mittleren Eigenschaft. Frankfurt 1841.
[2]) Hausm. Beitrag zur metallurgischen Krystallkunde. 1850. p. 10.

Würfeln oft nicht ganz regelmässig zusammengesetzt, wodurch ihre Aussenflächen rauh und in der Mitte wie eingedrückt, auch ihre oberen Ecken wie die vom spitzen Rhomboeder erscheinen. Die Spaltbarkeit stimmt mit der des Bleiglanzes überein. Zuweilen sind grössere Individuen mit kleineren verwachsen, und dabei geht die rhomboedrische Gestalt in eine linsenförmige über, welche Bildung sich wohl in tafelförmige Krystallrudimente verläuft, die sich unter unbestimmten Winkeln schneiden. Mit letzteren beiden Formen pflegt ein strahliges Gefüge verbunden zu sein.

Es kommt nun zur Frage, ob sich aus den unten angeführten Stein-Analysen ein stöchiometrisches Verhältnis zwischen den zusammengetretenen Schwefelungen nachweisen lässt. Die Meinungen darüber sind getheilt. — Bodemann nimmt für die Oberharzer krystallisierten Bleisteine folgende allgemeine Formel an, worin m und n ganze einfache Zahlen bezeichnen:

$$m(Fe\ S,\ Zn\ S) + n(Fe^2\ S,\ Cu^2\ S,\ Pb\ S,\ Ag\ S)$$

Auf einen Antimon- und Arsengehalt ist hierbei keine Rücksicht genommen, weil ihre geringe Menge an dem Gesammtausdrucke wenig ändert. Das Antimon geht weniger in den Stein, als ins Werkblei.) Nach Bredbergs Vorgange (pag. 11) sind die beiden Schwefelungsstufen des Eisens Fe S und Fe² S in einem gesetzmässigen Zusammenhange angenommen, dagegen nicht das Vorhandensein von Pb² S, sondern das von Pb S, zu welcher Annahme die krystallographischen Verhältnisse, sowie ausserdem der Umstand berechtigt hat, dass der häufig in deutlichen Würfeln krystallisierte Ofenbruch in den hiesigen Bleiöfen die Zusammensetzung von Pb S hat.

Nach Rammelsberg (Met. pag. 177) ist der wahrscheinliche Ausdruck für die Oberharzer Bleisteine abgesehen von den kleinen Mengen der übrigen Schwefelmetalle:

$$n\ .\ Fe\ S + m\ .\ Pb\ S.$$

Das Antimon muss man sich aus Sb S² mit Fe S und Pb S in Verbindung denken. Bei Annahme der genannten Schwefelungen in den Steinen reicht der bei den Analysen gefundene Schwefelgehalt zu ihrer Bildung nicht vollständig hin, was wahrscheinlich daher rührt, dass sie etwas Fe² S oder Pb² S oder beide zugleich enthalten. Der Annahme von Fe² S² ist der Umstand entgegen, dass sich dieses Sesquisulfuret bei hoher Temperatur zersetzt.

Hausmann (a. a. O. p. 12) hält die Oberharzer Bleisteine für innige Gemenge von Schwefelblei und Schwefeleisen, welches letztere als Fe S oder vielleicht als 5 Fe S, Fe² S³ (Magnetkies) vorhanden sein dürfte. Für diese Annahme, welche der Rammelsbergschen in Bezug auf das Vorhandensein von Fe² S² widerstreitet, spricht der Umstand, dass jene Steine magnetisch sind und sich in Höhlungen derselben zuweilen zarte prismatische Krystalle von Magnetkies ausscheiden. Die Berechnung gibt ausserdem bei einigen Analysen wohl Resultate, welche sich bestimmten Verhältnissen nähern, allein diese stimmen unter einander nicht überein.

Rammelsbergs Ansicht dürfte die grösste Wahrscheinlichkeit für sich haben.

Nach Plattner (Löthrohrprobierk. p. 289) bestehen die Bleisteine aus $Fe^2 S$, $Pb^2 S$, $Cu^2 S$ verbunden mit mehr oder weniger Fe S, Zn S, $Sb S^2$, Ag S und (Ni, Co) As.

Analysen von Clausthaler Schliegsteinen:

	Pb	Fe	Cu	Zn	Sb	Ag	S	C	Summa.
I.	73,346	9,814	0,396	0,198	0,397	0,116	15,338	Spr.	99,605
II.	63,0	19,0	0,2	—	—	—	17,5	-	99,7
III.	41,50	34,05	0,36	—	0,66	0,12	23,82	-	100,51.

I. Kryst. Stein nach Bruel (Pogg. LIV, 271). Nach Bodemann $= FeS + 8(Fe^2 S, Pb S, Cu^2 S)$; nach Rammelsberg $= FeS, 2PbS$. — II. Kryst. Stein nach Ohme (Hausm. a. a. O. p. 12). — III. Derber Stein von gewöhnlicher Arbeit nach Bodemann $= FeS + (Fe^2 S, Pb S, Cu^2 S)$. Hielt nach der gewöhnlichen Pottaschenprobe $34\frac{2}{3}$ Blei.

Zur Vergleichung mögen die folgenden Analysen von Freiberger und Okerschen Bleisteinen dienen:

	Pb	Fe	Cu	Ag	Ni	Zn	As	Sb	S	Summa.
I.	25,130	33,120	12,100	0,201	—	—	2,450	4,753	19,526	97,28
II.	28,26	32,04	11,31	0,20	Spr.	0,82	1,70	3,21	21,41	99,95
III.	20,250	27,051	27,614	0,117	1,010	0,231	0,650	1,005	21,314	89,242
IV.	23,288	36,017	15,277	0,121	2,329	0,136	1,248	0,849	19,852	99,117
V.	21,816	37,202	12,944	0,099	0,544	1,439	0,731	0,718	22,847	98,34
VI.	8,64	44,34	17,43	—	—	7,76		2,19	19,64	100,00.

I. Nach Lampadius. — II. Nach Kersten. — III. Veränderter Bleistein von der Bleiarbeit mit Erzrohstein. — IV. Desgl. von der mit Schlackenrohstein nach Plattner. — V. Desgl. von der gewöhnlichen Bleiarbeit nach Plattner. Nach Rammelsberg (Met. p. 197) lassen sich diesen Analysen zufolge für jeden der 3 letzten Steine 4 verschiedene Formeln aufstellen, je nachdem man darin verschiedene Schwefelungsstufen annimmt. Welches die richtige sei, lässt er unentschieden. — Bleistein von Oker nach G. Ulrich (im hiesigen Laboratorium).

3. Schliegschlacken und zwar

a. Unreine Schliegschlacken mit 4—10 Pfd. Blei und 0,04—0,15 Lth. Silber. Sie haben keine vollkommene Schmelzung erlitten, sind mechanisch mit Stein und Werkblei verunreinigt und resultieren gewöhnlich direct aus dem Herde. Man hält sie separiert und gibt sie wieder in die Arbeit.

b. Reine Schliegschlacken mit 3—4 Pfd. Blei und 0,03—0,04 Lth. Silber. Sie erfolgen gewöhnlich von der Schlakkentrifft und werden theils in die Schlieg- und Steinarbeit, theils an die Unterharzer Hütten abgegeben. Seit einiger Zeit werden sie zum grössten Theil zur Darstellung von Schlackensteinen gebraucht, wovon in den Jahren 1848 und 1849 an 158,650 Stück im Gewichte von 68,814 Ctr. fabriciert sind. Die Clausthaler Hütte setzt jährlich etwa 40,000, die Altenauer 30,000 Ctr. Schlacken ab.

Gute Schliegschlacken haben eine saigere Beschaffenheit, fliessen zähe, erstarren langsam und sind fast Bisilicate, nach Plattner (Löthrohrprobierk. 1847. p. 193) Gemenge von Singuli-, Bi- und Trisilicaten und nach folgender Formel zusammengesetzt:

$x \left[(Ca\ O,\ Mg\ O,\ Pb\ O),\ Si\ O^3 \right] + y\ (3\ Fe\ O,\ 2\ Si\ O^3) + Al^2\ O^3,\ Si\ O^3$.

Sie kommen selten krystallisiert vor und werden von Säuren nicht vollständig zersetzt.*)

Analysen von Oberharzer Schliegschlacken:

	Si O³	Ca O	Al² O³	Mg O	Pb O	Fe O	Mn O	Sb O³	Summa.
I.	48,80	3,26	4,62	1,24	5,30	36,00	—	—	99,32.
II.	53,90	5,60	4,40	1,30	4,20		32,00	—	101,40.
III.	43,13	5,77	4,76	0,78	6,32	37,72	0,30	—	98,78.
IV.	45,00	6,31	4,62	0,75	7,80	35,83	—	0,50	100,81.

I. Von gutem Ofengange, nach Bodemann (Bgwkfr. III, 370); Formel $2 \left[(Ca\ O,\ Mg\ O,\ Pb\ O)\ Si\ O^3 \right] + 4\,(3\ Fe\ O,\ 2\ Si\ O^3) + Al^2\ O^3,\ Si\ O^3$. Sauerstoffverhältnis 25,35 : 12,13. — II. Desgl. $= 4 \left[(Ca\ O,\ Mg\ O,\ Pb\ O), Si\ O^3 \right] + 4\,(3\ Fe\ O,\ 2\ Si\ O^3) + Al^2\ O^3,\ Si\ O^3$. (Nr. I. und II. sind von demselben Handstück, welches eine obere grüne (II.) und eine untere schwärzliche Streifung (I.) zeigte.) Sauerstoffverhältnis 28,00 : 11,71. — III. Von sehr gutem Ofengange, schwarz mit einem unbedeutenden Stich ins Grünliche; Bruch zwischen glasig und eben bis splittrig, in der Mitte der Schlacke ein Streifen von krystallinischer Anlage, nach Bodemann $= 3 \left[(Ca\ O,\ Mg\ O,\ Pb\ O^3),\ Si\ O \right] + 4\,(3\ Fe\ O, 2\ Si\ O^3) + Al^2\ O^3,\ Si\ O^3$. Sauerstoffverhältnis 22,41 : 13,19. — IV. Nach Rammelsberg (Met. p. 179), fast wie III. Sauerstoffverhältnis 23,38 : 12,55.

Die Freiberger Bleierzschlacken und desgleichen die von Sala und Oker sind, wie aus den folgenden Analysen hervorgeht, theils Singulosilicate, theils Gemenge derselben mit Bisilicaten und zwar nach Plattner:

$x \left[(Fe\ O,\ Ca\ O,\ Mg\ O,\ Pb\ O,\ Mn\ O)^3,\ Si\ O^3 \right] + Al^2\ O^3,\ Si\ O^3$,

---

*) Vor dem Aufschliessen mit kohlensaurem Natron müssen die Schlacken, da sie stets, wenn auch nur Spuren von Schwefel enthalten, mit Königswasser digeriert werden, um die Schwefelverbindungen zu zersetzen und dadurch ein Angegriffenwerden des Platintiegels zu vermeiden.

jedoch öfters mit mehr oder weniger
3 (Fe O, Ca O, Mg O, Pb O, Mn O), 2 Si O³ verbunden.

	SiO^3	Al^2O^3	FeO	Fe^2O^3	MnO	CaO	BaO	MgO	PbO	ZnO	CuO	SO^3	S.
I.	28,54	5,40	46,10	—	—	8,31	1,00	Spur	4,12	3,00	Spur	2,43	1,00
II.	28,00	4,50	49,89	—	—	—	—	2,00	6,05	—	6,74	2,25	—
III.	30,50	5,10	55,74	—	2,20	—	—	—	4,00	0,85	—	—	—
IV.	37,30	8,15	40,92	—	—	2,66	—	3,00	7,17	—	—	—	—
V.	43,26	—	46,95	5,62	—	—	—	0,45	2,00	1,91	0,25	—	1,26
VI.	39,39	6,23	17,18	—	—	17,77	Spur	19,13	—	—	—	—	—
VII.	27,66	6,00	50,30	—	Spur	7,72	—	1,90	2,13	3,5	Spur	—	2,23

I. Freiberger Schlacke nach L a m p a d i u s. — II. Nach M e r b a c k. — III. Nach K e r s t e n. — IV. Nach E r d m a n n. — V. Nach A m b u r g e r (R a m m e l s b. Met. p. 197). — VI. Bleischlacke von Sala nach W i n k l e r. — VII. Bleierzschlacke von Oker nach G. U l r i c h (im hiesigen Laboratorium).

4. Ofenbrüche. Pb S mit mehr oder weniger Fe S, Zn S, Sb S³, Ag S. Enthalten 74—76 Pfd. Blei und $1/8$ Lth. Silber im Ctr., werden geröstet und am Schluss der Ofencampagne, mit Eisen und Schlacken beschickt, im Schliegofen durchgesetzt. Sie sind zuweilen krystallisirt.

Die Hauptbedingung zu ihrer Bildung in Krystallen[1]) ist ein langsames Erstarren in geschützten Räumen, sei es, dass sie sich durch blosses Erkalten im richtigen Verhältnis zusammengeschmolzener Massen, oder durch Sublimation von Dämpfen derselben erzeugen. In letzterem Falle scheint der Schwefelkohlenstoff eine wichtige Rolle zu spielen, welcher sich bildet, wenn gewisse Schwefelungen z. B. Bleiglanz, Blende u. a. bei einer hinreichend hohen Temperatur sich in Berührung mit Kohle befinden. Ist das durch Kohle entschwefelte Metall flüchtig, wie Blei, Zink, Antimon etc., so steigt es dampfförmig in die Höhe, kommt in den oberen kälteren Ofentheilen mit dem Schwefelkohlenstoff in Berührung, schwefelt sich von neuem und setzt sich als Sublimat ab. Auch durch directe Verflüchtigung der Schwefelungen, z. B. des Bleiglanzes[2]) können Ofenbrüche entstehen. Der fast nie fehlende Gehalt derselben an Schwefeleisen hat sich bei der nicht beobachteten Flüchtigkeit desselben bislang nicht erklären lassen. H a u s m a n n[3]) hat im Harzer Ofenbruch eingesprengten Magnetkies unter der Loupe deutlich erkannt.

Unter den genannten Umständen bilden sich nun in den Schliegöfen 5—6 Fuss über dem Vorsetzstein solche Ofenbrüche theils in derben strah-

---

[1]) B r o n n Geschichte der Natur I, 169. — H a u s m. Benutzung metallurg. Erfahrungen bei geolog. Forschungen. Götting. 1836. — Dess. Spec. crystallographiae metallurgicae. Götting. 1819.

[2]) F o u r n e t in Erdm. f. J. pract. Ch. 1834. II, 478.

[3]) H a u s m. Beitrag zur metallurg. Krystallkde. Götting. 1850. p 48.

ligen Massen, theils in mehr oder weniger deutlich ausgebildeten, häufig treppenförmig krystallisierten Würfeln, welche im allgemeinen, wie die folgende (im hiesigen Laboratorium) von E. Metzger angestellte Analyse

Pb S   Fe S   Sb S³   Zn S   Summa.
95,5   3,2   2,5   Spur   101,2.

zeigt, die Zusammensetzung des Bleiglanzes haben und an der Luft prächtige Anlauffarben [1]) bekommen, die wahrscheinlich durch einen dünnen Ueberzug von schwefelsaurem Bleioxyd hervorgebracht werden. Letzteres findet sich zuweilen gleichzeitig mit den Ofenbrüchen gebildet, in denselben eingesprengt, und liegen sie längere Zeit an der Luft, so verwandeln sich die Bleiglanz-Würfel vollständig in Afterkrystalle von schwefelsaurem Bleioxyd. In neuerer Zeit hat die Bildung dieser Ofenbrüche bedeutend abgenommen.

5. Hüttenrauch mit 46—48 Pfd. Blei und 2—2¼ Lth. Silber, welcher aus verflüchtigten Oxyden [2]) Pb O, C O² und Pb O, S O³, und feinen Erztheilchen bestehend, in den Flugstaubkammern sich absetzt und gemeinschaftlich mit Krätzschlieg in einer eigenen Arbeit, der Raucharbeit, zu Gute gemacht wird. Man erhält von sämmtlichen Arbeiten zur Clausthaler Hütte etwa 10 %, zur Altenauer 8%, zur Lautenthaler 12—14% und zur Andreasberger 0,8—1% Rauch.

Der Rauch der Oberharzer Silberhütten [3]) wirkt auf die benachbarte Vegetation sehr schädlich ein, indem nach Stöckhardts [4]) neuesten Untersuchungen einestheils die darin enthaltenen sauren Dämpfe eine directe Vergiftung der Pflanzen bewirken, — eine $\frac{1}{10000}$ schweflige Säure haltende Luft tödtete nach Turner [5]) innerhalb 48 Stunden alle Blätter einer Pflanze, — andrntheils aber eine mehr indirecte Wirkung durch die Metalldämpfe hervorgebracht wird. Diese werden meist im oxydierten Zustande vom Boden aufgenommen und gehen dann, namentlich das Bleioxyd derselben, mit den Humusbestandtheilen der Ackererde, welche zur Ernährung der Pflanzen dienen, unlösliche Verbindungen ein, wodurch der Humus als solcher allmälig aus dem Boden verschwindet. — Die schädliche Wirkung des vom Hüttenrauch getroffenen Futters auf den thierischen Organismus ist mit Sicherheit nachgewiesen, und nur zu deutlich spricht für die Nachtheilig-

---

[1]) Hausm. über das Anlaufen der Mineralkörper. Stud. d. Götting. Ver. V, 299.

[2]) Fournet über die Verdampfung des Bleies, seiner Legierungen und Verbindungen. — Erdm. J. f. pract. Ch. 1834. II, 478.

[3]) Rettstadt in der Allg. Forst- u. Jagdztg. 1845. p. 132.

[4]) Bgwkfr. XIII, 607. — Berg- u. hüttenm. Ztg. 1850. p. 306.

[5]) Karst. Arch. XII, 296. — Erdm. J. f. ök. u. techn. Ch. XV, 296.

keit der Bleidämpfe, von welchen kein metallisches Gift in seiner Langsamkeit und Dauer, aber Sicherheit der Wirkung übertroffen wird, die chronische Bleivergiftung der Hüttenarbeiter, die sogenannte Hüttenkatze, dieser allgemeine Austrocknungs- und Verschrumpfungsprocess.*) Nach Breithaupt (Erdm. J. f. ök. u. techn. Ch. XI. 401) soll der Hüttenrauch, hauptsächlich wegen seines Gehaltes an schwefliger Säure, gegen epidemische Krankheiten schützen.

Von einem Rost Schlieg oder einer beschickten Schicht fallen 20—24 Ctr. Werkblei und 15—16 Ctr. Bleistein bei einem Aufwand von 25—30 Mass Kohlen. Eine Arbeitsschicht dauert 24 Stunden, während welcher in einem einförmigen Ofen etwa 2, in einem zweiförmigen $2\frac{1}{3}$ beschickte Röste Schlieg durchgesetzt werden. Vor jedem Ofen arbeitet ein Schmelzer und ein Vorläufer. Ersterer hat für den Ofengang einzustehen und besorgt die Arbeiten unten vor dem Ofen, letzterem liegt die Anfertigung der Bechickung und das Eintragen derselben in den Ofen ob, ausserdem muss er dem Schmelzer mit zur Hand gehen. Das Wegbringen der Schlacken, sowie das Hinaufschaffen der zur Beschickung gehörigen Substanzen auf den Beschickungsboden geschieht durch ein eigenes Personal.

Die Schmelzarbeit gieng früher, wie noch jetzt zu Andreasberg, im Tagelohne, was zur Folge hatte, dass sie weniger sorgfältig geleitet, und der Hütte oft zum Nachtheil gearbeitet wurde. Durch Einführung des gegenwärtig noch bestehenden Gedingschmelzens ist der Arbeiter gezwungen, den Ofen im möglichst guten Gange zu erhalten, wenn er auf seinen, den ausgebrachten Producten entsprechenden Lohn kommen will. Damit nun aber eine zu grosse Production nicht auf Kosten eines zu raschen Schmelzens, welches Metallverluste zur Folge hat, herbeigeführt werde, so ist ein gewisses Maximum der Beschikkung festgesetzt, über welches der Arbeiter nicht kommen darf. Der Schmelzer erhält für jeden Centner ausgebrachtes Werkblei 10 Pf., für jeden Centner Stein 3 Pf., der Vorläufer erhält resp. $6\frac{3}{4}$ und 3 Pf. Für den Transport eines Rostes Schlieg aus der Masche auf den Beschickungsboden werden 3 Ggr. und für das

---

*) Brockmann über die Bleikrankheiten der Hüttenarbeiter in Holschers Ann. II, 556. — Brockmann die metallurgischen Krankheiten des Oberharzes. Osterode. 1851.

Weglaufen der von einer beschickten Schicht fallenden Schlacken 5 Ggr. bezahlt, wofür aber auch die Schlacken zur Beschickung gelaufen werden müssen.

Anhang zu A.
Versuche, die Abänderung der currenten Niederschlagsarbeit betreffend.

1. Verschmelzen von Bleiglanzschlieg in einem nach Art der Eisenhohöfen zugestellten Rastofen.*)

Veranlassung. Die mancherlei Unvollkommenheiten des Nasenschmelzens gaben hauptsächlich Veranlassung zu Schmelzversuchen in einem Rastofen (Taf. II, Fig. 20 und 21), worin sich wegen der in dem zusammengezogenen Schmelzraum herrschenden höheren Temperatur keine Nase bildet. Man versprach sich davon im Vergleich zur currenten Schliegarbeit eine grössere Production bei gleichzeitiger Brennmaterialersparung und ein innigeres Durchschmelzen der Beschickung, herbeigeführt theils durch die Construction und Betriebsweise des Ofens, theils durch die vorhandene Möglichkeit, die Temperatur im Schmelzraume erhöhen zu können, damit sie hinreiche, aus zur Beschickung gegebenen eisenoxydhaltigen Substanzen (Eisensteinen, Steinschlacken etc.) das zur Entschwefelung des Bleiglanzes nöthige metallische Eisen zu liefern.

Die in den Jahren 1835 und 1836 angestellten Versuche gaben folgende Resultate:

Ausfall. Sowohl beim Verschmelzen der currenten Schliegbeschickung im Rastofen, als auch bei verringertem Eisen- und vermehrten Steinschlackenzuschlag producierte man nicht mehr Werkblei, als gewöhnlich, dagegen stellte sich der Steinfall zum Werkefall wie 1 : 2, während dieses Verhältnis beim gewöhnlichen Schliegschmelzen 3 : 4 ist, also günstiger. Zudem war der Rastofenstein, während der gewöhnliche Schliegstein 28—38 Pfd. Blei und $2\frac{1}{4}$—$2\frac{3}{4}$ Lth. Silber hält, sehr arm an Blei, nur 4pfündig, dagegen im Verhältnis zu diesem Bleigehalt reich an Silber (er enthielt $\frac{1}{4}$—$\frac{3}{4}$ Lth.) so dass ersterer letzteren beim demnächstigen Schmelzen nicht gedeckt haben und zur Ausziehung des Silbers ein Zuschlag von bleihaltigen Producten nöthig geworden sein würde. Es kommt jedoch in Frage, ob es statt der

---

*) Karst. Arch. 2. R. X, 131. — Lamp. Fortschr. 1839. p. 77.— Hartm. Repert. II, 286. — Bäntsch Beitrag zur Feststellung einer Theorie der Anwendung hoher Rastöfen bei Blei- und Kupferhüttenprozessen. Bgwkfr. II, 257.

üblichen Methode nicht vortheilhafter ist, den Rastofenstein, wenn sonst das Schmelzen keine zu erheblichen Schwierigkeiten macht, silberreicher zu lassen, seinen Silbergehalt demnächst im Schwarzkupfer zu concentrieren und durch die Saigerung zu gewinnen, dafür aber die zeitraubenden Steinarbeiten abzukürzen, und sehr arme Schlacken abzusetzen. Der Stein enthielt mehr Kupfer und Antimon, als der gewöhnliche Bleistein, in Folge dessen die Werke reiner ausfielen. Die Arbeit in diesem Ofen lässt demnach den chemischen Verwandtschaftsgesetzen freieren Raum, wirksam zu sein, indem der Theorie nach alles Antimon an Eisen und alles Kupfer an Schwefel gebunden sich im Stein ansammeln muste.

Die Rastofenschlacken hielten nur $\frac{1}{2}-2$ Pfd. Blei, während die gewöhnlichen Schliegschlacken mit 3—4 Pfd. abgesetzt werden, wodurch bei der jährlichen Erzeugung von etwa 40,000 Ctr. Schlacken auf Clausthaler Hütte ein bedeutender Bleiverlust veranlasst wird. Sie waren glasartig, wurden von Säuren nicht angegriffen, — gewöhnliche Schlieg- und Steinschlacken werden davon zum Theil zersetzt, — verhielten sich ganz ähnlich wie Eisenhohofenschlacken und waren Gemenge von Bi- und Trisilicaten.

Der Brennmaterialaufwand war beim Versuchsschmelzen bedeutender, als beim gewöhnlichen Nasenschmelzen; während bei letzterem 6—8 Pfd. Beschickung auf 1 Pfd. Kohle kommen, so konnten bei ersterem nur 3,61—4,5 Pfd. Beschickung genommen werden.

Hauptübelstände bei dem Versuche waren aber die schwere Arbeit im Herde und das sehr häufige Wegfeuern der anfangs eisernen, später aus Sandstein gehauenen Formen, bei deren Auswechselung immer eine Unterbrechung im Ofengange eintrat, die nicht ohne Einfluss auf den Brennmaterialverbrauch war. Das Schmelzen gieng reiner, als bei gewöhnlicher Arbeit.

Bei weiter fortgesetzten Versuchen brach man immer mehr an Eisen ab, um einen bleireicheren Stein zu erhalten. Dies wurde zwar erreicht, allein das Metallausbringen und der Brennmaterialaufwand liessen noch zu wünschen übrig.

Versuche mit Eisensteinzuschlag statt metallischen Eisens musten wegen nicht zu hindernder Bildung von Eisensauen bald aufgegeben werden. Die letzten Versuche, welche im Anfange des vorigen Jahrzehntes geschlossen wurden, bezweckten die Entschwefelung des Bleiglanzes durch einen reichlichen Zuschlag von Bleisteinschlacken, deren Eisenoxydul durch Zuschläge von Kalk und Thonschiefer von der Kieselerde getrennt werden, sich reducieren und entschwefelnd wirken sollte.*) Zwar

---

*) Ilsemann Versuche das Blei aus Bleiglanzen durch eisenhaltige Bleischlacken niederzuschlagen in Bergbaukunde II, 394.

wurde bei einer zweckmässigen Beschickung die Bildung von Eisensauen verhindert, es stellte sich jedoch nach Untersuchung sämmtlicher beim Schmelzen gefallener Producte ein bedeutender Silberverlust heraus, auf dessen mögliche Entstehung B ä n t s c h (Bgwkfr. II, p. 266) aufmerksam macht; ausserdem war der Kohlenaufwand bedeutender und die Production nicht grösser, als beim gewöhnlichen Schliegschmelzen. Eine Wiederaufnahme der Rastofenversuche steht in Aussicht, und dürfte dabei vielleicht, ähnlich wie zu Fahlun (pag. 8) oder zu Sala (pag. 38), der geröstete bleiarme und eisenreiche Rastofenstein als das billigste und zweckmässigste Niederschlagsmittel dienen, da sich auf Bleisteinschlacken kein anhaltender Betrieb basieren lässt. Zwar sind derartige Versuche mit gewöhnlichem gerösteten Bleistein bereits angestellt und haben sehr ungünstige Resultate gegeben (pag. 24), allein die veränderte Beschaffenheit des Rastofensteins und des Schmelzofens dürften ein anderes Resultat erwarten lassen. — Malaguti und Durocher haben die Erfahrung gemacht, dass sich das bei Schmelzprozessen verflüchtigte Silber weniger in den Flugstaubkammern und Ofenbrüchen ansammelt, als an den damit überzogenen Theilen des inneren Ofengemäuers, welches deshalb stets verpocht und verwaschen werden muss.

Analysen von Rastofenproducten. Von den bei diesem Versuchsschmelzen gefallenen Producten sind die folgenden von Bruel und Bodemann analysiert:

1. **Werkblei nach Bruel.**

Pb	Cu	Sb	Ag	Summa
99,83	0,15	0,01	0,01	100,00.

2. Stein. (Pogg. Ann. LIV, 271).

	Pb	Fe	Cu	Ag	Sb	S	Summa
I.	13,65	63,14	0,88	0,03	0,13	22,01	99,84
II.	8,26	58,00	0,90	0,02	2,40	31,38	100,96.

I. Poröser Stein vom Jahre 1836 nach Bruel $=$ Fe S $+$ 8 (Fe^2 S, Cu^2 S, Pb S). — II. Derber Stein vom Jahre 1839 nach Bodemann $=$ 2 Fe S $+$ (Fe^2 S, Cu^2 S, Pb S). Hielt nach der gewöhnlichen Pottaschenprobe 4 Pfd., nach der Probe mit Schwefelsäure und Schmelzen des schwefelsauren Bleioxyds mit Pottasche (Bodem. Probkst. p. 228) 7 Pfd. Blei.

3. Speise, welche sich in dünnen Lagen über den Werken beim Durchstechen des Rastofensteins gebildet hatte, nach Bodemann:

Pb	Sb	Ag	Fe	Cu S u. Verlust	Summa
68,18	30,27	0,07	Spur	1,48	100,00.

4. Schlacken nach Bodemann. Plattner hat für die Rastofenschlacken folgende allgemeine Formeln aufgestellt:

$x\,[(\text{Fe O, Ca O, Mg O, Pb O), Si O}^3] + y\,(3\,\text{Fe O, 2 Si O}^3) + \text{Al}^2\text{O}^3, 2\,\text{Si O}^3$ (I.) und bei Kalkzuschlag (II—V.)

$x\,[(\text{Fe O, Ca O, Mg O, Ba O, Pb O, Mn O), Si O}^3] + \text{Al}^2\,\text{O}^3, 2\,\text{Si O}^3.$

	Si O^2	Ca O	Al^2 O^3	Ba O	Mg O	Pb O	Fe O	Mn O	Summa
I.	53,14	5,67	2,20	Spur	0,33	4,31	33,01	—	98,66
II.	58,10	11,03	3,70	1,09	1,15	2,06	21,27	0,80	99,20
III.	59,86	10,22	2,51	0,94	0,62	1,68	21,22	0,65	97,70
IV.	57,98	10,38	2,59	Spur	0,18	2,46	25,94	—	99,53
V.	54,48	16,16	6,60	—	1,71	1,62	19,42	—	99,89

I. $16 [(Fe\ O,\ Ca\ O,\ Mg\ O,\ Pb\ O),\ Si\ O^2] + 4 (3 Fe\ O,\ 2 Si\ O^2)$ $+ Al^2\ O^3,\ 2\ Si\ O^2$. Sauerstoffverhältnis 27,61 : 10,57. — II. Von gutem Ofengange mit 1¼ Pfd. Blei und $\frac{1}{12}$ Lth. Silber nach der Hüttenprobe = $15 [(Fe\ O,\ Ca\ O,\ Mg\ O,\ Ba\ O,\ Pb\ O,\ Mn\ O),\ Si\ O^2] + Al^2\ O^3,\ 2 Si\ O^2$. Sauerstoffverhältnis 30,18 : 10,55. — III. Von schlechtem Ofengange = $23 [(Fe\ O,\ Ca\ O,\ Mg\ O,\ Ba\ O,\ Pb\ O,\ Mn\ O),\ Si\ O^2] + Al^2\ O^3,\ 2 Si\ O^2$. Sauerstoffverhältnis 31,09 : 9,48. — IV. $22 [(Fe\ O,\ Ca\ O,\ Mg\ O,\ Pb\ O),\ Si\ O^2] + Al^2\ O^3,\ 2 Si\ O^2$. Sauerstoffverhältnis 30,12 : 10,28. — V. Es fehlen 2 Atome Si O^2, um $9 [(Fe\ O,\ Ca\ O,\ Mg\ O,\ Pb\ O),\ Si\ O^2] + Al^2\ O^3,\ Si\ O^2$ zu bilden. Sauerstoffverhältnis 28,30 : 12,79.

5. **Glätte von Rastofenwerken nach Bruel.**

Pb O	Cu O	Sb O^3	Fe^2 O^3	Unreinigkeiten.
99,69	0,04	0,02	Spur	0,25.

6. **Frischblei von Rastofenglätte.**

Pb	Cu	Ag	Sb Fe	Summa
99,43	0,02	0,0068	Spur	99,4568.

7. **Frischschlacke von Rastofenglätte.**

Si O^2	Pb O	Fe O	Mn O	Cu^2 O	Al^2 O^3	Ca O	Mg O	Sb O^3	Summa
28,75	44,60	6,87	0,42	0,21	8,92	7,83	0,53	0,70	98,83.

8. **Eine Masche** der zum Rastofenversuche ausgesetzten Schliege bestand nach Bodemann aus:

Pb S	Si O^2	Ca O, CO^2	Fe O, CO^2	Ba O, S O^3	Thonschiefer	Summa
69,51	14,10	3,16	7,04	1,76	4,43	100,00.

2. Verschmelzung Oberharzer Schliege im Flammofen.

Die Anwendbarkeit roher Brennmaterialien, die Entbehrlichkeit des kostbaren Eisenzuschlages und des Gebläses, die Uebersichtlichkeit des Betriebes und der Erfolg nur geringer Rückstände beim Verschmelzen der Bleierze in Flammöfen gaben zu diesen Versuchen Veranlassung. *Veranlassung.*

Es war zu erwägen, welche Art des Flammofenbetriebes für die Oberharzer Schliege zu wählen sei. Sämmtliche Prozesse dieser Art beruhen darauf, dass man möglichst reinen Bleiglanz bis zu einem gewissen *Arten des Flammofenprozesses*

Grade röstet[1]) und das dabei gebildete schwefelsaure Bleioxyd und Bleioxyd auf den unzersetzten Bleiglanz einwirken lässt. Die Flammofenprozesse zerfallen hiernach in eine Röst- und Schmelzperiode. Je nach der Dauer der Röstung und der angewandten Temperatur sind obige drei Substanzen in verschiedenen Verhältnissen vorhanden und geben dann auch, wenn man sie auf einander einwirken lässt, verschiedene Producte.[2]) Es lassen sich in dieser Beziehung folgende drei, den bekannten Flammöfenprozessen zum Grunde liegenden Verhältnisse unterscheiden, wobei angenommen ist, dass Bleioxyd auf Bleiglanz ebenso einwirkt, wie schwefelsaures Bleioxyd.

a. Röstet man Bleiglanz in geringeren Quantitäten bei möglichst niedriger Temperatur so weit, dass sich auf 1 Aeq. gebildetes schwefelsaures Bleioxyd oder Bleioxyd noch 1 Aeq. unzersetzter Bleiglanz vorfindet, so erzeugt sich beim Zusammenschmelzen beider metallisches Blei. $PbO, SO^3 + PbS = 2Pb + 2SO^2$. Diese chemische Thatsache liegt zum Theil dem Kärnthner,[3]) Holzappler,[4]) Graubündtner[5]) und Spanischem Prozess[6]) zum Grunde und pflegt mit Anwendung von Flammöfen mit geneigtem Herd verbunden zu sein, auf welchem das erzeugte Blei (Jungfernblei) fortwährend herab und aus dem Ofen fliesst, während gegen das Ende, beim sogenannten Bleipressen der sub c. bezeichnete chemische Vorgang stattfindet.

Dieses Verfahren passte nicht für die Oberharzer Schliege, weil dasselbe ganz reine Bleiglanze erfordert. Viel beigemengte unhaltige Theile verhindern das Zusammenfliessen der reducierten Bleitropfen, in Folge dessen dieselben beim längern Verweilen im Ofen verdampfen oder sich verschlacken.

b. Wird Bleiglanz bei rasch steigender Temperatur kürzere Zeit geröstet, wobei sich im Verhältnis zum unzersetzten Bleiglanz weniger schwefelsaures Bleioxyd und Bleioxyd erzeugt, so entsteht, wenn man diese Stoffe bei höherer Temperatur auf einander einwirken lässt, neben etwas metallischem Blei Unterschwefelblei. $2PbS + PbO, SO^3 = Pb^3S$

---

[1]) Fournet Beobachtungen beim Rösten des Bleiganzes. Ann. d. min. 1833. II, 3. — Karst. Arch. 1. R. VI, 110, 128, 236.
[2]) Karst. Arch. 1. R. VI, 110, 128, 236.
[3]) Karst. Arch. 1. R. VI, 197. — Ann. d. min. 4. Sér. VIII, liv. 5. — Bgwkfr. XI, 161.
[4]) Dumas IV, 250. — Erdm. J. f. ök. u. techn. Ch. XIII, 205.
[5]) Karst. Arch. 1. R. VI, 204.
[6]) Karst. Met. V, 201. — Ann. d. min. 3. Sér. V, 175, 209; XIX, 215, 239; 4. Sér. IX, 35; X, 253; XVI, 3, 157. — Bgwkfr. V, 113. — Hausm. Bleigewinnung im südlichen Spanien. Stud. d. Götting. Ver. V, 221. — Berg- u. hüttenm. Ztg. 1850. p. 82. — Karst. Arch. III, 549. 1823.

$+ Pb + 2 S O'$. Dieses, aus 92,8 Blei und 7,2 Schwefel bestehend, hat die Eigenschaft, bei erhöhter Temperatur im geschmolzenen Zustande und auch beim raschen Erkalten homogen zu bleiben; kühlt man es aber allmälig bis zum teigartigen Zustande ab, — was im Grossen durch Oeffnen der Arbeitsthüren und gelinderes Feuern erreicht wird, — so lässt es einen Theil seines Bleies fahren und es bleibt in den Rückständen eine niedrigere Schwefelungsstufe des Bleies zurück.

Dieser Prozess, Englische Röstsaigerarbeit genannt, wird fast allgemein in England in Flammöfen mit einem Sumpfe ausgeführt. Er gestattet eine beträchtliche Bleiproduction und schien, für die Oberharzer Schliege, weil er nicht völlig reine Erze verlangt, wohl zu passen. Bei in den Jahren 1833 und 1835 angestellten Versuchen [1]) in einem Flammofen (Taf. II, Fig. 22 und 23) wurden jedoch in Bezug auf das Bleiausbringen wegen des zu bedeutenden Quarzgehaltes der Schliege, welcher bis 12 und mehr Procent beträgt, ungünstige Resultate erhalten, weil während des Röstens ein grosser Theil des Bleies verschlackt und dadurch die Röstung beeinträchtigt wurde. Wandte man nun, wie dies das Englische Verfahren zur Bildung von Unterschwefelblei erfordert, eine starke Hitze an, so wurde die Verschlackung und Schmelzung vollständig. Zwar suchte man ihr durch Hinzuthun von Ansteifungsmitteln, z. B. Kalk entgegenzuwirken, alsdann entstanden aber zu strengflüssige Rückstände, die demnächst reiche Schlaken gaben. Ist das Bleioxyd an Kieselerde gebunden, so lässt es sich davon nur schwer und unter grossen Verlusten trennen.

In England [2]) gelingt dieser Prozess deshalb, weil die Gangart hauptsächlich nur aus Kalkspath besteht und Quarz fast ganz fehlt. 2—3½ von letzterem sollen schon sehr schädlich wirken. Man setzt dort beim Schmelzen Flusspath zu, welcher die Eigenschaft hat, eine gewisse Menge Kieselerde aufzunehmen, ohne Verbindungen mit Metalloxyden einzugehen. Bei Schmelzprozessen überhaupt ist der Flussspath nicht mit gleichem Nutzen durch Kalk zu ersetzen, weil er fast ¼ von dem Kieselerdegehalt des Erzes aufnimmt, die Schlackenbildung dadurch nicht bloss beschleunigt und erleichtert, sondern dieselbe auch gleichzeitig vermindert, während sie Kalk vermehrt.

Dieser Englische Prozess unterscheidet sich von der Bleisaigerarbeit in Schottischen Oefen [3]) nur dadurch, dass bei ersterem der

---

[1]) Bartels in Karst. Arch. 2. R. X, 91. — Hartm. Repert. II, 281.
[2]) Dufrenoy et E. de Beaumont voyage métallurgique en Angleterre. Paris. 1827. — Ann. d. min. 1. Ser. XII, 361, 401; 2. Sér. VII, 3. — Karst. Arch. XIV, 302, 358. — Dumas IV, 251. — Hartm. Repert. II, 301. — Russeg. Reis. IV, 493. — Erdm. J. f. ök. u. techn. Ch. VIII, 149.
[3]) Karst. Arch. 1. R. VI, 227. — Karst. Met. V, 174. — Dumas IV, 261. — Hartm. Repert. II, 380.

Röst- und Schmelzprozess in ein und demselben Apparate geschieht, bei letzterer aber das Rösten im Flammofen und das Schmelzen in einem kleinen Krummofen (Schottischen Ofen) ausgeführt wird. Den Schottischen Oefen ähnlich sind die zu Bleiberg in Kärnthen und zu Przibram in Böhmen neuerdings angewandten Amerikanischen Oefen, in denen der ungeröstete reine Bleiglanz bei Holzfeuerung direct verarbeitet wird.

c. Röstet man Bleiglanz anhaltend bei niedriger allmälig steigender Temperatur, so bildet sich im Verhältnis zum unzersetzten Bleiglanz viel schwefelsaures Bleioxyd, welches bei der Einwirkung auf ersteren Bleioxyd giebt. $Pb\,S + 3(Pb\,O, S\,O^3) = 4\,Pb\,O + 4\,S\,O^2$.

Das Bleioxyd wird dann durch eingeworfenes Holz reducirt, wobei die Werke in den Sumpf fliessen. Ist neben dem Bleioxyd noch schwefelsaures Bleioxyd vorhanden, so wird dieses ebenfalls von der Kohle zersetzt. Beim dunkeln Glühen verwandelt es sich nach Gay-Lussac[1]) mit überschüssiger Kohle unter Entwicklung von Kohlensäure in Schwefelblei; bei gleichen Aequiv. entwickelt sich bei niedriger Temperatur nur Kohlensäure und nur die Hälfte des Bleivitriols wird zu Schwefelblei reducirt. $2\,Pb\,O, S\,O^3 + 2\,C = Pb\,O, S\,O^3 + Pb\,S + 2\,C\,O^2$. Bei gesteigerter Glühhitze zersetzt sich dann das Schwefelblei mit dem schwefelsaurem Bleioxyd in metallisches Blei und schweflige Säure. $Pb\,O, S\,O^3 + Pb\,S = 2\,Pb + 2\,S\,O^2$. Bei 2 Aequiv. schwefelsaurem Bleioxyd auf 1 Aequiv. Kohle wird zuerst bei gelindem Glühen ¼ Aequiv. Schwefelblei erzeugt $4\,Pb\,O, S\,O^3 + 2\,C = 3\,Pb\,O, S\,O^3 + Pb\,S + 2\,C\,O^2$, welches sich bei stärkerem Glühen mit dem 1½ Aeq. schwefelsauren Bleioxyd in schweflige Säure und Bleioxyd umsetzt. $3\,Pb\,O, S\,O^3 + Pb\,S = 4\,Pb\,O + 4\,S\,O^2$.

Dieses Verfahren, die Französische Röstreductionsarbeit[2]) genannt, ist z. B. zu Poullaouen und Pezey in Frankreich und zu Corfali in Belgien gebräuchlich. Dasselbe gestattet wegen der niedrigern Rösttemparatur die Anwendung unreiner, bis zu einem gewissen Maximum mit erdigen und metallischen Fossilien gemengter Bleiglanze. Der Kieselerdegehalt darf nicht über 5 Procent betragen, ohne schädlich zu wirken; ein Schwefelkiesgehalt vermehrt zwar die Rückstände, trägt jedoch zur Bildung von schwefelsaurem Bleioxyd bei. Blende wirkt insofern günstig, als das beim Rösten gebildete Zinkoxyd mit der Kieselerde ein strengflüssiges Silicat erzeugt, welches einer Sinterung entgegenwirkt; ausserdem wirkt die Blende mechanisch als Ansteifungsmittel und macht das Rösten lebhaft.

---

[1]) Erdm. J. f. pract. Ch. XI, 68.
[2]) J. d. min. XVI, 193; XII, 272; XX, 419. — Ann. d. min. 1. Sér. III, 549; VII, 21; 3. Sér. XVIII, 161; 4. Sér. IV, 331. — Karst. Arch. 1. R. VI, 148; Dumas IV, 240. — Erdm. J. f. ök. u. techn. Ch. XIII, 197.

Bei der äussern Aehnlichkeit der Oberharzer Bleiglanzschliege mit den Poullaouener, welche durchschnittlich 54 Prct. Blei und 5 Lth. Silber enthalten, liess sich nun erwarten, dass erstere nach der Französischen Methode verschmolzen ein besseres Resultat geben würden, als dies nach der früher versuchten Englischen der Fall gewesen war. Allein in den Jahren 1848 und 1849 vom Bergamtsassessor Koch — der mit dem Poullaouener Prozess vertraut, dessen Verschiedenheit von dem Englischen kennen lehrte — veranlasste Versuche bewiesen ebenfalls die Untauglichkeit der Oberharzer Schliege für diese Schmelzmethode, weil der Kieselerdegehalt *) derselben immer noch zu beträchtlich war, und schon bei der angewandten niedrigen Rösttemperatur eine Verschlackung herbeiführte. Ist einmal Bleioxyd verschlackt, so lässt sich dieses nur schwierig wieder von der Kieselerde trennen; ausserdem wird durch Verschlackung der Luftzutritt zum Röstgut beschränkt.

Am gutartigsten verhielten sich die bleireichen, quarzarmen und kalkspathhaltigen Schliege von der Grube Herzog August, am schlechtesten die kieseligen vom Zellerfelder und vom Burgstätter Zuge, wenn sie nicht gleichzeitig blendig waren, und nicht besser arteten sich die Spatheisenstein, Antimon und Bleischweif führenden Schliege von Rosenhof und Bergwerkswohlfahrt. Bei Zuschlag von Blende gieng das Rösten stets erwünschter.

Die ersten Versuche im Französischen Flammofen (Taf. II, Fig. 24 und 25) im Jahre 1848 gaben wegen Anwendung weiter als gewöhnlich aufbereiteter Schliege in Bezug auf das Ausbringen bessere Resultate als die vom Jahre 1850, wo man in der Weise gattierte Schliege zu verschmelzen suchte, wie sie der Niederschlagsarbeit unterworfen wurden. Während auf Clausthaler Hütte das Ausbringen bei letzterer 106—107 g Silber und 77—83 g Blei beträgt, so wurden beim Französischen Prozess 76—77,7 g Blei und 97,91—99,38 g Silber ausgebracht.

Die Kosten beim Französischen Prozess (was übrigens bei einem solchen abgeschlossenen Versuche nicht massgebend ist) waren unverhältnismässig höher als bei der Niederschlagsarbeit und wurden besonders durch die höhern Löhne und den bedeutenden Verbrauch an schmiedeeisernen Spaten herbeigeführt, welcher mit der Schwierigkeit der Behandlung einer Schliegsorte im Verhältnis stand und jedenfalls zur Entschwefelung des Bleies viel mit beigetragen hat.

Die Zugutemachung der Rückstände im Schachtofen ist auf verschiedene Weise versucht; bei einer Beschickung derselben mit Kalk, Eisenfrisch-

---

*) Ueber Einwirkung der Kieselerde beim Röst- u. Schmelzprozess vid. Berth. Probkst. nach Kersten II, 643. — Bredberg Verhalten einiger Mineralien beim Zusammenschmelzen. Erdm. J. f. ök. u. techn. Ch. XII, 273; Ders. über das Verhalten der Schwefelmetalle beim Schmelzen für sich und mit andern Körpern. Ibid. p. 287.

Schlacken, Spatheisenstein und eigenen Schlacken erfolgten Schlacken, die mit 3½ Pfd. Bleigehalt abgesetzt wurden.

Ein Nachtheil dieses Flammofenschmelzens ist noch der, dass das Kupfer dabei verloren- und zum Theil demnächst in Glätte und Frischblei übergeht.

Unter diesen Umständen und besonders deshalb, weil sich der Quarz bei der Aufbereitung nicht wird hinreichend beseitigen lassen, ohne anderweitige bedeutende mechanische Metallverluste herbeizuführen, möchten vorläufig, so lange sich die Erze nicht dafür günstiger umändern, die Versuche, Oberharzer Bleiglanze im Flammofen zu verschmelzen, als beendigt anzusehen sein.

B. *Bleisteinarbeit.*

Zweck.
Die Bleisteinarbeit bezweckt die möglichst vollständige Abscheidung des Silbers und Bleies aus dem Stein bei gleichzeitiger Concentration des Kupfergehalts. Die Ausziehung des Silbers bewirkt man theils durch den Bleigehalt des Steines, theils durch bleiische Zuschläge.

Eintheilung.
Der bei sämmtlichen 12 Schliegabschnitten gefallene Bleistein wird in die vier Steinabschnitte (1—3, 4—6, 7—9 und 10—12) des ersten Durchstechens vertheilt; der dabei fallende Stein in die zwei Steinabschnitte (1—6, 7—12) des zweiten Durchstechens und der hierbei erfolgte Stein in einen Steinabschnitt (1—12) des dritten und vierten Durchstechens, wie aus der am Ende der Abtheilung B gegebenen Uebersicht noch näher zu ersehen ist.

Die Hauptoperationen bei der Steinarbeit bestehen im Rösten und Durchstechen des Steins.

1. Rösten des Bleisteins.

Zweck.
Man bezweckt mit dem Rösten (pag. 21) die Entfernung des Schwefels etc. und die Oxydation der fremden Metalle, welche demnächst von der Kieselerde verschlackt werden sollen.

Verfahren.
Der in faustgrosse Stücke zerschlagene Schliegstein wird in Haufen von 1000—2000 Ctr. im Rösthause auf eine Lage Holz gebracht und 3—4 Wochen lang geröstet.

Dann folgt das Wenden des Rostes, d. h. man bringt die beim Zerschlagen sich noch als roh erweisenden Stücke auf eine neue Lage Holz und hält gleichzeitig den gut gerösteten Stein aus, welcher von bläulich grauer Farbe, erdigem Ansehn und poröser, drusiger Oberfläche mit aufsitzenden Vitriolen und knospenartigen Auswüchsen versehen sein muss. Zwei Arbeiter wenden in $2\frac{1}{2}$ Tagen einen Rost von etwa 2000 Ctr. Das zweite Feuer dauert 1—2 Wochen, dann folgen noch unter jedesmaligem Wenden 6—7 andere von immer mehr abnehmender, Dauer, bis endlich aller Stein gut geröstet ist.

Das Verrösten des von den verschiedenen Durchstechen fallenden Steines geschieht ebenso, wie das des Schliegsteines, nur macht man schwächere Haufen von etwa 600—700 Ctr. Gewicht, und bedarf dazu, wegen des immer mehr abnehmenden Schwefelgehaltes, auch weniger Zeit.

Die leichte Schmelzbarkeit der Bleisteine erfordert ein behutsames, nicht zu starkes Feuer. Den gehörigen Hitzgrad sucht man durch eine verhältnismässig geringe Holzunterlage und kleinere Haufen zu erreichen, in Folge dessen eine grössere Anzahl der Feuer nöthig wird, um dem Steine die richtige Gaare zu geben. Wird die Röstung zu weit getrieben, so entstehen beim Schmelzen bedeutende Metallverluste, und das Kupfer, welches die erforderliche Schwefelmenge zur Steinbildung nicht mehr vorfindet, geht ins Werkblei und demnächst in Glätte und Frischblei über.

Häufige Uebelstände beim Rösten bestehen in der Bildung von Bleivitriolkrystallen und in dem Zusammensintern des Röstgutes, wobei keine vollständige Röstung eintreten kann und sich röhren- oder schachtförmige Höhlungen bilden, die, wenn sie nicht ausgefüllt werden, durch Verstärkung des Zuges bedeutende Metallverflüchtigung herbeiführen. Zwar würde man bei Anwendung von Röstöfen statt freier Haufen die Temperatur mehr in der Gewalt haben, allein bei der Bedeutendheit des zur Verarbeitung kommenden Steinquantums wird diese Röstemethode weit mehr Arbeitslöhne bedingen, als das Haufenrösten. Der erwähnte Bleivitriol kommt theils in traubiger und getropfter Gestalt, theils in zarten Blättchen und dünnen Nädeln vor, welche beim Wenden des Rostes leicht verstäuben und Bleiverlust herbeiführen.

Zuweilen findet auch in den Rösthaufen eine Bildung von

Mennige[1]) und würfelförmiger Bleiglanzkrystalle statt, welche oberflächlich in Pb O, S O³ umgewandelt sind.

In Freiberg hat man wegen unvollkommener Röstung und zur Schonung der Arbeiter die Röststätten mit Bedachung abgeworfen. (Jahrb. f. d. Berg- u. Hüttenm. 1832. p. 139).

Ausweis. 250 Ctr. Stein erfordern zum Abrösten durchschnittlich 1 Mltr. Rösteholz; der Röstlohn pro 100 Ctr. Stein beträgt 6 Ggr. 8 Pf.; 100 Ctr. Stein ins Rösthaus zu laufen kostet 8 Ggr. 7 Pf., und 36 Ctr. gerösteten Stein auf den Beschickungsboden zu schaffen 3 Ggr. 10 Pf.

Versuche. Rösten mit Torf. Auf Altenauer Hütte hat man in den Jahren 1846 und 1847 versucht, statt des Röstholzes braunen Torf vom Bruchberge (pag. 20) anzuwenden. Die Dauer der Röstung war weit beträchtlicher, so dass dadurch Verlegenheit im Betriebe hätte entstehen können; auch waren die Löhne beim Steinwenden bedeutender, so dass bei dem jährlich zu röstenden Steinquantum von 38,000 Ctr. ein Schaden von 464 Thlr. erwachsen und der Bau grosser Schuppen zur Magazinierung der erforderlichen bedeutenden Torfquantitäten nothwendig geworden sein würde. Ausserdem wurden die Augen der Arbeiter von der in die Höhe gerissenen Torfasche sehr afficiert. Die Verbrennung des Torfes, wenn er nicht recht trocken war, fand sehr unvollkommen statt. 1600 Ctr. Stein mit Torf zu rösten, kosteten 56 Thlr. 23 Ggr. 7 Pf., mit Holz auf gewöhnliche Weise 37 Thlr. 11 Ggr. 7 Pf. Auf 100 Ctr. Stein kamen $158\frac{1}{3}$ Cbf. = $1413\frac{3}{4}$ Pfd. Torf beim Versuch, und beim Gegenversuch $64\frac{3}{4}$ Cbf. = 940 Pfd. Holz, wonach sich der specifische Wärmeeffect des Torfs zum Holze verhält wie $158\frac{1}{3} : 64\frac{3}{4} = 2,46 : 1$.

Rösten mit Gichtgasen. Auf derselben Hütte sind im Jahre 1842 Versuche angestellt, die Gichtflamme[2]) der Schliegöfen zum Rösten des Bleisteines zu benutzen. Die Gase wurden nach Wasseralfinger Methode 4 Fuss unter der Gicht bei geschlossenem Gichtdeckel aufgefangen und durch ein gusseisernes Rohr von 1 Fuss Durchm. in den 1 Fuss weiten Canal des Röstofens geleitet, von wo sie über 2 Feuerbrücken auf den Herd eines Flammofens traten und mittelst erhitzter Gebläseluft, die aus 8 Düsen zwischen dieselben ausströmte, verbrannt wurden. Man erhielt bei diesem Versuche folgende Resultate:

---

[1]) Mennige besteht nach Dumas aus $2Pb O, Pb O^2$; nach Winkelblech aus $Pb O, Pb^2 O^3$; nach Longchamp aus $4Pb O, Pb^2 O^3$ und nach Houtton-Labillardière aus $2 Pb O, Pb^2 O^3 = Pb^4 O^5$, welche letztere Zusammensetzung Mulder neuerdings bestätigt hat. (Erdm. J. f. pract. Ch. L, 438).

[2]) Ueber Anwendung von Gicht- u. Generatorgasen siehe Scheer. Met. I, 339. — Neuer Schaupl. d. Bgwkde. XIV, 195.

1. Die Gase lieferten wegen ihrer Unreinheit eine zum Rösten kaum hinreichende Hitze, auch war die Wirkung der Flamme sehr ungleichmässig, indem sie immer nach oben gieng. Aehnliche Erfahrungen über die geringe Brennbarkeit und Heizkraft der Gase aus Blei- und Kupferöfen hat man auch in Freiberg[1]) und im Mansfeldschen*) gemacht.

2. Das erforderliche beständige Translocieren des nur in kleineren Quantitäten verarbeitbaren Steines von kälteren nach heisseren Stellen war höchst beschwerlich und verursachte mehr Arbeitslöhne.

3. Das gusseiserne Gasleitungsrohr wurde, obgleich mit Lehm überzogen, von SO^2 stark angegriffen, und aller Flugstaub des Hohofens passierte erst den Röstofen, ehe er in die Flugstaubkammern gelangen konnte.

4. Der Gichtdeckel konnte nicht zum gehörigen Verschluss gebracht werden, die Gase traten auf den Beschickungsboden und übten auf die Arbeiter eine betäubende Wirkung aus.

5. Zwar wurde eine Brennmaterialersparung erreicht, allein bei Berücksichtigung der obigen Uebelstände erschien der Versuch dennoch nicht vortheilhaft, zumal da bei der gewöhnlichen Röstarbeit bei einem nicht gar bedeutenden Holzaufwande grosse Quantitäten Stein längere Zeit nur sich selbst überlassen zu werden brauchen.

Bei versuchsweiser Anwendung eines Schachtofens statt eines Flammofens hatte man die Temperatur nicht in der Gewalt; wo das Gas unten einströmte, schmolz der Stein zusammen und war dann schwierig aus dem Ofen zu schaffen.

2. Durchstechen des gerösteten Bleisteines.

Die verschiedenen Steindurchstechen (pag. 22) bezwecken die Reduction des beim Rösten gebildeten oxydierten Bleies, die Zersetzung des dabei unverändert gebliebenen Schwefelbleies durch Eisen[2]) und die Verschlackung der gebildeten fremden Oxyde, namentlich des Eisenoxyds durch kieselerdehaltige Substanzen (unreine Schliegschlacken).

---

[1]) Berg- u. hüttenm. Ztg. III, 137. — Rammelsb. Met. p. 240.
*) Pogg. Ann. L, 81. — Bgwkfr. III, 257; V, 209; VI, 513; VII, 545.
*) Analysen von Harzer Roheisen nach Bodemann (Pogg. LV, 485).

	Graphit	Geb. C	Si	P	S	Fe	Spec. Gew.
I.	1,99	2,78	0,71	1,23	Spur	93,29	7,430
II.	2,71	1,44	3,21	1,22	Spur	91,42	7,166
III.	3,85	0,48	0,79	1,22	Spur	93,66	7,081
IV.	3,48	0,95	1,91	1,68	Spur	91,98	7,077.

I. Königshütter halbiertes R. bei buchenen Kohlen und kaltem Winde erblasen. — II. Königshütter gaares graues R. bei Buchenkohlen und Wind von 200° R. erzeugt. — III. Lerbacher sehr

Beschickung.   Die Beschickung, aus gerösletem Stein, Eisen, bleiischen Producten und Schliegschlacken bestehend, variiert bei den einzelnen Durchstechen wenig, nur erhöht man bei den letzten den Eisenzuschlag etwas, während an bleiischen Producten abgebrochen wird. Hierdurch wird der Stein allmälig ärmer an Werkblei und reicher an Kupfer, bis zuletzt ein wirklicher Kupferstein erfolgt. Die bleiischen Zuschläge geschehen hauptsächlich zur Gewinnung ihres Metallgehaltes und zur vollständigeren Extraction des Silbers; ausserdem wirken sie wegen ihres Sauerstoffgehaltes oxydierend auf den Schwefel.[1]

Schmelzöfen   Aus früher (pag. 24) angegebenen Gründen wendet man bei der Steinarbeit einförmige Krummöfen (Taf. II, Fig. 26—30) an, welche nach Art der Schliegöfen zugemacht sind und folgende Dimensionen haben: Ganze Höhe vom Bleche ab 5′; Formhöhe über dem Bleche 1′ 2″; Weite an der Formwand 1′ 2″; Weite an der Vorwand 1′ 2″; Weite oben 1′ 8″; Tiefe unten und oben 3′; Dicke der Vorwand 6″; Böschung der Formwand 10″; Fall der Form $1/_1 - 3/_4''$.

Versuche mit zweiförmigen Oefen veranlassten wegen der ungleichen Wirkung der Bälge ein ungleichmässiges Schmelzen.

Brennmaterial   Dieses besteht aus Koks, über welche Quandelkohlen gestreut werden. Obgleich theurer als Holzkohlen, werden die Koks dennoch zur Ersparung von diesen angewandt. Sie gestatten ein rascheres Schmelzen und, wegen Erzeugung einer hohen Temperatur, eine vollständigere Zerzetzung des Schwefelbleies durch Eisen. Am wirksamsten sind die dichten Gaskoks von Hannover, weniger die leichten grossblasigen Obernkirchner Koks (Erdm. J. f. pract. Ch. VI, 207; Bgwkfr. V, 366).

1 Balge [2]) Hannov. Gaskoks = 42—44 Pfd. kostet 3 Ggr. 4 Pf. Kaufgeld und 9 Ggr. Fuhrlohn; 1 Balge Obernk. Koks = 32—34

---

graues R. bei fichtenen Kohlen und kaltem Winde hergestellt. — IV. Lerbacher sehr graues R, erblasen bei Fichtenkohlen und Wind von 90° R. Sämmtliche Sorten enthalten sehr deutliche Spuren von Mn, undeutliche oder schwache Spuren von Al, Ca und Mg.

[1] Fournet über gegenseitige Einwirkung zwischen Schwefelmetallen u. Bleioxyd. — Erdm. J. f. ök. u. techn. Ch. I, 48.

[2] Das Balgengemäss hat 2 Cbf. Inhalt; auf den Ober- und Unterharzer Hütten wird aber beim Ausmessen der Koks das Gemäss gehäuft voll

Pfd. kostet 2 Ggr. 6 Pf. Kaufgeld und 12 Ggr. Fuhrlohn. Man würde am liebsten nur Gaskoks anwenden, wenn sie immer in hinreichender Quantität zu beziehen wären. Am Unterharz hat man die Wirkung 1 Balge Gaskoks = $^5/_4$ Balgen Obernk. Koks gefunden.

Torf beim Steinschmelzen zu Altenau versuchsweise angewandt, trug nur einen geringen Satz und veranlasste eine so rapide, Bleiverlust herbeiführende Entwicklung von Verkohlungsproducten, dass die Gicht nicht dunkel zu erhalten war. Aehnlich verhielten sich Fichtenzapfen, als sie den Koks beigegeben wurden.

Die Windzuführung geschieht auf dieselbe Weise, wie bei den einförmigen Schliegöfen.   *Gebläse.*

Das Steinschmelzen geht viel hitziger, als das Schliegschmelzen, weil aus den pag. 23 angegebenen Gründen eine basischere Schlacke erzeugt werden muss. Dieser Umstand hat die unangenehme Folge, dass sich öfters Ansätze im Herde bilden, durch deren Wegräumen der Vorherd stärker als beim Schliegschmelzen leidet, so dass er gewöhnlich alle 48 Stunden erneuert werden muss. — Bei einem guten Ofengange, welcher bei dunkel gehaltener Gicht, 6—8" langer Nase und reinen frischen Schlacken stattfindet, setzt man auf 1 Füllfass Hannov. Gaskoks (à 51 Pfd.) 8—9 Tröge (à 58 Pfd.), auf 1 Füllfass Schaumb. Koks (à 40 Pfd.) 6—7 Tröge, auf 1 Füllfass Holzkohlen (à 28 Pfd.) 3—4 Tröge Beschickung. Eine Schmelzcampagne dauert 14—36 durchschnittlich 25,5 Tage. Die sonst vorkommenden Arbeiten gleichen den beim Schliegschmelzen angeführten.   *Leitung des Schmelzprocesses.*

Eine Steinschicht von der unten angegebenen Zusammensetzung, im Gewichte von etwa 82 Ctr., erfordert durchschnittlich bei reinen Hannov. Koks 20—22 Balgen, bei reinen Holzkohlen 19—20 Mass, oder 18 Balgen Koks und 3—5 Mass Quandelkohlen. In 24 Stunden werden $2^1/_4$—$2^1/_2$ Schichten durchgesetzt. Vor jedem Ofen befindet sich ein Schmelzer und ein Vorläufer, deren Lohn sich nach dem Werke- und Steinausbringen richtet.   *Ausbeute.*

---

gethan, so dass dann 1 Balge Koks auf den Oberharzer Hütten zu $2\frac{1}{4}$, auf den Unterharzer Hütten zu 3 Cbf. gerechnet wird. Zu Obernkirchen gelten 25 Balgen Koks abgestrichen = 20 Balgen gehäuft gemessen.

Dahin ist die pag. 49 Zeile 2 von oben gegebene Notiz zu vervollständigen.

Erstes Steinburch-stechen. Eine beschickte Schicht besteht aus 36 Ctr. geröstetem Schliegstein, 1 Ctr. Eisengranalien, 6 Ctr. Herd, ⅓ Ctr. Abstrich und 13—14 Ctr. unreinen Schliegschlacken.

Auf Altenauer Hütte hat man beim ersten und zweiten Durchstechen 1 Ctr. Eisen durch 3 Ctr. Kalk ersetzt, wie die folgende Beschickung zeigt: 36 Ctr. gerösteter Stein, 3 Ctr. Harlingeröder Kalk, 7—8 Ctr. Herd, 11—12 Karren Schlieg- und 1 Karrn Steinschlacken. Der Kalk von Harlingerode enthält nach Bodemann 0,43 $\frac{0}{0}$ Sand und organische Theile und 4,01 $\frac{0}{0}$ $Fe^2 O^3$ und $Al^2 O^3$, in Summa 4,44 $\frac{0}{0}$ Fremdes.

Der Kalk wirkt indessen nicht in ganz gleicher Weise wie Eisen. Um dasselbe Resultat zu erhalten, muss ein verhältnismässig viel grösseres Haufwerk durchgesetzt werden; auch bildet der Kalk, wie alle alkalischen Erden, in Berührung mit Koks bei der Zersetzung der schwefelsauren Metalloxyde und der Schwefelmetalle gern Schwefelkupfercalcium unter Ausscheidung von Kupfer, welches, einmal in die Schlacke geführt, nur schwer wieder abzuscheiden ist, namentlich bei frischem Ofengange.

Es fallen von obiger Beschickung folgende Producte:

1. **Werkblei** mit 5—6 und mehr Loth Ag; ist kupfer- und antimonreicher, und deshalb härter und spröder als Schliegwerkblei. Kommt zum Abtreiben und hat nach Jordan folgende Zusammensetzung:

	Pb	Cu	Sb	Ag
Clausth. Wkbl.	94,74	0,88	4,17	0,22
Alten. Wkbl.	96,25	0,80	2,78	0,17.

2. **Stein** [1]) mit 30—44 Pfd. Pb und 2,25—3,25 Lth. Ag. Kommt geröstet zum zweiten Durchstechen. Er ist ähnlich dem Schliegstein zusammengesetzt nach der Formel m (Fe S, Zn S, Ag S) $+$ n (Fe² S, Cu² S, Pb S). Eine Analyse von Joy (Rammelsberg Met. p. 177) ergab seine Zusammensetzung zu:

Pb	Fe	Cu	Zn	Sb	S
52,27	28,32	1,42	1,56	0,31	16,12.

welche auf $Fe^2 S$, $Pb S$ hindeutet.

3. **Steinschlacken** in reinem und unreinem Zustande. Die reinen halten nach der dokimastischen Probe 5—7 Pfd. Pb und 0,05—0,1 Lth. Ag und werden nebst den unreinen Schlacken beim Schliegschmelzen theilweise consumiert. [2])

---

[1]) Analysen verschiedener Bleisteine siehe in Berthiers Probierkunst, Deutsch von Kersten. 1836. II, 63.

[2]) Die Steinschlacken erzeugen sich gegen früher im Verhältnis zu den

Sie lassen sich durch Königswasser nicht vollständig zersetzen, sind Gemenge von Singulo- und Bisilicaten und haben nach den unten aufgeführten Analysen nach Plattner folgende allgemeine Zusammensetzung:

$$x\,[3\,(Pb\,O,\,Ca\,O,\,Mn\,O,\,K\,O),\,2\,Si\,O^3] + y\,(3\,Fe\,O,\,Si\,O^3) + Al^2\,O^3.$$
$$Si\,O^3.$$

	Si O³	Ca O	Al² O³	Pb O	Fe O	Cu² O	Mn O	K O
I.	32,34	2,07	5,06	10,01	43,90	0,05	1,20	0,05
II.	33,58	3,57	4,46	6,19	44,44	—	Spur	0,05
III.	39,79	2,12	—	9,17	46,44	—	—	—

I. Nach Bodemann. Hält $\frac{1}{8}-\frac{1}{4}$ Lth. Silber, eine geringe Menge Titansäure und $3{,}50\,_0^0$ Fe² S beigemengt. Formel = $3\,(Pb\,O,\,Ca\,O,\,Mn\,O,\,K\,O),\,2\,Si\,O^3 + 4\,(3\,Fe\,O,\,Si\,O^3) + Al^2\,O^3,\,Si\,O^3$. Sauerstoffverhältnis 16,80 : 13,89. — II. Nach Bodemann; enthält $8{,}67\,_0^0$ eingemengten, für das Auge aber nicht erkennbaren Stein, bestehend aus 5,69 Fe² S, 0,05 Cu² S, 2,85 Pb S, 0,08 Sb S³, 0,01 Ag S. Sauerstoffverhältnis 23,09 : 11,12. — III. Nach Rammelsberg (Met. p. 180); im Wesentlichen Bisilicat; Sauerstoffverhältnis 20,68 : 11,57.

Zur Vergleichung diene die folgende Analyse einer Freiberger Bleisteinschlacke nach Brooks (Rammelsberg Met. p. 199):

Schliegschlacken in zu reichlicher Menge, so dass sie beim Schliegschmelzen nicht völlig consumiert werden können. Man sucht den Grund hiervon besonders in dem veränderten Verhältnis zwischen den reicheren nassen Schliegen zu den erdenreicheren Stuffschliegen, welche erstere in neuerer Zeit weit mehr angeliefert werden, als dies früher der Fall war. In Folge dessen hat man, um die zur Schlackenbildung nöthigen Erden in die Beschickung zu bringen, in neuerer Zeit beim Schliegschmelzen den Zuschlag an Schliegschlacken bedeutend verstärken, an Steinschlacken aber abbrechen müssen. Ist der angegebene Grund der richtige, so wird man bei den Steinarbeiten auf Verringerung des Steinfalls hinzuarbeiten haben, welcher nach den beim Rastofenschmelzen gemachten Erfahrungen (pag. 96), sowie auch nach den zu Lautenthaler Hütte neuerdings angestellten Versuchen eintritt; wenn man durch Verengerung der Oefen eine höhere Temperatur im Schmelzraume erzeugt, bei welcher nach den pag. 9 angeführten Beobachtungen von Karsten das Schwefelblei vollständiger durch Eisen zersetzt wird, als bei niedrigerer Temperatur, wo sich dieselbe lieber mit dem Schwefeleisen direct zu Stein verbindet. Ob, was befürchtet werden kann, das ausgeschiedene Werkblei unter solchen Verhältnissen viel kupferreicher ausfällt, werden die Lautenthaler Versuche erweisen; Bruel's Analyse (pag. 98) von Rastofenwerkblei spricht dagegen.

SiO^2	FeO	CaO	MgO	PbO	Al^2O^3, S. u. Verlust
28,05	61,08	3,02	0,85	2,67	4,33.

Sonstige Analysen von Bleischlacken siehe in Berthiers Probierkunst, Deutsch von Kersten. 1836. II, 637.

4. **Ofenbrüche, Geschur und Flugstaub** wie beim Schliegschmelzen.

Von einer Schicht fallen 13 Ctr. Werke und 12 Ctr. Stein. Der Schmelzer erhält pro Ctr. ausgebrachtes Werkblei 10 Pf., pro Ctr. Stein 7 Pf.; der Vorläufer resp. 7 und 5 Pf. Für das Weglaufen der von einer beschickten Steinschicht fallenden Schlacken werden 3 Ggr. 6 Pf. bezahlt.

Zweites Steinburch-stechen. Die Beschickung ist dieselbe, wie beim ersten Durchstechen, und es resultieren davon folgende Producte:

1. **Werkblei** mit 5—7 Lth. Ag; etwas kupferiger, als das vom ersten Durchstechen; zum Abtreiben. Nach Jordans Analyse:

	Pb	Cu	Sb	Ag
Clausth. Wkbl.	95,65	0,91	4,17	0,19
Alten. Wkbl.	97,08	0,92	1,86	0,15.

2. **Stein** mit 40 und mehr Prct. Pb und $2\frac{1}{2}$—$3\frac{1}{2}$ Lth. Ag. Der Kupfergehalt ist schon so weit angereichert, dass er einen Einfluss auf die äussere Beschaffenheit des Steines ausübt, so dass man ihn von dem der früheren Durchstechen unterscheiden kann. Kommt verröstet zum dritten Durchstechen.

3. **Schlacken**, reine und unreine, erstere mit 5—9 Pfd. Pb und 0,05—0,10 Lth. Ag. Sie werden, obgleich etwas weniger frisch, als die vorigen, ans Schliegschmelzen abgegeben oder bei geringem Bleigehalt (3—4 Pfd.) auf die Halde gestürzt oder zu Schlackensteinen*) geformt.

Von einer Schicht erfolgen 11—12 Ctr. Werkblei und 7 Ctr. Stein. Der Schmelzer erhält pro Ctr. ausgebrachtes Werkblei 11 Pf., pro Ctr. Stein 8 Pf.; der Vorläufer resp. 8 und 5 Pf.

Drittes Steinburch-stechen. Eine Beschickungsschicht besteht aus 36 Ctr. geröstetem Stein, 1—2 Ctr. Granuliereisen, 6 Ctr. Herd und 13 Karren unreinen Schliegschlacken; zu Altenau aus: 36 Ctr. geröstetem Stein, 1—2 Ctr. Eisen, 7 Ctr. Herd-, 13 Karren Schlieg- und 1 Karrn Steinschlacken.

---

*) Ueber 'Anfertigung von Schlackensteinen auf den Oberharzer Hütten siehe Bgwkfr. XIV, 477.

Man erhält davon:

1. **Werkblei** mit demselben Silbergehalt, wie das vom vorigen Durchstechen, aber mit etwas grösserem Kupfergehalt; zum Abtreiben. Nach Jordan:

	Pb	Cu	Sb	Ag
Clausthl. Wkbl.	94,83	1,12	3,89	0,17
Alten. Wkbl.	96,83	1,09	1,92	0,16.

2. **Stein**, dem vom vorigen Durchstechen ähnlich, nur kupferreicher, von röthlicher Farbe und dichterer Textur. Kommt verröstet zum vierten Durchstechen. Brüel fand in einem solchen Steine von grossblättriger Textur:

Pb	Fe	Cu	Sb	Ag	S.
43,07	8,03	30,46	0,74	0,12	17,12

entsprechend der Formel:

$$Fe\, S + 8\, (Fe^2\, S,\ Cu^2\, S,\ Pb\, S).$$

3. **Schlacke, Ofenbrüche** und **Geschur** gleichen denen vom vorigen Durchstechen. Erstere gehen auf die Halde.

Von einer Schicht fallen 11 Ctr. Werkblei und 8 Ctr. Stein. Der Schmelzer erhält pro Ctr. ausgebrachtes Werkblei 11 Pf., pro Ctr. Stein 7 Pf.; der Vorläufer resp. 9 und 4 Pf.

Die Beschickung gleicht der vom vorigen Durchstechen. Es resultiert davon:

Viertes Steindurchstechen.

1. **Werkblei** mit 5—6 Lth. Ag., einem nicht unbedeutenden Kupfergehalt und einem geringeren Antimongehalt als die früheren Sorten. Kommt zum Abtreiben. Nach Jordan:

	Pb	Cu	Sb	Ag
Clausth. Wkbl.	98,49	0,76	0,60	0,16
Alten. Wkbl.	98,94	0,68	0,20	0,18.

2. **Kupferstein** mit 20—35 Prct. Cu, 20—25 Prct. Pb und $2\tfrac{1}{2}$—$3\tfrac{1}{2}$ Lth. Ag. Zeigt eine rothe Farbe und enthält in seinen Blasenräumen zuweilen metallische Kupferkügelchen oder haarförmiges Kupfer, was besonders bei vorhergehender rascher Abschreckung der Fall zu sein pflegt. Wird zur Altenauer Hütte nach vorheriger Entsilberung auf Krätzkupfer zugutegemacht. Nach einer Analyse von Bodemann enthält er:

Pb	Fe	Cu	Sb	Ag	S
32,06	13,50	34,01	2,67	0,07	15,55.

Freiberger Kupferstein aus der Bleisteinarbeit hat folgende Zusammensetzung:

	Cu	Pb	Fe	Ni	Zn	Ag	As	S.
I.	36,20	24,80	15,20	2,64		0,16	—	21,00
II.	27,8	9,8	44,0	4,4	1,7		1,1	11,2
III.	33,2	7,1	40,1	8,2	1,1		1,1	9,1.

I. nach Ihle; II. und III. nach Kersten.

3. Schlacke, reine und unreine, erstere mit 4—5 Pfd. Pb und 0,04—0,064 Lth. Ag. Auf die Halde.

4. Ofenbrüche, Geschur und Gekrätz wie bei den früheren Durchstechen.

Von einer Schicht erfolgen 11 Ctr. Werkblei und 15—19 Ctr. Kupferstein. Die Löhne sind wie beim 3 Durchstechen; sollte noch ein fünftes erforderlich werden, so geht dieses im Tagelohn. Der Schmelzer erhält dann in 24 Stunden 1 Thlr. 8 Ggr., der Vorläufer 22 Ggr.

Anhang zu A und B.

Materialaufwand und Productenerfolg beim Schlieg- und Steinschmelzen im Jahre 1847.

Schliegabschnitte	Verschmolzene Röstezahl	Verbrauch an Eisen Ctr	Verbrauch an Kohle Mss.	Erfolg an Werkblei Ctr	Erfolg an Bleistein Ctr		Erfolg an Bleistein beim 1. Durchstechen		Erfolg an Bleistein beim 2. Durchstechen		Erfolg an Bleistein beim 3. Durchstechen	Kupferstein beim 4. Durchstechen
1.	226 1/12	1012	7200	4330	3880	9972	1—3 Steinabschn. 3280 Ctr.	6228	1—6 Steinabschn. 1550 Ctr.	2664	1-12 Steinabschn. 684 Ctr.	1—12 Steinabschn. 288 Ctr.
2.	211 1/4	945	5500	3780	3690							
3.	150 2/3	675	3700	2730	2402							
4.	211	945	5450	4000	3400	8928	4—6 Steinabschn. 2948 Ctr.					
5.	210 11/12	945	5200	4020	3400							
6.	150 5/12	675	3700	2710	2128							
7.	210 3/4	945	5850	4140	3180	8568	7—9 Steinabschn. 2570 Ctr.	5490	7-12 Steinabschn. 1114 Ctr.			
8.	209 7/12	945	6300	4060	2980							
9.	180 5/12	810	5400	3480	2408							
10.	195	873	6000	3890	2880	8856	10-12 Steinabschn. 2920 Ctr.					
11.	180 2/3	810	6000	3570	2940							
12.	181 1/3	810	6000	3510	3036							

Stein-abschnitte		Erfolg an Wrkbl. Ctr	Verbrauch an		
			Eisen Ctr	Kohlen Mss.	Koks Balgen
1. Dchst. 1. Drchst.	1—3	3590	268	750	5400
	4—6	3350	248	730	4800
	7—9	2550	232	5250	—
	10—12	3310	240	670	4750
2. Dchst.	1—6	2160	170	600	3400
	7—12	1850	152	200	3100
3. D.	1—12	760	72	50	2270
4. D.	1—12	120	18	60	530

C. Raucharbeit.

Das Material für die Raucharbeit bildet *Material.*

1. Der bei den verschiedenen Schmelzprozessen in den Gestübbekammern angesammelte **Rauch***) mit einem Gehalte von 46—48 Pfd. Pb und 2—3 Lth. Ag im Ctr. (Die erfolgende Rauchmenge beträgt zur Clausthaler Hütte 10 Prct., zur Altenauer 8 Prct., zur Lautenthaler 12—14 Prct. und zur Andreasberger 0,8—1 Prct.)

2. **Krätzschlieg**, beim Pochen und Verwaschen des Gekrätzes und Geschurs im Krätzpochwerk erzeugt. Hält 34—36 Pfd. Pb und etwa $3/_4$ Lth. Ag im Ctr.

3. Gerösteter **Rauchstein** von der vorigen Raucharbeit.

Eine beschickte Schicht, im ungefähren Gewicht von 107 Ctr., besteht aus 1 Rost Rauch, $1/_8$—$1/_4$ Rost Krätzschlieg, 3 Ctr. Eisen, 3 Ctr. Herd, $1\frac{1}{2}$ Ctr. Abstrich, 10 Ctr. geröst. Rauchstein, 12—16 Karren Schlieg-, 1—2 Karren Stein- und 2 Karren Hartbleischlacken. *Beschickung.*

Das Rauchschmelzen geschah früher in zweiförmigen Schliegöfen, wo dann eine Campagne 3—4 Wochen dauerte. Neuer- *Schmelzgang.*

---

*) Analysen von Hüttenrauch siehe beim Treibrauch.

dings lässt man jedoch die zum Schliegschmelzen bestimmten Hohöfen nach dem Anblasen 16—18 Tage lang mit obiger Rauchbeschickung gehen und setzt dann gewöhnlich Schlieg durch, wobei eine längere Campagne erreicht wird. Man lässt das Rauchschmelzen langsamer gehen als das Schliegschmelzen, um das Verstäuben der feinen Theilchen möglichst zu verhüten, aus welchem Grunde auch der Rauch mit Wasser angefeuchtet in den Ofen kommt. Die Nasenführung ist schwieriger und es tritt leichter Rohgang ein, als beim gewöhnlichen Schliegschmelzen.

Producte. Das Rauchschmelzen liefert folgende Producte:
1. Werkblei mit etwa $4\frac{1}{2}$ Lth. Ag; kommt zum Abtreiben.
2. Rauchstein mit 18—40 Pfd., gewöhnlich 32—36 Pfd. Pb, $1\frac{1}{4}$—$2\frac{3}{4}$ Lth. Ag und weniger Kupfer als die anderen Bleisteine. Geht nach gehöriger Röstung ins Rauchschmelzen zurück.
3. Rauchschlacke und zwar reine und unreine. Die reine gleicht der Schliegschlacke, nur ist sie etwas dünnflüssiger, frischer und besser geschmolzen, mit 10—12 Pfd. Pb und 0,02—0,04 Lth. Ag. Kommt theils zum Schlieg-, theils zum Rauchschmelzen. Die unreine Rauchschlacke geht ins Bleisteinschmelzen über.
4. Geschur und Gekrätz wie beim Steinschmelzen.

Ausweis. Von einer Schicht fallen etwa 13 Ctr. Werke und 11 Ctr. Stein bei einem Kohlenaufwande von 25 Mass. Der Schmelzer erhält pro Ctr. ausgebrachtes Werkblei 11 Pf. und pro Ctr. Stein 7 Pf., der Vorläufer resp. 7 und 5 Pf.

Es kommen jährlich 230—240 Röste Rauch zur Verarbeitung und zwar in zwei Hälften. Es erfolgten in der ersten Hälfte des Jahres 1847 von 112 Rösten Rauch, 14 Rösten Krätzschlieg und 1120 Ctr. geröstetem Rauchstein bei einem Aufwand von 336 Ctr. Eisen und 2970 Mass Kohlen 1380 Ctr. Werkblei und 1335 Ctr. Stein; in der zweiten Hälfte von 128 Rösten Rauch, 32 Rösten Krätzschlieg und 1280 Ctr. geröst. Rauchstein 1710 Ctr. Werkblei und 1554 Ctr. Rauchstein bei einem Aufwand von 384 Ctr. Eisen und 4250 Mass Kohlen.

Anhang zu A., B. und C.

1. Metallausbringen.

Das procentische Ausbringen an Blei und Silber bei der Schlieg-, Stein- und Raucharbeit in den Jahren 1847—1849 ergiebt sich aus der folgenden Tabelle:

	1847.		1848.		1849.	
	Ag ₰	Pb ₰	Ag ₰	Pb ₰	Ag ₰	Pb ₰
Schliegarbeit	75,28	52,39	75,80	55,61	71,34	55,99
1. Steindurchstechen ...	20,29	15,15	19,79	16,41	21,39	16,02
2. Steindurchstechen ...	4,12	4,82	4,14	5,29	6,94	5,58
3. u. 4. Steindurchstechen	2,33	1,25	2,07	1,78	1,64	1,42
Raucharbeit	5,42	3,71	5,18	3,89	4,81	4,30
Summa ..	107,44	77,32	106,96	82,98	106,12	83,31

Der Bleigehalt der Glätte ist zu 90 ₰ gerechnet. — Ueber die Entstehung des Flusssilbers siehe pag. 71.

Nach Winklers Angaben fanden sich bei der Freiberger Bleiarbeit von 100 Theilen in die Arbeit gegebenen Silbers 84,3 ₰ im Werkblei, 11,6 ₰ im Bleistein, 0,3 ₰ in Speise und Bleiledern, 1,3 ₰ in Ofenbrüchen und 1,5 in den Schlacken, so dass sich der Verlust durch Verrauchung zu 1 ₰ ergibt; — vom Blei fanden sich 74,9 ₰ im Werkblei, 8,1 ₰ im Bleistein, 0,2 ₰ in Bleiledern, 1,7 ₰ in Ofenbrüchen und 3,7 ₰ in den Schlacken, woraus sich der Bleiverlust zu 11,4 ₰ ergibt. Bei der Bleisteinarbeit fanden 14 ₰ Silber-, 15 ₰ Blei- und 10 ₰ Kupferverlust statt, wovon jedoch der Metallgehalt der noch nutzbaren Nebenproducte in Abzug zu bringen ist. — Nach neueren Erfahrungen betrug der Silberverlust bei einer armen Bleiarbeit im einförmigen Ofen 5;9 ₰, im Doppelofen 2,3 ₰, der Bleiverlust resp. 18,1 und 14,2 ₰; bei gewöhnlicher Bleiarbeit der Silberverlust im einförmigen Ofen 0,93 ₰, im Doppelofen 1,08 ₰, der Bleiverlust resp. 5,2 und 9,8 ₰. Bei einem anderen Versuche mit Bleierzen stellte sich der Silberverlust im einförmigen Ofen zu 0,27 ₰, im Doppelofen zu 0,26 ₰, der Bleiverlust resp. zu 4,4 und 4 ₰.

2. Vergleichung der Oberharzer Niederschlagsarbeit mit der anderer Hütten.

Tarnowitz. Von der Niederschlagsarbeit zu Tarnowitz (Citate siehe pag. 38) in Oberschlesien unterscheidet sich der Oberharzer Schmelzprozess in folgenden Punkten:

a. Bei dem verschiedenen Bleigehalt der Erze findet zu Tarnowitz ein gesondertes Erz- und Schliegschmelzen statt, und zwar ersteres in niedrigen, $4\frac{1}{2}$ Fuss hohen Spuröfen mit verdecktem Auge (Harzer Glättfrischofen), letzteres in einem eben so zugemachten, aber $16\frac{1}{4}$ Fuss hohen Schachtofen. Die **Erzbeschickung** enthält auf 100 Ctr. Knörpelerz mit 65—70 $\frac{o}{o}$ Pb 12—14 Ctr. met. Eisen, 12 Ctr. Eisenfrischschlacken, 30 Ctr. arme Bleischlacken; die **Schliegbeschickung** besteht aus 100 Ctr. Schlieg mit 35—50 $\frac{o}{o}$ Pb, 8—10 Ctr. Eisen, 24 Ctr. Eisenfrischschlacken, 32 Ctr. rohem Erzstein, 12—15 Ctr. Schur und 100—120 Ctr. Schliegschlacken. Bleiische Vorschläge werden wegen des geringen Silbergehalts der Schliege nicht gegeben.

b. Das Schmelzen geschieht mit Koks, wobei ein vortheilhafteres Ausbringen, als mit Kohlen stattfindet. 100 Ctr. Erz liefern in 16 Stunden bei einem Aufwand an 48—50 Cbf. Koks 67—68,3 Ctr. Pb mit $\frac{3}{4}$—$2\frac{1}{4}$ Lth. Silber, 24—25 Ctr. Stein mit 8 $\frac{o}{o}$ Schwefelblei (kommt zum Schliegschmelzen) und 30—36 Ctr. unreine Schlacken. Die reinen Schlacken werden mit $1\frac{1}{2}$ Pfd. Blei abgesetzt. — 100 Ctr. Schlieg geben in 40 St. bei einem Aufwande von 150—155 Cbf. Koks 30—40 $\frac{o}{o}$ Werkblei, je nachdem die Schliege zähe oder rösch sind. Der Schliegstein ist unschmelzwürdig, das Werkblei wird theils abgetrieben, theils als Kaufblei abgegeben, wenn es nicht über $\frac{2}{3}$ Lth. Silber enthält. Der Bleiverlust beträgt etwa 12 $\frac{o}{o}$ von dem Bleigehalt der Erze und 17 $\frac{o}{o}$ von dem wirklichen Bleiausbringen.

c. Das Verschmelzen der Abgänge (unreine Schlacken, Schur, Ofenbruch) geschieht mit 40 $\frac{o}{o}$ Erz- und Schliegstein, 8—10 $\frac{o}{o}$ Eisenfrischschlacken und $1\frac{1}{4}$ $\frac{o}{o}$ Roheisen im Schliegofen, wobei von 80 Ctr. Abgängen bei 34—36 Cbf. Koksverbrauch 3 Ctr. Werkblei in 12 Stunden erfolgen.

Die Windmenge beim Erzschmelzen beträgt pro Min. 300 Cbf., beim Schliegschmelzen 340—350 Cbf. — Versuche, die Koks durch rohe Steinkohlen zu ersetzen vid. Karst. Arch. 2. R. VIII, 103.

Victor Friedrichs-hütte. Aehnlich der Tarnowitzer Niederschlagsarbeit ist der Schmelzprozess zur **Victor Friedrichshütte** *) bei Harzgerode am Unterharze, wo man blendige und mit Spatheisenstein durchwachsene, von Thonschiefer, Quarz, Fahlerz etc. begleitete Bleiglanze mit durchschnittlich 30 $\frac{o}{o}$ Blei und 1,5 Lth. Silber in fast 16 Fuss hohen Sumpföfen mit dunkler Gicht und 8—12 Zoll langer Nase verschmilzt. Fast die Hälfte des Schmelzgutes besteht aus Knörpelerzen oder Setzgruppen von $\frac{3}{4}$—1 Zoll Würfelseite, und man hat im Vergleich zu dem frühern Schliegschmelzen bei dem jetzt eingeführten Knörpelschmelzen längere Ofencampagnen, Kohlen und Zeitersparung, sowie eine Verminderung des Bleiverbrandes erzielt.

*) Siehe ausser den pag. 38 angeführten Citaten noch: Russegg. Reis. IV, 710. — Berg- u. hüttenm. Jahrb. der K. K. Montananstalt zu Leoben. 1851. I, 170.

Beim früheren Schliegschmelzen erfolgten von 100 Ctr. Schlieg mit 30—33 ℔ Blei bei einem Zuschlag von 2—3 Ctr. Eisen und 110—120 Ctr. Schlacken und einem Aufwand von 23 Mass (à 10¼ Cbf.) Kohlen oder 14¼ Tonnen Koks (à Tonne circa 173 Pfd. = 7,1 Cbf.), 18—20 Ctr. Werkblei, 38—40 Ctr. Bleistein und 2—3 ℔ Flugstaub; von 100 Ctr. Knörpelerzen mit demselben Bleigehalt bei einem Zuschlag von 2—3 Ctr. Eisen, 80—90 Ctr. Schlacken und einem Aufwand von 20 Mass Kohlen (à 157 Pfd.) oder 13 Tonnen Koks, 20—23 Ctr. Werkblei, 30—34 Ctr. Stein und ½ ℔ Flugstaub. Die Schlacken vom Schliegschmelzen enthalten stets 1—2 Pfd. Blei mehr, als die vom Knörpelschmelzen. Eine Campagne beim Schliegschmelzen dauert 8—10 Tage, beim Knörpelerz 3—4 Wochen.

Der Bleistein mit 30—40 ℔ Blei wird in 3—5 Feuern geröstet und nach jedem Feuer das Gutgeröstete ausgehalten. Das Röstgut vom ersten und zweiten Feuer wird mit 10—15 ℔ blendigen und thonigen Erzen, 40—50 ℔ Schlacken und 3 ℔ Roheisen, das vom dritten und vierten Feuer nur mit 40—50 ℔ Schlacken und 3 ℔ Roheisen im Erzschmelzofen durchgesetzt, wobei neben 20—21 ℔ Werkblei 30—32 ℔ Stein erfolgen, welcher denselben Manipulationen so oft unterworfen wird, bis er hinreichend Kupfer enthält, um nach vorheriger Verröstung zur Darstellung gemischter Vitriole verwandt zu werden. Der Stein vom fünften Feuer wird mit Herd von der Treibarbeit verschmolzen.

Das Werkblei mit 5—6 Lth. Silber wird in Quantitäten von 100 Ctr. abgetrieben, wovon in 30 Stunden bei einem Aufwand von 10 Schock (30—40 Ctr.) Waasen 33—35 Mk. 15löth. Silber, 87—88 ℔ rothe Glätte, 1 ℔ schwarze Glätte, 2 ℔ grober Abstrich, 6—6½ ℔ schwarzer Abstrich und 14½—15 ℔ Herd erfolgen.

Die jährliche Production beträgt 2300 Mk. Silber, 7000 Ctr. Glätte und 800—1000 Ctr. Vitriol.

In der Nähe der Victor Friedrichshütte, zu Wolfsberg, findet auch die Gewinnung von Schwefelantimon (Antimonium crudum) statt. Die bekannten Antimongewinnungsmethoden lassen sich unter folgende Abtheilungen bringen:

1. **Abtheilung.** Gewinnung von Antimonium crudum durch Aussaigern des Grauspiessglanzes aus der Bergart.   *Antimongewinnung.*

   1. **Abschnitt.** Erhitzen der Erze in Tiegeln, die im Boden ein Loch haben und auf einem Untersatze stehen. Sie werden reihenweise neben einander gestellt, auf beiden Seiten mit einer kleinen losen Mauer versehen und mit Brennmaterial umgeben. Wolfsberg (Mitscherl. Chem. 1840. II, 471), Ungarn (Dumas IV, 146), Malbosc in Frankreich (Dumas IV, 147. — Lamp. Fortschr. 1839. p. 242).

   2. **Abschnitt.** Die Tiegel stehen auf einem Untersatz und werden in einem Flammofen erhitzt. Lincoln in Frankreich (Ann. d.

min. III, 508. — Karst. Arch. 1. R. XVIII, 177. — Dumas IV, 150); oder der Recipient befindet sich, mit dem Boden des Tiegels durch eine Röhre in Verbindung gebracht, ausserhalb des Flammofens. Schmöllnitz (Dumas IV, 148).

3. Abschnitt. Erhitzen des Erzes in stehenden Röhren mit einem Untersatz durch Flammenfeuer, Malbosc (Karst. Arch. 1. R. XVIII, 158. — Ann. d. min. 2. Sér. I, 3. — Dumas IV, 151).

4. Abschnitt. Erhitzen des Erzes in einem Flammofen, von dessen tiefstem Punkte ab das Schwefelantimon durch einen Kanal aus dem Ofen in einen Recipienten geleitet wird. Ramee (J. d. min. IX, 469. — Karst. Arch. 1. R. XVIII, 178). Linz (Karst. a. a. O. VIII, 272; XIII, 380).

II. Abtheilung. Darstellung von metallischem Antimon aus Ant. crud.

1. Abschnitt. Rösten des Ant. crud. im Flammofen und Zusammenschmelzen des oxydierten Antimons mit dem noch unzersetztem Schwefelantimon, oder Reduction des Antimonoxyds mit Kohle und alkalischen Zuschlägen in Tiegeln oder Flammöfen. (Gmelins Chem. II, 741).

2. Abschnitt. Schmelzen des Ant. crud. mit Salpeter und Weinstein. (Ibid.).

3. Abschnitt. Schmelzen des Ant. crud. mit Eisen und alkalischen Zuschlägen (Erdm. J. f. pract. Ch. IX, 164; XLIII, 78. — Dingl. CVII, 214).

3. Nachtrag zu pag. 91—94.

Professor Rivot in Paris hat die Güte gehabt, auf meinen Wunsch Stein, Schlacke und Rauch von der Clausthaler Schliegarbeit des Jahres 1850 zu analysieren und mir das Resultat dieser Analysen wie folgt mitzutheilen:

	Pb	Fe	Zn	Cu	Sb	As	S	Summa
a. Stein	36,0	33,2	2,5	Spur	5,3		22,0	99,0

Der Bleigehalt ergab sich auf trockenem Wege zu 33 g.

C. — Sand; Si O^2; Ba O, S O^3.

b. Rauch 2,5   12,3

Oxydierte Bestandtheile.

C O^2 u. O. — As u. Sb. — S O^3. — Pb O an Si O^3 geb. — Pb O. — Zn O. — $Fe^2 O^3$.
7,7   2,5   2,8   2,9   18,0   1,5   4,5

Geschwefelte Bestandtheile.

b. Rauch S. — Sb u. As. — Pb. — Fe. — Zn. — Summa.
7,8   0,5   34,8   1,0   1,0   99,8.

Der ganze Bleigehalt beträgt 54,2 ₰, der auf trocknem Wege gefundene 52 ₰; der Silbergehalt 2¾ Lth. im Centner.

	Si O^2	Pb O	Ca O	Al^2 O^3 u. Fe^2 O^3	Mg O	Ba O, S O^3	Sa.
c. Schlacke	70,0	3,8	15,0	10,0	Spur	3,0	101,8.

Bleigehalt auf trocknem Wege 0,8 ₰.

Vorläufig sei hier noch bemerkt, dass Rivot in einem Glimmerkupfer (pag. 34) von Altenauer Hütte, allen bekannten Analysen dieses Productes zuwider, keinen Sauerstoffgehalt gefunden hat, sondern dessen Zusammensetzung wie folgt angiebt: 94,5 Cu; 1,6 Pb; 0,4 Fe; 0,8 Zn; 0,6 Ni; 1,9 Sb u. As.

D. Silberabtreiben.

Dem Abtreibeprozess, welcher die Abscheidung des Silbers aus dem Werkblei bezweckt, werden sämmtliche Werkbleie vom Schlieg-, Stein- und Rauchschmelzen unterworfen, jedoch behandelt man jede Sorte für sich, um nach der verschiedenen Reinheit des Werkbleies verschiedene Frischblei- und Glättsorten zu erhalten. Wird Werkblei einem oxydierenden Schmelzen in einem Flammofen unterworfen, so bildet sich auf dem Metallbade Bleioxyd, welches bei der convexen Oberfläche des geschmolzenen Bleies an die Peripherie desselben geht und dadurch das Metall in der Mitte dem Sauerstoff wieder zugänglich macht. Sorgt man nun für die gehörige Ableitung des sich immer neu bildenden Bleioxyds vom Rande weg, so bleibt zuletzt nur das wenig oxydierbare Silber zurück.

Allgemeines.

Die hier gebräuchlichen Treiböfen (Taf. II, Fig. 31—33; Taf. III, Fig. 37), deren 4 vorhanden sind, gehören zu der Abtheilung der Deutschen Treiböfen mit unbeweglichem Herde und beweglicher Haube. *) Dieses sind Gebläseflammöfen, aus 2 Haupttheilen, dem Windofen *a* und dem Herdraume bestehend, welche beide durch das Flammenloch *i* verbunden, durch die Feuerbrücke (Balken *k*) aber geschieden sind. Der Herdraum selbst besteht aus folgenden Theilen:

Treiböfen.

---

*) Geschichte und verschiedene Arten der Treiböfen in Lamp. Httkde. I, 419.

1. Der **Grundmauer** mit den **Kreuzabzügen** *e*, welche nach 3 Seiten münden und mit Steinplatten lose überdeckt sind.

2. Dem **Schlackenherd** f, welcher am Rande 14—16″, in der Mitte 9—11″ auf der Grundmauer und den Abzügen aus zerschlagenen Schlacken gebildet wird.

3. Dem **Steinherde** *g*; wird auf dem Schlackenherde aus auf die schmale Kante gestellten Barnsteinen in Form eines Kugelabschnitts aufgeführt, um für die aufzustampfende Herdmasse *h* eine unwandelbare Unterlage darzubieten. Die Fugen zwischen den Barnsteinen dürfen nicht verstrichen werden, damit die Feuchtigkeit durch dieselben entweichen kann.

4. Dem **Ring** *d*, der den Schlacken-, Stein- und Mergelherd umschliessenden Mauer, deren oberste Barnsteinlage man **Kranz** nennt. In dem Ring befinden sich folgende Oeffnungen:

a. Das **Glättloch** *n*, gewöhnlich der Feuerbrücke ziemlich nahe und dem Gebläse schräg gegenüber und zur Abführung der Glätte bestimmt. In Ungarn und Siebenbürgen liegt dasselbe auch wohl der Feuerbrücke gegenüber und dient dann gleichzeitig zur Abführung von Flamme und Rauch. Eine sehr zweckmässige Vorrichtung zum Schutze der Arbeiter gegen die Bleidämpfe, besteht darin, dass vor dem Glättloch ein **Dampffang** *s* angebracht wird, dessen unterer Theil festgemauert ist, dessen oberer von Eisenblech aber weggenommen werden kann, wenn die Haube abgehoben werden soll.

b. Das **Blechloch** *o*, der Feuerbrücke gegenüber, dient zum Eintragen der Herdmasse und Werke, so wie auch sur Ableitung des heissen Gasstromes und ist mit einem starken Eisenblech *p* verschliessbar. In Freiberg wird es **Schürloch** genannt und ist mit einem beweglichen Schlot von Eisenblech versehen, welcher dem Arbeiter beim Nachsetzen des Werkbleies durch diese Oeffnung Schutz gewähren soll. Auf den Harzer Hütten versteht man unter **Schürloch** die zu den Traillen des Windofens führende Oeffnung *b* behuf des Einschürens von Waasen. Den oft durch eine kleine Mauer verstärkten Theil des Ofenkranzes, welcher den Kannen gegenüber zwischen Glätt- und Blechloch liegt und von der Hitze am meisten zu leiden hat, nennt man **Höllenmauer** *r*.

c. Die **Kannen** (Formen) Fig. 35. Sie liegen in den Kannenlöchern q zu Paaren zwischen Flammen- und Blechloch, der Glättgase schräg gegenüber und zwar 1″ höher als das Blechloch, bestehen aus Eisen und werden so eingelegt, dass sich die Windströme in der Mitte des Herdes kreuzen. Um dem Winde jedoch eine beliebige Richtung geben zu können, hängt man vor die Kannenöffnung an eisernen Stäben (**Angeln**) befindliche, leicht bewegliche eiserne Scheiben (**Blätter, Schnäpper, Klappen, Klippen**) Fig. 36 a und b, welche den Windstrom brechen und vertheilen. Damit die Glätte möglichst wenig Werkblei mechanisch zurückhalte, lässt man sie — wobei das Werkblei Zeit hat, sich abzusetzen — dadurch einen langen kreisrunden Weg im Herde machen, dass man das Glättloch nicht gerade den Kannen gegenüber, sondern mehr nach dem Flammenloch zu anbringt und den Wind so stellt, dass er die Glätte an der Peripherie des Herds herum dem Glättloch zutreibt. Liegt das Glättloch den Kannen gerade gegenüber und findet keine treibende Bewegung statt, so entsteht silberreiche Glätte. (Pontgibaud. Berg- u. hüttenm. Ztg. 1851. p. 345).

5. Der **Haubet** (**Kuppel, Treibehut**), welche in Gestalt eines Kugelabschnitts auf dem Ringe ruht und mittelst einer Krahnvorrichtung u bewegt werden kann.

Die **beweglichen Hauben** bestanden früher immer aus starkem Schwarzblech mit einem Gerippe von eisernen Schienen, die mit einer grossen Anzahl nach Innen gekehrter Doppelhaken (Federn) versehen sind, an denen ein Lehmbeschlag haften soll. In neuerer Zeit hat man diese **eisernen** Hauben durch solche aus gebranntem **Thon** aus der Andreasberger Thonfabrik zu ersetzen gesucht. Diese Hauben liessen in Bezug auf die Dauerhaftigkeit und Kosten zur Altenauer Hütte nichts zu wünschen übrig. Die summarischen Haubenkosten für 1 Treiben betrugen bei eisernen Hauben 14 Ggr. $1\frac{1001}{3320}$ Pf., bei thönernen 7 Ggr. $11\frac{1}{27}$ Pf. Letztere haben jedoch ein bedeutenderes Mehrgewicht als erstere — eine thönerne Haube wiegt 26—29 Ctr., eine eiserne 11—13 Ctr. — in Folge dessen die Arbeiter wegen des leichteren Reissens des Hängewerks grosser Gefahr ausgesetzt sind, und auch eine solche neben Metallverlust durch Hereinfallen einzelner Haubenstücke während des Treibens entstehen kann. Man kehrt deshalb allmälig von den thönernen Hauben wieder zu den eisernen zurück, zumal eine billige Lieferung derselben wegen Einstellung der Andreasberger Thonfabrik nicht mehr geschehen kann.

Auf Clausthaler Hütte haben die Thonhauben auch keinen Eingang gefunden, weil ihr Transport zu hoch kam und die Dauerhaftigkeit zu wünschen übrig liess. Während bei eisernen Hauben die Kosten dafür pro Treiben auf 22 Ggr. 7 Pf. kamen, so betrugen sie bei thönernen 23 Ggr. 6¼ Pf. In den Jahren 1844—1848 sind zur Altenauer Hütte Versuche mit unbeweglichen, gemauerten Kuppeln gemacht, welche sich wegen dabei gänzlich ausgeschlossenen Eisenverbrauchs durch ihre Wohlfeilheit empfehlen. Die Kosten dafür betrugen bei einer Dauer von $1\frac{1}{2}$ Jahre 8—9 Thlr., während eine eiserne auf 150—160 Thlr. kommt, aber auch 8—10 mal so lange hält. Gemauerte Kuppeln erfordern jedoch nach jedem Treiben eine kostspielige Ausbesserung, mehr Zeit zum Abkühlen und, weil sie der Haltbarkeit und Bequemlichkeit wegen hochgewölbt sein müssen, grössern Waasenverbrauch. Während man bei beweglichen Thonhauben auf 1 Treiben etwa 12 Schock Waasen verbrauchte, so betrug der Aufwand daran bei gemauerten Kuppeln 15 Schock und darüber. Ausserdem war die Arbeit sehr ungesund. Zu Lautenthal und am Unterharze, wo wegen der geringeren Werkeproduction die Oefen immer hinreichend Zeit zur Abkühlung haben, befinden sich noch solche gemauerten Kuppeln.

Die Dimensionen der Treiböfen sind folgende:

Dimensionen im Ringe:

Durchmesser oben im Ringe	8'
- - unten - -	10'
- - der Haube	9—9½'
Höhe der Haube	1' 4''—1' 8''
Mitte des Steinherdes über der Hüttensohle	3'
Ansteigen des Steinherdes von der Mitte nach dem Bleche, nach den Kannen und nach dem Balken	5''
Desgleichen nach dem Glättloche	2''
Höhe des Blechs über der Mitte des Steinherdes	1' 3''
Höhe der Kannen	1' 4''
Höhe des Balkens	1' 5''
Höhe des Glättlochs über dem Steinherde	2' 6''
Weite des Glättlochs	1'
Lichte Höhe des Blechbogens	2'
Lichte Weite des Blechbogens	2' 6''
Weite zwischen den Kannen von Mitte zu Mitte	2' 8''
Weite der Kannenlöcher	6''
Höhe der Kannenlöcher	1'
Höhe der Ringmauer des Treibofens von der Mitte des Steinherdes bis dahin, wo die Haube aufsteht	4'

Dimensionen im Windofen:

Länge excl. der Stirnmauer	6'	6"
Lichte Länge	4'	6"
Lichte Breite des Gewölbes nebst Blindbogen	3'	6"
Lichte Weite des Schürlochs im Quadrate	1'	6"
Höhe des Windofengewölbes vom Balken nach dem Schürloche zu		4"
Desgleichen nach den Kannen zu	1'	
Höhe des Schürlochs über der Hüttensohle	2'	10"
Mittlere Breite des Balkens	1'	6"

Im Windofen liegen 7 Traillen, wovon die erste von der innern Vordermauer entfernt ist $1\frac{1}{2}"$, die zweite von der ersten $2"$, die dritte von der zweiten $2\frac{3}{4}"$, die vierte von der dritten $3\frac{1}{2}"$, die fünfte von der vierten $4\frac{1}{4}"$, die sechste von der fünften $5"$, die siebte von der sechsten $6"$, die siebte von der Stirnmauer $6\frac{1}{4}"$. Das äussere Gemäuer ist theils aus Sandstein (von Willensen), theils von Barnsteinen aufgeführt, das Innere aus Barnsteinen oder ungebrannten Thonschiefersteinen.*)

Hinter jedem Treibofen liegen 2 Spitzbälge, welche je nach den verschiedenen Perioden des Treibprozesses mehr oder we- *Gebläse.*

---

*) Das Verdienst, gepochten Thonschiefer als Surrogat für den theuern Landlehm zur Bereitung von Mörtel, Gestübbe und Barnsteinen zuerst in Vorschlag gebracht zu haben, gebührt dem jetzigen Bergprobierer Hoffmann zu Clausthal (cfr. §. 24 Extracti Clausth. Bergamts-Protocolli de Nr. 10 Quart. Trinitat. 1831), welcher im Jahre 1830 auf der Andreasberger Hütte die desfallsigen ersten Versuche anstellte. Der günstige Erfolg derselben veranlasste den nunmehr verstorbenen Bergrath Brüel, die Anlage einer Thonschieferfabrik behuf Darstellung von Ziegeln, Barnsteinen und verschiedenen Thonwaaren, als Muffeln, Schmelztiegeln, Traillen und Hauben für Treiböfen, Probieröfen etc. auf St. Andreasberger Hütte hervorzurufen. Erscheint nungleich die Existenz der Fabrik in den letzteren Jahren gefährdet, so ist doch die Anwendung des Thonschiefers zum Gestübbe, zum Mörtel und zu Barnsteinen — von Hausmann (Ueber den gegenwärtigen Zustand und die Wichtigkeit des Hannoverschen Harzes. Göttingen 1832. p. 156) irrthümlich als Englische Erfindung ausgegeben — für sämmtliche Oberharzer Silberhütten von dem grössten Vortheile geworden. So wurden z. B. zur Andreasberger Hütte allein nach Hausmann (a. a. O. p. 157) im Jahre 1830 an 800 Thlr. dadurch erspart.

niger Spiele machen. Während des Weichfeuerns werden bei 2″ Düsendurchm. und 10,7‴ Quecksilberpressung 255 Cbf., in der Abstrichperiode bei 21,8‴ Qpr. etwa 330 Cbf., eben nach dem Aufmachen der Glättgasse bei 4,1‴ Qpr. 184 Cbf. und in der Glättperiode bei 18,9—19,8‴ Qpr. 305—328 Cbf. Luft pro Minute in den Ofen geführt. Die Kannen liegen in einem Niveau, und das Zublasen der Bälge geschieht in Unterbrechungen, was zur Bildung und Fortschaffung der Glätte sehr förderlich ist.

In Freiberg legt man die dem Schürloche (Blechloche am Oberharz) nähere Form tiefer, als die andere, weil man annimmt, dass die tiefere Form die Glätte erzeuge, die höher gelegene aber die Glätte vorwärts treibe. Versuche mit einer Düse lieferten silberreiche Glätten. Auf einigen Französischen Hütten (Berg- u. hüttenm. Ztg. 1851. p. 345), so wie auch zu Sala (Erdm. J. f. ök. u. techn. Ch. I, 478) werden 3 Düsen angewandt. — Erhitzte Luft, zu Freiberg beim Treiben versucht, veranlasste eine Verzögerung der Arbeit, ein geringeres Ausbringen und grössere Kosten (Winkl. Schmelzproz. 1837. p. 142).

Es befindet sich hinter jedem Treibofen eine Vorrichtung (Taf. II, Fig. 34), um der Düse die nöthige Richtung zu geben.

Brennmaterial. Dieses besteht aus Waasen oder Wellholz, aus starken Fichtenästen zusammengeschnürte Holzbündel von 42″ Länge und 30″ Umfang. Eine Astwaase wiegt etwa 7,2 Pfd., eine Knüppelwaase 11,4 Pfd.

In Tarnowitz (Erdm. J. f. ök. u. techn. Ch. XV, 264) hat man die Holzfeuerung zweckmässig durch Steinkohlenfeuerung ersetzt, letztere hat sich aber zu Freiberg (Ibid. V, 206, VI, 199, 381. — Jahrb. f. d. Sächs. B. u. H. 1843. p. 76) nicht bewährt, und man wendet hier ein Gemenge von Holzsplittern und Torf an. (Jahrb. etc. 1840. p. 85.)

Gezähe. Das Treibhüttengezähe besteht aus 2 Mergelsieben; 2 Füllfässern; 1 Krahle (Taf. III, Fig. 41) zum Anmachen und Andrücken des Mergels im Ofen; 1 Eimer; 1 Stunzen; 1 Kratze; 2 hölz. Kolben (Taf. III, Fig. 42) von 8″ Dchm.; 1 Bleikolben (Taf. III, Fig. 43) von 6″ Dchm.; 1 eisernen Fäustel (Taf. III, Fig. 44); 1 Schrappe (Taf. III, Fig. 45), einem 3″ br. und $\frac{1}{4}$″ starken gekrümmten Holzspahn zum Ausrunden des Herdes; 1 Setzwage; 1 Spurscheere (Taf. III, Fig. 46) zum Ausschneiden der Blickspur; 1 Forke; 3 Abziehhaken (Taf. III, Fig. 40) von 3′ 6″ Länge; 1 Schaufel; 1 Glättmeissel (Taf. III, Fig. 38) von 3′ 6″ Länge; 5 Glätthaken (Taf. III, Fig. 39) von 3′ 3″—8′

Länge; 1 Keilhaue; 2 Glätteisen und 1 hölzernen Hebebaum zum Wegwälzen der Glättpatzen; 1 Silbergerenne; 1 Silbermeissel (Taf. III, Fig. 47) zum Ausheben des Blickes; 1 Silberhammer zum Beklopfen des Blickes. Das Gezähe ist in solcher Ordnung aufgeführt, wie es in den einzelnen Perioden des Treibprozesses nach einander zur Anwendung kommt.

Bei Ausführung des Treibprozesses lassen sich folgende Perioden unterscheiden: *Perioden des Treibprozesses.*

1. **Das Herdmachen.** Die auf dem Steinherd als feuerfeste Unterlage für das treibende Werkblei aufzustampfende Herdmasse muss folgende Eigenschaften haben: Sie darf keine Substanzen enthalten, die aufs Bleioxyd reducierend einwirken, daher die Unbrauchbarkeit des Gestübbes; sie darf durch die Hitze möglichst gar nicht verändert, z. B. nicht rissig werden, oder viel Gasarten entwickeln; sie muss etwas Bleioxyd einsaugen können, ohne damit eine chemische Verbindung einzugehen, weil dadurch die Dauer des Treibens abgekürzt und somit der Brennmaterialverbrauch vermindert wird. Als Material von solcher Beschaffenheit war früher mit gebranntem Kalk versetzte, ausgelaugte und ausgeglühte Holzasche (Aescher) im Gebrauch. Nach Jordan enthält ein guter Aescher zu Treibherden folgende Bestandtheile:

CaO, CO^2	SiO^3	Al^2O^3	Fe^2O^3
66—70	17—21	10—11	2—4.

Dieses Herdmaterial hatte jedoch die Nachtheile, dass mehr Glätte als man wünschte, und verhältnismässig auch mehr Silber eingesogen wurde, und zwar variable Mengen von beiden, weil der Aescher nicht immer von gleicher Zusammensetzung erhalten werden konnte.

Diese Uebelstände sind zum grössten Theil durch Einführung der Mergelherde,*) schon 1815 in Freiberg angewandt, gehoben, welche wegen ihrer grössern Dichtigkeit weniger Blei und Silber einsaugen, als Aschenerde, so dass man beim Treiben mehr Glätte und Silber, dagegen weniger Bleioxyd

---

*) Karst Arch. 1. R. Ia, p. 135. — Hartm. Report. II, 469. — Hausm. gegenw. Zustde. d. Hannov. Harzes. Göttingen 1832. p. 154. — Jahrb. f. d. Sächs. Berg- u. Hüttenm. 1832. p. 230.

haltigen Herd erhält, bei dessen nochmaliger nothwendiger Verarbeitung also weniger Metallverlust und Kosten verursacht werden. Dagegen braucht man aber bei Anwendung von Mergel mehr Brennmaterial als bei Asche, weil ersterer die Wärme besser leitet. Der dadurch entstehende Nachtheil kommt jedoch bei Berücksichtigung obiger Vorzüge nicht in Betracht.

Auf Lautenthaler Hütte sind in dieser Beziehung im Jahre 1829 vergleichende Versuche über das Treiben auf Mergel- und Aschenherden angestellt, wobei sich folgende Resultate ergeben haben: *)

	Verbrauchtes Herdmaterial				Vertriebene Werke	Erfolg an						Bleiische Vorschläge in Summa	Waasenverbrand	
	Asche		Merg.			Blicksilber		Glätte		Herd	Abstr.			
								reine	reicher.					
	Ton.	Ht	T.	Ht	Ctr	Mk.	Lt	Ctr	Ctr	Ctr	Ctr	Summa	Sch.	St.
Aschenherd	138	2	—	—	2240	498	1	1384	53	664	241	958	133	40
Mergelherd	—	—	81	2	2240	519	13	1680	39	309	240	588	151	17

In Freiberg haben sich diese Verhältnisse nach Winkler wie folgt gestaltet:

	Vertriebene Werke	Erfolg an					Bleiverlust
		Abzug mit 64 % Blei	Abstrich mit 73 % Blei	Herd mit 60 % Blei	Scheideglätte mit 85 % Blei	Uebrige Glätte mit 89 % Blei	
	Ctr	Ctr	Ctr	Ctr	Ctr	Ctr	%
Aschenherd	100	1¼	4¾	36¾	16	52¼	14
Mergelherd	100	2	5½	21½	18	66	8

Dieselben Resultate sind zu Sala in Schweden erhalten (Erdm J. f. ök. u. techn. Ch. I, 485).

Am besten eignet sich erfahrungsmässig ein Mergel zum Herdmaterial, dessen Thongehalt sich zum Kalkgehalt wie 1 : 4 verhält. Bei überwiegendem Thongehalt werden die Herde leicht rissig und zu hart, wodurch bei vermehrtem Brennmaterialaufwand das Treiben verzögert und der Abzug der Feuchtigkeit erschwert wird; bei vorherrschendem Kalkgehalt erhalten sie keinen hinreichenden Zusammenhang und geben zur rapiden Entwicklung von Gasarten Veranlassung.

Man bedient sich auf den Ober- und Unterharzer Hütten

---

*) Zimmermanns Harzgebirge Bd. I, 464.

des am nördlichen Harzrande zwischen Goslar und Langelsheim vorkommenden Mergels, dessen einzelne Ablagerungen sich aber nach folgenden Analysen von Jordan von verschiedener Zusammensetzung erwiesen haben:

	SiO^2	Al^2O^3	CaO, CO^2	$(FeO, MnO), CO^2$	MgO, CO^2	Summa
I.	17,68	6,75	67,06	4,65	4,84	100,98
II.	17,40	14,27	59,31	4,06	4,15	99,19
III.	30,68	15,43	36,87	11,00	5,00	98,98

Nr. I. von Schubbe, ist zu kalkig, bindet schlecht und veranlasst ein heftiges und anhaltendes Blasenwerfen von in der Hitze entweichender Kohlensäure. — Nr. II. von Cleve, ist zum Herdschlagen die beste Sorte; der Kalkgehalt verhält sich zum Thonerdegehalt ungefähr wie 4 : 1. — Nr. III. von Melchior, ist zu thonig und reisst leicht, gibt aber mit Nr. I. zu gleichen Theilen versetzt, ein noch besseres Material, als Nr. II.

Die Präparation des Mergels besteht nun darin, dass man ihn pocht, durch ein Sieb mit etwa 64 Maschen auf den Quadratzoll wirft, gleichmässig und schichtenweise mit Wasser (etwa 4 Eimer für 1 Treiben Mergel) befeuchtet und 24 Stunden liegen lässt. Dann wird er abermals durch ein Sieb mit etwa 4 Löchern auf den Quadratzoll geschlagen, durchgekrahlt und auf den vorher gereinigten, mit Wasser benetzten Steinherd eingetragen, indem man ihn vom Rande ab nach der Mitte zu in concentrischen Kreisen aufstürzt, fortwährend mit der Krahle niederstösst oder mit der Hand andrückt und dann der Oberfläche die ungefähre Form gibt.

Zweckmässig ist die zu Lautenthal gebräuchliche Methode, den Mergel zuzubereiten. Alter schon gebrauchter Mergel wird mit Wasser stark angenetzt, in diesem Zustande ins Sieb gebracht und mit trocknem frischen Mergel gemeinschaftlich durchgesiebt. Hierbei bilden sich keine Klümpe, wie bei dem Clausthaler Verfahren, und findet somit eine vollkommene Ausnutzung des Herdmaterials statt. Um guten Mergel zu sparen, bringt man da, wo der Herd am dicksten werden muss, alten bleioxydfreien Mergel vom vorigen Treiben (Herdmergel) hin, der dann wegen schwächerer Bindekraft stark mit Wasser angefeuchtet werden muss. Das Feststampfen geschieht anfangs mit erwärmten grossen hölzernen Kolben von der Mitte ab, dann vom Kranz herunter mit einem kleinen hölzernen Kolben; hierauf wird der Herd und dann der Kranz mit einem Bleikolben (Taf. II, Fig. 43) festgestossen, der Kranz durch nochmaliges Stossen mit einem eisernen Fäustel geglättet und oben, wo die Oberfläche des Treibens zu stehen kommt, mit einem Herdstück festgeklopft, um ein Einfressen des Metalls bei seiner kreisenden Bewegung in der Abstrichperiode zu verhüten, und zuletzt der ganze Herd mit dem grossen Kolben schlicht gestossen. Dann wird mittelst der Setzwage geprüft, ob der Fall des Herdes richtig ist. Dieser muss nämlich in der Hölle den meisten Fall haben, also am dicksten sein, weniger vom Windofen und Blech her, und am wenigsten unter den Kannen, um einen möglichst gleichmässigen Glättestand an der ganzen Peripherie herum herbeizuführen. Weil nun die Glätte durch den Gebläsestrom stets von der Kannenseite dem Glättloch zugetrieben wird, so verhindert man ein Blosslegen des Metallbades von Glätte (ein Kahl- oder Blankgehen) an den Kannen durch den bezeichneten verschiedenen Fall des Herdes. Die richtige Construction eines Herdes in der angegebenen Weise erfordert viel Uebung. Ist dieselbe mittelst der Setzwage als richtig erkannt, so schneidet man am tiefsten Punkte, da wo sich das Silber ansammeln soll, mit der Spurscheere eine zirkelrunde Vertiefung von 10—16" Durchmesser und etwa ½ Zoll Tiefe (Spur, Blickspur) so ein, dass zwei gerade Linien vom Glättloch und von der Mitte zwischen den Kannen aus gezogen, sich im Mittelpunkte derselben schneiden.

Ganz besondere Sorgfalt muss auf die Anfertigung der Brust verwendet werden, über welche demnächst die Oxydationsproducte aus dem Herde fliessen. Das dazu verwendete Material, aus 5 Theilen frischem und 3 Theilen altem Herdmergel bestehend, wird so stark angefeuchtet, dass es sich bequem mit der Hand ballen lässt. Dasselbe wird lagenweise mit einem Herdstück aufgestampft und zwar um so sorgfältiger und fester, je höher man hinauf kommt. Die Brust wird gewöhnlich einige Zoll höher gemacht, als der demnächstige Metallspiegel steht, und sie verläuft sich möglichst flach nach dem Herde zu. Wollte man nur frischen Mergel, ohne Zusatz von altem Herdmergel, zur Anfertigung der Brust verwenden, so liesse sich dieselbe wegen zu bedeutender Festigkeit nur schwierig niedriger machen.

An einen guten Herd stellt man folgende Anforderungen:

a. **Gehörige Form.** Um dem Metallspiegel eine möglichst grosse Oberfläche zu geben, wird der Herd vom Kranze herab bis auf die Herdfläche gehörig ausgekrämpt, besonders unter den Kannen. In der Hölle und vor der Brust muss er am höchsten sein, damit das Treiben an der Kannenseite immer gehörige Glätte hat und nicht kahl geht. Durch verschiedene Richtung der Düsen lässt sich dieser Fehler nicht hinreichend corrigieren. Bei unebenem wellenförmigen Herde bleiben einzelne Sümpfe Werkblei und Glätte stehen (der Herd hat flache Stellen, es körnt), welche Metallverlust verursachen können. Hat der Herd zu viel Fall und läuft er steil nach der Mitte zu, so erhält der Metallspiegel weniger Oberfläche, es glättet langsamer zu, das Treiben wird bedeutend verlängert und mehr Brennmaterial verbraucht. Auf einem zu flachen Herde steht die Glätte dünn und zertheilt, es körnt und raubt, und der Arbeiter muss in solchem Falle die Glätte durch Zulegen der Glättgasse auf dem Treiben anzusammeln und zu erhalten suchen, damit er nicht nöthig hat, Blei oder feine Glätte zuzusetzen, wodurch der Prozess verlängert wird. Körnt ein Treiben bei flachem Herde, so legt man wohl einen Barnstein hinter die Spur, um das zu starke Schieben der Windströme zu verhindern.

Dem Herd die passende Form zu geben, erfordert grosse Uebung und Geschicklichkeit, und obgleich die Grundform meist gleich bleibt, so muss sie doch unter Umständen modificiert werden, z. B. wenn die Dimensionen der Ringmauer durch Ausbrennen oder Ausdehnung erweitert sind, wodurch die Kannen aus ihrer richtigen Lage kommen; wenn ein Balg weniger Wind liefert, als der andere etc. Ein Herd passt, wenn während der ganzen Dauer des Treibens der Metallspiegel an seiner Peripherie hinreichend mit Glätte versehen ist, das Treiben stets bis zum Blicken rund steht und die Blickspur gehörig abgewogen ist.

b. **Hinreichende Festigkeit.** Der Herd muss überall gleichmässig stark und nicht in verschiedenen Schichten, sondern auf einmal festgestossen werden. Zu trockner Mergel veranlasst leicht ein Prellen, ein Ablösen von Schaalen, in Folge dessen der Herd von eindringendem Metall leicht gehoben werden kann. Ein zu lockerer Herd saugt zu viel Blei- und Silberoxyd ein; bei zu grosser Festigkeit treten dieselben Uebelstände hervor, die ein thoniger Mergel herbeiführt. Die Festigkeit ist hinreichend, wenn er keine Eindrücke mit den Fingern mehr annimmt.

c. Gehörige Dicke. Ist eine solche nicht vorhanden, so dringt das geschmolzene Metall an den dünneren Stellen leicht durch, sickert durch den Stein- in den Schlackenherd, und das Treiben ist damit oft verloren (das Treiben ist durchgegangen). Man zapft in solchem Falle die noch auf dem Herd stehenden Werke ab, reisst Mergel- und Steinherd weg und sammelt das Blei wieder aus den Schlacken, indem man dieselben nöthigen Falls saigert.

Bei nicht hinreichender Höhe des Herds am Rande fliessen auch wohl die Werke darüber weg ins Gemäuer und zeigen sich im Aschenfall oder den Kanälen zur Ableitung der Feuchtigkeit.

2. Das Einsetzen der Werke. Dieses geschieht, nachdem der Herd rein gefegt ist, durch das Blechloch in der Weise, dass man $2/3$ des Einsatzes in die Hölle und $1/3$ vors Flammenloch bringt. Die Grösse des Einsatzes variiert auf den verschiedenen Hütten; er beträgt zu Altenauer Hütte 200 Ctr., auf Clausthaler 180 Ctr., auf Lautenthaler 160 Ctr. und zu Andreasberger Hütte 100 Ctr.

Im Allgemeinen sind grosse Treiben bis zu einer gewissen Grenze wegen geringeren Erfolgs von Herd und Vorschlägen, so wie auch wegen eines geringeren Brennmaterialaufwands vortheilhafter als kleine.

Das Eintragen des zu einem Treiben bestimmten Werkequantums geschieht, im Gegensatze zu dem zu Freiberg und Holzappel gebräuchlichen Verfahren des Nachsetzens, auf einmal.

Dieses Nachsetzen hat folgende Vortheile:

a. Es lassen sich auf einem kleinen Herd verhältnismässig mehr Werke bei einem geringeren Aufwand an Brennmaterial vertreiben. — b. Zum Flüssigerhalten einer kleinern Menge Blei ist eine geringere Temperatur erforderlich, als bei grössern Treiben; in Folge dessen erweicht der Herd weniger und saugt weniger Glätte ein. — c. Das Verhältnis des mit Bleioxyd durchdrungenen Herdes zur Glätte vermindert sich dadurch, dass der

Spiegel der flüssigen Masse im Herde fast immer gleich bleibt, und die Oberfläche des Herds kleiner ist.

Dagegen hat dieses Nachsetzen den Hauptübelstand, dass die Glätte und somit auch das Frischblei sehr unrein wird, indem alle fremden Beimengungen, die bei einem einmaligen Aufsetzen meist in den Abzug und Abstrich gehen, von der Glätte aufgenommen werden. Diese Methode ist demnach nur da empfehlenswerth, wo man recht reine Werke hat, oder die Glätte nicht auf Frischblei benutzt, sondern beim Hüttenprozesse selbst wieder verwendet. Ein fernerer grosser Nachtheil ist der, dass das Treiben wegen ungleichmässiger Temperatur und dadurch, dass die abstrichähnliche Glätte bei der nöthigen starken Feuerung in die Glättgasse einfrisst, sehr leicht in schlechten Gang kommt, so dass das Nachsetzen oft längere Zeit unterbrochen werden muss. Das Abfliessen der Glätte wird schon dadurch erschwert, dass die Gasse längere Zeit hindurch in einem Niveau erhalten werden muss, wodurch das auf der einen Seite ersparte Brennmaterial wieder verloren geht, weil während des Nachsetzens stark gefeuert werden muss.

Auf dem Oberharze kommt es hauptsächlich auf die Darstellung eines möglichst reinen Frischbleies an, und ist deshalb hier das Nachsetzen nicht vortheilhaft.

Nach dem Herdmachen werden die Angeln mit den Blättern oder Schneppern (Taf. II, Fig. 36) zur Winddirection eingesteckt, die Haube aufgesetzt und ringsum verschmiert, die blecherne Esse über das Glättloch gebracht, das Blech bis auf 6″ niedergelassen und die Feuerung begonnen.

3. Einfeuern der Werke. Diese Operation bezweckt das Abwärmen des Herdes und das Einschmelzen des Werkbleies bei allmälig steigender Temperatur. Durch fortwährendes Unterhalten der Feuerung sucht man diese Periode möglichst abzukürzen, was hauptsächlich dadurch geschieht, dass man das Holz im Ofen zuweilen auflockert und die durch den Rost gefallenen Kohlen aus dem Aschenfall zieht. Die Construction des Windofens und die Qualität der Waasen sind hierbei von grossem Einfluss.

Das Einfeuern der Werke ist eine Art Saigerung, wobei das reine Werkblei ausschmilzt, während die beigemengten minderflüssigen Stoffe als ein Ueberzug das Metallbad bedecken. Dieser enthält, weil während des Einfeuerns das Gebläse noch nicht wirkt, wenig Bleioxyd, daher seine Strengflüssigkeit. Sind die Werke sehr unrein, wie z. B. die Unterharzer und Freiberger, so wird diese mussige oder sandige Masse unter dem Namen **Abzug** mittelst eines angespiessten runden Streichholzes durch das Glättloch vom Metallbade abgezogen; bei reinern Werken, wie es die Oberharzer sind, bleibt der Ueberzug während des Einfeuerns unbeachtet. Steinwerke geben eine stärkere Kruste, als Schliegwerke.

4. **Weichfeuern der Werke.** Die genannte Kruste, hauptsächlich aus Schwefelungen des Eisens, Kupfers, Antimons und Bleis bestehend, wird nun durch anhaltendes verstärktes Feuern bei gleichzeitiger Anlassung des Gebläses verschlackt und zum Fluss gebracht. Man lässt jeden der beiden Bälge anfangs nur etwa 4mal in der Minute umgehen, um den Ofen durch die kalte Luft nicht zu sehr abzukühlen, später wohl 6—8mal. Die Blätter werden mittelst der Angeln so gerichtet, dass beide Bälge hinten an der Blechseite wegblasen. Auch kommt man dem Gebläse dadurch zur Hülfe, dass man die Kruste mit einem langen Meissel (Silbermeissel Taf. III. Fig. 47) nach der Hölle zu schiebt (Spiegelschieben) und so in den heissesten Punkt bringt.

Das Feuern geschieht in kurzen Zwischenräumen mit 4—6 Waasen, bis der Ueberzug (**Abstrich**) dünnflüssig geworden und das Metallbad in treibende Bewegung versetzt ist, und schreitet man dann zum Abziehen des ersteren. Damit beginnt

5. **Die Abstricharbeit.** Man zieht mittelst des oben bezeichneten Streichholzes die flüssige Kruste (**Abstrich, schwarze Glätte**) jedesmal in Quantitäten von 2 Ctr. lose vom Metallbade und macht dazwischen Pausen, um ihre Bildung (das Zuschlacken) von neuem eintreten zu lassen. Das Abziehen wird dadurch erleichtert, dass man durch das Glättloch angefeuchtete Kohlenlösche in den Herd wirft, welche ein Aufblähen des Abstrichs herbeiführt, so dass er, ohne viel Werkblei mitzunehmen, leichter entfernt werden kann.

Der erste Abstrich ist schaumig schwarz, unvollkommen metallisch glänzend, dann geht er in Grau und zuletzt in Grün über und wird sehr fest, dicht und spröde. Er enthält ausser mechanisch eingehülltem Werkblei und Bleioxyd fast alle leicht oxydierbaren Metalle (Zn, Fe, Sb, As), welche im Werkblei vorhanden waren und zwar theils im oxydierten, theils im geschwefelten Zustand. Namentlich concentriert sich darin das Antimon, und wohl wegen des Schwefelgehalts auch das Kupfer und Silber mehr, als in der Glätte. Bodemann fand auch einen Wismuthgehalt von etwa 1 Prct. darin. (Bgwkfr. III, 289).

Nach Fournet bildet sich beim Weichfeuern zuerst Bleioxyd, welches die Eigenschaft hat, als den zweiten Hauptbestandtheil des Abstrichs Schwefelantimon und Schwefelarsen aufzunehmen. Letztere Verbindungen (Oxysulphurete) vermögen dann wieder Schwefelkupfer und Schwefelsilber in die Verbindung hineinzuziehen. Wird der Abstrich geröstet, so verschwindet die schwarze Farbe, indem die Schwefelungen zersetzt werden.

Sobald nun die Farbe des ersten Abstrichs in ein Grünlichbraun und die mussige Consistenz in eine zähe übergegangen ist, so sind die schwerschmelzigen Oxyde des Zinks, Eisens und Kupfers meist entfernt, und der folgende Abstrich besteht fast nur noch aus Antimon- und Bleioxyd. Je mehr sich ersteres abscheidet, um so deutlicher tritt die gelbe Farbe des reinen Bleioxyds (Glätte) hervor; die dem Abstrich eigenthümliche zähe, schlackige Beschaffenheit verschwindet und geht in einen kurzen heissgrädigen Zustand über. Die Masse fliesst nicht mehr ganz dünn bis auf die Hüttensohle hinab, sondern pflegt schon an der Ofenbrust zu erstarren. Sobald diese Erscheinungen eintreten, sieht man die Abstricharbeit als beendigt an, lässt die Temperatur sinken und das Gebläse langsamer umgehen.

6. Glättarbeit. Nach gehöriger Reinigung der Brust vom Abstrich wird in derselben mittelst eines Meissels an der Höllenseite, wo anfangs die meiste Glätte liegt, eine Rinne (Glättgasse) gemacht, deren Niveau mit dem Metallspiegel egal sein soll, so dass der Abfluss der Glätte nach dem Stillstand des Gebläses aufhört, beim Spiel desselben aber die Glätte durch die Glättgasse getrieben wird (das Schwalen).

In der Glättperiode sind nun folgende drei Punkte hauptsächlich wahrzunehmen:

a. Die Feuerung. Während des grössten Theils der Glättarbeit hält man die Temperatur so mässig als möglich, um den Verlust an Blei und Silber durch Verflüchtigung und Einziehen in den Herd zu beschränken und das Einfressen des Bleioxyds in die Glättgasse zu verhüten, wobei sehr leicht Werkblei ausfliesst. Bei zu kaltem Treiben geht der Prozess zu langsam; es entsteht silberreiche Glätte und diese wird der Gasse vom Gebläse nicht gehörig zugetrieben.

Bei dem nicht zu vermeidenden Einsaugen des Herdes von Bleioxyd fast gegen und bis zum Ende des Prozesses zeigt sich die Erscheinung des sogenannten **Herddranges** oder **Herdtrankes**. Am ganzen Umfang des Glättrandes zeigt sich ein Blasenwerfen, hauptsächlich von der entweichenden Kohlensäure und Feuchtigkeit des Herdmaterials herbeigeführt. Mit kleiner werdender Peripherie rückt diese Erscheinung dem Mittelpunkt immer näher, und man sucht dann das Blicken so lange zu verzögern, bis der Herddrang aufgehört hat oder, wie man sagt, bis zugegangen ist. Eine zu heftige Gasentwicklung deutet auf eine zu hohe Temperatur, oder sie kann auch hervortreten, wenn die Fugen zwischen den Barnsteinen des Steinherdes sich mit Mergel zugesetzt haben, so dass der Wasserdampf nicht nach unten entweichen kann. Bei zu starkem Blasenwerfen, womit ein starkes Einsaugen von Bleioxyd verbunden ist, legt man wohl die Glättgasse etwas zu, um hinreichend Glätte anzusammeln und ein Ausfliessen von Silberkörnern zu vermeiden.

Im Allgemeinen muss zu Anfang der Glättbildung stark, nach Beginn des Treibens schwächer und zuletzt wieder stärker gefeuert werden, weil wegen der Concentration des Silbers und der fortschreitenden Verringerung des Bleies das Metall immer strengflüssiger und der Ofenraum grösser wird. Zur Beurtheilung der richtigen Temperatur im Ofen dienen die Farbe und der Flüssigkeitsgrad der Glätte. Die Temperatur ist zu niedrig, und es muss eingeschürt werden, wenn die Glätte mit brauner Farbe träge ausfliesst und in abgerissenen Partien auf die Hüttensohle gelangt. Bei weisser Farbe, lebhaftem raschen Ausströmen und bedeutendem Rauch über dem Metallbade ist die Temperatur zu hoch.

b. **Die Windführung.** Beim Beginn der Glättperiode dreht man die Blätter so, dass der Wind aus beiden Kannen nach entgegengesetzter Richtung bläst und so die Glätte von zwei Seiten der Gasse zuführt. Diese lässt man vor der Ofenbrust auf der mit eisernen Platten belegten Hüttensohle sich in Klumpen (**Bruststücken, Batzen**) von 24—30 Ctr. Gewicht ansammeln, die dann mittelst eines Hebels an die Seite geschafft werden. Nachdem 4 solcher Batzen erfolgt sind, ändert man die Richtung der Windströme in der Weise ab, dass sie sich hinter der Spur kreuzen.

In der Abstrichsperiode findet etwa ein 10maliger, bei Eintritt der Glättperiode ein 5maliger, in der Glättperiode ein 7maliger und kurz vor dem Blicken ein 8maliger Balgwechsel pro Minute statt.

c. Die Führung der Glättgasse. Die Glätte bedeckt im Anfang das ganze Treiben. Das allmälige Ablassen derselben durch die Glättgasse muss mit der Vorsicht geschehen, dass das Metallbad nie ganz davon entblösst wird, sondern stets ein Glättrand bleibt von etwa $1\frac{1}{2}'$ Breite. Diesen hat der Arbeiter sorgfältig zu beobachten. Wird er zu klein, so läuft leicht Werkblei mit aus und er muss durch verstärkten Gebläsewechsel vergrössert werden; häuft er sich zu stark an, so geht der Prozess zu langsam, die Temperatur muss auf Kosten von Brennmaterialaufwand und Metallverflüchtigung gesteigert werden, um die Glätte flüssig zu erhalten, und es bildet sich ein stark mit Bleioxyd imprägnierter Herd. Sollten bei zu tief ausgeschnittener Glättgasse Werke mit auslaufen (es geht unrein), so muss sofort ein Damm von frischem angemengten Mergel und von entsprechender Höhe in die Gasse gesetzt werden.

Während der Bildung der drei ersten Batzen befindet sich die Glättegasse an der Höllenseite; hierauf wird sie aber an der Windofenseite ausgeschnitten, so dass ihre Richtung gerade nach der Silberspur führt. Ist zu viel Glätte auf dem Treiben, so macht man wohl eine Zeit lang noch eine zweite Glättgasse auf.

Sobald die Glätte so weit abgelaufen ist, dass sie die Oberfläche des Silberkuchens nicht gehörig mehr bedecken kann, sondern nur einen netzartigen, beweglichen Ueberzug darauf bildet, zwischen dem das Silber bald hier, bald dort mit seinem bedeutenden Glanze durchblickt (das Blumen), so gibt dies eine Andeutung, dass die Periode des Blickens bevorsteht.

7. Das Blicken. Die Glättaugen werden immer grösser, endlich zerreisst das Netz und fällt bei der convexen Oberfläche

des Silbers dem Rande desselben unter Erzeugung eines hellen Scheines (Silberblick) zu.

Das Blicken findet bei keinem bestimmten Verhältnis von Blei und Silber statt, sondern hängt hauptsächlich von der Temperatur ab. Beim Mergelherde steht das Silber länger auf dem Blick, als bei dem frühern Aschenherde, und wird in Folge dessen feiner.

Nach dem Blicken wird das Gebläse abgestellt, die Windofenthür geöffnet, die Gasse zugelegt, das Silber durch zwei Eimer heisses und vier Eimer kaltes Wasser, welches mittelst eines hölzernen Gerennes auf den Herd geleitet wird, abgekühlt, mit dem Silbermeissel vom Herde abgelöst, aus dem Ofen gezogen, mit dem Silberhammer gereinigt, abgewaschen, getrocknet und gewogen. Ein Blick wiegt 40—60 Mark.

Auf einigen Hütten, z. B. zu Tarnowitz (Erdm. J. f. ök. u. techn. Ch. XV, 264) setzt man das Abtreiben nicht bis zum Blicken des Silbers, sondern nur bis zu einer gewissen Concentration der Werke (Armtreiben) fort, zapft sie dann durchs Glättloch ab und stellt mit den concentrierten Werken ein Haupttreiben (Reichtreiben) bis zum wirklichen Blick an. Man pflegt dieses Verfahren besonders bei silberarmen Werken anzuwenden, wo dann die beim Armtreiben resultierende Glätte und Herd keiner Silberextraction weiter bedürfen, während die Producte vom Reichtreiben wieder zur Entsilberung kommen.

8. **Das Ausbrechen des Herdes.** Nachdem der Treibofen bei abgehobener Kuppel erkaltet ist, untersucht man den Herd auf Silberwurzeln und Silberkörner, zerschlägt ihn mit Fäusteln und hebt ihn mit Keilhauen aus. Die oberste mit Bleioxyd imprägnierte Kruste von 2—3″ Stärke hat eine strahlige Textur, grosse Dichtigkeit und Härte und kommt auf die Schliegund Steinschichten; die darunter liegende, wenig Bleioxyd haltende Schicht (Herdmergel) ist leicht zerreiblich, sandig, mager und wird beim nächsten Herdschlagen theilweise wieder benutzt, theilweise im Krätzpochwerk einer Siebsetz- und Wascharbeit zur Ausscheidung etwa noch eingeschlossener Silbertheilchen unterworfen.

Producte der Treibarbeit. Es resultieren bei der beschriebenen Treibarbeit folgende Producte:

1. **Blicksilber**, ein noch unreines, brüchiges, vorzüglich Blei, Kupfer und Antimon haltiges Silber mit einem Feingehalt von 14 Lth. 14½ Grän bis 14 Lth. 15½ Grän à Mark. Wird feingebrannt. Zuweilen entstehen im Blicksilber Höhlungen, die zur Bildung octaedrischer Krystalle Veranlassung geben.*)

2. **Glätte**, welche je nach dem Stadium des Treibens, worin sie gefallen ist, ein verschiedenes Verhalten zeigt. Man unterscheidet

a. **die erste, unreine, kupfrige Glätte**, welche sich wegen ihrer Unreinheit weder zum Verkauf, noch zu Darstellung von Frischblei eignet. Sie heisst auch wohl schwarze Glätte, ist mit dem letzten Abstrich fast identisch und geht wieder in die Schmelzarbeiten zurück. Diese erste Glätte hat gewöhnlich eine bräunliche oder grüne Farbe, welche hauptsächlich von einem Eisen- und Kupfergehalt herrührt, daher auch wohl der Name **kupferige Glätte** dafür.

---

*) Im Allgemeinen zeigen die bei metallurgischen Prozessen dargestellten Metalle weit weniger Krystallisationstendenz als ihre Verbindungen mit Erz- und Salzbildern, am meisten aber die Silicate und Salze. Die metallischen Krystallformen erreichen nie eine bedeutende Grösse und sind häufig mehr krystalloidische Gebilde, als eigentliche Krystalle. Von den Metallen krystallisieren Au, Ag, Cu, Pb tesseral, Sn tetragonal, Sb, As, Fe, Bi, Os, Ir, Pd rhomboedrisch (Erdm. J. f. pract. Ch. XLIX, 159), Zn ist dimorph, nämlich nach Nöggerath hexagonal, nach Niclès tesseral (Erdm. a. a. O. LI, 168). — Ihrer Hämmerbarkeit nach lassen sich die Metalle in folgender Reihe aufstellen: Au, Ag, Cu, Sn, Pt, Pb, Zn, Fe, Ni; ihrer Ziehbarkeit nach: Au, Ag, Pt, Fe, Cu, Zn, Sn, Pb, Ni; ihrer Härte nach: Stahl hart gezogen 100, Fe desgl. 88, Messing desgl. 77, Au 14karätig und ausgeglüht 73, Stahl ausgeglüht 65, Cu hart gezogen 58, Ag 12löthig ausgeglüht 58, desgl. 14löthig 54, Messing ausgeglüht 46, Fe ausgeglüht 42, Pt desgl. 38, Cu desgl. 38, Ag feines und ausgeglüht 37, Zn 34, Au fein und ausgeglüht 27, Sn 11, Pb 4. — Nach Baudrimont (Dingl. CXVIII, 155) wechselt die Zähigkeit der Metalle mit der Temperatur, und zwar nimmt sie in der Regel mit steigender Temperatur ab. Für Ag nimmt sie schneller ab, als die Temperatur, für Cu, Au, Pt und Pd weniger schnell als die Temperatur; Schmiedeeisen zeigt bei $+80°$ R. eine schwächere Zähigkeit, als bei $0°$, aber bei $160°$ R. eine grössere, als bei $80°$ R.

Dem Ausfall der Treibarbeit zufolge scheint die Verwandtschaft des Bleis und Kupfers zum Sauerstoff fast gleich gross zu sein, da sich vom Anfang bis zu Ende stets ein, wenn auch immer geringer werdender Kupfergehalt in der Glätte zeigt, wodurch dieselbe zwar dünnflüssiger, aber auch strengflüssiger wird.

Umgekehrt gilt es nun als Erfahrung, dass Kupfer zum Sauerstoff weniger verwandt ist, als Blei, was besonders Berthier dadurch nachgewiesen hat, dass Kupferoxydul beim Zusammenschmelzen mit Blei letzteres oxydierte. Diesen paradox scheinenden Thatsachen liegt das folgende Gesetz zum Grunde:

beim Zusammenschmelzen eines unedlen Metalles (z. B. Kupfer) mit dem Oxyde eines andern dieser Metalle (z. B. Blei) erfolgt stets wenigstens eine theilweise Oxydation des ersteren; und die relative Menge des gebildeten Oxyds ist abhängig einmal von der relativen Menge des angewandten Oxyds, dann von dem Grade, in welchem sich das Metall electropositiv zum Oxyde und umgekehrt das Oxyd electronegativ zum Metall verhält. (Dingl. XXII, 266).

Hiernach kann Kupferoxydul Blei und umgekehrt Bleioxyd Kupfer oxydieren, je nachdem eins der beiden Oxyde in bedeutenderem Ueberschuss vorhanden ist.

b. Arme Glätte, Kauf- oder Frischglätte. Sie bildet sich nach dem Aufhören der unreinen, und sieht anfangs im Batzen gelb aus. Sobald dieser erkaltet, springt er in allen Richtungen auf und es bildet sich in den Spaltungen ein rothes, schuppiges, leicht zerreibliches Product (rothe Glätte, Goldglätte), während die rasch erstarrte Kruste ihre Farbe und Cohäsion behält (gelbe Glätte, Silberglätte).

Man glaubte früher, dass die rothe Glätte neben Bleioxyd noch eine höhere Oxydationsstufe des Bleies, die Mennige, enthalte, allein auf analytischem Wege erhielt man kein dieser Annahme entsprechendes Resultat. Schon Fournet (Erdm. J. f. ök. u. techn. Ch. I, 53) beobachtete, dass bei plötzlicher Abkühlung flüssiger Glätte im Wasser Gasblasen entweichen, die er für Sauerstoff hielt. Erst neuerdings hat Leblanc (Dingl. XCVIII, 34) mit Gewisheit dargethan, dass reine Glätte, ähnlich wie geschmolzenes Silber und Kupfer, in flüssigem Zustande bis $90\tfrac{0}{0}$ Sauerstoff aus der Luft absorbiert und diesen beim Erkalten wieder fahren lässt. Indem er nun aus dem äusserlich erstarrten Glättebatzen entweicht, entstehen Spalten, und die Wände derselben werden von dem Sauerstoff auf rein mechanische Weise in obige zerreibliche Masse umgewandelt, wonach gelbe und rothe Glätte als ein und dieselbe chemische Verbindung in einer isomeren Modification, durch Structur und Farbe verschieden, zu betrachten ist, ähnlich wie die glasige und amorphe arsenige Säure, das rothe und gelbe Quecksilberjodid.

Kupferhaltige grüne Glätte absorbiert weit weniger Sauerstoff, als reine und liefert demgemäss auch geringere Mengen rother Glätte.

Die rothe Glätte eignet sich wegen ihrer feinen mechanischen Vertheilung nicht zur Reduction, dagegen wegen ihrer Reinheit und ihres Aggregatzustandes ganz besonders zum Verkauf, wird daher auch wohl Kaufglätte genannt.

Ihre Bildung soll auf Rheinischen Hütten dadurch befördert werden, dass man die flüssige Glätte aus dem Glättloch in hohe Cylinder von Eisenblech laufen und hierin erstarren lässt, wobei, indem der Sauerstoff die ganze Glättmasse nach oben durchdringen muss, reichlichere Spalten entstehen. — Zu Przibram wendet man statt der Cylinder hohe eiserne Kästen an, welche aus zwei verticalen Hälften bestehen, die während des Einfliessens der Glätte durch Haken zusammengehalten, nach dem Erkalten der Glätte aber von einander abgezogen werden.

Die gelbe in zusammenhängenden geflossenen Stücken erhaltene Glätte eignet sich wegen ihrer Consistenz besser zum Frischen, daher ihr Name Frischglätte. Sie wird zuweilen in Rhombenoctaedern oder Rhombendodekaedern krystallisiert erhalten. (Erdm. J. f. pract. Ch. III, 217; XIX, 451).

Der Werth der Glätte hängt hauptsächlich von ihrem Kupfergehalte ab. Am reinsten sind die Glätten von Schlieg- und Rauchwerken, kupferreicher die von den Steinwerken. Während aber die Werke von dem ersten Steindurchstechen noch rothe Kaufglätte liefern, so resultiert beim zweiten bis vierten Durchstechen eine unreinere kupferreiche Glätte, welche nur zum Verfrischen genommen wird.

Schlieg- und Rauchglätte halten gegen 90 $\tfrac{3}{3}$ Blei und 0,062—0,125 Lth. Silber, Steinglätte 89—90 $\tfrac{3}{3}$ Blei und 0,012—0,125 Lth. Silber.

c. Letzte, reiche Glätte. Bei abnehmendem Treiben nimmt der Silbergehalt in der Glätte zu und kann gegen das Ende 1—3 Lth. betragen, theils von Silberoxyd, theils (bei schlechtem Gange der Arbeit) von eingemengten Werktheilchen herrühren. Sie wird deshalb weder in den Handel gegeben, noch verfrischt, sondern bei den Schmelzarbeiten unter dem

Namen Vorschläge mit 86—90 Prct. Blei und 0,062—0,75 Lth. Silber zugeschlagen.

3. **Abstrich**, besteht im Wesentlichen aus PbO, gemengt mit 3Pb O, Sb O^5; Pb O, S O^3; Cu O; Ag O; Fe^2 O^3 und hält nach der dokimastischen Probe 80—86 Pfd, Hartblei und 0,062 —0,125 Lth. Ag; eine von Rammelsberg untersuchte Probe hielt 13,89 Prct. Sb. Der unreine schaumige Abstrich vom Anfang, so wie auch der antimonarme vom Ende der Arbeit kommt auf die Schliegschichten; der grünlich schwarze, dichte, spröde von der Mitte der Arbeit wird auf Hartblei benutzt. Es ist zweckmässiger, den Abstrich beim Schliegschmelzen, als beim Steindurchstechen zuzuschlagen, weil im letzteren Falle demnächst ein antimonreicheres Kupfer aus den Kupfersteinen erfolgt.

Analysen verschiedener Abzug- und Abstrichsorten.

	I.	II.	III.	IV.	V.	VI.	VII.	VIII.	IX.	X.	XI.
Pb O ...	35,1	63,6	84,4	68,0	82,0	95,5	67,6	88,8	89,2	53,1	89,5
Sb O^5 ..	4,8	28,6	9,0	14,0	17,6	—	—	—	—	0,5	—
Cu O ...	4,6	—	0,8	Spur	—	0,5	0,4	—	—	1,1	0,2
Fe^2 O^3 ..	5,4	—	—	4,0	—	0,3	4,4	—	0,6	5,4	2,6
Zn O ...	5,0	7,0	5,2	—	—	1,1	0,2	—	—	4,6	1,5
As O^5 ..	—	—	—	—	—	2,3	19,7	6,2	5,8	3,0	0,7
S	6,8	—	—	—	0,4	—	0,3	—	—	—	—
Si O^3 ...	5,8	1,6	—		—	—	—			—	—
Al^2 O^3 ..	0,8	—	—	14,0	—	—	7,6	5,0	4,4	—	—
Ca O ...	0,7	—	—		—	—	—			—	—
Pb	32,4	—	—	—	—	—	—	—	—	23,0	—
C	—	—	—	—	—	—	—	—	—	5,6	—
	101,4	100,8	99,4	100,0	100,0	99,7	100,2	100,0	100,0	98,3	94,5

I. Abzug von Poullaouen. — II. Erster Abstrich ebend. — III. Letzter Abstrich ebend. — IV. Zweiter Abstrich von Holzappel. — V. Gewöhnlicher Abstrich von Villefort. — VI. Abstrich von Freiberg. — VII. Erster Abstrich von Katzenthal. — VIII. Letzter Abstrich ebend. — IX. Gewöhnlicher Abstrich von Pontgibaud. — X. Abzug ebend. — XI. Abstrich ebend. — (I—IX. aus Berthiers Probkst., Deutsch von Kersten II, 654; X. und XI. aus berg- u. hüttenm. Ztg. 1851. p. 377).

4. **Herd**, von Pb O durchdrungene Mergelmasse mit 66—74 Pfd. Pb und 0,5—2,25 Lth. Ag. Kommt wieder auf die Schichten beim Schlieg- und Steinschmelzen.

5. **Treibrauch**, im Wesentlichen Pb O, C O^2 mit Pb O; 3Pb O, Sb O^5; Pb O, Si O^3 und Aschentheilen. Geht unbenutzt in die Esse.

Analysen verschiedener Arten von Bleirauch.

	Treibherd				Flammofen				Schachtofen					
	I.	II.	III.	IV.	V.	VI.	VII.	VIII.	IX.	X.	XI.	XII.	XIII.	XIV.
PbO	88,2	40,0	71,2	48,3	11,0	—	10,2	42,6	27,9	10,0	66,5	3,7	1,5	80,1
PbO, SO^3	9,0	20,0	)	—	60,0	39,0	65,6	39,0	13,0	47,0	—	13,0	—	9,0
AsO^5	0,3	3,0	17,8	14,4	2,0	—	—	—	2,1	—	—	—	—	4,1
SbO^3	4,4	—		3,9	—	—	—	—	—	—	—	—	—	—
Fe^2O^3	—	—	—	—	12,0	—	3,4	—	—	—	—	3,0	13,0	—
ZnO	—	—	—	25,7	15,0	2,7	13,8	—	49,5	10,0	12,0	3,1	95,0	—
BiO	—	—	—	0,5	—	—	—	—	—	—	—	—	—	—
S	—	—	—	—	—	—	—	—	—	—	—	8,9	—	—
SO^3	—	—	—	—	—	—	—	—	—	—	17,0	—	—	—
AsO^3	—	—	—	—	1,5	—	—	—	—	—	1,1	1,5	—	—
PbO, CO^2	—	—	—	—	35,0	—	—	—	—	—	—	—	—	—
ZnO, SO^3	—	—	—	—	2,3	—	—	—	—	—	—	—	—	—
PbS	—	—	—	—	4,5	—	—	—	—	—	—	—	—	—
SiO^3 u.Thon	3,4	20,0	4,6	—	—	13,2	7,0	17,4	—	33,0	—	—	1,5	4,9
CaO, CO^2	3,7	17,0		—	—	—	—	—	—	—	—	—	—	2,8
CO^2	—	—	5,0	4,5	—	—	—	7,0	—	—	—	—	—	—
Pb	—	—	—	—	—	—	—	—	—	—	—	55,0	—	—
	100,0	100,0	98,6	97,3	100,0	98,2	100,0	99,0	99,5	100,0	99,6	98,2	98,0	100,0

I. Treibrauch von Pontgibaud vom Gewölbe bei der Glättgasse. — II. Desgl. aus dem Innern des Ofens. — III. Treibrauch von Villefort. — IV. Treibrauch von Freiberg. — V. Bleierzrösterauch von Pontgibaud. — VI. Desgl. nach Rivot. — VII. Bleierzrösterauch von Alstonmoore. — VIII. Bleirauch von Conflans. — IX. Flugstaub von den Halbhohöfen zur Muldner Hütte bei Freiberg. — X. Absätze an dem äusseren Theile der Krummöfen zu Pontgibaud. — XI. Hüttenrauch vom Gewölbe der ersten Verdichtungskammer zu Pontgibaud. — XII. Desgl. aus der Ventilatorkammer ebend. — XIII. Sublimat von der Vorwand der Halbhohöfen zu Halsbrücke bei Freiberg. — XIV. Desgl. von Pontgibaud. — (VI, XI. u. XII. aus berg- u. hüttenm. Ztg. 1851. p. 326 u. 344; die übrigen Analysen aus Berthiers Probkst., Deutsch von Kersten. II, 656).

6. Brennmaterialasche, wird ausgelaugt, die Lauge zur Trockne gedampft, die hierbei erhaltene rohe Pottasche gewöhnlich mit roher Russischer Pottasche gemeinschaftlich calciniert und zum Probieren verwandt. Es resultieren jährlich etwa 8 Ctr. Pottasche.

Auf 1 Treiben von 180 Ctr. gehen 30 Himten à 1¼ Cbf. *Treibausweis.* frischer und 12 Himten alter Mergel, 11 Schock Waasen und 32 Stunden Zeit, nämlich 3 St. zum Herdmachen, 3 St. zum Einfeuern, 2 St. z. Weichfeuern, 2 St. zur Abstrichbildung, und

22 St. z. Glättbildung. Es erfolgen dabei 40—60 Mk. Blicksilber, 120 Ctr. Glätte, 22 Ctr. Vorschläge, 18 Ctr. Abstrich und 24 Ctr. Herd.

Es kommen jährlich bei einem Aufwand von etwa 11,000 Himten Mergel und 4200 Schock Waasen an 63,000 Ctr. Werkblei zum Vertreiben, welche 20,000 Mk. Blicksilber oder 18,600 Mk. Brandsilber und 42,000 Ctr. Glätte liefern. Es gehen zur gegenseitigen Controle gleichzeitig immer 2 Treiben mit derselben Sorte Werkblei, und der dabei gestattete Silberausfall darf nicht auf ein Treiben 1 Mk. 7 Lth. betragen, ohne dass die Arbeiter gestraft werden. Zu jedem Ofen gehören 2 Treiber und 2 Schürknechte, von welchen 1 Treiber und 1 Schürknecht das Herdschlagen besorgen und sämmtlichen Abstrich nebst einem Theile der Glätte holen, dann aber nach 15 Stunden von den beiden andern abgelöst werden, welche das Treiben zu Ende bringen. Sie erhalten pro Centner vertriebener Werke 1 Ggr. 2½ Pf. in dem Verhältnis von ⅔ : ⅓.

Zur Altenauer Hütte erfolgen jährlich von 40,680 Ctr. vertriebenen Werken 10,700 Mk. Blicksilber, 30,516 Ctr. Glätte, 6853 Ctr. Herd, 2380 Ctr. Vorschläge, 2116 Ctr. gelber und 1003 Ctr. schwarzer Abstrich. Hiervon kommen sämmtliche Vorschläge, Herd und gelber Abstrich, in Summa 11,349 Ctr. auf die Beschickungsschichten und der schwarze Abstrich zur Hartbleifabrikation. Werden nun in einem Jahre 1400 Schlieg-, 950 Stein- und 160 Rauchschichten gemacht, so kommen auf jede Schliegschicht etwa 2 Ctr. Vorschläge und 1—1¼ Ctr. Abstrich, auf jede Steinschicht 7--7½ Ctr. Herd und auf jede Rauchschicht ½--1 Ctr. Abstrich und 2 Ctr. Herd. Bei den gewöhnlichen beweglichen Hauben braucht man auf ein Treiben von 200 Ctr. 11--13 Schock Waasen, bei gemauerten Kuppeln 13--15 Schock.

Metallverluste beim Treiben.

Silberverlust entsteht beim Treiben

a. durch Verflüchtigung von Silber, indem es sich dampfförmig erhebt und im oxydierten Zustande als rother Rauch absetzt, wie zuweilen in den Andreasberger Treiböfen. (Löthrohrverhalten).

b. dadurch, dass sich Silberoxyd bildet, und dieses in Glätte und Herd übergeht, woraus es nur theilweise wieder gewonnen werden kann.

Nach Fournet wird Silber vom Bleioxyd oxydiert und verharrt mit diesem in Berührung im Oxydationszustande, während freies Silberoxyd sich schon beim gelinden Erhitzen zerlegt. Mit Ammoniak lässt sich der Silbergehalt aus der Glätte völlig ausziehn, was beweist, dass das Silber als Oxyd vorhanden und nicht von mechanisch beigemengtem Werkblei herrührt, wogegen auch der meist constante Silbergehalt der Glätten spricht.

Bleiverlust entsteht durch. Verflüchtigung des Bleies und zwar

a. unmittelbar, indem dasselbe während des Treibens bei gleichzeitig vorhandener hoher Temperatur und Gebläseluft verdampft.

Nach Fournet (Erdm. J. f. pract. Ch. II, 478) verflüchtigt sich metallisches Blei leichter, als Bleioxyd; Bleiglanz schmilzt schwerer, als metallisches Blei, ist aber flüchtiger. Man hat früher (Lamp. Httkde. II. Thl. 2. Bd. p. 235) und auch neuerdings Versuche auf Clausthaler Hütte angestellt, den Treibrauch durch Flugstaubkammern oder durch Wasser zu condensieren, allein er wollte sich in demselben nicht niederschlagen. — In Folge der grossen Wichtigkeit dieses Gegenstandes sind jedoch in neuerer Zeit solche Condensationsvorrichtungen verschiedentlich empfohlen und sollen auch auf Französischen und Englischen Hütten (Lamp. Fortschr. 1839. p. 87) mit gutem Erfolg angewandt sein. Sie sind gewöhnlich so eingerichtet, dass man den mittelst eines Ventilators angesogenen Treibrauch durch Kanäle leitet, die durch tröpfelndes Wasser nass erhalten werden und vortheilhaft mit porösen Koks angefüllt sind (Bgwkfr. VIII, 175; XI, 290. — Dingl. CXII, 206). — Richardson wendet (Dingl. CXII, 204) während des Verdichtens der Metalldämpfe zur Erhaltung des erforderlichen Zuges Wasserdämpfe an, und es, dienen dieselben nach einer Mittheilung des Professors Ebr.dt auch auf der Hütte zu Pontgibaud (Bergm. hüttenm. Ztg. 1851, p. 292) mit gutem Erfolg direct zur Condensation der Bleidämpfe. Ein langer Kanal steht nämlich hier an dem einen Ende mit dem Blechloch, an dem andern mit einer Kammer in Verbindung, in welcher sich ein Ventilator befindet und von deren Decke kaltes Wasser in feinen Strahlen herabtröpfelt. Durch den Ventilator werden die Bleidämpfe in den Kanal gesogen, vermischen sich hier mit eingespritztem Wasserdampf und condensieren sich gleichzeitig mit diesem in der Kammer. Beim Hindurchbleiten durch communicierende Sümpfe setzt sich der Bleirauch aus dem Wasser ab. — Rienecker hat zur Victor Friedrichshütte den Treibrauch zum Brennen und Glasieren von Thonwaaren verwandt. (Bgwkfr. XI, 617). Neuerdings wird derselbe durch 4 Züge aus dem Treibofen in eine mit einem Schieber versehene Esse geleitet, und man will mittelst dieser Vorrichtung, so wie dadurch, dass man das Glättloch bis auf eine schmale Spalte mit Steinen lose zulegt, einen geringeren Bleiverlust erzielt haben.

b. Mittelbar bei der Reduction der Glätte und des Herdes, wobei aber Flugstaubkammern von grossem Nutzen sind.

Zur Altenauer Hütte ist der Metallverlust bei Treiben von 200 Ctr. zu 5,25—8,55 Proc., wie aus der folgenden Tabelle hervorgeht, in den Jahren 1844 und 1845 ermittelt.

Vertriebene Werke vom	Vorgewogene Werke	Erfolg an								Summa Metallgehalt des Erfolgs incl. Silber	Verlust in Prct.
		Blicksilber		Vorschlägen		Glätte		Herd		Abstrich			
					Bleigehalt		Bleigehalt		Bleigehalt		Bleigehalt		
	Ctr	Mk.	Lt.	Ctr	℔	Ctr	℔	Ctr	℔	Ctr	℔	Ctr	
Schliegschmelzen	2000	601	—	151	89	1515	91	360	65	157	80	1875,65	6,21
1sten ⎫ Stein-	2000	708	8	167	90	1485	91	355	64	152	81	1855,51	7,22
2ten ⎬ durch-	2000	713	9	157	89	1508	91	358	66	144	78	1864,18	6,79
3. u. 4. ⎭ stechen	2000	698	5	161	88	1496	90	342	67	137	79	1828,94	8,55
Rauchschmelzen	2000	532	12	147	88	1473	89	342	66	193	83	1828,90	8,55
Abstrichsaigern	800	56	—	43	89	635	91	140	67	42	78	742,96	7,13
Kupfersaigern	4893	823	12	220	89	4198	90	879	64	116	82	4635,81	5,25
Summa	15693	4133	14	1046	—	12310	—	2776	—	941	—	1469,14	—

Auf den Freiberger Hütten beträgt der Bleiverlust beim Abtreiben nach Winkler etwa 8 ℔, der Silberverlust ¼—½ ℔; nach neuern Erfahrungen der Bleiverlust 7 ℔ und der Silberverlust 0,46 ℔; zur Victor Friedrichs Silberhütte im Anhaltschen der Bleiverlust 5 ℔.

Anhang zu D.

Versuche zur Clausthaler und Altenauer Hütte, den Silbergehalt im Werkblei nach Pattinsons Krystallisirmethode anzureichern.

Lampadius Versuche. Es ist eine längst bekannte hüttenmännische Erfahrung, dass der Silber- und Goldgehalt mancher Hüttenproducte von ein und demselben Abstich abweichend ausfällt, je nachdem man nach der Erkaltung an verschiedenen Stellen Aushiebe macht. Dieses Verhalten bewog schon Lampadius (Erdm. J. f. ök. u. techn. Ch. IV, 92), zu versuchen, ob sich für das Metallausbringen oder für die Metallscheidung aus solcher Trennung der Massen nach ihrem specifischen Gewichte Nutzen ziehen lasse. Bei Schwefelungen (Steinen) liess sich keine Absonderung der verschiedenen Schwefelmetalle nach dem specifischem Gewichte wahrnehmen, wohl aber fiel bei Freiberger Werkblei der Silbergehalt in den unteren Theilen immer höher aus, als in den oberen. Da man nun wegen des geringern specifischen Gewichts des Silbers im Vergleich zum Blei schliessen musste, dass das umgekehrte Verhalten hätte eintreten sollen, so kam man auf die Vermuthung, dass wohl der Antimon-, Zink- und Arsengehalt, welcher immer einige Procente im Freiberger Werkblei ausmacht, den Silbergehalt in dem flüssigen

Blei herabdrücke, weil diese Metalle als die specifisch leichteren nach oben hin gehen werden. Es ist hiermit auch das von den Probierern häufig gefundene Resultat, dass der Silbergehalt am Boden stets am grössten ist, durch die Unreinheit des Werkbleies herbeigeführt.

Im Jahre 1833 nahm Pattison ein Patent auf eine neue Methode, *Pattisons Methode*, das Silber im silberhaltigen Blei zu concentriren, welche dann von Le Play bekannt gemacht wurde. (Dingl. LXIV, 144; LXV, 386. — Bgwkfr. I, 281; IV, 150.)

Sie beruht darauf, dass sich aus reinen Legierungen von Silber und Blei, wenn man sie in eisernen Kesseln einschmilzt und unter stetem Umrühren erkalten lässt, sich bei einer gewissen Temperatur Krystalle (Octaeder) von Blei zu Boden setzen, welche weit silberärmer sind, als der flüssig gebliebene Theil, die Mutterlauge.

Die Krystalle werden mit einem durchlöcherten eisernen Löffel ausgeschöpft und durch Wiederholung des Prozesses damit so weit entsilbert, bis silberarmes verkäufliches Blei in Krystallen und angereichertes treibwürdiges Werkblei erfolgt.

Die Vortheile eines solchen Verfahrens im Vergleich mit dem unmittelbaren Abtreiben bestehen hauptsächlich in einem verminderten Brennmaterialaufwand und Bleiverlust, dagegen lässt sich dasselbe aber nur auf armes und gleichzeitig reines Werkblei vortheilhaft anwenden.

Der Silbergehalt des Werkbleies darf nicht viel über 1 Lth. betragen, weil sonst die Kosten für Arbeitslöhne und Brennmaterial steigen, und der Prozess bedeutend in die Länge gezogen wird durch die erforderliche wiederholte Affination des auskrystallisierten Bleies, bevor ein verkäufliches Product entsteht. Aus diesem Grunde fielen die am Oberharze in dieser Beziehung mit 4—5löthigem Werkblei angestellten Versuche ungünstig aus, während anderwärts Blei mit ½—1 Lth. Silbergehalt sehr vortheilhaft affinirt wird.

Oberharzer Frischblei mit ¼—½ Lth. Silber gab bessere Resultate als Werkblei.

Bei unreinen Werken tritt das vorhin bei Lampadius Versuchen angegebene Verhalten ein, dass sich das Silber mehr zu Boden begibt; und dies mag auch mit der Grund sein, weshalb bei Anwendung der kupfer- und antimonhaltigen Oberharzer Werkbleie die erfolgenden Bleikrystalle einen verhältnismässig hohen Silbergehalt zeigten.

In Marseille macht man silberarmes, aber unreines Blei dadurch zur Affination tauglich, dass man 50—60 Ctr. in einem Flammofen, der an beiden langen Seiten eine Rostfeuerung hat, bei sehr niedriger, nicht bis zur Rothgluth steigender Temperatur einschmilzt und je nach der Unreinheit 20—30 Stunden flüssig erhält. Dabei gehen die meisten Unreinigkeiten auf die Oberfläche, und das Blei kann davon abgelassen und der Affination übergeben werden. Bei dieser Reinigung finden jedoch 20—30 g Bleiverlust statt.

Ausserdem hängt aber auch das Gelingen des Prozesses von einer richtigen Leitung der Temperatur ab.

Dieser Affinationsprozess ist in Anwendung zu Stollberg bei Aachen, zu Newcastle (Ann. d. min. 3. Sér. XIV, 75. — Polyt. Centr. 1839. p. 597. — Hartm. Repert. II, 384) und Holywell (Russegg. Reis. IV, 495). Versuche zu Freiberg (Jahrb. f. d. Sächs. Berg- u. Hüttenm. 1839. p. 108) fielen ungünstig aus.

E. Feinbrennen des Blicksilbers.

Allgemeines. Das Feinbrennen des Blicksilbers ist ein bis zur fast vollständigen Entfernung aller oxydabeln Metalle fortgesetzter Abtreibeprozess, welcher wegen des bedeutenderen Brennmaterialaufwandes und der schwierigeren Reinigung seltner im Treibofen und in der Regel in einem mehr concentrirten Raume vorgenommen wird, indem man das Silber in ersterem nur bis zum Blick kommen lässt. In diesem Zustande enthält es noch einige Procent Unreinigkeiten, Blei, Antimon und Kupfer, welche erstere beide, so wie auch! Arsen, schon in der geringsten Menge das Silber spröde machen, während ein Kupfergehalt der Ductilität desselben äusserst wenig schadet. Zwar könnte man durch einige Minuten längeres Blicken den Feingehalt erhöhen, allein hiemit ist ein mechanischer Silberverlust wegen des zu rapiden Blasenwerfens im letzten Stadium des Treibprozesses verbunden. Auch würde sich das Silber, wenn es zu fein gemacht würde, behuf des Feinbrennens schwierig zerkleinen lassen und zum Einschmelzen einen grössern Brennmaterial- und Zeitaufwand erfordern.

Feinbrennmethoden. Es sind nun folgende Feinbrennmethoden gebräuchlich:

A. Das Feinbrennen auf beweglichen Herden oder sogenannten Testen, worunter man eiserne Schaalen (Testschaalen) oder eiserne Ringe mit Querschienen (Testringe) begreift, welche mit einem porösen feuerfesten Material als Unterlage für das zu bearbeitende Blicksilber versehen und in eine passende Vertiefung des Feinbrennherdes eingesetzt werden.

Das Einschmelzen etc. des Silbers kann geschehen:

1. vor dem Gebläse. Dieses Verfahren, zu Freiberg üblich, empfiehlt sich durch den verhältnismässig geringen Aufwand an Brennmaterial und eignet sich besonders für unreine Blicksilber, die zur Entfernung des Antimons und Arsens einer sehr kräftigen Oxydation bedürfen, wobei aber keine vollständige Feine des Silbers erforderlich ist, z. B. ein Rückhalt an Kupfer bleiben kann. Diese Operation ist jedoch schwierig zu

sollen und bei der Anwendung von Gebläseluft ist dem Silber Gelegenheit zur Verflüchtigung gegeben. *)

2. **Unter der Muffel.** Diese Methode passt für reinere Blicksilber, die durch eine grosse Menge Blei gegangen sind und auf dem Treibherde reiner geblickt haben. Zwar erfordert sie einen bedeutenderen Aufwand an Brennmaterial, indem nur die strahlende Wärme der Muffel wirkt, allein in Bezug auf die Reinlichkeit und Zweckmässigkeit lässt sie nichts zu wünschen übrig.

Auf diese Weise werden in der Clausthaler Münze sämmtliche Blicksilber der Oberharzer Hütten im Betrage von etwa 45,000 Mk. jährlich feingebrannt; desgleichen die Unterharzer Blicksilber zu Oker; zu Sala (Erdm. J. f. ök. u. techn. Ch. I, 487); zu Victor Friedrichshütte.

3. **Im Flammofen.** Die einfachste und vortheilhafteste Methode, wenn man billige Steinkohlen haben kann. In England, Tarnowitz (Erdm. J. f. ök. u. techn. Ch. XV, 277) gebräuchlich.

B. Das Feinbrennen auf unbeweglichen Herden in Flammöfen unterscheidet sich von dem Treiben nur durch die geringeren Ofendimensionen und den Umstand, dass die gebildeten Oxyde von der Herdmasse sämmtlich eingesogen werden. Zu Pontgibaud (Berg- u. hüttenm. Ztg. 1851. p. 379) hat man das Feinbrennen durch ein Umschmelzen des Blicksilbers mit Salpeter und Quarz ersetzt.

Feinbrennen unter der Muffel zur Clausthaler Münze.

In die festgestellte, mit Wasser ausgestrichene, innen oxydierte, gusseiserne Testschaale von 1′ 10″ Durchm. und 5″ Höhe wird angefeuchteter Aescher mit der Faust eingedrückt, mit einem platten bleiernen Hammer in concentrischen Kreisen festgeklopft, mit einem Messer geebnet, dann mit dem Hammer, zuletzt mit einer Mörserkeule festgestampft und 24 Stunden zum Trocknen stehen gelassen. Hierauf wird mit einem scharfen Messer eine Vertiefung von etwa 1′ Durchm. und 4″ Tiefe eingeschnitten, diese mit einem stumpfen Messer nachgeputzt, mit trocknem Aescher bestreut und mit hohlen blechernen Kugeln geglättet.

Testschlagen.

Versuche, anstatt des Aeschers Mergel zu nehmen, fielen ungünstig aus; der Prozess wurde bedeutend in die Länge gezogen und das Silber wollte nicht fein werden.

Man hat zweierlei Arten von Oefen (Taf. III, Fig. 48—52), nämlich 2 grosse a, jeder für 4 Teste und 3 kleine b, jeder für 1 Test.

Feinbrennöfen.

---

*) Ueber den Silberverlust beim Feinbrennen: Crells chem. Anal. 1784. Stck. 12; 1785. Stck. 8.

Die kleinen Brennofen sind niedrige, starkbauchige, birnförmige Schachtöfchen, vorn offen und unten an ihrer Peripherie zu beiden Seiten und hinten mit Zugöffnungen d von $1\frac{1}{2}-2''$ Durchm. versehen. Die Zuglöcher an der Hinterseite stehen mit einem Hauptkanal c von $4''$ Weite in Verbindung, der hinter sämmtlichen Oefen, die auf einem $3'$ $6''$ hohen gemauerten Unterbau stehen, durchgeht. Die Zuglöcher an der Seite communicieren mit in dem Unterbau angebrachten vertikalen Spalten f, durch deren mehr oder wenigeres Verschliessen man den Zug regelt. $1'$ $2''$ von der Vorderseite des Schachts nach hinten zu befindet sich am Boden ein $2\frac{1}{2}''$ tiefer Absatz, vor welchem demnächst der Test niedergesetzt wird.

Es stehen drei solcher kleinen durch Mauern getrennten Oefen neben einander, und zu beiden Seiten derselben befindet sich ein grosser, welcher ganz dieselbe Einrichtung hat, nur dass wegen der fehlenden Zwischenmauern seine Weite bedeutend grösser ist. An der Hinterwand desselben befinden sich 4 Zuglöcher d. Man hat damit eine Brennmaterialersparung bezwecken wollen, welche jährlich 10—20 Karren beträgt. Die grossen Oefen strahlen aber ungleich mehr Hitze aus, als die kleinen, wodurch die Arbeit viel beschwerlicher wird.

Die Dimensionen der Feinbrennöfen sind folgende:

	Kleine	Grosse
	Oefen	
Höhe an der Vorwand ...	$1'$ $9''$	$1'$ $9''$
- - - Hinterwand ..	$1'$ $11''$	$1'$ $11''$
Weite unten	$1'$ $9''$	$5'$ $10''$
Weite oben	— $10''$	$5'$ $2''$
Tiefe bis zum Absatz	$1'$ $2''$	$1'$ $2''$
Ganze Tiefe unten	$3'$ $4''$	$3'$ $4''$
- - oben	$2'$ $5''$	$2'$ $5''$
Höhe des Unterbaues	$3'$ $6''$	$3'$ $6''$

Zustellung des Ofens. Die getrockneten Teste werden zunächst mittelst Asche und kleiner Kohlen fest und bei Zuhülfenahme einer Setzwage horizontal in den Ofen eingesetzt und dann mit Muffeln überdeckt. Diese sind mit Zuglöchern versehen, welche sehr zweckmässig mit zerbrochenen Muffelstücken lose zugelegt werden, damit keine Kohlen hindurch aufs Metallbad fallen.

Hierauf wird die offene Vorderseite des Ofens mit Barnsteinen lose vermauert bis auf eine mit der Muffelmündung communicirende Oeffnung, durch welche das erwärmte und zerschlagene Blicksilber in Posten von höchstens 90 Mk. eingetragen wird. Die Grösse der Posten richtet sich nach der Grösse der Blicksilberlieferung; die kleinsten Teste fassen 55 Mk., die oben bezeichneten grossen höchstens 90 Mk.

Nach dem Einsetzen des Blicksilbers in den bereits erhitzten Test wird die Feuerung bei mit weichen (tannenen) Kohlen gefülltem Ofen und bei mit Kohlen geschlossener Muffelmündung fortgesetzt. Während beim Feinbrennen welche, tannene Kohlen bessere Dienste leisten, als harte, so eignen sich letztere mehr zum Zulegen der Muffelmündung, weil sie länger stehen und weniger leicht zerspringen, also weniger zur Verunreinigung des Metallbades Veranlassung geben. Nach 2 Stunden — so lange dauert etwa das Einschmelzen — wird die Muffel geöffnet und die Metallmasse einige Zeit mit einem eisernen Haken umgerührt, hierauf ½ Stunde zugelegt, dann wieder gerührt, und dieselbe Operation bei Intervallen von ½ Stunde etwa 3mal vorgenommen; dann gibt man die letzte ½stündige Hitze, so dass der ganze Prozess in etwa 4 Stunden beendigt ist. Im Anfang zeigen sich während des Umrührens Glättperlen auf dem Metallbade, und die ganze Oberfläche ist trübe; mit vorschreitendem Prozess verschwinden die Glättperlen, welche man mit dem Rührhaken der Peripherie zuschiebt, immer mehr, die Oberfläche wird immer glänzender und sobald sich die oben bezeichneten Zugöffnungen in der Muffel vollkommen darin abspiegeln, ist die gehörige Feine vorhanden. Man lässt alsdann nach einiger Abkühlung auf die Oberfläche des Silbers Wasser laufen, und sobald dieses zu spratzen (blumen) anfängt, hält man die Oberfläche durch Rühren, mit einem Haken stets offen, um ein Wegschleudern des Silbers möglichst zu verhüten. Ehe man Wasser aufgiesst, lässt man die Oberfläche des flüssigen Silbers vom Rande nach der Mitte zu so weit erstarren, dass etwa ein Raum, wie ein Thaler gross, noch flüssig bleibt. Unter diesen Umständen blumt nämlich das Silber am besten, das aus der Mitte emporsteigende Metall überzieht die ganze Oberfläche und somit die kleinen Silberkörnchen.

welche auf derselben lose herumliegen und leicht verloren gehen würden. Nach gehöriger Abkühlung wird das Silberstück mit einer Zange aus dem Test genommen, von anhaftenden Aschertheilen gereinigt und abgelöscht, nachdem vorher Proben von oben und unten zur Untersuchung auf die Feine genommen sind.

Producte. Beim Feinbrennen resultiert:

1. Brandsilber mit 15 Lth. 16½—15 Lth. 17 Grän Feingehalt, welches von der Münze zu 13 Thlr. 19 Ggr. 6 Pf. die Mark angenommen wird.

Jordan hat in den vorzugsweise aus blendigen Erzen erfolgenden Lautenthaler Brandsilbern, welche von den Oberharzer Silbern die weichsten sind, einen freilich nicht scheidungswürdigen Goldgehalt von 9 Richtpfennigtheilen (1 Mk. = 65,536 Richtpfennigtheile) im Werth von etwa 8 Pf. in der Mark gefunden.[1]

Am härtesten sind wegen ihres Arsen- und Antimongehaltes die Andreasberger Brandsilber.

Als ein Zeichen der hinreichenden Reinheit des Brandsilbers sieht man das sogenannte Spratzen (Blumen) an, die Erhebung von Metallvegetationen auf der beim Abkühlen des Silbers bereits erstarrten Oberfläche. Man schrieb diese Erscheinung, ähnlich der beim Wismuth und Kupfer beobachteten, früher einer rein physischen Ursache zu, nämlich der durch die äussern Theile des Metalls im Augenblick der Erstarrung hervorgebrachten Contraction gegen die innern noch flüssigen Theile, wodurch ein Hervorpressen der letzteren verursacht werde. Später entdeckte aber Lucas[2]) die merkwürdige Eigenschaft des Silbers, beim Schmelzen in Berührung mit Luft wenigstens das 20fache Volum Sauerstoff aus derselben aufzunehmen und ihn beim Erstarren plötzlich fahren zu lassen, wobei durch die heftige Gasentwicklung ein Theil des flüssigen Silbers mit in die Höhe gerissen wird. Dass wirklich Sauerstoff entweicht, lässt sich leicht dadurch beweisen, dass Kohlenstaub äusserst lebhaft verbrennt, wenn man ihn während des Spratzens eines Brandstückes auf die spratzende Stelle wirft. Dasselbe beweisen auch Roses neueste Versuche[3]), wonach Silber unter einer Decke von Salpeter geschmolzen spratzte, dagegen nicht unter einer Kochsalzoder Pottaschendecke. Nach Regnault zersetzt das Silber den Wasserdampf und absorbiert dessen Sauerstoff. (Pogg. LXVIII, 283).

---

[1]) Harzfreund Nr. 37 u. 38. 1832.
[2]) Karst. Arch. 1. R. IV, 318. — Erdm. J. f. ök. u. techn. Ch. I, 487; II, 395; X, 286.
[3]) Erdm. J. f. pract. Ch. Bd. 39. p. 423. — Bgwkfr. X, 546.

Durch sehr langsames Abkühlen des Silbers lässt sich das Spratzen verhindern; nach Winkler auch dadurch, dass man das Kühlwasser genau auf die Mitte des convexflüssigen Silbers und nicht auf dessen Rand leitet.

Ein Goldgehalt hindert, wenn er nicht zu bedeutend ist, nach Level[1] das Spratzen nicht, wohl aber ein Blei- und Kupfergehalt, was darin seinen Grund haben soll, dass das in der Testmasse enthaltene Kupferoxydul beim Erkalten des Silbers den absorbierten Sauerstoff aufnimmt und sich in Oxyd verwandelt.

2. Testasche, welche neben mechanisch beigemengtem und etwas oxydiertem Silber die Oxyde der das Blicksilber verunreinigenden Metalle enthält, z. B. Blei, Kupfer, Antimon etc. Ausserdem zeichnet sie sich durch einen Wismuthgehalt aus[2], welcher dadurch abgeschieden werden kann, dass man die Testasche mit schwarzem Fluss schmilzt, den hierbei resultierenden wismuthhaltigen unreinen König in Salpetersäure löst, die Lösung mit Wasser versetzt, und das abgeschiedene, getrocknete, basisch salpetersaure Wismuthoxyd mit schwarzem Fluss reduciert.

Wismuthgewinnung.

Die Darstellung des Wismuths im Grossen geschieht durch Aussaigerung des metallisch in den Erzen vorkommenden Wismuths, und die einzelnen Gewinnungsmethoden unterscheiden sich nur durch die Verschiedenheit der angewandten Saigerapparate, wie folgt:

I. Aussaigern auf einer Unterlage von Holz. Aelteste Methode.
II. Aussaigern auf geneigten und mit einer Feuerung versehenen Heerden.
III. Aussaigern in geneigten Röhren, welche in einem Galeerenofen über einer Rostfeuerung liegen. Schneeberg.[3] Dieser Wismuthofen ist durch Plattner[4] neuerdings wesentlich verbessert und von Scheerer[5] die Anwendung von Gasfeuerung dafür empfohlen.

Das Wismuth hat unter den Metallen das grösste Krystallisationsbestreben, und zwar krystallisiert es nicht, wie man bisher angenommen hat, in Würfeln, sondern nach Rose[*] in stumpfen Rhomboedern mit trichterförmigen Vertiefungen, welche treppenförmige Begrenzungen haben. Die schönen bunten Anlauffarben auf solchen Krystallen rühren von einem zarten Ueberzuge von Wismuthoxyd her.

---

[1] Dingl. polyt. Journ. XCVIII, 288.
[2] Bodemann im Bgwkfr. III, 289.
[3] Lamp. Grundr. d. Hüttkde. 1827. p. 145. — Dess. Fortschr. 1839. p. 240. — Dumas IV, 140.
[4] Scheerer Met. I, 118. — Neuer Schaupl. d. Bgwkde. XIII, 280.
[5] Scheerer Met. I, 520.

Wegen des oft bis 60 Lth. steigenden Silbergehalts kommt die Testasche in die Schmelzarbeiten zurück, nachdem man den mit Metalloxyden imprägnierten Theil von dem unverändert gebliebenen durch Sieben abgeschieden hat. Silberkörner und Silberwurzeln, die hierbei zum Vorschein kommen, setzt man beim nächsten Feinbrennen wieder zu.

Ausweis.   Principmässig ist beim Feinbrennen pro Mk. Blicksilber 1¼ Lth. Abgang gestattet. In den 3 Jahren 1846—1848 erfolgten von 147,815 Mk. 15 Lth. Blicksilber 136,960 Mk. 4½ Lth. Brandsilber, oder im Durchschnitt pro Jahr 45,653 Mk. 7 Lth. Brandsilber, worauf man etwa 110 Karren Kohlen und 12 Mltr. Holz, letzteres zum Anfeuern der Muffeln und zum Trocknen der Teste, verbraucht. Für 1 Mk. feinzubrennen werden 9 Pf. bezahlt. Während des Feinbrennens sind 2 Mann beschäftigt, ein dritter besorgt das Testschlagen und die Vorarbeiten und hilft gemeinschaftlich mit einem vierten beim Bearbeiten und Reinigen der Brandstücke.

F. Glättfrischen.

Zweck.   Dieser Prozess bezweckt die Reduction der beim Abtreiben erhaltenen festen gelben Glätte mit $\frac{1}{16}$—$\frac{1}{8}$ Lth. Silber und bis 90 Prct. Blei.

Frischofen.   Der Frischofen hat die Dimensionen der Taf. II, Fig. 26—30 bezeichneten Krummöfen, wird aber nach Art der Spuröfen mit verdecktem Auge (Taf. III, Fig. 53 und 54) zugemacht, weil bei dieser Einrichtung der geringste Bleiverlust durch Verflüchtigung stattfindet. Das Gestübbe nimmt man etwas schwerer, als in den Schlieg- und Steinöfen, und schliesst den untern Theil der Vorwand mit groben Scheitholzkohlen, welche mit einem Brei aus Thonschiefermehl überstrichen werden. Hohe Oefen geben wegen des länger dauernden Ausblasens einen grössern Bleiverlust.

Brennmaterial.   Man wendet nur Holzkohlen an.

Versuche mit Torf zur Altenauer Hütte fielen in Bezug des Bleiausbringens ungünstig aus. Zur Erzeugung von 171 Ctr. 95 Pfd. Frischblei mit Torf waren erforderlich: 214 Ctr. Glätte, 79 Mas. à 89 Pfd. = 7031

---

*) H a u s m. Beiträge z. met. Krystallkde. 1850. p. 9.

Pfd. Torf, 4 Mss. Kohlen zum Anhängen und Ausblasen, 13 Stunden Zeit, und es erfolgten davon 7 Ctr. Schlacke à 53 Pfd. Pb und 6½ Ctr. Bleidreck. — Um 172 Ctr. 15 Pfd. Frischblei mit Kohlen herzustellen, waren nöthig: 198 Ctr. Glätte, 4 Ctr. Schur, 36 Mss. Tannenkohlen à 63 Pfd. = 2268 Pfd., 4 Mss. Kohlen zum Anhängen und Ausblasen, 9 St. Zeit, und es resultirten 13 Ctr. Frischschlacke à 49 Pfd. Pb und 5 Ctr. Bleidreck. Der grössere Schlackenfall beim Kohlenschmelzen rührt von der zugesetzten Schur her. — In Freiberg (Jahrb. f. d. Sächs. Berg- u. Hüttenm. Jahrgg. 1834, 1840) haben Torf, Koks und heisse Luft sich nicht bewährt, desgleichen nicht die Harzer Zustellungsmethode (Ibid. 1839. p. 106) statt des gebräuchlichen Frischens in Sumpföfen. — Zu Tarnowitz (Erdm. J. f. ök. u. techn. Ch. XV, 392; XII, 347) wendet man rohe Steinkohlen an, wobei der Bleiverlust nur ⅔ Prct. betragen soll. — Nach Karsten findet beim Glättfrischen in Flammöfen ein Bleiverlust von 3—5 Prct. statt.

Nach dem Anlassen des Ofens setzt man auf 1 Füllfass Kohlen durchschnittlich 3 Tröge Glätte und 1 Trog Glättfrischschlacken, welche bei einem Bleigehalt von 30—40 Prct. zur Bildung der Nase und zum Schutz des Bleies gegen die oxydierende Einwirkung der Luft dienen sollen. Das Schmelzen geht erwünscht, wenn bei dunkler Gicht und dunkler 6—8" langer Nase eine zähe Schlacke erfolgt. Wird dieselbe zu hitzig, dünnflüssig, so bricht man an Satz ab, oder steift sie auch wohl durch Zusatz von Ofenschur wieder an; bei sehr starkem Satze schwimmt auf dem Frischblei Glätte herum. Durch öfteres Probenehmen verschafft man sich Kenntnis von dem Gehalt der Schlacken.

Das im Vortiegel sich ansammelnde, von Schlacke bedeckte Frischblei wird in kurzen Zwischenräumen in den Stechherd abgelassen, nach einiger Abkühlung abgeschäumt und in eiserne Pfannen (Taf. III, Fig. 52a und b) gegossen, wo dann noch vor dem Erstarren die auf der Oberfläche sich bildende Haut (Bleidreck) abgezogen wird. In einer Campagne werden 200 Ctr. Glätte verfrischt.

1. Frischblei mit ⅛ Lth. Silber und variablem Kupfergehalt. Schlieg- und Rauchblei, die besten Sorten, halten höchstens ⅛ Prct. Antimon und Kupfer. Beide Sorten gehen gemeinschaftlich mit dem Steinblei vom ersten Durchstechen (mit etwa 1 Prct. Kupfer und Antimon), in langen muldenförmigen

Stücken von 1 Ctr. 35 Pfd. Gewicht als gute Frischbleie in den Handel. Das Steinblei vom zweiten Durchstechen wird unter dem Namen gewöhnliches Steinblei in kurzen abgestumpft pyramidalen Stücken, ohne weiter signiert zu sein, abgegeben, dagegen erhält das Frischblei vom dritten und vierten Steindurchstechen bei derselben äussern Form wie das vorige, zur Bezeichnung seiner geringeren Qualität ein Kupferzeichen (Q).

Nach den Beobachtungen der Bleiweissfabrikanten enthält das Clausthaler gute Frischblei mehr Cu, aber weniger Sb, als das Lautenthaler, das Altenauer mehr Cu und Sb als beide, und am unreinsten ist das Andreasberger.

Jordan (Erdm. J. f. pract. Ch. IX, 86) hat folgende Analysen von in den Jahren 1832 und 1833 gefallenen Harzer Frischbleien geliefert:

	Frischblei vom	Pb	Cu	Ag	Sb
Clausth. Hütte	2. Schliegabschn.	99,59	0,36	0,0074	0,05
	3. Schliogabschn.	99,51	0,44	0,0058	0,05
	1. Steindchst.	99,26	0,64	0,0074	0,10
	2. Steindchst.	99,12	0,72	0,0062	0,16
	3. u. 4. Steindchst.	99,37	0,56	0,0046	0,06
Altenauer Hütte	3. Schliegabschn.	99,48	0,40	0,0065	0,11
	Versuch auf Mergelherden	99,71	0,18	0,0070	0,11
	Versuch auf Aschenherden	99,79	0,13	0,0050	0,08
	Frischblei von kiesigem Bleiglanz	99,29	0,61	0,0050	0,09
	1. Steindchst. auf Mergelherden	99,23	0,67	0,0038	0,10
	1. Steindchst. auf Aschenherden	99,39	0,60	0,0046	0,03
	2. Steindchst. auf Mergelherden	99,16	0,71	0,0066	0,13
	3. Steindchst. auf Aschenherden	99,20	0,63	0,0064	0,16
	3. u. 4. Steindchst.	98,40	1,44	0,0046	0,16
Lautenth. Hütte	Schliegschmelzen	99,71	0,24	0,0032	0,05
	1. Steindchst.	99,60	0,32	0,0052	0,08
	2. Steindchst.	99,61	0,34	0,0032	0,05
	3. u. 4. Steindchst.	99,51	0,44	0,0030	0,05
Andreasb. Hütte	Nr. 1.	99,36	0,51	0,0098	0,12
	Nr. 2.	98,35	1,28	0,0094	0,36
	Nr. 3.	98,79	1,16	0,0098	0,04
	Nr. 4.	97,72	2,07	0,0100	0,20
	Spanisches Blei von Blakkes & Comp.	99,84	0,13	0,0038	0,03
	Englisches Blei von Rein & Comp.	99,75	0,20	0,0060	0,05
	Freiberger gesaigertes Frischblei	99,72	0,11	0,01	0,01
	Holzappler Frischblei	98,63	1,64	—	—

2. **Frischschlacke** mit 30—40 Prct. Blei. Hat sich ursprünglich durch Verbindung von Bleioxyd mit den Erden des Ofengemäuers gebildet, besitzt eine braune bis schwarze Farbe, glasige Beschaffenheit und starken Glanz. Sie wird bei den Bleisteinarbeiten zugeschlagen.

Zur Altenauer Hütte hat man zur Umgehung des Uebelstandes, dass sich bei Zuschlag der Frischschlacken bei den Steinarbeiten das silberleere Schlackenblei von Neuem silbert und in Folge dessen den mit Metallverlusten verbundenen Kreislauf des Abtreibens, Glättfrischens etc. machen muss, das Umschmelzen der Frischschlacken mit Koks, Holzkohlen und einem Gemenge von beiden bei Zuschlag von Eisenstein im gewöhnlichen Krummofen und in einem kleinen Rastofen versucht, wobei man im günstigsten Falle 71,7 Pret. — von 100 Pfd. in den Schlacken enthaltenen Bleies — ausbrachte. Es erfolgten von 303 Ctr., aus 6437 Ctr. Glätte erzeugten, Frischschlacken, die nach der Probe 122 Ctr. 96 Pfd. Blei enthielten, in 75 Stunden mit 130 Balgen Koks und 10 Mss. Kohlen 88 Ctr. Schlackenblei mit $\frac{1}{1s}$ Lth. Silber und 215 Ctr. Schlacken mit 16 Pfd. Blei, als Zuschlag zur Bleistrinarbeit zu verwenden.

Nach einer ungefähren Berechnung würden die Kosten fürs Umschmelzen von 1223 Ctr. Frischschlacken auf 250 Thlr. 2 Ggr. 3 Pf. kommen, während die Verhüttung jenes Schlackenquantums als Zuschlag bei der Steinarbeit etwa 477 Thlr. 12 Ggr. kosten würde. Versuche auf andern Hütten über diesen Gegenstand fehlen, und obgleich es bei Zuschlag der Frischschlacken zu den Steinarbeiten mit dem einen erhöhten Bleiverlust herbeiführenden Kreislaufe des silberleeren Schlackenbleies seine Richtigkeit hat, so zweifelt man doch auf den andern Hütten an der Vortheilhaftigkeit des gesonderten Schlackenschmelzens, da z. B. in obigem Falle statt 303 Ctr. doch noch 215 Ctr. Frischschlacken dem Steinschmelzen zufallen, welche bleiärmer, als die ursprünglichen, nicht so günstig wirken und mehr Brennmaterialaufgang veranlassen, als jenes Quantum von 303 Ctr. Ausserdem, enthält die Steinbeschickung einen Körper, (Fe O), welcher die Zersetzung der Frischschlacke am besten bewirkt.

Das bei dem Altenauer Versuche erhaltene Frischschlackenblei war dem Krätzblei ähnlich und bestand aus

Pb	Cu	Ag	Sb	Fe
98,498	0,313	0,00024	1,192	0,970.

Auch Karsten macht (Metallurgie V, 137) auf die Misslichkeit des Bleischlackenschmelzens aufmerksam.

3. **Bleidreck**, besteht aus den vor dem Auskellen aus dem Stechherde und von der Oberfläche des in die Formen gegossenen Bleies abgezogenen Unreinigkeiten und hält gegen 80% Pb. Derselbe wird vierteljährlich im Frischofen bei dunkler Gicht mit Steinschlacken durchgestochen, wobei etwa 192 Saigerstücke fallen, welche auf 12 Herden gesaigert werden und folgende Producte liefern:

a. **Krätzblei** mit 0,149—0,15 Lth. Silber. Wird in denselben Formen zu Stücken von 1 Ctr. 50 Pfd. bis 1 Ctr. 60 Pfd. gegossen, wie das Steinblei und mit KB. signiert. Krystallisiert leichter als gutes Frischblei (Erdm. J. f. pract. Ch. I, 120) und hat nach Jordan folgende Zusammensetzung:

	Pb	Cu	Ag	Sb
Clausth. H.	98,24	0,22	0,007	1,54.
Alten. H.	98,37	0,25	0,004	1,38.

b. **Saigerkrätz**, kommt zum vierten Steindurchstechen.

4. **Ofenschur**, geht verwaschen ins Rauchschmelzen.

Ausweis. Man erhält von 200 Ctr. Glätte in 8—12 Stunden bei einem Aufwande von 50 Mass Kohlen etwa 170 Ctr. Frischblei, 10 Ctr. Bleidreck und 10 Ctr. Frischschlacken. Das prinzipmässige Ausbringen beträgt 88 Prct.; man erhält jedoch gewöhnlich 89—90 Prct., wo dann die Frischer für übers Prinzip ausgebrachtes Blei eine Vergütung erhalten.

Die Arbeit geht im Verding; der Frischmeister erhält für 100 Ctr. ausgebrachtes Frischblei 15 Ggr. 9 Pf., und eben so viel erhalten die beiden Frischknechte zusammen.

Zur Altenauer Hütte erhält man von 100 Ctr. Glätte durchschnittlich 85,5 Frischblei, 5,3 Frischschlacken und Schur, 4,43 Bleidreck mit 80,3 Prct. Pb, 3,5 Krätzblei, 0,79 Bleidreckschlacken und Schur und 1,7 Schlackenblei.

Bleiverlust. Der Bleiverlust beim Frischen beträgt 2—3 Prct.

Zu seiner Verringerung bei gleichzeitiger Brennmaterialersparung hat das zuerst auf Altenauer Hütte eingeführte Verfahren Veranlassung gegeben, in einem Zumachen 3—4 Frischen gehen zu lassen, während gewöhnlich nur eins oder höchstens zwei auf eine Campagne kommen. Man erspart dabei Gestübbe, Zeit und Kohlen zu dem mehrmaligen Abwärmen, und wegen des nur einmaligen Ausblasens bei den 4 Frischen, wobei der grösste Bleiverlust stattfindet, wird dieser sehr verringert. Während der Kohlenverbrauch bei den frühern Frischen von 398 Ctr. Glätte pro Ctr. davon 0,188 Mss. und der Bleiverlust 1¼ Prct. betrug, so gieng bei verdoppelter Bleiproduction in einer Campagne im Jahre 1847 der Bleiverlust auf 1 Prct. und die Kohlenmenge pro Ctr. Glätte auf 0,170 Mss. herab. Während das Ausbringen in den Jahren 1844—1846 durchschnittlich 88,51 Prct. betrug, stieg es im Jahre 1848 auf 89,04 Prct. Im Winter pflegt das Ausbringen grösser zu sein, als im Sommer, was in der Zufälligkeit seinen Grund hat, dass man zur Verhütung des Stäubens die Glätte beim Abwiegen mit Wasser begiesst, was im Sommer mehr nöthig ist, als im Winter. Man kann auf

1 Ctr. Glätte 1 Pfd. Wassergehalt rechnen. — In Freiberg beträgt der Abbrandsatz im einförmigen Ofen 2—3 Proc., im Doppelofen 1,6 Proc.

Anhang zu F.
Versuch, die Glätte nach Sibirischer Methode zu verfrischen.

Diese zu Barnaul (Karst. Arch. 2. R. IX. — Polyt. Centr. 1836. Nr. 50. — Hartm. Repert. II, 478) betriebene Methode besteht darin, dass man die beim Treiben aus der Glättgasse hervortretende Glätte in einen vor dem Glättloche angebrachten kleinen Schachtofen, welcher 12″ br., 16″ hoch und mit glühenden Kohlen angefüllt ist, fliessen lässt, worauf alsdann das reducirte Blei auf der geneigten Sohle des Ofens durch ein Auge aus demselben tritt. In der Abstrichperiode ist die Schachtmündung mit einer eisernen Platte bedeckt, auf der sich eine Schicht trockner Mergel befindet. Sobald Glätte kommt, nimmt man diese Platte weg. Wegen ihrer Einfachheit wurde diese Methode in den Jahren 1832 und 1833 zur Clausthaler Hütte versucht, jedoch aus folgenden Ursachen nicht eingeführt: Man sparte keine Kohlen. — Es erzeugte sich silberreicheres Frischblei, weil der Arbeiter, wie sonst am Fusse des Glättbalzens, das Ausfliessen von Werkblei mit Glätte nicht sehen konnte und nur auf die Kennzeichen der Glättgasse beschränkt war. — Die Beobachtung des Treibens wurde ausser durch den aus dem Frischofen aufsteigenden Bleirauch noch dadurch erschwert, dass das Treiben in grösserer Entfernung geleitet werden musste. — Die Arbeiter hatten von der Hitze und den Bleidämpfen viel auszustehen. — Versuche zu Freiberg und Tarnowitz (Polyt. Centr. 1836. Nr. 50) fielen aus ähnlichen Gründen ungünstig aus.

Verfahren.

G. Abstricharbeit.

Die Abstricharbeit bezweckt die Darstellung von Antimonblei (Hartblei) aus dem antimonsauren Bleioxyd (3 PbO, Sb O^5) desjenigen Abstrichs, welcher in der Mitte der Abstrichperiode beim Abtreibeprozess fällt. Dieser ist grünlich schwarz, dicht, spröde und hält 80—86 Pfd. Hartblei und 0,062—0,125 Silber. — Die Abstricharbeit umfasst die Operationen des Abstrichsaigerns und Abstrichfrischens.

Allgemeines.

1. Abstrichsaigern.

Zweck. Diese Operation bezweckt eine Abscheidung des mechanisch im Abstrich eingemengten Werkbleies und eine Anreicherung des Antimongehalts im Abstrich. Der Silbergehalt des aussaigernden Werkbleies fällt verhältnismässig gering aus, weil durch den Kohlengehalt des Gestübbeherdes immer Bleioxyd reduciert wird.

Verfahren. Der Abstrich wird gewöhnlich im Treibofen, auf den andern Hütten auch wohl im Spleissofen und zur Clausthaler Hütte auch in dem zum Versuchsschmelzen mit Bleierzen angewandten Flammofen vorgenommen. In dem Treibofen werden in einer Campagne 66 Ctr. Abstrich gesaigert, wonach man den Ofen erkalten lässt; im Versuchsflammofen setzt man dagegen jedesmal nur 33 Ctr. ein, macht dann aber auf demselben Herde mehrere Schmelzungen, wodurch an Brennmaterial und Gestübbe gespart wird. Der von allen Seiten nach der Stichöffnung zu geneigte Gestübbeherd wird mit Waasen belegt und der Abstrich in der Weise darauf gestürzt, dass der grösste Theil davon an der Windofen- und Kannenseite, der kleinere aber in der Hölle zu liegen kommt. Nachdem die gehörige Dünnflüssigkeit bei steter Waasenfeuerung eingetreten ist, lässt man durch Oeffnen des Stichs in der Brust der Glättgasse die geschmolzene Masse in einen Stechherd, worin sich das ausgesaigerte Werkblei ansammelt, während der Abstrich als schaumige Masse über den Rand des Stechherdes auf die Hüttensohle fliesst. Nach dem Erkalten wird er in faustgrosse Stücke zerschlagen und dem Abstrichfrischen übergeben.

Ausweis. Von 66 Ctr. Abstrich erfolgen bei einem Aufwand von 6—8 Schock Waasen etwa 12 Ctr. Werkblei mit 1 Lth. Silber, welches mit den Steinwerken des vierten Durchstechens gemeinschaftlich abgetrieben wird. Jeder der beiden Arbeiter erhält für 44 Ctr. Abstrich zu saigern 1 Thlr.

2. Abstrichfrischen.

Zweck. Mittelst dieser Operation soll eine Reduction des im gesaigerten Abstrich enthaltenen $3 PbO, SbO^5$ zu Hartblei geschehen.

Verfahren. Das Schmelzen geschieht im gewöhnlichen Steinofen (Taf. II, Fig. 26—30) bei dunkler Gicht und dunkler Nase von 6—8" Länge ganz ähnlich wie beim Glättfrischen, nur bedient man sich statt der Holzkohlen der Koks, welche eine ärmere Schlacke geben, und setzt auf 1 Füllfass davon 5—7 Tröge Abstrich und 1 Trog Abstrichfrischschlacken von der Arbeit selbst.

Das Verhalten der Schlacke zur Beurtheilung des Ofenganges ist weniger deutlich, als beim Glättfrischen, weshalb man dieselbe öfters auf ihren Gehalt probieren muss. Der Abstrich ist strengflüssiger und reduciert sich schwerer als Glätte, in Folge dessen das Schmelzen langsamer geht. Während man in etwa 34 Stunden 800 Ctr. Glätte durchsetzt, kann man in 60 Stunden nur 400 Ctr. Abstrich wegschmelzen.

Nach dem Anfüllen des Herdtiegels lässt man das Hartblei in den Stechherd ab, welchem man bei grösserer Tiefe (18″) einen geringeren Durchmesser (10″) als sonst giebt, um das für die Arbeiter sehr schädliche starke Qualmen des Hartbleies zu vermindern und dasselbe während des Auskellens hitziger zu erhalten, damit es homogen bleibt und sich nicht verschiedenartige Legierungen nach ihrem specifischen Gewichte daraus absetzen.

Beim Erstarren von Metallgemischen pflegen diejenigen Stellen, welche am schnellsten erstarren (der Rand) am reichsten an dem strengflüssigsten Metall zu sein; die am längsten flüssig bleibenden an dem leichtflüssigsten.

1. **Hartblei** mit $\frac{1}{16}$ Lth. Silber, besitzt wenig oder gar keine Geschmeidigkeit, hellen Klang und körnigen Bruch. Wird in abgestumpft pyramidale Formen zu Stücken von 50—60 Pfd. Gewicht gegossen.

Produkte.

Analysen verschiedener Harzer und Nichtharzer Hartbleisorten:

	I.	II.	III.	IV.	V.	VI.	VII.	VIII.	IX.	X.	XI.
Pb ..	83,91	80,67	79,36	88,84	84,72	82,40	77,40	84,1	78,6	91,51	81,27
Sb ..	16,01	19,21	20,57	8,16	10,32	10,04	18,28	14,6	19,9	5,32	16,40
As*) .	—	—	—	2,04	2,00	3,00	2,88	—	—	1,02	—
Cu ..	0,04	0,06	0,04	0,28	1,68	2,28	1,42	1,2	1,3	0,90	2,29
Fe, Zn	0,04	0,06	0,03	0,48	0,88	1,08	Spur	—	—	0,62	0,04
S ...	—	—	—	—	—	—	—	—	—	0,20	—
Summa	100,00	100,00	100,00	99,80	99,60	98,80	99,98	99,9	99,8	99,57	100,00

I—III. Nach Biewend von Altenauer Hütte. 1841. — IV. Nach Müller ebend. — V. Nach dems. von Juliushütte. — VI. Nach dems. von Okerhütte. — VII. Nach dems. Mustersorte. — VIII. Nach F. Ulrich vom Unterharze, bei Holzkohlen erzeugt. — IX. Desgl. bei Koks erfrischt aus

---

*) Das As ist im Abstrich als 3 Pb O, As O⁵ enthalten.

demselben Abstriche, welcher 84½ Prct. Hartblei enthielt. — X. Freiberger Hartblei. — XI. Holzappler Hartblei.

2. **Abstrichfrischschlacken** mit $^1/_{64}$ Lth. Silber und 14—20 Pfd. und mehr Hartblei. Man entzieht ihnen durch Umschmelzen hinter dem Abstrich her noch etwas Hartblei und setzt sie mit 7—8 Prct. Metallgehalt ab oder gibt sie in die Raucharbeit. Sie befördern die Nasenbildung sehr.

Auf Clausthaler Hütte ist versucht worden, die Abstrichschlacken durch Umschmelzen mit Spatheisenstein ärmer zu machen. Dies gelang zwar, allein wegen grosser Strengflüssigkeit der erfolgenden Schlacke bei einem nicht unbedeutenden Brennmaterialaufwande. Das hierbei dargestellte Schlackenhartblei hielt ⅜ Lth. Silber. — Günstigere Resultate wurden zur Altenauer Hütte beim Umschmelzen der Hartbleischlacken mit Koks in einen kleinen Rastofen erreicht. — Wie Versuche zu Freiberg gezeigt haben, wirkt bei derartigen Schlackenschmelzungen heisse Luft sehr vortheilhaft (Winkl. Freib. Schmelzproz. 1837. p. 203), und stets leisten Koks mehr, als Holzkohlen, indem sie ein grösseres Bleiausbringen gestatten, dadurch herbeigeführt, dass die Schlacken länger zwischen den Koksschichten verweilen und die Sätze langsamer niedergehen. — Schlackenhartblei vom Verschmelzen Unterharzer Abstrichfrischschlacken mit Koks enthielt nach F. Ulrich 74,1 Pb, 22,9 Sb, 2,9 Cu und 1 Lth. Ag.

Ausweis. Die Abstricharbeit wird alle Vierteljahr vorgenommen, wo man dann in einer Campagne allen vorräthigen Abstrich (etwa 660 Ctr.) zugutemacht. 660 Ctr. Abstrich liefern nach dem Absaigern beim Frischen in 4—5 Tagen etwa 350 Ctr. Hartblei bei einem Aufwand von 300 Balgen Koks.

Die Frischarbeit geht im Tagelohne und es bekommt für eine 12stündige Schicht der Frischmeister 18 Ggr. und jeder der beiden Frischknechte 12 Ggr.

3. Abschnitt.
Blei-, Silber- und Kupferhüttenbetrieb zur Altenauer Hütte.

Die auf dieser Hütte vorkommenden Schmelzprozesse zerfallen in die Blei- und Kupferarbeit, welche beide mit einer Silbergewinnung verbunden sind.

I. *Bleiarbeit.*

Die Altenauer Hütte verschmilzt fast dieselben Erze, wie die Clausthaler, nur theilt man ihr ausschliesslich alle kupferkieshaltigen Schliege und besonders auch Schliege aus dem oberen Burgstätter Reviere zu, welche etwas blendiger, als die der anderen Reviere sind.

Allgemeines.

Der Schmelzprozess ist deshalb von dem zur Clausthaler Hütte nur wenig verschieden, und ist auf die vorkommenden Abweichungen bei Beschreibung der letzteren Rücksicht genommen. Die kiesigen Schliege werden in 2 oder 3 Abschnitten abgesondert verschmolzen und dabei ein grösserer Steinfall (Werke zum Stein wie 3:4) erstrebt, als bei der gewöhnlichen Schliegarbeit, um das Kupfer im Stein zu concentrieren.

Für die musterhafte Leitung des Hüttenbetriebes spricht das aus der folgenden Tabelle ersichtliche, in den Jahren 1842—1849 fast ganz constant gebliebene Ausbringen an Silber und Blei:

Ausbringen.

Ausbringen beim	1842		1843		1844		1845	
	Ag	Pb	Ag	Pb	Ag	Pb	Ag	Pb
Schliegschmelzen ...	69,8	62,48	70,5	62,6	69,5	61,7	70,4	62,5
1. Steindchst.	20,1	14,8	22,8	16,8	20,7	15,7	23,9	18,0
2. Steindchst.	7,6	5,7	5,2	3,8	5,9	4,3	5,4	5,0
3. u. 4. Steindchst. ..	4,67	2,3	3,6	1,2	5,6	2,9	4,3	1,1
Rauchschmelzen	4,0	4,0	4,5	4,6	3,9	4,0	4,0	3,8
Summa ..	106,27	89,3	106,6	89,0	105,6	88,6	108,0	90,4

Ausbringen beim	1846		1847		1848		1849	
	Ag	Pb	Ag	Pb	Ag	Pb	Ag	Pb
Schliegschmelzen ...	70,9	61,3	71,3	61,9	68,8	60,0	66,5	58,6
1. Steindchst......	22,9	17,6	25,3	18,9	22,8	17,0	24,0	18,8
2. Steindchst.......	5,5	4,7	3,2	4,4	6,5	5,5	6,0	5,0
3. u. 4. Steindchst. ...	4,2	2,1	5,0	2,6	3,3	0,7	4,2	3,2
Rauchschmelzen	4,3	4,0	4,9	4,5	4,4	4,8	4,1	3,9
Summa ..	107,8	89,7	109,7	92,3	105,8	88,0	104,8	89,5

Im Jahre 1849 fand bei den einzelnen Arbeiten folgender Materialconsum und Productenerfolg statt:

Schliegschmelzen: 1313$\frac{1}{6}$ Röste Schlieg mit 10,384 Mk. 1$\frac{3}{4}$ Lth. Ag und 28,024 Ctr. 97 Pfd. Pb lieferten in 12 Abschnitten bei einem Aufwand von 36,498 Mss. Kohlen und 4966 Ctr. Eisen : 24,387 Ctr. Werkblei und 22,041 Ctr. Schliegstein.

Erstes Steindurchstechen: Von 22,041 Ctr. Schliegstein erfolgten in 4 Abschnitten mit 935 Mss. Kohlen, 12,235 Blgn. Koks, 158 Mltr. Rösteholz und 1704 Ctr. Kalk : 7800 Ctr. Werke und 7911 Ctr. erster Bleistein.

Zweites Steindurchstechen: Von 7911 Ctr. erstem Bleistein resultierten in 2 Abschnitten mit 2336 Mss. Kohlen, 1612 Blgn. Koks, 39 Mltr. Rösteholz und 635 Ctr. Kalk: 2125 Ctr. Werke und 2574 Ctr. zweiter Bleistein.

Drittes und viertes Steindurchstechen: 2574 Ctr. zweiter Bleistein gaben mit 1559 Mss. Kohlen, 43 Mltr. Rösteholz und 285 Ctr. Kalk : 925 Ctr. Werkblei und 522 Ctr. Kupferstein.

Treibarbeit. 35,237 Ctr. Werkblei (bei den vorstehenden Prozessen gefallen), lieferten bei einem Aufwand von 4241 Hmt. Mergel, 920 Hmt. Thonschiefer und 2483 Schck. Waasen: 11,251 Mk. 2 Lth. Blick- und 10,457 Mk. 12 Lth. Brandsilber, 26,960 Ctr. Frisch- und 2475 Ctr. Kaufglätte, welche erstere mit 4372 Mss. Kohlen verfrischt, 21,844 Ctr. 43 Pfd. Frischblei gab.

Raucharbeit. 110 Röste Rauch, 22 Röste Krätzschlieg und 1971 Ctr. Rauchstein lieferten bei einem Aufwand von 2954 Mss. Kohlen, 16 Mltr. Rösteholz und 301 Ctr. Eisen: 1650 Ctr. Werkblei und 2016 Ctr. Rauchstein. Aus ersterem erfolgten beim Abtreiben mit 108 Schck. Waasen, 190 Hmt. Mergel und 41 Hmt. Thonschiefer : 462 Mk. Blick- und 427 Mk. 9 Lth. Brandsilber und 1229 Ctr. Frischglätte.

Ausserdem sind producirt mit 253 Mss. Kohlen, 120 Blgn. Koks und 181 Schck. 58 Stck. Waasen: 779 Ctr. 90 Pfd. Hartblei, und mit 38 Mss. Kohlen und 656 Blgn. Koks: 435 Ctr. 43 Pfd. Frischschlackenblei.

II. Kupferarbeit.

Die Kupferarbeit umfasst *Umfang.*

1. die Zugutemachung des auf den Clausthaler und Zellerfelder Bleierzgängen einbrechenden Kupferkieses (Kiesarbeit) und

2. die Verhüttung des beim vierten Bleisteindurchstechen auf Clausthaler und Altenauer Hütte gefallenen silberhaltigen Kupfersteines (Krätzkupferarbeit).

A. Kiesarbeit.

Der im Clausthaler Reviere hauptsächlich auf den Gruben *Erze.*
Königin Charlotte und Herzog Georg Wilhelm und im Zellerfelder Reviere auf Juliane Sophie geförderte Kupferkies wird durch Handscheidung und Verwaschen gereinigt und als Stuff und Schlieg nach der Hütte geliefert. Die beigemengten Erdarten bestehen hauptsächlich aus Quarz und Kalkspath, ausserdem sind geringe Mengen von Bleiglanz, dagegen aber Blende und Schwefelkies in nicht unbedeutender Menge im Kupferkies enthalten, so dass sein Gaarkupfergehalt 4—28 Prct. bei einem Durchschnittsgehalt von $1/_8$ Lth. Silber beträgt. Reiner Kupferkies besteht aus 35 Prct. Cu, 30 Prct. Fe und 35 Prct. S.

Zur Gewinnung des Gaarkupfers aus dem Kupferkies kommen folgende Arbeiten vor, deren Theorie pag. 27 bereits ausgeführt ist.

1. Röstarbeit.

Das Rösten des Kupferkieses geschieht in einem bedachten *Verfahren:*
Schuppen in der Weise, dass man auf eine 1' hohe Sohle von Kiesschlieg ein Röstebette von Holz vorrichtet, auf dieses den Kiesstuff aufstürzt und letzteren mit Kiesschlieg und Graupen bedeckt. Ein durch 4 vertikal gestellte Bretter gebildeter und mit Kohlen etc. angefüllter Schacht in der Mitte des pyramidalen Haufens dient zur Erregung von Zug.

Je nach der Grösse der Anlieferung variirt der Inhalt des Haufens und danach auch der Aufwand an Brennmaterial. Ein

Haufen von 60 Rösten Inhalt erfordert $1\frac{1}{4}-1\frac{1}{2}$ Mltr. Rösteholz und brennt 11—13 Wochen, worauf man den unvollständig gerösteten Mantel abräumt und nochmals verröstet,' während das Uebrige zum Rohschmelzen kommt.

Das geröstete Erz besitzt in ein und demselben Stücke verschiedene concentrische Lagen, wobei nach Bredberg (Erdm. J. f. ök. u. techn. Ch. V, 90) der Kupfer- und Schwefelgehalt nach innen zunehmen.

Man röstet den Kupferkies nur einmal, um bei seinem Gehalt an fremden Metallen (Pb, Zn, As, Sb etc.) nicht schon beim Rohschmelzen Schwarzkupfer zu erzeugen. Das Arsen findet sich zuweilen als Auripigment und arsenige Säure in Octaedern krystallisiert in den Rösthaufen vor. Der Versuch, den gerösteten Kies auszulaugen und die Lauge auf Vitriol zu benutzen, lieferte ein sehr unreines Product. Viel Kiesschlieg verursacht Schwierigkeiten beim Rösten, die dann wieder Uebelstände beim Schmelzen herbeiführen, als: Rohgang, Auffeuern, Einlegen von Bühnen, Zugehen der Augen, verkürzte Ofencampagnen etc.

Verhalten der Schwefelungen beim Rösten. Schwefelblei, PbS, gibt beim Rösten ein Gemenge von PbO und PbO, SO^3, aus welchem letzteren die SO^3 selbst bei Schmelztemperatur nicht entfernt werden kann, wenn nicht gleichzeitig Kieselerde und Wasserdampf einwirken. Das PbO, SO^3 schmilzt bei starker Weissglühhitze zu einem Email zusammen und oxydiert durch seine Schwefelsäure sehr viele Metalle. — Schwefelkupfer, Cu^2S, verwandelt sich bei vorsichtiger Röstung in Cu^2O und SO^2, sodann in CuO, SO^3, nachdem bei verminderter Entwicklung von SO^2 der Sauerstoff der Luft nicht mehr durch den Schwefel allein zur Bildung von SO^3 aufgenommen wird. Steigert man die Temperatur, so zerlegt sich, unter Bildung von $3CuO, SO^3$, ein Theil SO^3 in SO^2 und O, welcher letzterer dann noch vorhandenes Cu^2O in CuO überführt. Bei noch stärkerer Hitze geht unter Zurücklassung von CuO alle SO^3 fort. Bei rasch steigender Hitze ist die Röstung unvollkommen, und es tritt Schmelzung ein, wo dann durch Einwirkung des oxydierten Kupfers auf das noch unzersetzte geschwefelte ein Gemenge von Cu^2O; CuO, SO^3 und Cu entsteht. — Schwefeleisen, FeS, geht bei gelinder Röstung in FeO und SO^2 und FeO, SO^3 über, bei gesteigerter Hitze in SO^2 und Fe^2O^3, SO^3, dann in Fe^2O^3 und $3Fe^2O^3, SO^3$ und zuletzt in reines Fe^2O^3. — Schwefelzink, ZnS, geht an der Luft erhitzt nur langsam in ZnO und ZnO, SO^3 über, welches letztere sich erst bei sehr starker Hitze allmälig in $3ZnO, SO^3$ und zuletzt in ZnO umwandelt. — Schwefelsilber, AgS, liefert selbst beim sorgfältigsten

Rösten nur metallisches Silber. Bei Gegenwart anderer Schwefelungen da-, gegen entsteht auch AgO, SO^3. — **Schwefelantimon**, SbS^3, verwandelt sich wegen seiner Leichtschmelzigkeit beim Rösten nur schwierig in ein Gemenge von SbO^3 und SbO^4 und SbS^5. — **Schwefelarsen**, AsS^3, geht beim Rösten in flüchtige SO^2 und AsO^3 über. — **Schwefelnickel**, NiS, kann zu einem Gemenge von NiO und Ni^2O^3 abgeröstet werden, welches letztere erst entsteht, wenn sich nicht viel SO^2 mehr entwickelt. — **Schwefelkobalt**, CoS, gibt beim Rösten neben CoO einen Theil CoO, SO^3.

Kommen die genannten Schwefelungen zusammen vor, so begünstigen sie gegenseitig ihre Oxydation, und namentlich ist es die aus dem schwefelsauren Eisen- und Kupferoxyd flüchtig gewordene SO^3, welche schweroxydable Verbindungen z. B. das AgS und ZnS in Vitriole umwandelt (pag. 27). Uebrigens ist das Verhalten mehrerer zusammen vorkommender Schwefelungen beim Rösten noch wenig erforscht.

2. Rohschmelzen.

1 Rost = 38 Ctr. einmal gerösteter Kupferkies wird mit 12—14 Karren à 3¼ Ctr. Schlacken vom Roh-, Mittel- und Spursteinschmelzen, so wie auch mit einem Theil der beim vorigen Ausblasen gefallenen Schur beschickt. Sonstige kieselerdehaltige Zuschläge werden nicht gegeben, weil der in den Kiesen enthaltene Quarz zur Verschlackung der Erden und fremden Metalloxyde hinreicht, ja noch durch obige mehr basische als saure Schlacken neutralisiert werden muss.

Man bedient sich der **Brillenöfen** (Taf. III, Fig. 55—57), deren Herd mittelst eines aus 1 Theil Thonschiefermehl und 3 Theilen Kohlenstaub bestehenden Gestübbes in der Weise geschlagen wird, wie die Fig. 56 zeigt. Die Vorwand des Ofens ist unmittelbar über der Herdsohle mit einem Vorsetzstein geschlossen, dessen 2 untere Ecken zur Bildung der Augen ausgeschlagen sind.

Dimensionen des Brillenofens: Weite an der Vorwand und in der Formgegend 1' 10''; Weite auf der Hüttensohle 1' 2''; grösste Weite bis auf 4' 9'' Höhe von der Form ab 2' 2''; Länge oben und unten 3' 2''; Höhe des Trittsteins von der Hüttensohle 1' 9''; Höhe vom Trittstein bis zur grössten Weite 5' 3''; Böschung der Formwand 5''; die horizontale Form liegt 8'' tiefer, als beim Steinofen.

Die Art des Zumachens der Schmelzöfen ist auf den Productenfall beim Kupfererzschmelzen von grossem Einflusse, namentlich aber auf die Bildung von Speise- oder Königskupfer. Der Entstehung desselben (pag. 26) wird dadurch am besten begegnet, dass man das Schmelzgut möglichst rasch der oxydierenden Einwirkung der Gebläseluft, wodurch die Röstung fortgesetzt wird, entzieht und dann längere Zeit bei einer hinreichend hohen Temperatur im geschmolzenen Zustande erhält. Dabei wird etwa ausgeschiedenes metallisches Kupfer von dem mit Metall noch nicht vollständig gesättigten Steine wieder aufgenommen. Beiden Bedingungen würden am besten hohe Tiegelöfen mit zusammengezogenem Schmelzraume entsprechen, wenn darin nicht die Bildung von nur höchst schwierig ausräumbaren Eisensauen überhand nähme, so dass man sich meist auf die Anwendung niedriger Sumpf- und Brillenöfen beschränkt. Letztere begünstigen die Schwarzkupferbildung mehr als erstere, weil die geschmolzenen Massen gleich aus dem Ofen fliessen und sich kühlen, so dass das metallische Kupfer nicht wieder vom Steine aufgenommen werden kann. Dagegen leiden die Schmelzmassen in Brillenöfen weniger von der Einwirkung der Gebläseluft. Je mehr man das im Schmelzraume erzeugte Kohlenoxydgas zwingt, im Ofenschacht in die Höhe zu steigen, um so weniger metallisches Kupfer wird sich bilden, weil die schwefelsauren Salze von jenem Gase reduciert werden, und dadurch ihr zerlegender Einfluss auf das Schwefelkupfer wegfällt. Aus diesem Grunde werden Sumpf- und Brillenöfen, durch deren offene Brust immer ein Theil Kohlenoxydgas unbenutzt entweicht, mehr Veranlassung zur Bildung von Königskupfer geben, als die Tiegelöfen mit geschlossener Brust.

Nach dem Anlassen des Ofens setzt man am ersten Tage 2—3 Tröge Beschickung auf 1 Füllfass Koks *), später aber 3—4 Tröge bei einer Windpressung von 10—13''' Quecksilber und 2'' Düsendurchmesser, also bei 250—280 Cbf. Luft pro Minute. Das Schmelzen geschieht mit heller Gicht und 6—8'' langer Nase. Wird letztere zu lang, so feuert man die Vorwand leicht durch, wird sie zu kurz, so wird die Formwand stark angegriffen, die Form schmilzt weg und das Schmelzen wirft sich zu sehr nach hinten, in Folge dessen das Schmelzgut vorn erstarrt, sich hinter dem Vorsetzstein anlegt und nicht aus dem Auge fliesst. In solchem Falle versucht man mit Stecheisen und Meissel aufzuräumen, und hilft dies nicht, so muss der Vorsetzstein nebst den zunächst darüber liegenden Barnsteinen weggenommen und nach Ausräumung der erstarrten Massen erneuert werden. Bei weggeschmolzener Formwand hängt man das Gebläse ab, bessert dieselbe mit Barnsteinen aus und legt eine neue Form ein, was indes gewöhnlich nicht lange hilft, weil der Ofenschacht unter der Form tiefer geworden und der Schmelz-

---

*) Anwendung von Holz in Sibirien. Erdm. J. f. ök. u. techn. Ch. XVII, 471.

punkt dadurch verändert ist. Bei gutem Ofengange fliessen Schlacke und Stein gemeinschaftlich, aber abwechselnd 36—40 Stunden lang aus je einem Auge und separieren sich im Stechherde, wo dann erstere von letzterem abgehoben wird. In 12 Stunden erfolgen 18—20 Herde voll. Man darf die Schlacke nicht zu kalt werden lassen, damit sich der beständig zufliessende Stein unter derselben verkriechen kann. Ist der Ofengang nicht in Ordnung, so bemerkt man neben mussiger Schlacke durch die Form rohen Kies im Schmelzraum.

Wegen der hitzigen Arbeit, welche zur Erzielung einer hinreichend dünnflüssigen Schlacke erforderlich ist, dauert eine Campagne nicht länger als 14 Tage, während welcher Zeit man gewöhnlich alle 12 Stunden einen Stechherd erneuern muss. Die Arbeit, namentlich das Offenerhalten des Auges, erfordert stete Aufmerksamkeit von Seiten des Schmelzers, da die bereits beim Schliegschmelzen p. 85 angeführten Uebelstände auch hier eintreten können. Eine beschickte Schicht wird in 12 Stunden weggearbeitet.

Es erfolgt beim Rohschmelzen

1. **Rohstein** mit 27—49 Pfd. Kupfer und $1/2 - 1/4$ Lth. Silber, ist sehr dünn, körnig, krystallinisch, specifisch leicht und von kupferkiesähnlicher, aber matter Farbe. Wird geröstet.

Producte.

Analysen verschiedener Rohsteine:

	Cu	Fe	Zn	Ni	Co	Mn	Pb	Ag	S	Si O³	Summa
I.	23,58	38,42			5,67			—	32,00	—	99,67
II.	31,70	28,75	4,35	1,25		—	0,65	0,16	27,80	1,65	96,21
III.	48,25	17,35	2,90	0,80		—	1,05	0,30	24,58	1,55	96,78
IV.	42,10	19,25	5,20	1,05		—	1,50	0,27	25,50	1,15	96,02
V.	43,62	23,35			3,45		—	—	28,70	—	99,12
VI.	52,44	20,49	—	—	—		0,41	0,13	26,44	—	99,91
VII.	47,27	19,69	—		4,09		—	—	26,76	—	97,81
VIII.	58,60	13,20	—	—	—	—	—	—	23,20	0,6	95,60
IX.	8,32	62,26	1,23	—	—	—	—	—	26,35	0,51	98,67
X.	8,85	60,29	1,09	—	—	Spur	0,61	—	26,07	1,78	98,69
XI.	9,81	58,14	1,44	—	—	—	0,58	—	26,70	1,95	98,62
XII.	12,00	55,85	2,92	—	—	—	3,96	—	24,62	0,20	99,55
XIII.	42,95	27,08		0,57	—	—	1,21	—	28,29	0,44	100,54
XIV.	43,81	24,96	—	1,14	—	—	0,87	0,09	26,57	0,96	100,63
XV.	27,00	40,00	—	—	—	—	—	—	25,00	8,00	100,00
XVI.	3,10	58,50	2,30	Sb 1,40	As 5,30	—	9,20	0,20	17,00	—	97,00

I—VIII. Mansfelder Rohsteine: I. von Kupferkammerhütte nach Soutzos; II. ebend. nach Heine; III. von Eisleb. H. nach Heine; IV. von Mansf. H. nach Heine; V. von Katharinenhütte nach Rammelsberg; VI. von Sangerh. H. nach Heine; VII. nach Rammelsberg; VIII. nach Berthier. — IX—XII. Fahluner Rohsteine: IX. und X. nach Bergsten; XI. nach Winkler; XII. nach Johnson. — XIII. Riechelsdorfer Rohstein, oberste Scheibe nach Genth; XIV. desgl. unterste Scheibe. — XV. Von Chessy nach Berthier. — XVI. Von Freiberg nach Lampadius.

2. **Rohschlacke** mit $\frac{1}{2}-1\frac{1}{2}$ Pfd. Kupfer, von dunkel eisenschwarzer Farbe und strahlig blättrigem Bruche; läuft leicht mit Farben an. Wird beim Verschmelzen der gerösteten Kupfersteine zugeschlagen.

Nach Plattner sind die Rohschlacken Gemenge von Bi- und Singulosilicaten nach der Formel

$$x[3(FeO, CaO, PbO), 2SiO^3] + y[3(FeO, ZnO), SiO^3] + Al^2O^3, SiO^4$$

nebst einer geringen Menge von Cu^2O.

Analysen verschiedener Rohschlacken: *)

SiO^3	Al^2O^3	CaO	MgO	FeO	Ca^2O	ZnO	Fl	KO	NaO	MoO	FeS	Cu^2S	MoS^2	Summa
14,72	4,39	3,50	1,20	44,88	—	—	—	—	—	—	—	—	—	98,69
15,35	3,58	—	7,23	43,58	—	—	—	—	—	—	—	—	—	99,74
15,53	4,22	—	3,50	45,61	—	—	—	—	—	—	—	—	—	98,86
19,80	12,20	—	2,40	13,20	—	—	1,10	—	—	—	—	—	—	97,90
18,22	16,35	19,29	3,23	10,75	0,75	1,26	—	—	—	—	—	—	—	99,85
50,00	15,67	20,29	4,37	8,73	0,67	1,11	—	—	—	—	—	—	—	100,84
54,13	10,53	19,41	1,79	10,83	2,03	—	—	—	—	—	—	—	—	98,72
53,83	4,43	33,10	1,67	4,37	0,25	—	2,09	—	—	—	—	—	—	99,74
57,43	7,83	23,40	0,87	7,47	0,30	—	1,97	—	—	—	—	—	—	99,27
18,23	6,51	23,06	3,35	14,13	0,58	MnO 0,65	—	3,73	0,88	—	—	—	—	101,12
14,47	12,96	21,20	7,00	7,85	1,23	0,30	—	2,90	0,87	0,38	—	—	—	99,16
51,44	19,32	17,80	1,40	5,88	—	0,89	—	1,78	0,65	—	1,04	0,67	0,20	101,07
15,41	18,11	18,49	7,15	6,31	0,30	MnO 0,84	—	3,09	0,70	0,25	—	—	—	100,63
23,50	3,50	3,34	—	51,67	1,88	—	—	—	—	—	15,69	—	—	99,58
14,67	4,38	3,53	MnO 2,00	48,25	PbO 1,07	—	2,89	S1,85	—	—	—	—	—	98,64

I—III. Fahluner Rohschl., resp. nach Bredberg, Starbäck und Olsen. Bisilicate. — IV—IX. Mansfelder Rohschl.; IV. nach Berthier; V. und VI. nach Hoffmann; VII. nach Ebbinghaus; VIII. und IX. nach Heine. Bald Gemenge von Singulo- und Bisilicaten, bald solche von diesen mit Trisilicaten. — X—XII. Riechelsdorfer Rohschl. nach Genth. Gemenge von Singulo- und Bisilicaten. — XIII. Riechelsdorfer unreine Randschlacke (Schwiel). — XIV. Rohschl. von Oker nach Breymann. —

---

*) Sonstige Schlackenanalysen siehe Berthiers Probkst., Deutsch von Kersten II, 408.

XV. Kiesschl. von Altenauer Hütte nach A. Stern (im hiesigen Laboratorium). Sauerstoffverhältnis der Säure zu den Basen 18 : 15.

3. **Eisensauen** (Bühnen, Wölfe) erzeugen sich bei nicht zweckmässiger Beschickung, bestehen gewöhnlich aus einem Gemenge von Kohlen- und Kieseleisen mit andern Metallen und enthalten sehr häufig S, As, Sb und P.

Analysen von Eisensauen:

	C	S	P	As	Si	Mo	Fe	Ni	Co	Cu	Mn	Summa
I.	0,38	2,06	1,25	1,40	0,35	9,97	76,77	1,15	3,25	3,40	0,02	100,00
II.	0,48	0,92	2,27	2,47	0,39	10,19	74,60	1,28	3,07	4,32	0,01	100,00
III.	1,42	0,09	6,04	—	—	—	9,13	73,26	4,63	0,77	1,79	—	97,13
IV.	1,31	0,46	4,58	—	—	27,33	57,68	5,50		2,49	—	99,35
V.	0,87	0,59	3,51	—	—	28,49	57,91	3,42	0,67	2,45	—	97,91
VI.	1,12	0,31	0,04	—	1,28	6,98	84,24		2,85	4,52	—	101,34
VII.	0,73	0,59	1,04	—	2,98	—	86,04		3,61	5,19	—	100,78

I—V. Mansfelder Eisensauen; I. und II. nach Stromeyer; III—V. nach Heine. — VI. und VII. Riechelsdorfer Eisensauen nach Genth.

4. **Ofenbrüche und Geschur** werden den Kiesschichten zugetheilt.

Ofenbruch aus einem Schmelzofen zu Riechelsdorf bestand nach Genth aus:

S Zn Fe Pb Cu Mn Ca Mo Summa
31,89 57,51 4,08 2,79 1,06 0,55 1,06 0,15 99,05.

Auf einigen Mansfeldschen Hütten haben sich in einiger Entfernung über der Form **Feldspathkrystalle** (Pogg. XXXIII, 336; XXXIV, 531. — Rammelsb. Met. p. 233. — Hausm. Beitr. z. met. Krystallkde. 1850 p. 42.) von folgender Zusammensetzung gefunden:

	SiO_3	Al^2O^3	Fe^2O^3	CaO	CuO	Mn^2O^3	MgO	KO	NaO	Summa
I.	64,533	19,200	1,200	1,333	0,266	—	—	—	—	
II.	65,953	18,501	0,685	4,282	0,128	—	—	10,466		100,015
III.	65,03	16,840	0,88	0,34	0,30	0,36	0,34	15,26	0,65	100,00
IV.	63,96	20,04		0,43	—	—	0,54	12,49	0,65	98,21

I—III. Feldspath von Sangerhausen; I. und II. nach Heine; III. nach Abich. — IV. Feldspath von Leimbach nach Rammelsberg.

Ausweis.

38½ Röste = 1452 Ctr. Kupferkies mit 17½ Pfd. Gaarkupfer und ⅛ Lth. Silbergehalt lieferten, mit 1372 Ctr. Schlacken beschickt, in 47 zwölfstündigen Schichten und in 2 Zumachen bei einem Aufwand von 1704 Balgen Gaskoks und 20 Mss. Kohlen 978 Ctr. Rohstein mit 30—35 Pfd. Kupfer und ½ Lth.

Silber. — Die Arbeit geht im Tagelohne, und es erhält der Schmelzer für eine 12stündige Schicht 16 Ggr., der Vorläufer 11 Ggr. und der Schlackenläufer für eine Kiesschicht 4 Ggr. 8 Pf.

3. Rösten und Durchstechen des Rohsteins.

Rösten.

Der Rohstein wird 1—6mal in bedeckten Schuppen*) geröstet, je nachdem der Kupferkies mit mehr oder weniger Schwefelkies verbunden war. Je mehr von letzterem vorhanden ist, um so weniger muss man rösten, weil durch zu starkes Rösten einer kupferarmen Masse ein Theil des Kupfers verschlackt und der Ofen durch reichliche Bildung von Eisensauen leicht versetzt werden würde.

Obiges Quantum Stein von 978 Ctr. erforderte bei 3maligem Rösten 6 Mltr. Rösteholz und 5 Tagelöhne.

Es sind Versuche angestellt, den gerösteten Rohstein auszulaugen und auf Vitriol zu benutzen. Dieser fiel zwar ziemlich rein aus, allein wegen Langwierigkeit seiner Darstellung und wegen nur zu erwartender geringer Production ist seine Fabrikation unterblieben.

Durchstechen.

Der geröstete Rohstein wird in Schichten von 36 Ctr. mit 10—16 Karren Kiesschlacken à 3 Ctr. beschickt und ganz wie der Kies im Brillenofen verschmolzen. Man setzt in 12 Stunden $1\frac{1}{5}$ Schicht durch. Es erfolgten von obigen, mit 810 Ctr. Kiesschlacken beschickten, 978 Ctr. Rohstein mit 871 Mss. Kohlen in 2 Zumachen und 30 zwölfstündigen Schichten:

1. 720 Ctr. Mittelstein mit 40—47 Pfd. Kupfer und $\frac{1}{2}$ Lth. Silber. Wird geröstet und auf Schwarzkupfer durchgestochen.

Der Mittelstein entspricht dem Spurstein anderer Hütten.

Analysen von derartigen Steinen:

	Cu	Fe	Zn	Ni	S	Si	Summa
I.	51,37	18,67	6,54		24,35	—	100,93
II.	66,00	8,00	—		21,00	5,00	100,00

I. Spurstein von Kupferkammerhütte nach Ebbinghaus. — II. Spurstein von Chessy nach Berthier.

2. 1059 Ctr. Rohsteinschlacke mit $1\frac{1}{2}$ Pfd. Kupfer, von bräunlicher Farbe. Kommt zum Kiesschmelzen.

---

*) Bredberg über das Rösten der Kupfersteine in Schacht- und Flammöfen. Erdm. J. f. ök. u. techn. Ch. XVI, 56. — Versuche zu Freiberg. Lamp. Fortschr. 1839. p. 134.

Analysen derartiger Schlacken:

	Si O^2	$Al^2 O^3$	FeO	CaO	MgO	Cu	S	Summa
I.	33,18	11,22	32,03	17,14	2,96	1,90	—	98,43
II.	34,11	8,46	37,68	13,38	4,57	0,68	0,46	99,34

I. und II. Mansfelder Spursteinschlacken nach Wornum und Hoffmann; sind Singulosilicate.

4. Rösten und Durchstechen des Mittelsteines.

Der Mittelstein wird in 5—6 Feuern zugebrannt, wobei obiges Quantum von 720 Ctr. 8¼ Mltr. Rösteholz und 7 Tagelöhne erforderte.

Beim Verschmelzen der Kupfersteine auf Schwarzkupfer erzeugt sich im Brillenofen wegen der grössern Hitze, des raschen Ausfliessens der geschmolzenen Massen und des stärkeren Durchsetzquantums in derselben Zeit mehr kupferreicheres Schwarzkupfer und weniger Stein, als in einem Sumpfofen. Geht in letzterem das Schmelzen nicht rasch oder findet eine zu geringe Steinbildung statt, so erstarrt das darunter befindliche Kupfer im Sumpfe leicht und verhindert das Abstechen.

Beim Durchsetzen obiger 720 Ctr. Mittelstein mit 680 Ctr. Kiesschlacken erfolgten bei einem Aufwande von 599 Mss. Kohlen, bei einem Zumachen und in 20 zwölfstündigen Schichten:

1. 92 Ctr. Schwarzkupfer mit $1^3/_8$ Lth. Silber, von schmutzigrother Farbe und stänglicher Absonderung. Wird je nach seinem Gaarkupfergehalte entweder gleich auf dem kleinen Herde gaargemacht oder zuvor verblasen.

2. 324 Ctr. erster Spurstein mit 64—66 Pfd. Kupfer und $^5/_8$ Lth. Ag, von bleigrauer Farbe und grobkörnigem Gefüge; enthält in seinen Blasenräumen häufig metallisches Kupfer, welches sich dadurch zu erzeugen pflegt, dass beim Zutritt der Luft zu dem glühend aus dem Auge tretenden Steine sich $Cu^2 O$ bildet, welches sich dann mit dem FeS desselben zu FeO; SO^2 und Cu umsetzt. Letzteres wird wegen mangelnder Temperatur nicht wieder vom Stein aufgenommen. Wird geröstet und durchgestochen.

3. 992 Ctr. Mittelsteinschlacke mit $1^1/_2$ Pfd. Kupfer. Geht ins Kiesschmelzen.

5. Rösten und Durchstechen des ersten Spursteins.

Das Rösten geschieht in 7—8 Feuern, und es kamen dabei auf obige 324 Ctr. Stein $4^1/_2$ Mltr. Rösteholz und 4 Tagelöhne.

Schmelzen.

Die 324 Ctr. Stein lieferten beim Verschmelzen mit 306 Ctr. Kiesschlacken bei einem Aufwand von 262 Mss. Kohlen und in 7 zwölfstündigen Schichten:
1. 106 Ctr. S c h w a r z k u p f e r mit 1¼ Lth. Silber, von ziemlich reiner, kupferrother Farbe. Wird auf dem kleinen Herd gaargemacht.
2. 129 Ctr. z w e i t e r S p u r s t e i n mit 69 Pfd. Kupfer und ⁷⁄₁₆ Lth. Silber. Wird geröstet und durchgestochen.
3. 390 Ctr. S c h l a c k e mit 3 Pfd. Kupfer; zum Kiesschmelzen.

6. Rösten und Durchstechen des zweiten Spursteins.

Rösten. Der zweite Spurstein wird je nach seinem Schwefelgehalt in 9—10 Feuern geröstet. Obige 129 Ctr. erforderten bei 9maliger Röstung 4¾ Mltr. Rösteholz und 3 Tagelöhne.

Durchstechen. Bei Zuschlag von 122 Ctr. Kiesschlacken und einem Aufwande von 138 Mss. Kohlen erfolgten in einem Zumachen und in 3 zwölfstündigen Schichten von 129 Ctr. Stein:
1. 70½ Ctr. S c h w a r z k u p f e r mit 1 Lth. Silber. Wird gaargemacht.

Analysen von verschiedenen Schwarzkupfern.

	Cu	Fe	Pb	Ag	Zn	Ni	Co	K	Ca	Mg	S	As	Summa
I.	95,45	3,50	—	0,49	—	—	—	—	—	—	0,56	—	100,00
II.	88,87	3,40	5,96	—	1,97			—	—	—	—	—	100,20
III.	89,13	4,23	0,97	—	3,98			—	—	—	1,07	—	99,38
IV.	92,83	1,38	2,79	0,26	1,05		—	—	—	—	1,07	—	99,38
V.	83,29	1,66	0,31	0,06	—	3,28	Spur	0,03	0,05	0,01	11,31	—	100,00
VI.	92,24	1,41	0,89	0,10	—	4,15	Spur	0,10	0,13	Spur	0,98	—	100,00
VII.	69,50	6,70	6,00	0,50	2,0	8,30	1,3	Bi 1,00	—	—	Spur	3,5	98,8
VIII.	95,70	2,90	—	—	—	0,6	—	—	—	—	0,8	—	—
IX.	69,04	0,52	8,31	SiO³=1,50	19,35	—	—	—	—	—	1,28	—	—

I—IV. Mansfelder Schwarzkupfer; I. nach B e r t h i e r, II. nach L a d e, III. nach H o f f m a n n, IV. nach E b b i n g h a u s. — V. Riechelsdorfer Schw. nach G e n t h, oberste Scheibe; VI. desgl. unterste Scheibe. — VII. Freiberger Schw. nach L a m p a d i u s. — VIII. Schw. von Chessy nach B e r t h i e r. — IX. Krätzschw. aus dem Mansfeldschen nach B a u m a n n.

2. 34 Ctr. d r i t t e r S p u r s t e i n mit 72—74 Pfd. Kupfer und ¼ Lth. Silber. Wird, wenn eine noch hinreichende Menge davon vorhanden ist, abermals geröstet und durchgestochen, sonst

aber der nächstjährigen Kupferarbeit übergeben. Entspricht den Dünnsteinen anderer Hütten.

Durchstechen.

Analysen von Dünnsteinen:

	Cu	Fe	Zn	Ni	S	Summa
I.	57,78	17,23	0,74	—	24,50	100,25
II.	59,80	15,80	—	—	22,6	98,20
III.	57,27	16,82	2,55		22,17	98,81
IV.	59,18	16,07	2,97		20,01	98,23
V.	61,23		15,19		24,38	100,80
VI.	61,26	13,70	Co 4,11	—	22,51	101,58

I. Fahluner Dst. nach Johnsen. — II–V. Mansfelder Dst.; II. nach Berthier, III. nach de la Trobe, IV. nach Schlieper, V. nach Boujoukas. — VI. Riechelsdorfer Dst. nach Genth.

3. Schlacke mit 3 und mehr Pfd. Kupfer; zum Kiesschmelzen.

Analysen von Schwarzkupferschlacken:

	Si O^2	$Al^2 O^3$	Fe O	Ca O	Mg O	Co O	Cu O	Mo O	K O	Na O	Summa
I.	31,72	2,83	47,80	8,06	3,86	0,25	1,07	0,23	3,68	1,26	100,76
II.	38,15	—	47,22	11,56	0,03	—	2,86	—	—	—	99,82
III.	37,90	—	49,23	9,07	1,47	—	1,59	—	—	—	99,26
IV.	32,79	—	66,12	—	1,58	—	Spur	—	—	—	100,49
V.	32,35	6,50	50,50	—	—	—	—	—	—	—	—

I. Riechelsdorfer Schw. nach Genth. — II. Mansfelder Schw. nach Lade; III. desgl. nach Gehrenbeck. — IV. Fahluner Schw. nach Winkler. — V. Freiberger Schw. nach Erdmann.

Sämmtliche Schlacken sind Singulosilicate. Nach Plattner sind die Freiberger Schwarzkupferschlacken zusammengesetzt nach der Formel

$$x\left[3(FeO, CaO, MgO, PbO, MnO), SiO^3\right] + Al^2O^3, SiO^3,$$

jedoch öfters mit mehr oder weniger $3(FeO, CaO, MgO, PbO, MnO), 2SiO^3$ verbunden, so dass sich die Zusammensetzung bisweilen der Formel

$$x\left[3(FeO, CaO, MgO, PbO, MnO), 2SiO^3\right] + Al^2O^3, SiO^3$$

nähert.

7. **Verblasen der Schwarzkupfer.**

Diese Operation wird gewöhnlich nur mit den unreinern Kupfern, welche beim Durchstechen des Mittelsteins fallen, in dem Verblaseofen (Taf. III, Fig. 58—60) vorgenommen. Ein Einsatz von 44 Ctr. ist gewöhnlich in 26 Stunden verarbeitet, indem das

Verfahren.

Herdschlagen 4, das Weichfeuern 6 und das Schlackenabziehn etwa 16 Stunden dauert, wo dann der Gaarspahn eine kupferrothe Farbe und etwas Biegsamkeit zeigt. Das gereinigte Kupfer wird alsdann in 2 Stechherde abgelassen, in Scheiben gerissen und zerschlagen.

Producte. Ein Einsatz von 46 Ctr. lieferte bei einem Aufwande von 9 Schck. Waasen, 2 Mss. Kohlen und 7 Tagelöhnen:
1. 40½ Ctr. verblasenes Schwarzkupfer; wird auf dem kleinen Herd gaargemacht.
2. 6 Ctr. Verblasenschlacke mit etwa 4 Pfd. Kupfer; wird mit den Verblasenschlacken der Krätzkupferarbeit zugutegemacht.

8. Gaarmachen der Schwarzkupfer.

Verfahren. Das bei den verschiedenen Steindurchstechen fallende, zuweilen noch vorher verblasene Schwarzkupfer wird gemeinschaftlich auf dem kleinen Herde (Taf. III, Fig. 61—63), welcher aus einem Gemenge von Thonschiefer und Kohlenstaub geschlagen ist, gaargemacht.

Man setzt 4 Ctr. nach und nach auf, bis der Herd (nach 2—3 Stunden) voll ist und nimmt dann nach einiger Zeit Proben mit dem Gaareisen. Anfangs ist der Gaarspahn dick, glatt und von graulicher Farbe, wird immer röther und biegsamer, und das Kupfer legt sich immer dünner am Gaareisen an. Sobald er eine colombinrothe Farbe, eine krause, gänsehautähnliche Oberfläche annimmt, und sich an der Spitze (Bart) spiralförmig windet, so ist die Gaare eingetreten, worauf zum Scheibenreissen geschritten wird. Das Gaarmachen incl. Reinigung des Kupfers lohnt pro Ctr. 12 Ggr. 6 Pf., das Abwägen 1 Ggr.

Producte. Beim Gaarmachen von 263 Ctr. Schwarzkupfer erfolgten bei einem Verbrauch von 334 Mss. Kohlen und bei 39 Tagelöhnen:
1. 234,76 Ctr. Gaarkupfer mit ¾ Lth. Silber. Geht unter dem Namen gutes Kieskupfer in dünnen Scheiben in den Handel und übertrifft das Krätzkupfer an Qualität.

Zuweilen erzeugen sich an den Gaarkupferscheiben (sowie auch am Schwarzkupfer) octaedrische Krystalle, welche gewöhnlich nicht rein ausgebildet, sondern mit concaven und rauhen Flächen versehen sind und sich zum Gestrickten hinneigen.

Analysen verschiedener Gaarkupfer:

	Cu	Pb	Fe	Ni	Ni O	Co	Ag	Sb	As	Mn	K	Ca	Mg	Al	Si	S
I.	98,48	Spur	0,75	0,26	—	—	—	0,60	—	—	—	—	—	—	—	—
II.	99,45	0,14	0,02	Zn = 0,02	—	—	0,04	0,19	Spur	Spur	—	—	—	—	—	Spur
III.	99,5	0,5	—	—	—	—	—	—	—	—	—	—	—	—	—	—
IV.	99,61	Spur	0,62	—	—	—	Spur	Sn = 0,27	—	—	—	—	—	—	—	—
V.	98,66	0,75	0,06	—	—	—	0,23	—	—	—	0,116	0,095	0,033	0,021	0,05	—
VI.	99,17	0,47	0,05	—	—	—	0,23	—	—	0,05	—	—	—	—	—	0,11
VII.	99,55	0,19	0,15	—	—	—	—	—	—	—	—	—	—	—	—	—
VIII.	99,89	0,06	—	—	—	—	Spur	—	—	—	0,06	—	—	—	—	—
IX.	98,25	1,09	0,13	0,24	—	—	0,14	—	—	—	—	0,11	—	0,05	—	—
X.	99,94	—	Spur	—	—	—	0,06	—	—	—	—	—	—	—	—	—
XI	95,95	—	0,30	0,68	—	—	—	—	—	—	—	—	—	—	1,33	0,14
XII.	99,9	0,1	Spur	Spur	—	—	—	—	—	—	—	—	—	—	—	—
XIII.	83,90	0,60	—	1,10	13,86	—	Spur	—	—	—	0,32	0,10	0,12	—	—	Spur
XIV.	98,97	0,07	0,23	0,27	—	—	0,13	—	—	—	0,07	0,04	Spur	—	—	Spur
XV.	98,73	0,74	0,07	Spur	—	0,14	0,06	—	—	—	0,17	0,09	—	—	—	—

I. Andreasberger G. nach B o d e m a n n. — II. Unterharzer G. nach B i e w e n d. — III. Drontheimer Rosettenk. — IV. Norwegisches Blockk. nach G e n t h. — V. Schwedisches Rosettenk. nach K o b e l l. — VI. Schwed. K. von Avista nach G e n t h. — VII. Schwed. K. von Gustav- und Carlsberg nach G e n t h. — VIII. Stadtbergener G. — IX. Mansfelder G. nach K o b e l l. — X. Dillenburger G. nach S c h n a b e l. — XI. Desgl. untere Scheibe. — XII. Niederbrucker G. nach B o d e m a n n. — XIII. Riechelsdorfer G. nach G e n t h, oberste Scheibe. — XIV. Desgl König. — XV. Japanisches G. nach G e n t h.

2. 58 Ctr. Gaarschlacken mit 30—32 Pfd. Blei, 12—14 Pfd. Kupfer und $\frac{1}{8}$ Lth. Silber. Werden mit den Gaarschlacken von der Krätzkupferarbeit zusammen verschmolzen.

Nach H a u s m a n n kommen in den Gaarschlacken zuweilen Kupferkrystalle, ähnlich wie im Aventuringlase vor. Derselbe fand in Schlacken vom Gaarmachen des Kupfers im Spleissofen zu Ocker eisenschwarze, olivengrün durchscheinende Kryställchen, vielleicht aus arsenigsaurem Kupferoxyd bestehend. — M i t s c h e r l i c h beobachtete in Gaarschlacken Krystalle von Kupferoxydul, die sich nach K e r s t e n als zarte cochenillerothe, demantglänzende Blättchen darstellten. — Nach P l a t t n e r (Löthrohrprobkst. 1847. p. 195) bestehen die Gaarschlacken aus Pb O, Cu² O, Ni O, Co O, Fe O, Si O³, Al² O³ etc. in veränderlichen Verhältnissen, je nachdem das Kupfer seiner Gaare mehr oder weniger nahe ist. Zuweilen nähern sie sich der Zusammensetzung von: $x (3 R O, Si O^3) + Al^1 O^3, Si O^3$.

Analysen von Gaarschlacken aus dem kleinen Herd:

	Si O³	Cu²O	PbO	FeO	ZnO	NiO	MnO	CaO	Al²O³	MgO	KO
I.	58,0	3,0	5,8	19,6	0,4	3,0	C = 2,5	3,2	4,5	—	—
II.	13,8	72,0	—	13,8	—	—	—	—	—	—	—
III.	25,4	16,0	48,2	3,8	—	—	1,6	—	2,2	—	—
IV.	29,25	2,65	—	63,32	—	—	1,46	—	1,25	1,31	0,19

I. G. von Müsen vom Anfange des Prozesses. — II. G. aus dem Mansfeldschen. — III. G. aus Sibirien. — IV. G. von Lautenthal nach Walchner.

Hauptausweis. 38½ Röste Kupferkies mit 17½ Pfd. Gaarkupfergehalt erforderten 26¼ Mltr. Rösteholz à 1⅔ Thlr., 9 Schck. Waasen à 1¼ Thlr., 1704 Blgn. Koks à 3 Ggr. 4 Pf., 2226 Mss. Kohlen à 8 Ggr. und lieferten 234,76 Ctr. Gaarkupfer.

Bei obigem Durchschnittsgehalt von 17½ Pfd. Kupfer ergibt sich der Kupferverlust zu 8½ Prct. ohne den Gehalt der Verblase- und Gaarschlacken, und mit Hinzurechnung des Kupfers in 58 Ctr. Gaarschlacken à 13 Pfd. und 6 Ctr. Verblasenschlacken à 4 Pfd. beträgt der Kupferverlust 4⅔ Prct.

B. Krätzkupferarbeit.

Umfang. Man unterwirft derselben die silberhaltigen Kupfersteine, welche zur Clausthaler und Altenauer Hütte beim vierten Durchstechen der gerösteten Bleisteine fallen und 15—25 Pfd. Blei, 22—35 Pfd. Kupfer und 2¼—3½ Lth. Silber halten. Anfangs geht diese Arbeit denselben Weg, wie die Kiesarbeit, weicht dann aber mit der weitern Verarbeitung des Schwarzkupfers, dessen Silbergehalt scheidungswürdig ist, ab.

Bei der Krätzkupferarbeit kommen nun folgende Operationen vor:

1. Rösten und Durchstechen des Kupfersteins.

Verfahren. Der Kupferstein der Bleiarbeit wird 6—8mal geröstet und im Brillenofen (Taf. III, Fig. 55—57) mit Kies- und Kupfersteinschlacken verschmolzen. Diese Arbeit geht ebenfalls sehr hitzig und erfordert stete Aufmerksamkeit, damit sich die Schmelzproducte gehörig separieren.

Ausweis. Im Jahre 1846 kamen zur Verarbeitung: 300 Ctr. Clausthaler Kupferstein mit 2¾ Lth. Silber, 15 Pfd. Blei und 34 Pfd. Kupfer; 495 Ctr. Altenauer Kupferstein mit 2¼ Lth. Silber, 20 Pfd. Blei und 42 Pfd. Kupfer; 16 Ctr. Kupferstein vom vorigen Jahre mit 1¾ Lth. Silber, 1 Pfd. Blei und 74 Pfd. Kupfer, also in Summa 811 Ctr. Kupferstein mit 122 Mk. 14¾ Lth. Silber, 321 Ctr. 74 Pfd. Kupfer und 144 Ctr. 16 Pfd. Blei.

Es erfolgten von obigen 300 Ctr. Clausthaler und 495 Ctr. Altenauer Kupferbleistein bei einem Verbrauch von 660 Mss. Kohlen, in 1 Zumachen und 20 zwölfstündigen Schichten:

1. 44 Ctr. Schwarzkupfer mit 8½ Lth. Silber, von schmutzigrother Farbe, stänglicher Absonderung und zuweilen krystallinischer Textur. Wird in noch glühendem Zustande in eigrosse Stücke zerschlagen und verfrischt.

2. 501 Ctr. zweiter Kupferstein mit 3 Lth. Silber, 2 Pfd. Blei und 73 Pfd. Kupfer, von licht bleigrauer ins Röthliche spielender Farbe, dichtem kleinkörnigen Gefüge und mit Blasenräumen im Innern, worin sich zuweilen Kupferhaare befinden. Wird geröstet und durchgestochen.

3. Schlacke mit $\frac{1}{16}$ Lth. Silber und 5 Pfd. kupferigem Blei, mit verworren strahliger Textur, zuweilen schön krystallisiert. Wird abgesetzt oder in die Arbeit zurückgegeben.

2. Rösten und Durchstechen des zweiten Kupfersteins.

Dieses geschieht ganz wie vorhin.

Es erfolgten dabei von obigen 501 Ctr. Stein, dem die 16 Ctr. vom vorigen Jahre zugesetzt wurden, bei einem Aufwande von 340 Mss. Kohlen, in 1 Zumachen und 13 zwölfstündigen Schichten: *Erfolg.*

1. 154 Ctr. Schwarzkupfer mit 6 Lth. Silber. Geht ins Frischen.

2. 198 Ctr. dritter Kupferstein mit 2½ Lth. Silber, 2 Pfd. Blei und 73 Pfd. Kupfer, an welchem sich schon knospenartiges Kupfer zeigt. Wird geröstet und durchgestochen.

3. Schlacke mit 4⅜ Pfd. Blei und 2 Pfd. Kupfer. Wird je nach ihrem Gehalte zum Steinschmelzen abgegeben oder auf die Halde geschafft.

3. Rösten und Durchstechen des dritten Kupfersteins.

Geschieht in der vorhin angegebenen Weise. Von obigen   *Erfolg.*
198 Ctr. Stein resultierten bei einem Aufwand von 188 Mss. Kohlen, in einem Zumachen und 6 zwölfstündigen Schichten:

1. 106 Ctr. Schwarzkupfer mit 3¾ Lth. Silber. Kommt zum Frischen.

2. 38 Ctr. vierter Kupferstein mit 1¾ Lth. Silber, 1 Pfd. Blei und 74 Pfd. Kupfer. Geht in die nächstjährige Krätzarbeit über.

3. Schlacken mit 4 Pfd. Blei und 2½ Pfd. Kupfer, kommen zum Steinschmelzen. Der Aufwand an Rösteholz für sämmtliche Steinröstungen betrug 61 Mltr.

4. Frischen des Schwarzkupfers.

Allgemeines. Man versteht unter Frischen auf Saigerhütten das Zusammenschmelzen des silberhaltigen Schwarzkupfers mit metallischem Blei oder bleiischen Producten, um das Silber des Kupfers ans Blei zu binden, zu welchem es verwandter ist. Damit dieses möglichst vollständig geschehe, muss die Menge des Zuschlagbleies zum Kupfer und Silber in einem bestimmten Verhältnis stehen.

Nach Karsten darf das Verhältnis des Bleies zum Kupfer nicht grösser sein, als 11 : 3, wenn man beim demnächstigen Absaigern nicht zu viel Kupfer ins Saigerblei überführen will; ferner sind nach demselben zu jedem Loth Silber, welches das Metallgemisch aus Kupfer und Blei enthält, wenigstens 15—16 Pfd. Blei erforderlich. Diese Verhältniszahlen können aber, will man sich bei der Entsilberung schadlos halten, nach Lokalverhältnissen, namentlich aber bei der Entsilberung armer Kupfer, wesentliche Modificationen erleiden. Bei Zusammensetzung einer Frischbeschickung ist zu erwägen, ob es in Bezug auf den Werth der Metalle vortheilhafter ist, lieber etwas Kupfer ins Saigerblei zu führen und das Silber vollständiger zu gewinnen, oder lieber mehr Blei und Silber im Kupfer zu lassen, um einen möglichst geringen Verlust an letzterem zu haben. Durch eine hohe Bleibeschickung wird immer das höchste Silberausbringen erreicht, dabei aber der Blei- und Kupferverlust vermehrt; bei einer zu niedrigen Beschickung findet das Entgegengesetzte statt, und man muss in solchem Falle von zwei Uebeln das kleinste wählen.

Auf den Oberharzer Hütten hat sich nach langjähriger Erfahrung das Verhältnis von 100 Pfd. Kupfer zu 200—275 Pfd. Blei in Bezug auf das Metallausbringen als das günstigste bewährt. Je nachdem nun das Schwarzkupfer schon mehr oder weniger Blei enthält, wird dieses Verhältnis etwas modificiert und zwar richtet man sich hierbei nach dem Verhalten der Frischstücke beim Saigern.

Wie hoch der Silbergehalt eines Schwarzkupfers wenigstens sein müsse, um vortheilhaft entsilbert zu werden, darüber liegen noch keine hinreichenden Erfahrungen vor. Er beträgt bei den aus 2—2½löthigen Kupfersteinen dargestellten Oberharzer Schwarzkupfern, je nachdem diese bei den verschiedenen Durchstechen gefallen sind, resp. 7,5½, 4 und 3¼ Lth., durchschnittlich etwa 5 Lth. im Centner, und es erfolgen demnächst 1löthige Gaarkupfer. Beim Verfrischen wird der erforderlichen Gleichförmigkeit des Prozesses halber zu jedem Frischstück Schwarzkupfer von den verschiedenen Durchstechen und zwar nach Verhältnis des Umfangs ihrer Haufwerke entnommen.

Zur Erlangung treibwürdiger Saigerwerke fand früher auf den Oberharzer Hütten ein dreimaliges Frischen statt, indem man die beim ersten Frischen (Armfrischen) erhaltenen Werke noch zweimal zur

Entsilberung frischen Schwarzkupfers (Mittel- und Reichfrischen) anwandte, wobei Arm-, Mittel- und Reichwerke mit resp. 2, 3¼ und 4¼ Lth. Silber fielen. Es hätte nun eigentlich bei derselben Bleibeschickung und demselben Silbergehalt des Kupfers sich jener Silbergehalt wie 2:4:6 verhalten müssen; allein obiges Verhältnis blieb constant, wodurch ein grösserer Rückhalt des mit Arm- und Mittelwerken verbleiten Schwarzkupfers an Silber entstand. Dieser erklärt sich dadurch, dass das Kupfer bei der Saigerung nicht unbedeutende Mengen Blei von der Bleibeschickung zurückhält, welches beim Armfrischen aus fast reinem Blei, beim Mittel- und Reichfrischen aber aus silberreicherem Blei (Arm- und Mittelwerken) besteht. Da nun silberarmes reines Blei (Frischblei) aus silberhaltigem Schwarzkupfer das Silber vollkommener ausziehen möchte, als schon mit Silber, Antimon etc. theilweise gesättigtes Blei (Arm- und Mittelwerke), so war durch Versuche nachzuweisen, ob es vortheilhafter sei, durch einmaliges Frischen mit silberarmem Blei ein silberärmeres Werkblei und vollständiger entsilbertes Schwarzkupfer oder ein reicheres Saigerblei und weniger vollständig entsilbertes Schwarzkupfer durch mehrmaliges Frischen zu erzeugen, wobei also hauptsächlich zur Frage kam, ob das Mehrausbringen an Silber in ersterem Falle den grössern Verlust an Blei beim Abtreiben decken würde.

Zur Lautenthaler Hütte in dieser Absicht angestellte Versuche lieferten ein 2—3faches Werkequantum mit 2 Lth. Silber, bei deren Vertreiben ein grösserer Bleiverlust und ein eben so vielfacher Aufwand an Brennmaterial, Herdmaterial und Löhnen entstand, der aber durch das Mehrausbringen an Silber hinreichend gedeckt wurde. Seit 1839 ist das einmalige Frischen zur Lautenthaler Hütte current eingeführt und es beträgt das jährliche Mehrausbringen an Silber etwa 7 Mk., während die dadurch vermehrten Kosten sich höchstens auf 30 Thlr. belaufen.

Versuche zur Altenauer Hütte haben ein gleich günstiges Resultat ergeben. 216 Ctr. Schwarzkupfer mit 5 Lth. Silber lieferten bei mehrmaligem Frischen bei einem Bleiverlust von 70,18 Ctr., 40 Mk. 15¼ Lth. Silber, während von demselben Schwarzkupferquantum bei einmaligem Frischen der Bleiverlust 76 Ctr. 25 Pfd. = $15\frac{7}{8}$ Prct., das Silberausbringen aber 54 Mk. 14¼ Lth. ausmachte. Die Kosten beim mehrmaligen Frischen des obigen Schwarzkupferquantums betrugen 590 Thlr. 5 Ggr. 6 Pf. Vergleicht man dieselben mit dem Werthe der ausgebrachten 40 Mk. 15¼ Lth. Silber à Mk. zu 13 Thlr. 21 Ggr. = 568 Thlr. 15 Ggr. 10 Pf., so ergibt sich ein Schaden von 21 Thlr. 13 Ggr. 8 Pf., der aber durch Berücksichtigung mehrerer nicht in Anschlag gebrachter Umstände reichlich gehoben wird. Beim einmaligen Frischen betrugen die Kosten 674 Thlr. 4 Ggr. Diese mit dem Werthe des ausgebrachten Silbers zu 54 Mk. 14¼ Lth. à Mk. 13 Thlr. 21 Ggr. = 761 Thlr. 19 Ggr. 7 Pf. verglichen, gibt einen Gewinn von 87 Thlr. 15 Ggr. 9 Pf., der sich mit Hinzurechnung des Schadens beim mehrmaligen Frischen auf 109 Thlr. 5 Ggr. 5 Pf. erhöht, was einen jährlichen Gewinn von 218 Thlr. 10 Ggr. 10 Pf. bringt.

Zu Oker, wo früher ebenfalls ein Arm-, Mittel- und Reichfrischen stattfand, hat man seit 1838 das Mittelfrischen weggelassen, und vielleicht wird ein einmaliges Frischen noch erwünschtere Resultate liefern.

Früher wurde auf den Oberharzer Hütten, wie dies jetzt noch zu Oker geschieht, Glätte beim Frischen mit angewandt. Versuche haben erwiesen, dass metallisches Blei vor der Glätte bedeutende Vorzüge hat. Es fallen dabei weit weniger Frischschlacken, es verflüchtigt sich bei dem raschen Schmelzen mit heller Gicht weniger Blei als Glätte, das Kupferausbringen wird erhöht und die Qualität desselben verbessert, indem Frischblei reiner als Glätte ist, bei deren Verfrischen an 3 Prct. antimonhaltigen Bleidrecks weggeschafft werden. Auch wird der Prozess für den Arbeiter übersichtlicher, weil die Glätte unregelmässig und nicht so rasch niederschmilzt als Frischblei. Wendet man einmal Glätte an, so nimmt man am liebsten kupferige, um ihren Kupfergehalt mitzugewinnen. Dies hat jedoch wieder den Uebelstand, dass sich diese kupferige Glätte beim Vorbeigang vor der Form weniger deutlich vom Kupfer unterscheidet als Blei, und man die Frischstücke nicht so sorgfältig separiert halten kann.

Frischöfen. Der Kupferfrischofen (Taf. III, Fig. 64—66) wird als Spurofen mit offnem Auge zugemacht. Er unterscheidet sich von den gewöhnlichen Bleisteinschmelzöfen dadurch, dass an der Hinterwand vom Sohlstein bis zur Form eine 8" starke Barnsteinmauer (Nasenstuhl) hergestellt wird, auf welche man einen sich nach oben zu einer Schneide bildenden 2' hohen Sandstein aufsetzt. Dieser enthält in seiner Basis eine mit der Formmündung communicierende röhrenförmige Aushöhlung, durch welche eine künstliche Nase erzeugt werden soll, weil sich beim Frischen wegen Mangel an Schlackenzuschlägen keine Nase bilden kann.

Das Aufstampfen des aus 3 Theilen Kohlenklein und 1 Theil Thonschiefermehl dem Volum nach bestehenden Gestübbes im Herde geschieht nach der Richtung eines Stabes, welcher von 4" über dem Herdblech weg in die Formöffnung gelegt wird. Der Herdtiegel wird mittelst des ins Gestübbe gesetzten Herdholzes gebildet.

Die Dimensionen des Ofens sind folgende: Formhöhe über dem Bleche 1' 2"; Weite an der Vorwand in der Formgegend 1' 5"; Weite an der Formwand 1' 5"; grösste Weite bis auf 5' 6"

Höhe 1' 6"; Höhe des Ofens vom Herdblech ab 5' 6"; Böschung der Formmauer bis auf 5'6" 5"; Länge des Ofens unten wie oben 3' 2"; Höhe des Herdtiegels 1' 6"; oberer Durchmesser desselben 10½", unterer Durchmesser 9".

Nach dem Zumachen und Abwärmen des Ofens füllt man denselben ganz mit Kohlen an und setzt anfangs einige Stückchen Blei (etwa ¼ Ctr.) auf, damit das nachfolgende geschmolzene Kupfer eine flüssige Unterlage vorfindet und nicht auf der Herdsohle erstarrt. Sodann wird ein Ctr. Schwarzkupfer, in ei- bis wallnussgrosse Stücke zerschlagen, an die Formwand des Ofens gegeben und ein Füllfass Kohlen aufgestürzt. Tritt nach etwa 5 Minuten das Kupfer vor die Form, so gibt man das zum ersten Stücke gehörige Bleiquantum (2¾ Ctr.) auf, dann ein Füllfass Kohlen und zuletzt das Kupfer zum zweiten Stücke. Das Blei tritt rasch vor die Form trifft hier noch das schmelzende Kupfer, legiert sich und tritt gemeinschaftlich mit demselben durch das offene Auge in den Vorherd. Nach 5 Minuten hört das Ausfliessen auf und das erste Stück wird in die mit Lehmwasser ausgestrichene Frischpfanne abgestochen. Während der Zeit ist das Kupfer zum zweiten Stück vor die Form getreten, wo dann wieder Blei, Kohlen und Kupfer aufgegeben werden und wie vorhin verfahren wird. Es sind immer 3 Frischstücke in Arbeit: das erste in der Pfanne, das zweite vor der Form im Schmelzen begriffen, und das Kupfer zum dritten oben im Ofen. Durch fortwährendes Beobachten der Form und stete Aufmerksamkeit ist der Schmelzer im Stande, die einzelnen Stücke separiert zu halten. Das Kupfer zeigt sich vor derselben als dunkelglühende zackige Stücke, welche durch das tropfenweise darauf fallende Blei flüssig werden. Bei sehr schwerschmelzigem Schwarzkupfer gibt man das Blei nach und nach auf, damit es nicht schon in den Herdtiegel ausfliesst, während sich noch Kupfer vor der Form befindet.

Bei gutem Gange fliessen Frischstück und Schlacke gleichmässig und ziemlich stark durch das Auge aus; bleibt erstere zurück, so muss mit dem Räumeisen gearbeitet werden. Wird die Form dunkel, ist Kupfer durch die Kohlen hindurch vor dieselbe gefallen, so erhöht man den Kohlensatz und stösst das sich ansetzende Kupfer von Zeit zu Zeit weg. Bei schlechten Kohlen kühlt sich die Masse wohl im Vorliegel und muss dann durch Bedecken mit glühenden Kohlen wieder hinreichend flüssig gemacht werden. Hilft dies nicht, so sticht man die erstarrende Masse ab und bringt sie in den Ofen zurück.

Die Frischstücke werden durch Begiessen mit Lehmwasser in der Frischpfanne rasch abgekühlt, an einem vor dem Erkalten eingelegten Haken ausgehoben und zur Seite gebracht.

Ausweis. Auf 1 Frischen von 50—51 Ctr. Kupfer gibt man 140 Ctr. 25 Pfd. Frischblei, wovon in 7—8 Stunden etwa 6 Ctr. Schlacken erfolgen und wobei 60—65 Mss. Kohlen verbraucht werden.

Sämmtliches Schwarzkupfer von den obigen 3 Steindurchstechen, im Betrage von 306 Ctr., erforderte in 6 Frischen 841 Ctr. 50 Pfd. Blei und 227 Mss. Kohlen und lieferte:

1. 306 Frischstücke, welche gesaigert werden. Man gibt ihnen gewöhnlich die Form von 3—3½″ dicken Scheiben, weil sie in dieser Gestalt die grösste Oberfläche bei der geringsten Stärke der Masse darbieten. Zu dicke Scheiben erfordern zu ihrer Absaigerung eine so starke Hitze, dass sie in Fluss gerathen; bei zu dünnen ist die Verhinderung eines totalen Flüssigwerdens schwer.

2. 49 Ctr. Frischschlacken mit $\frac{1}{32}$—$\frac{1}{8}$ Lth. Silber, 1—5 Pfd. Kupfer und 30—55 Pfd. Blei. Kommen zum Krätzfrischen.

8 Stück zu frischen kosten 22 Ggr. 3 Pf., ausserdem à Stück wegzulaufen 6 Pf.

5. Saigern der Frischstücke.

Verfahren. Das Saigern, die Trennung des beim Frischen gebildeten silberhaltigen Bleies vom Kupfer bezweckend, wird in der Weise ausgeführt, dass man die Frischstücke, in Zwischenräumen von 5—6 Zoll durch Holzpflöcke auseinander gehalten, vertikal auf den 6′ langen, 2′ breiten und 2″ dicken, geneigten Saigerscharten des Saigerherds (Taf. IV, Fig. 67—69) aufstellt, diesen mit Eisenplatten umgibt und die leer gebliebenen Räume mit Holz und Kohlen ausfüllt. Hierauf zündet man ein paar Holzklüfte in der 1′ 10″ hohen und unten 1′ 6″ breiten Saigergasse, welche nach hinten ein Ansteigen von 6″ hat, an und füllt den Sumpf mit glühenden Kohlen. Nach ½—¾ Stunden fängt das Werkblei an, durch die ½" breite Saigerritze zu tröpfeln und dem Sumpf zuzufliessen. Man feuert im Anfang langsam, damit nicht zu viel Kupfer abschmilzt, welches dann theils Krätze bildet, theils ins Blei geht; später, wenn die Masse strengflüssiger wird, erhöht man durch Oeffnung der Züge in der Rückwand des Herdes die Temperatur. Bei guter Beschaffenheit der Kohlen gehen die Frischstücke schon mit dem ersten Male gehörig nieder; ist dies nicht der Fall, so müssen nochmals welche aufgegeben werden. Saigergasse und Saigerritze muss man öfters von Ansätzen reinigen und in ersterer immerfort brennendes Holz erhalten. Der Luftzutritt muss möglichst abgehalten werden, damit nicht zu viele leichtflüssige oxydierte Verbindungen (Saigerkrätz) entstehen. Kommt kein Blei mehr, so reisst man das auf den Saigerscharten zurückgebliebene bleiische Kupfer (Kiehnstöcke) vom Herde und lässt dasselbe erkalten.

Von obigen 306 Frischstücken erfolgten bei einem Aufwand *Ausweis.*
von 2 Schck. 57 Stück Waasen und 135 Mss. Kohlen:
1. 568 Ctr. Saigerwerke mit $2\frac{1}{8} - 2\frac{3}{8}$ Lth. Silber. Werden abgetrieben.
2. 173 Ctr. Kiehnstöcke mit $\frac{1}{4} - \frac{3}{4}$ Lth. Silber und $\frac{1}{4}$ ihres Gewichts an Blei (Karsten fand 24,6 — 32,9 Prct.). Sie sind rauh, gekrümmt und zusammengeschrumpft und werden zur Abscheidung der fremden Beimengungen einem Oxydationsprozess, dem Verblasen und Gaarmachen, unterworfen.

Nach Karsten findet zwischen dem Kupfer- und Bleigehalt des Saigerbleies und der Kiehnstöcke derselben Arbeit ein constantes Verhältnis statt, z. B. zu Neustadt an der Dosse enthielt das Werkblei 1 Atom Cu gegen 12 Atome Pb, in den Kiehnstöcken war dieses Verhältnis umgekehrt. Das Werkblei zeigte in den verschiedenen Perioden des Saigerprozesses einen constanten Silber- und Kupfergehalt, und dem Kupfer wurden etwa $\frac{1}{10}$ Silber entzogen.

3. 370 Ctr. Saigerkrätz mit $\frac{3}{4} - 1\frac{1}{2}$ Lth. Silber, hauptsächlich aus oxydiertem Blei und Kupfer bestehend, kommt zum Krätzfrischen.

4 Stück zu saigern, kosten 6 Ggr.

6. Verblasen der Kiehnstöcke.

Zur Abscheidung der fremden Bestandtheile, namentlich des Bleies, Antimons, Arsens etc. aus den Kiehnstöcken bedarf es eines Oxydationsprozesses, *Allgemeines.*

sei es durch Darren oder Verblasen. Während das Darren in einem blossen Glühen der Kiehnstöcke bei Luftzutritt besteht, wobei nach Karsten die feste Verbindung von Cu + 12 Pb an der Oberfläche oxydiert wird und in Folge dessen zur Wiederherstellung des gestörten Gleichgewichtes eine Bewegung des Bleies aus dem Innern der Masse nach der Oberfläche zu erfolgt, wo es dann von Neuem Sauerstoff aufnimmt, so werden dieselben beim Verblasen auf dem Herd eines Treib- oder Spleissofens ganz in Fluss gebracht und der oxydierenden Einwirkung der Gebläseluft ausgesetzt. Das Verblasen ist hiernach ein weit kräftigerer Oxydationsprozess als das Darren, und wird deshalb hauptsächlich zur Reinigung unreinerer Kupfer angewandt. Während man z. B. die sehr unreinen Unterharzer silberhaltigen Rohrostschwarzkupfer vor dem Frischen verbläst, so genügt später ein Darren der Kiehnstöcke; zu Altenau dagegen verfrischt man die bei den verschiedenen Steindurchstechen gefallenen Schwarzkupfer direct und unterwirft dann die Kiehnstöcke einem Verblasen.

Es kann nun die Frage aufgeworfen werden: ist es vortheilhafter, die Schwarzkupfer vor dem Verfrischen zu verblasen und später die Kiehnstöcke zu darren (Oker), oder unterwirft man besser die Schwarzkupfer direct dem Frischen und verbläss dann die Kiehnstöcke (Altenau)? Bei unreinem silberarmen Schwarzkupfer, wobei zur Erzielung treibwürdiger Werke ein mehrmaliges Frischen in Anwendung ist, wie bislang zu Oker, möchte wohl ersteres Verfahren vorzuziehen sein. Man hat mit dem vorherigen Verblasen der Kiehnstöcke zu Oker folgende Vortheile erzielt:

1. Man erhält eine geringere Menge reineren Kupfers mit einem höheren Silbergehalt zur Saigerung.

2. Das Gaarkupfer ist viel besser geworden, namentlich aber die Bildung des Glimmerkupfers beeinträchtigt, indem auch beim Reichfrischen weniger Antimon durchs Blei ins Kupfer gebracht wird.

3. Die Armwerke sind reiner geworden und nehmen deshalb beim Reichfrischen mehr Silber auf.

4. Das Silberausbringen ist gestiegen, indem der beim Frischen schädliche Schwefelgehalt der Schwarzkupfer, der immer Silber zurückhält, beim Verblasen entfernt ist, und durch den nachfolgenden Darrprozess ein nicht geringer Theil des Silbers im Pickschiefer und der Darrschlacke angesammelt wird, welcher beim Verblasen der Kiehnstöcke in den Schlacken verloren geht.

Verblaseofen. Der Verblaseofen (Taf. III, Fig. 58—60) ist im Allgemeinen wie ein Treibofen construiert, mit einer gemauerten Kuppel und vor dem Blechloche mit einem in 2 Abtheilungen getheilten Stichherd versehen, in welchen die verblasenen Kiehnstöcke abgelassen und dann in Scheiben ausgehoben werden.

Er hat folgende Dimensionen:

Lichter Durchmesser unten im Ringe 10′; die Mitte des Steinherds liegt über der Hüttensohle 1′ 10″; Ansteigen des Steinherdes von der Mitte nach dem Bleche, den Kannen und dem Balken 5″; Höhe des Blechs über der Mitte des Steinherdes 1′ 3″; desgleichen der Kannen 1′ 4″; desgleichen des Balkens 1′ 5″; Fall von der Mitte des Steinherdes nach dem Schlackenloche 2″; lichte Höhe des Blechbogens 1′ 9″; lichte Weite desselben 2′ 9″; Höhe des Schlackenloches über dem Steinherde in der Gasse 2′ 10″; Weite des Schlackenloches 1′; Entfernung der Kannen von Mitte zu Mitte 2′; Weite der Kannenlöcher 8″; Höhe derselben 1′; Höhe der beiden den Kannen gegenüberliegenden Stichöffnungen 1′; Breite derselben 5″; Höhe vom Steinherde bis oben unter die Kuppel 6′; Durchmesser der oberen Kuppelöffnung 1′; ganze Länge des Windofens excl. der Stirnmauer 7′; lichte Länge desselben 5′; lichte Breite des Windofengewölbes nebst Blindbogen 3′ 6″; lichte Weite des Schürloches 1′ 6″; lichte Höhe desselben 1′ 8″; lichte Weite desselben im Windofen 1′ 9″; Höhe des Windofengewölbes vom Balken nach dem Schürloche zu 6″; desgleichen nach den Kannen zu 11″; höchste Höhe des Windofengewölbes von der Mitte des Balkens ab 1′ 3″; mittlere Breite des Balkens 1′ 6″; Ansteigen des Rostes 4″; Entfernung der 12 Roststäbe von einander 2″; Länge der Stechherdmauer 7′; Breite derselben 4′; Höhe derselben 2′ 6″.

Der Herd wird möglichst flach aus schwerem Gestübbe (3 Theilen gewöhnlichem Kohlengestübbe mit noch 2 Theilen Thonschiefermehl) geschlagen. Vor dem Schlackenloche im Herde bildet man eine kleine Vertiefung, in welcher sich das vor dem Schmelzen des Schwarzkupfers etwa noch aussaigernde Werkblei ansammelt.

Nach dem Herdschlagen legt man in die Hölle alte Bretter, setzt darauf 40—44 Ctr. Kienstöcke, vermauert das Blechloch bis auf eine 8″ hohe Oeffnung und versieht das oben in der Kuppel befindliche Loch mit einem eisernen Deckel. Hierauf wird 3—4 St. ohne Gebläse gefeuert, wobei etwas (20 bis 30 Pfd.) Werkblei aussaigert, dann bei angelassenem Gebläse in

6—8 St. Alles in Fluss gebracht. Die sich immer von Neuem bildende Schlacke zieht man von Zeit zu Zeit, unter öfterem Aufwerfen von Gestübbe, mit einem Streichholze so lange ab, bis eine mittelst des Gaareisens vor den Kannen weggeholte Probe einige Biegsamkeit und bei kupferähnlicher Farbe geringe Dicke zeigt. Das Kupfer wird sodann in die abgewärmten, aus sehr feinem schweren Gestübbe geschlagenen beiden Stechherde von 14" Tiefe und 27" Durchmesser abgestochen und in Scheiben gerissen, welche in noch rothglühendem Zustande zerschlagen werden. Die Stichöffnungen sind während des Prozesses mit Barnsteinen und davor gesetztem Gestübbe geschlossen.

Ein Einsatz von 40—44 Ctr. wird mit Einschluss des Herdmachens in 20—24 St. bei einem Aufwand von 11—12 Schck. Waasen verblasen, wofür 2 Thlr. 6 Ggr. 10 Pf. Arbeitslohn bezahlt werden.

Ausweis.   Obige 173 Ctr. Kiehnstöcke wurden mit 166 Ctr. Kiehnstöcken vom Krätzfrischen, also in Summa 339 Ctr., bei einem Aufwand von 86 Schck. 41 Stck. Waasen und 12 Mss. Kohlen verblasen. Es erfolgten davon:

1. 225 Ctr. verblasene Kiehnstöcke mit ¾ Lth. Silber, welche im kleinen Herde gaargemacht werden.

2. 114 Ctr. Verblaseschlacken mit $\frac{1}{32}$ Lth. Silber, 62—64 Pfd. Blei und 2—4 Pfd. Kupfer. Kommen zum Verblaseschlackenschmelzen.

Nach Plattner (Löthrohrprobkst. 1847. p. 195) bestehen die beim Verblasen unreiner Saigerkupfer auf dem grossen Gaarherde gebildeten Schlacken hauptsächlich aus PbO und Cu^2O und $3NiO, AsO^5$, ausserdem enthalten sie noch $SiO^3, Al^2O^3, CaO, FeO, CoO, MnO, SbO^4$ und SO^3, so wie auch eingemengte Metalltheile, hauptsächlich Cu, Pb, Ni, As, Sb, Fe. Die im Anfange der Operation gezogenen Schlacken sind besonders reich an PbO und $3NiO, AsO^5$, von welchem letzteren sich bisweilen dünne dunkelgrüne Blätter ausscheiden. Die Schlacke von den letzten Zügen ist vorwaltend kupferhaltig.

7. Gaarmachen der verblasenen Kiehnstöcke.

Verfahren.   Dieses geschieht auf dem kleinen Herde (Taf. III, Fig. 61—63) fast ganz so, wie das des Kieskupfers. Der Bleigehalt trägt zur Reinigung sehr bei, indem sich Bleioxyd bildet, welches die andern fremdartigen Beimengungen, wie Fe, Co, Ni, Sb, As etc. oxydiert und zu einer Schlacke auflöst, welche sich bei der convexen Oberfläche des Metallbades theils an den Rand begibt, theils durch den Windstrom dahin getrieben wird. Der aus schwerem Gestübbe geschlagene Herd von 18" Tiefe hat zur Seite eine mit einer kleinen Vertiefung versehene Rinne zum Schlackenabfluss, in welcher ersterer sich etwa mechanisch mit fortgenommenes Kupfer absetzen soll. In der Form mit 11° Neigung liegen zwei kreuzweise blasende Düsen. Nachdem zu beiden Seiten des Herdes eiserne Bleche aufgestellt, 2—2½ Ctr. Kupferstücke mit ihren glatten Flächen auf den Herd gelegt und vor die Form glühende und darüber todte Kohlen gethan sind, lässt man das Gebläse an, bringt das Kupfer zum Schmelzen und setzt so lange frisches Kupfer nach, bis der Herd voll ist. Hat sich dann die Oberfläche desselben mit Schlacken bedeckt, so lässt man die Kohlen fast niederbrennen, nimmt den Rest mit einer Krücke weg, zieht die Schlacken mit einem Streichholze ab, thut die zur Seite geschobenen glühenden Kohlen nebst todten wieder zu und setzt den Oxydationsprozess so lange fort, bis ein geholter Gaarspahn dünn, biegsam und von gänsehäutiger Oberfläche erscheint und in eine dunkelrosenrothe Spitze ausläuft. Das Gebläse wird sodann abgestellt; die Seitenbleche weggenommen, die Kohlen abgezogen und das Kupfer, nach einiger Abkühlung unter einer Decke von Kohlenlösch, unter Bespritzen mit Wasser in Scheiben gerissen.

Von obigen 225 Ctr. verblasenen Kiehnstöcken erfolgten in 78 Herden bei einem Aufwande von 304 Mss. Kohlen:

Ausweis.

1. 204 Ctr. Krätzgaarkupfer mit 1 Lth. Silber; ist von geringerer Güte als das Kieskupfer und bildet dickere Scheiben, 1 Ctr. kostet 22—24 Thlr.

2. 21 Ctr. Gaarschlacken mit 9 Pfd. Kupfer und 50 Pfd. Blei; zum Gaarschlackenschmelzen.

Analysen von Saigerkupfer-Gaarschlacken:

	SiO^3	PbO	Cu^2O	NiO	CoO	FeO	Al^2O^3	Summa
I.	22,3	67,4	6,2	—	—	1,0	3,1	100,0
II.	22,9	62,1	10,4	—	—	1,1	3,4	99,9
III.	21,4	54,8	19,2	—	—	1,2	3,4	100,0
IV.	23,9	51,7	19,8	—	—	1,2	3,4	100,0
V.	9,13	64,80	7,52	9,01	—	2,51	2,58	95,55
VI.	7,04	53,20	23,90	11,15	0,90	1,50	1,45	99,14

I—IV. Gschl. von Neustadt an der Dosse nach Karsten, vom Anfang bis zu Ende der Gaare fortschreitend. — V. Von Saigerhütte Grünthal nach Lampadius, vom Anfange und VI. vom Ende des Prozesses.

Versuche. Im Jahre 1851 sind vergleichende Versuche angestellt, die Kiehnstöcke im Spleissofen gleich gaarzumachen, statt dieselben, wie dies bislang geschieht, im Spleissofen zu verblasen und dann im kleinen Herde gaarzumachen.

Beim Gaarmachen im Spleissofen erfolgten von 172 Ctr. Kiehnstöcken, die in Quantitäten von 20—22 Ctr. eingesetzt wurden, bei einem Aufwand von 90 Schck. 45 Stck. Waasen und 12 Mss. Kohlen, 101 Ctr. Gaarkupfer mit $\frac{3}{4}-1$ Lth. Ag und 80 Ctr. Schlacken mit 5—22 Prct. Cu und 46—63 Prct. Pb. Die Kosten für den Versuch betrugen 161 Thlr. 4 Ggr. 4 Pf., so dass 1 Ctr. Kupfer gaarzumachen excl. Gestübbe, Tagelöhne etc. 1 Thlr. 14 Ggr. 4 Pf. kostet. Vom Schwarzkupfer sind 59 Prct. Gaarkupfer erfolgt.

Beim Gegenversuche sind beim Verblasen von 175 Ctr. Kiehnstöcken mit 55 Schck. 6 Stck. Waasen und 6 Mss. Kohlen in 75 St. und bei 44 Ctr. Einsatz 177 Ctr. Verblasenkupfer mit $\frac{7}{8}$ Lth. Ag und 58 Ctr. Verblasenschlacken mit etwa 5¼ Pfd. Cu, 63 Pfd. Pb und $\frac{1}{13}$ Lth. Ag erfolgt. Beim Gaarmachen der 117 Ctr. Verblasenkupfer resultierten in 33 Herden mit 129 Mss. Kohlen 109 Ctr. Gaarkupfer mit ½ Lth. Ag und 15 Ctr. Gaarschlacken mit 14 Pfd. Cu und 42 Pfd. Pb. Die Kosten des Gegenversuches betrugen 160 Thlr. 8 Ggr. 3 Pf., wonach 1 Ctr. Kupfer gaarzumachen excl. für Gestübbe, Tagelöhne etc. 1 Thlr. 11 Ggr. 4 Pf, kostet. Vom Schwarzkupfer sind 62 Prct. Gaarkupfer erfolgt.

Es sind hiernach, den Kupfergehalt der Schlacken nicht mitgerechnet, beim Versuche 3 Prct. Cu weniger ausgebracht als beim Gegenversuche, was darin seinen Grund hat, dass das Kupfer bei ersterem höher getrieben und dadurch von besserer Qualität erhalten wurde. Die Mehrkosten des Versuchs sind durch den bedeutenden Brennmaterialaufgang veranlasst, welcher sich aber vermindern wird, wenn man bei einem grösseren Einsatze das Gaarmachen auf dem noch heissen Herd mehrmals hinter einander vornimmt, wie zu Oker.

8. Krätzfrischen.

Beschickung. Im Jahre 1846 wurden im Bleisteinofen bei möglichst dunkel gehaltener Gicht und 6—8″ langer Nase 370 Ctr. Saigerkrätz von diesem und 244 Ctr. vom vorigen Jahre mit 49 Ctr. Kupferfrisch- und 30 Ctr. Kiessteinschlacken durchgesetzt.

So oft der Vorherd voll ist, sticht man seinen Inhalt in eine Frischpfanne ab. Fallen einige Stücke dünn aus, wie dies zu Anfang der Arbeit, wo der Vorherd noch klein ist, gewöhnlich stattfindet, so stellt man demnächst beim Saigern zwei solcher dünnen Stücke dicht neben einander. In 12 Stunden erfolgen mit 17—18 Mss. Kohlen etwa 65 Krätzfrischstücke.

Bei einem Aufwand von 80 Mss. Kohlen erfolgten von obigem Schmelzgut: *Ausweis.*

1. 141 Ctr. Krätzfrischschlacke mit ½ Pfd. Kupfer und 18 Pfd. Blei; zum Verblasenschlacken-Schmelzen.
2. 306 Saigerstücke, welche beim Saigern mit 1 Schck. 50 Stück Waasen und 72 Mss. Kohlen lieferten:
  a. 156 Ctr. Werke mit $2\frac{3}{4}$ Lth. Silber, zum Abtreiben.
— b. 230 Ctr. Saigerkrätz mit $1\frac{1}{4}$ Lth. Silber, zur nächstjährigen Krätzarbeit. — c. 166 Ctr. Kiehnstöcke, zum gemeinschaftlichen Verblasen und Gaarmachen mit denen vom Gutfrischen (p. 185).

9. Verblasenschlacken-Schmelzen.

Die im Jahre 1846 zur Verschmelzung gekommenen 141 Ctr. Krätzfrischschlacken (mit ½ Pfd. Kupfer und 18 Pfd. Blei), 114 Ctr. Verblasenschlacken (mit $\frac{1}{32}$ Lth. Silber, 62—64 Pfd. Blei und 2—4 Pfd. Kupfer) und 51 Ctr. Kiessteinschlacken lieferten in 12 zwölfstündigen Schichten bei dunkler Gicht im Frischöfen mit Rastvorrichtung durchgesetzt, bei einem Aufwand von 319 Blgn. Obernk. Koks und 12 Mss. Kohlen: *Beschickung. Ausweis.*

1. 102 Ctr. Schlacke mit $4\frac{1}{2}$ Pfd. Blei und ½ Pfd. Kupfer; zum zweiten, dritten und vierten Bleisteindurchstechen. Ohne Rastvorrichtung hielten die Schlacken früher 20—27 Pfd. Kupferblei.

Nach Plattner (Löthrohrprobkst. 1847. p. 195) variiert die Zusammensetzung der beim Verschmelzen verschiedener blei- und kupferhaltiger Abfälle auf Schwarzkupfer entstehenden Schlacken sehr; sie enthalten vorwaltend SiO^3, Al^2O^3, CaO, MgO, KO, NaO, PbO, ausserdem Cu^2O, NiO, CoO, FeO, MnO, ZnO, SbO^4, AsO^5 und SO^3.

2. 56 Saigerstücke, von welchen nach dem Absaigern mit 15 Stck. Waasen und 14 Mss. Kohlen erfolgten:
  a. 20 Ctr. Saigerkrätz zum Krätzfrischen.
  b. $56\frac{1}{2}$ Ctr. Werkblei mit $\frac{5}{32}$ Lth. Silber, zur nächstjährigen Kupferfrischarbeit.
  c. 25 Ctr. Kiehnstöcke, welche beim Verblasen mit einem Aufwand von 16 Schck. 26 Stck. Waasen und 1 Mss. Kohlen lieferten:

9 Ctr. nickelhaltige Schlacken, welche, zu Anfang des Prozesses genommen, 16,62 Prct., in der Mitte 8,88 Prct. und am Ende 6,66 Prct. Ni hielten. Sie sind sehr strengflüssig und werden zur demnächstigen Benutzung auf Kupfer und Nickel aufbewahrt.

Nach Plattner bestand eine beim Schlackenkupfer-Verblasen auf der Saigerhütte Grünthal gefallene Schlacke aus:

SiO^3	AsO^5	SO^3	PbO	NiO	Cu^2O	FeO	MnO	Al^2O^3	SbO^3, SbO^5
4,27	5,43	0,20	37,84	31,53	13,13	2,31	0,17	0,93	4,37

Die diesem Producte beigemengten Metallkörner (16,4 Prct. betragend) enthielten:

Cu	Pb	Ni	As	Sb	Fe	Ag	S
69,97	15,21	7,41	4,23	1,45	0,36	0,01	0,11

Zur Saigerhütte Grünthal *) schmilzt man derartige Schlacken mit Arsenikkies, Schwefelkies und Schwerspath zusammen, wobei sich Nickelspeise und Kupferstein erzeugen. Erstere wird durch Umschmelzen mit Schwerspath und möglichst eisenfreien Schlacken noch von einem Theil Kupfer (der durch den Schwefel des Schwerspathes aufgenommen wird) befreit und als raffinirte Speise (mit 50—55 § Ni, 1 § Fe, 4—5 § Cu und 1—1½ § Pb) in den Handel gebracht. Der noch nickelhaltige Kupferstein wird stark geröstet und nochmals mit Arsenikkies durchgeschmolzen, wobei neben Nickelspeise gespurter silberhaltiger Kupferstein erfolgt, welcher schwarz gemacht wird.

Um sich während der Dauer des Prozesses von dem Nickelgehalt der fallenden Producte Kenntnis zu verschaffen, kann man sich des rasch und sicher zum Ziele führenden Plattnerschen Probierverfahrens (pag. 69) bedienen.

Die Anwendung des Arseniks zur Ausziehung des Nickels hat früher schon zu Dillenburg im Nassauischen stattgefunden, wo man einen nickelhaltigen Schwefelkies durch wiederholtes Rösten und Durchstechen mit kieselhaltigen Zuschlägen auf einen concentrierten Stein verschmolz, diesen auf dem kleinen Gaarherd verblies und die noch flüssige Masse rasch in einen Herd abstach, auf dessen Boden sich gemahlener Fliegenstein von Sachsen befand. Hierbei resultirte Speise als Handelswaare und ein steinartiger Körper, der durch wiederholte Behandlung mit Arsenik entnickelt wurde. Neuerdings wird der concentrierte Stein auf die pag. 15 angegebene Weise direct zur Darstellung von Nickel verwandt.

---

*) Polyt. Centr. 1849. p. 501. — Berg- und hüttenm. Ztg. 1849. Nr. 12. — Freib. Jahrb. 1848. p. 78, 80. — Bgwkfr. IX, 326; XI, 138.

Das Verfahren, nickel- und kupferhaltige Producte auf Schwarzkupfer zu verschmelzen und dieses zu verblasen, ist sehr unvollkommen und umständlich, weil sich, wie schon Lampadius (Dess Fortschr. 1839. p. 139) gefunden hat, und durch die Versuche zu Oker (Bgwkfr. IX, 326; XI, 138) erwiesen ist, das Nickel wegen seiner schweren Oxydierbarkeit nur höchst schwierig vom Kupfer trennen lässt.

β. 16 Ctr. Verblasenschlackenkupfer, welche beim Gaarmachen mit 48 Mss. Kohlen 10 Ctr. glimmeriges Gaarkupfer lieferten.

Der Kupferglimmer ist eine im Wesentlichen aus CuO, NiO und SbO^3 bestehende und sich besonders beim Gaarmachen von Saiger- und Verblasenschlackenkupfern bildende Schlacke, welche das Gaarkupfer durchzieht, demselben stark adhäriert und sich besonders auf der Oberfläche der Kupferscheiben in dünnen 6eckigen Blättchen bis zu $1'''$ Grösse zeigt. Diese besitzen bei einer zwischen Goldgelb und Kupferroth stehenden Farbe, bedeutenden Metallglanz und Durchscheinheit, vermindern die Festigkeit des Kupfers, besonders bei gewöhnlicher Temperatur (machen dasselbe kaltbrüchig) und bleiben beim Auflösen desselben in kalter Salpetersäure zurück. In concentrierter Salzsäure sind sie bei anhaltendem Kochen löslich, werden aber am leichtesten nach vorheriger Reduction mit Wasserstoffgas in Königswasser zur Lösung gebracht.

Folgende zuverlässige Analysen von Harzer Kupferglimmer sind bekannt geworden:

	CuO	NiO	SbO^3	PbO	Summa
I.	46,32	28,26	24,53	1,69	100,80
II.	44,28	30,61	25,11	—	100,00
III.	43,38	29,23	26,57	—	99,18.

I. Von Lautenthal nach Pfannkuch. — II. Vom Unterharze nach Borchers. (Pogg. XLI, 333, 335.) — III. Von Andreasberg nach Ramelsberg. (Pogg. LXXIX, 465; Polyt. Cent. 1850. p. 877.) — Diese Analysen entsprechen der Formel $(CuO, NiO)^{1,3}, SbO^3$. — Rivot fand in einem Verblasenschlacken-Glimmerkupfer von Altenauer Hütte (Nov. 1850) 94,5 Cu; 1,6 Pb; 0,4 Fe; 0,8 Zn; 0,6 Ni; 1,9 Sb und As, aber keinen Sauerstoffgehalt. Wahrscheinlich hat er das mit Kupferglimmer durchzogene Kupfer und nicht den daraus isolierten Kupferglimmer analysiert.

Im Mansfeldschen und zu Riechelsdorf (Bgwkfr. X, 321; XII, 223) hat man die oberste Kupferscheibe beim Gaarmachen vorzugsweise nickelreich gefunden, und Genth (Berzel. Jahresber. 1845. Heft 1. p. 170) beobachtete darin rubinrothe octaedrische Krystalle von reinem Nickeloxyd.

Man hat versucht, Altenauer Glimmerkupfer nach Thomsons Methode (Dingl. LXXIII, 283; — Bgwkfr. II, 31) zu reinigen, welche darin besteht, dass 100 Theile eines unreinen Kupfers mit 10 Theilen Kupferhammerschlag und 10 Theilen gemahlenem Bouteillenglas in einem bedeckten Tiegel zum Fluss gebracht und dann ausgegossen werden, wobei ein völlig reines Kupfer resultieren soll. Durch den Sauerstoff des Hammerschlags werden die fremden Bestandtheile oxydiert und dann vom Glase aufgelöst. Die Versuche führten zu einem guten Resultate, jedoch nicht auf so einfachem Wege, wie Thomson angibt, indem wiederholte Schmelzungen mit ein und demselben Kupfer nöthig waren. Schon Glas und Pottasche allein wirkten reinigend, jedoch weniger als bei gleichzeitiger Anwendung von Hammerschlag. Indessen waren die Kosten der Reinigung so bedeutend, dass eine Anwendung derselben im Grossen nicht profitabel gewesen sein würde.

10. Gaarschlacken-Schmelzen.

Verfahren. Die Gaarschlacken von der Kies- und Krätzkupferarbeit mit 56—66 Pfd. kupferigem Blei und 10—16 Pfd. Gaarkupfer werden, nachdem sie im Pochwerk zu Schlieg gezogen und die darin mechanisch zerstreuten Kupferkörner ausgehalten sind, einem reducierenden Schmelzen im Brillenofen mit Kiessteinschlacken unterworfen.

Erfolg. Beim Verschmelzen von 559 Ctr. Gaarschlackenschlieg mit 16 Pfd. Kupfer und 38 Pfd. Blei nebst 242½ Ctr. Kiessteinschlacken erfolgten in 13 zwölfstündigen Schichten und 2 Zumachen bei einem Aufwand von 520 ½ Balgen Gaskoks und 32 Mss. Holzkohlen:

1. 181 Ctr. 21 Pfd. Gaarschlackenkönige, welche zum Verblasen 49⅔ Schck. Waasen und 8 Mss. Kohlen erforderten. Es fielen hierbei

a. 84¼ Ctr. verblasenes Schwarzkupfer, welches mit 200 Mss. Kohlen gaargemacht wurde und folgende Producte lieferte:

α. 64 Ctr. 45 Pfd. glimmeriges Gaarkupfer, wovon der Centner zu etwa 17 Thlr. verkauft wird.

Riechelsdorfer Gaarschlackenkupfer hätten nach Wille folgende Zusammensetzung:

	Cu	Ni	Fe	S	Summa
I.	76,8	13,6	4,0	5,1	99,5
II.	83,25	12,82	3,40	1,19	100,66
III.	96,98	2,99	0,20	0,10	100,27

I. und II. obere, III. untere Scheibe.

β. 22 Ctr. Gaarschlacken, zum nächsten Schlackenschmelzen.

b. 5 Ctr. Werke mit 1⅛ Lth. Silber, welche beim beginnenden Einschmelzen des Kupfers geschöpft sind.

c. 89½ Ctr. Verblasenschlacke mit 2—5 Pfd. Kupfer und 56—58 Pfd. Blei, zum Verblasenschlacken-Schmelzen.

2. 607½ Ctr. Gaarschlacken-Schliegschlacke mit 2¼ Pfd. Kupfer und 14 Pfd. Blei; auf die Halde oder in den Betrieb zurück.

Zur Production obiger 64 Ctr. 45 Pfd. glimmerigen Gaarkupfers sind im Ganzen verbraucht: 49 Schck. 52 Stck. Waasen, 520½ Balgen Koks und 243 Mss. Kohlen. Bei der versuchten Saigerung der Gaarschlackenkönige vor dem Verblasen, welche aber wegen zu geringen Bleierfolgs bald sistiert wurde, sind 3 Mss. Kohlen verbraucht. *Summarischer Verbrauch.*

Der Altenauer Krätzkupferarbeit wurden im Jahre 1846 unterworfen: 811 Ctr. Kupferbleistein mit 122 Mk. 14¾ Lth. Silber, 321 Ctr. 74 Pfd. Kupfer und 144 Ctr. 16 Pfd. Blei. Es erfolgten davon: 214 Ctr. Gaarkupfer und 724 Ctr. Werkblei, welche letztere bei einem Aufwand von 47 Schck. 40 Stck. Waasen, 92 Himten Mergel und 20 Himten Thonschiefer folgende Producte lieferten: 109 Mk. 5 Lth. Blicksilber oder bei 7½ Prct. Abgang 101 Mk. 2 Lth. Brandsilber; 619 Ctr. Glätte mit 92 Pfd. Blei und einer Spur Silber; 16 Ctr. Abstrich mit 87—89 Pfd. Blei und einer Spur Silber; 59 Ctr. Vorschläge mit 91—92 Pfd. Blei und ⅙—7/16 Lth. Silber; 118 Ctr. Herd mit 65—70 Pfd. Blei und 1/16—13/16 Lth. Silber. *Hauptausweis.*

Der summarische Materialverbrauch betrug: 61 Mltr. Rösteholz, 155 Schck. 49 Stck. Waasen, 319 Balgen Obernkirchner Koks, 2093 Mss. Kohlen, 92 Himten Mergel und 20 Himten Thonschiefer.

Anhang zum III. Abschnitt.

1. **Versuche, die Saigerung der Oberharzer Krätz-Schwarzkupfer durch Entsilberung der Kupfersteine mittelst Schmelzens durch die Bleisäule zu ersetzen.**

Bei der grossen Unvollkommenheit der Saigerung hat man am Harze schon lange danach gestrebt, ein zweckmässigeres Entsilberungsverfahren *Veranlassung.*

dafür zu substituieren. Ein solches schien in dem zuerst in Müsen angewandten **hydrostatischen Schmelzen** oder **Schmelzen des Kupfersteins durch die Bleisäule** gefunden zu sein, welches im Vergleich mit ersterer einen geringern Blei- und Kupferverlust veranlassen, dagegen aber ein geringeres Silberausbringen gestatten sollte. Bei Ausführung dieser neuen Methode kam es demnach darauf an, durch Versuche zu ermitteln, ob das mehr ausgebrachte Blei und Kupfer den Werth des weniger producierten Silbers deckt, und ob es namentlich bei silberärmerem, und deshalb kaum noch saigerwürdigem Schwarzkupfer vortheilhaft ist, Gaarkupfer mit etwas höherem Silbergehalt, als die Saigerung liefert, dagegen aber mehr Kupfer und Blei mit geringeren Kosten darzustellen.

Allgemeines Verfahren. Man lässt geschmolzenen Kupferstein in einer Säule flüssigen Bleies in die Höhe steigen, wobei letzterer seinen Silbergehalt theilweise ans Blei abgibt, während sich eine entsprechende Menge Blei schwefelt und in den Stein geht. Zum guten Gelingen der Operation gehört, dass der Stein, mit einer grössern Last aufs Blei drückend als dieses selbst wiegt, in feinen Strahlen und Blasen in diesem in die Höhe steigt. Zu diesem Zwecke legt man die Form in eine entsprechende Höhe über den Vorherd, welcher vom Ofenschachte durch eine am tiefsten Punkte mit einer Oeffnung versehenen Scheidewand getrennt ist. Zur Bestimmung der Druckhöhen der geschmolzenen Massen hat man auszumitteln: die Höhe der geschmolzenen Steinsäule vom tiefsten Punkte des Herdes bis zur Form $= a$, das specifische Gewicht des Steins $= b$, und das des Bleies $= c$; es ist alsdann die der Bleisäule oder dem Vorherde zu gebende Höhe $x = \frac{a \cdot b}{c}$. In Altenau war $a = 30''$, $b = 5{,}0$ und $c = 11{,}33$, folglich $x = \frac{30 \cdot 5}{11{,}33} = 14$.

Verfahren zu Müsen. Zu **Müsen** (Erdm. J. f. ök. u. techn. Ch. XVI, 48) setzte man beim Beginn der Schmelzung Glätte durch, bis sich im Vor- und Schmelzherd etwa 4 Ctr. Blei angesammelt hatten. Dann wurde Stein mit Thonschiefer vermengt aufgegeben, welcher im geschmolzenen Zustande das Blei in den Vorherd drängte, dann in demselben in die Höhe stieg, sich auf der Oberfläche ansammelte und von hier scheibenweise abgehoben wurde, während man das Blei von Zeit zu Zeit auf seinen Silbergehalt untersuchte, und wenn dieser 20 Loth im Centner betrug, dasselbe abstach und durch geschmolzenes frisches Blei wieder ersetzte.

Verfahren zu Andreasberg. Dieser Prozess wurde in den dreissiger Jahren, ohne dass man über seine Vorzüglichkeit ganz im Klaren war, zu **Andreasberg** mit der zweckmässigen Abänderung versuchsweise in Anwendung gebracht, dass man den Stein, mit Glätte und Schlacke beschickt, durchschmolz, wobei die Entsilberung nicht blos in der Bleisäule, sondern auch beim Zusammenschmelzen des Steins mit der Glätte geschah. Hierbei sammelt sich zu unterst im

Herd a und b (Taf. IV, Fig. 70 und 71) Blei an, darüber in a geschmolzener Stein, und die nach oben gehende Schlacke fliesst bei e ab. Je mehr sich der Raum unter der Form mit geschmolzenen Massen ansammelt, um so mehr wird das Blei in den Vorherd gedrängt, bis endlich auch der Stein unter den unterwärts ausgerundeten Barnstein d hindurch in die Bleisäule tritt. Die Vorwand besteht aus einer Eisenplatte c mit davor geschlagenem Gestübbe. Stein und Werkblei fliessen dann aus dem Vorherde gemeinschaftlich in einen Stichherd f ab und ersterer wird von letzterem, welches man von Zeit zu Zeit in Formen giesst, scheibenweise abgehoben.

Bei den Versuchen im Jahre 1835 erhielt man folgende günstige Resultate: das Silberausbringen betrug bei der Saigerarbeit 67,0 Prct., beim hydrostatischen Schmelzen 64,4 Prct.; — beim Bleiausbringen ergab das Saigern 36 Prct., das hydrost. Schmelzen 13,3 Prct. Verlust; — in Betreff des Kupferausbringens wurden beim hydrost. Schmelzen 13 Prct. mehr Kupfer, als bei der Saigerung erhalten, und zwar war das Kupfer von besserer Qualität, als das Saigerkupfer; — die Hüttenkosten waren bei Verarbeitung von 195 Ctr. Stein beim hydrost. Schmelzen um 31 Thlr. 20 Ggr. 5 Pf. geringer, als beim Saigern, wodurch der Silberverlust nicht allein gedeckt, sondern noch ein Ueberschuss von 369 Thlr. 22 Ggr. 9 Pf. auf obiges Steinquantum erhalten wurde.

Diese Resultate waren so glänzend, dass das hydrost. Schmelzen statt der Saigerung seit 1836 current eingeführt wurde. Mehrjährige Erfahrungen haben indessen gezeigt, dass das Gelingen des Prozesses von der variierenden Beschaffenheit der Steine abhängt und danach bald günstige, bald ungünstige Resultate erfolgen, weshalb man die Saigerung wiederum eingeführt hat, die doch einen sichern Erfolg giebt. Bleireiche Steine sind zu dickflüssig und erleiden beim Durchgang durch die Bleisäule eine weit unvollständigere Entsilberung, als die dünnflüssigen antimon- und arsenhaltigen Steine. Die Dünnflüssigkeit der ersteren lässt sich nur durch Anwendung einer höhern Temperatur beim Schmelzen erreichen, dabei findet aber bedeutender Bleiverlust statt. Bei niedrigerer Temperatur kühlen sich die Schmelzmassen im Herde und separieren sich dann nicht gehörig. Zu kupferreiche Steine gestatten, weil sie im Ofenschacht noch fortrösten, die Bildung von metallischem Kupfer, welches theils ins Werkblei geht, theils die Communicationsöffnung zwischen den beiden Herden verstopft. Gewöhnlich müssen die Steine 4 — 6mal durch die Bleisäule gehen, ehe sie hinreichend entsilbert sind, und dabei nimmt der Silbergehalt nicht nach einem bestimmten Verhältnis ab. So verringerte er sich z. B. bei einem $3\frac{1}{2}$ löthigen Stein bei 6maligem Entsilbern in folgenden Verhältnissen $2\frac{3}{4}$, $2\frac{1}{4}$, $1\frac{1}{2}$, 1, $\frac{3}{4}$, $\frac{1}{4}$ Lth.

Durch die anfänglichen günstigen Erfolge des hydrost. Schmelzens zu St. Andreasberger Hütte veranlasst, unternahm man in den Jahren 1838 und 1839 zu Altenau mit den Kupfersteinen, welche bei den Bleischmelz-

Verfahren zu Altenau.

arbeiten der Clausthaler und Altenauer Hütte fallen, ähnliche Versuche. Diese fielen aber sogleich, wohl wegen der zu bleiischen Beschaffenheit des Kupfersteins, so ungünstig aus, dass man von aller weitern Anwendung dieser Methode abstrahierte.

Bei Verarbeitung von 533 Ctr. Kupferstein mit 83 Mk. 7 Lth. Silber, 167 Ctr. 77 Pfd. Kupfer und 98 Ctr. 88 Pfd. Blei erhielt man in Bezug des Ausbringens und der Hüttenkosten folgende Resultate: das **Silberausbringen** betrug beim hydrost. Schmelzen 64 Prct., beim Saigern 79¼ Prct.; — das **Kupferausbringen** bei ersterem 87 Prct., bei letzterem 86½ Prct; — das **Bleiausbringen** bei ersterem 58 Prct., bei letzterem 75 Prct.; — die **Hüttenkosten** fürs hydrost. Schmelzen betrugen 1062 Thlr. 8 Ggr. 2 Pf., fürs Saigern 914 Thlr. 8 Ggr. 8 Pf. Rechnet man nun der Saigerung das Mehrausbringen von Silber und Blei, dem hydrost. Schmelzen das von Kupfer zu Gute, so ergibt sich beim Schmelzen durch die Bleisäule für obiges Steinquantum ein Schaden von 643 Thlr. 22 Ggr. 4 Pf.

Altaische Hütten. Auf den Altaischen Hütten (Berg- und hüttenm. Ztg. 1845. p. 403) gab das hydrost. Schmelzen ebenfalls sehr ungünstige Resultate; der Bleiverlust war zu bedeutend, die Entsilberung unvollständig und das Schmelzen zu langsam, als dass man grosse Mengen Stein hätte durchsetzen können.

2. Anwendbarkeit der Augustinschen, Ziervogelschen und Gurltschen Entsilberungsmethoden für die Oberharzer Kupfersteine.

Ursprung dieser Methoden. Im Anfange des vorigen Jahrzehnts wurde der höchst unvollkommene, Zeit und Geld raubende Saigerprozess im Mansfeldschen durch die Amalgamation der Kupfersteine verdrängt, mittelst welcher das Silber vollständiger ausgezogen und ein besseres Kupfer erzeugt wurde. Kaum war sie bis zu einem noch nicht übertroffenen Grad von Vollkommenheit gebracht, als in der neuesten Zeit durch zwei Mansfelder Beamte, Augustin und Ziervogel, zwei neue Entsilberungsmethoden auf der Gottesbelohnungshütte bei Hettstädt in Ausführung gebracht wurden, welche sich wegen ihrer Einfachheit und geringeren Kostspieligkeit empfehlen und bereits an mehreren Orten eingeführt sind.

Augustins Methode*). Diese besteht darin, dass man silberhaltigen Kupferstein mit Kochsalz röstet, um Chlorsilber zu bilden, und das Röstgut mit heisser Kochsalzlösung auslaugt, wobei sich ein lösliches Doppelsalz von $NaCl + AgCl$ erzeugt, aus welchem dann das Silber durch metallisches Kupfer ausgefällt wird.

---

*) Grützner die Augustinsche Silberextraction. Braunschw. 1851. — Sonstige Citate siehe pag. 42.

Soll der Prozess gelingen, so muss der Kupferstein bei nicht zu geringem Silbergehalt möglichst kupferreich und möglichst frei von Blei, Antimon und Arsen sein. Das Blei erschwert das Rösten, indem es leicht zu Sinterungen Veranlassung gibt und dadurch der Chlorsilberbildung entgegenwirkt, also reiche Rückstände veranlasst. Diese entstehen auch bei einem nicht zu unbedeutenden Antimon- und Arsengehalt der Kupfersteine, indem sich beim Rösten derselben antimon- und arsensaures Silberoxyd bildet. Beide Salze werden vom Chlor nicht zersetzt und das darin enthaltene Silber beim Auslaugen mit Kochsalzsolution nicht in Lösung gebracht. Nach Plattner tritt eine Chlorsilberbildung ein, wenn man Wasserdämpfe zum Röstgut leitet, wo sich dann anstatt Chlorgas salzsaures Gas erzeugt, welches jene Salze zerlegt. Allein die Anwendung der Wasserdämpfe ist auch wieder mit Schwierigkeiten verbunden.

Hiernach wird für die silberhaltigen Oberharzer Kupfersteine, welche jene schädlichen Metalle stets und oft in reichlicher Menge enthalten, eine vortheilhafte Anwendung der Augustinschen Kochsalzlaugerei kaum zu erwarten sein, es sei denn vielleicht, wenn sie zuvor in einem Flammofen mehrmals concentriert würden.

Zu Freiberg im Grossen angestellte Versuche mit concentrierten bleiischen Kupfersteinen haben bislang zu keinem befriedigenden Resultate geführt. Man erhielt zwar hinreichend silberarme Rückstände, konnte aber das ausgezogene Silber als fertiges Product nicht hinlegen, so dass man neuerdings vorläufig wieder zur Saigerung seine Zuflucht genommen hat.

Ziervogels Verfahren beruht darauf, dass sich beim Rösten eines, nöthigenfalls durch Concentration im Flammofen, auf einen hohen Kupfergehalt gebrachten Kupfersteins, der im Wesentlichen aus Eisen, Kupfer, Silber und Schwefel besteht, zuerst schwefelsaures Eisenoxydul, dann schwefelsaures Kupferoxyd und zuletzt schwefelsaures Silberoxyd bildet; und dass die beiden ersteren Salze in der Temperatur, wobei sich letzteres erzeugt, unter Abscheidung ihrer Schwefelsäure in Oxyde verwandelt werden. Behandelt man nun das Röstgut mit heissem Wasser, zo löst sich das schwefelsaure Silberoxyd darin auf und das Silber kann aus dieser Lösung durch Kupfer in Barrenform niedergeschlagen werden; die Oxyde lösen sich in dem heissen Wasser nicht.

Dieses Verfahren ist billiger, nicht so ungesund, führt rascher zum Ziele und liefert besseres Kupfer, als das Augustinsche, allein der Röstprozess ist weit schwieriger zu leiten. Bei einem Bleigehalt der Kupfersteine wird demnach Ziervogels Verfahren noch weniger vortheilhaft auszuführen sein, als Augustins Methode.

Gurlts in Manchester am 10. October 1850 patentierte Entsilberungsmethode (Dingl. CXX, 433) besteht darin, silberhaltiges Erz oder Kupferstein mit Kupferchlorid, aufgelöst in einer concentrierten Kochsalzlauge, in feingemahlenem Zustande in um ihre Achse sich drehenden Fässern zu behandeln, wobei, wie Boussingault (Ann. Chim. Phys. 51,350 — Grützner Augustins Silberextraction 1851. p. 82) bewiesen hat, dass Kupferchlorid einen Theil seines Chlors an das Schwefelsilber und auch an metallisches Silber abgibt und ersteres unter Abscheidung von Schwefel und Bildung von Kupferchlorür in Chlorsilber umwandelt, $(Ag\,S + 2\,Cu\,Cl = Ag\,Cl + S + Cu^2\,Cl)$, welches letztere sich neben Kupferchlorür in der Kochsalzlauge auflöst. Das Kupferchlorür wirkt seinerseits auch auf das noch vorhandene Schwefelsilber, und erzeugt unter Bildung von Unterschwefelkupfer ebenfalls Chlorsilber $(Ag\,S + Cu^2\,Cl = Ag\,Cl + Cu^2\,S)$. Aus der silberhaltigen Kochsalzlösung wird dann, wie bei Augustins und Ziervogels Verfahren, das Silber durch metallisches Kupfer niedergeschlagen. Erfahrungen über die Anwendbarkeit dieser Methode für Oberharzer Hüttenproducte liegen noch nicht vor. Sie soll, wegen nicht erforderlicher Röstung, das Vorhandensein von Blei, Antimon und Arsen ohne Nachtheil und die Wiederverwendung der entsilberten Lauge zur Entsilberung einer neuen Portion Erz etc. gestatten, indem Gurlt annimmt, dass sich beim Ausfällen des Silbers durch Kupfer Kupferchlorid bilde. Nach den bei der Augustinschen Extraction gemachten Erfahrungen erzeugt sich indessen, wegen Vorhandenseins von überschüssigem Kupfer, nur Kupferchlorür (Grützner a. a. O. p. 76). Das Vorhandensein von metallischem Kupfer, wie solches in Kupfersteinen häufig vorkommt, dürfte den Prozess erschweren und, damit das aufgelöste Silber von dem Kupfer in den beweglichen Fässern nicht niedergeschlagen werde, eine grössere Quantität Kupferchlorid erfordern. In Folge dessen wird sich eine an Kupferchlorür reiche Lauge bilden, welche, weil sich an der Luft, beim Erkalten und beim Verdünnen leicht basische unlösliche Salze daraus abscheiden, zu Störungen im Filtriren und Fällen des Silbers Veranlassung gibt.

Nach Malagutis und Durochers *) neuesten Versuchen werden metallisches Silber, Schwefelsilber und Rothgiltigerz von Kupferchlorid leicht zersetzt, dagegen erfolgt die Chlorsilberbildung nur sehr langsam, wenn das Silber in Schwefelungen des Bleies, Kupfers, Eisens, Zinks etc. vorkommt, indem sich gewöhnlich diese Metalle zuvor mit Chlor verbinden und die Bildung von Schwefelsäure und von Kupferoxychlorür stattfindet.

---

*) Malaguti und Durocher über das Vorkommen und die Gewinnung des Silbers. Deutsch von Hartmann. Quedlinburg. 1851. p. 65.

3. **Kurze Beschreibung der wichtigsten Nichtharzer Kupferhüttenprozesse.**

a. **Mansfelder Prozesse.** Silberhaltige Kupferschiefer mit durchschnittlich 2—5 Prct. Kupfergehalt werden, nachdem sie einer Klaubarbeit und theilweise einem Nasspochen und Verwaschen unterworfen sind, zur Entfernung des Wassers, Bitumens, Arsens, Antimons, Schwefels etc., sowie zur Oxydation der fremden Metalle in freien Haufen gebrannt, und auf den Hütten bei Eisleben, ferner zur Kupferkammer-, Kreuz-, Katharinen-, Silber-, Friedeburger- und Sangerhäuser Rohhütte verschmolzen. Die Roharbeit wird bei Zuschlag von Flussspath und reichen Kupferschlacken in einförmigen und zweiförmigen, mit einer Rast versehenen Brillenöfen (Grossöfen) von 14—16' Höhe mit Holzkohlen oder Koks, oder beiden zugleich ausgeführt. Es erfolgen hierbei **Rohschlacke** mit 6—8 Lth. Kupfer im Centner, **Schweel** (mit Stein gemengte Schlacke aus einem neuen Herd), **Eisensauen** und **Kupferstein** mit 40—60 Pfd. Kupfer und bis 12 Lth. Silber.

Die kupferärmeren Steine von der Friedeburger- und Kupferkammerhütte wurden früher nach zweimaliger Verröstung im Schachtofen auf **Spurstein** verschmolzen und dieser dann gemeinschaftlich mit den kupferreicheren Rohsteinen der andern Hütten einer 6maligen Röstung unterworfen, dabei nach dem dritten, vierten und fünften Feuer ausgelaugt und die Lauge auf Vitriole versotten. Der nach dem letzten Rösten erhaltene Stein (**Gaarrost**) wurde dann auf **Schwarzkupfer** mit bis 95 Prct. Gaarkupfer und 16—20 Lth. Silber verschmolzen, dieses zu **Hettstedt** gesaigert und auf dem kleinen Herd gaargemacht. Den beim Schwarzmachen fallenden **Dünnstein** setzte man dem Spurstein in den letzten Feuern zu.

Seit 1831 ist statt der Saigerung der Schwarzkupfer die **Amalgamation** der Kupfersteine zur Gottesbelohnungshütte eingeführt und diese seit einigen Jahren wiederum den wohlfeileren Entsilberungsmethoden nach **Augustin** mittelst Kochsalzlaugerei und nach **Ziervogel** mittelst Wasserlaugerei gewichen. Zur Entscheidung darüber, welche von beiden letzteren Methoden die vortheilhaftere sei, sind Versuche im Grossen angestellt, und diese sollen zu Gunsten des Ziervogel'schen Verfahrens ausgefallen sein.

Um die unreinen, kupferarmen Steine von der Friedeburger- und Kupferkammerhütte zur Extraction tauglich zu machen, werden sie zuvor im Flammofen concentriert. Die Extractionsrückstände mit $\frac{1}{2}$—1 Lth. Silbergehalt werden mit Thon zu Batzen angeknetet und diese mit Koks im Brillenofen auf Schwarzkupfer verschmolzen, welches dann im kleinen Herde oder im Flammofen zur Saigerhütte bei Hettstädt gaargemacht oder raffiniert wird.

b. Der **Riechelsdorfer Schmelzprozess** ist dem Mansfelder ganz ähnlich. In den Kupferschieferöfen setzt sich nach **Hausmann** (Beitr. z. met.

Krystallkde. 1850. p. 9) zuweilen Bleiglanz über oder unter der Form, auch wohl in höheren Ofentheilen, an und dringt nicht selten ins Gemäuer ein.

c. Die Freiberger Kupferarbeit (Cottas Gangstudien II, 9) begreift die Zugutemachung der aus der Bleiarbeit kommenden Kupfersteine mit 28—40 Pfd. Kupfer, 8—28 Pfd. Blei und 3—5 Lth. Silber und armer zinkischer Kupfererze mit 3—4 Prct. Kupfer. Erstere wurden früher auf Schwarzkupfer verschmolzen und dieses nach Grünthal zur Saigerung abgegeben. Neuerdings versucht man zur Muldner Hütte die Entsilberung der im Schacht- und Flammofen zuvor concentrierten Kupferbleisteine nach Augustins Methode, ist dabei aber auf noch nicht überwundene, besonders durch den Bleigehalt derselben herbeigeführte Schwierigkeiten gestossen, und hat vorläufig zur Saigerung zurückkehren müssen. Die entsilberten Rückstände mit 0,75—1,5 Pfundtheilen Silber und 28—34 Pfd. Kupfer wurden auf Schwarzkupfer verschmolzen und dieses im Flammofen raffiniert.

Die armen blendigen Kupfererze mit 3—4 Prct. Kupfer, mit deren Verschmelzung im Schachtofen mannichfache Schwierigkeiten und ungünstige Abschlüsse verbunden waren, werden seit einiger Zeit vortheilhaft im Zugflammofen verarbeitet, welcher fast das Doppelte des Schachtofens in derselben Zeit durchsetzt und eine vollständigere Ansammlung des Silbers und Kupfers im Stein gestattet. Die Erze werden in Posten von 15—20 Ctr. im Flammofen 6—8 Stunden lang geröstet, dann in Quantitäten von 17 Ctr. mit 15 Ctr. Rohschlacken verschmolzen. Ist nach 3stündiger Feuerung die Beschickung in Fluss gekommen, so rührt man um, zieht etwa 1 Stunde lang Schlacken und lässt nach $1\frac{1}{2}$ Stunden eine zweite Post durchs Gewölbe in den Herd, ohne den Stein von der ersten Post vorher abzustechen. Nach $5\frac{1}{4}$ Stunden wird unter Wiederholung der obigen Procedur der Stein von beiden Posten abgelassen und der Extraction übergeben.

Die beim Erzschmelzen fallende Schlacke besteht nach Plattner aus $x[3(FeO, CaO, MgO, MnO), 2SiO^3] + y[3(FeO, CaO), SiO^3 + Al^2O^3, SiO^3]$.

Interessant ist die Bildung von Erzgängen, welche beim Abbrechen eines Flammofens auf Muldner Hütte in dessen Sohle beobachtet und von Cotta (Dessen Gangstudien II, 1) näher beschrieben ist. Die in allen Fugen der Mauer und in die feinen Zerspaltungen der Steine eingedrungenen Schwefelmetalle waren auf den ersten Blick für Bleiglanz, Blende, Kupferkies, Buntkupfererz und Kupferglanz zu halten. Neben krystallinisch stänglichem Bleiglanze lag ein blumig blättriges, bleigraues (I) $= 9Cu^2S, 5PbS$ und ein kupferkiesähnliches Product (II) $=Cu^2S, FeS + Fe^2S, FeS$ nach Plattner von folgender Zusammensetzung:

	Cu	Pb	Fe	Sb	Ni	Ag	S	Summa
I.	41,928	38,600	0,367	0,655	—	1,100	17,400	100,050
II.	20,365	1,708	41,650	0,965	1,100	0,095	33,332	99,295

Man hält diese Gänge für Producte einer heissflüssigen Infiltration oder einer Sublimation oder beider zugleich.

d. Zu **Dillenburg im Nassauschen** (Bgwkfr. XIII, 33) wird nach einer Mittheilung des Herrn **Heusler** 20—25 Prct. kupferhaltiger Kupferkies einmal geröstet, wobei auf 100 Ctr. Erze 0,3 Klftr. à 144 Cbf. Rhl. Rösteholz und 7,27 Zain à 17,7 Cbf. Rhl. Holzkohlen gehen. Bei 14—18tägigen Kampagnen setzt man im Brillenofen in 24 Stunden 50—60 Ctr. Erz mit 7—8 Tonnen Koks à 4 Prss. Schffl. à 1½ Cbf. durch und erhält 43,3 Prct. Rohstein, welcher 3mal geröstet und dann im Brillenofen concentriert wird, wobei 29 Prct. Schwarzkupfer und 37 Prct. conc. Stein fallen. Letzterer gibt, nach 3maligem Rösten durchgestochen, 76,7 Prct. Schwarzkupfer und etwas Spurstein. Beim Gaarmachen des Schwarzkupfers im kleinen Herde resultieren 95 Prct. Gaarkupfer, so dass das Kupferausbringen aus dem Erze 24 Prct. beträgt. Beim Verschmelzen derselben Erze im Flammofen erhält man von 100 Ctr. Erz 38,6 Ctr. Rohstein, von 100 Ctr. Rohstein aber nebst einigen Procenten conc. Stein 35,7 Prct. Schwarzkupfer. 100 Ctr. Schwarzkupfer geben 84,37 Prct. raffiniertes Kupfer, und das ganze Kupferausbringen beträgt 24 Prct. — Die Röstkosten für 100 Ctr. Erze und Halbproducte betragen beim Schachtofenbetriebe 28,44 Fl., beim Flammofenbetriebe 24,6 Fl.; beim Schmelzen von 100 Ctr. Erzen und Halbproducten resp. 46,87 und 115,75 Fl.; beim Gaarmachen resp. 169,33 und 166,3 Fl., so dass die Zugutemachungskosten pro Ctr. Gaarkupfer auf resp. 7,06 und 13,85 Fl. kommen.

e. **Schwedische Kupferhüttenprozesse.** Zu **Fahlun in Dalekarlien** wird mit Blende, Bleiglanz und Schwefelkies einbrechender Kupferkies mit etwa 4 Prct. Kupfergehalt in Haufen geröstet, dann in 7—11' hohen, 3—5 förmigen Sumpföfen (Suluöfen) verschmolzen, wobei 65—75 Prct. Schlacken und 14—18 Prct. Rohstein mit 8—13 Prct. Kupfer erfolgen. Letzterer wird in Haufen 4—5mal stark geröstet, auf Schwarzkupfer mit 90—96 Prct. Kupfergehalt durchgestochen und dieses auf dem kleinen Herd gaargemacht. Der Kupferverlust beträgt nach **Bredberg** 26,3 Prct. (Citate pag. 8).

Zu **Gustav-Adolphs-Silberwerk** bei **Fahlun** (Erdm. J. ük. u. techn. Ch. V, 95. — Bgwkfr. XI, 601) wird ein aus 60—70 Prct. Schwefelkies, 2—3 Prct. Kupfer, 6—10 Prct. Blei und aus Blende bestehendes Erzgemenge in freien Haufen geröstet und in 20' hohen Sumpföfen verschmolzen. Dabei erfolgt Werkblei mit 9—12 Lth. Silber und Rohstein mit 6—8 Prct. Kupfer und 2—2½ Lth. Silber, welcher in 4—5 Feuern geröstet und dann mit ungeröstetem reichen Bleiglanze verschmolzen wird. Der hierbei neben Werkblei erfolgende Kupferbleistein mit 12—16 Prct. Kupfer und 3½ Lth. Silber wird in 5 Feuern zugebrannt, mit Quarz, Glätte und Herd verfrischt, und die erhaltenen Frischstücke werden mittelst eines combinierten Saiger- und Darrprozesses in einem Flammofen entbleit und entsilbert, die Darrlinge aber im kleinen Herde gaargemacht. Von diesem Prozesse hat man nach den auf der Gustavshütte gefundenen Schwierigkeiten auf andern Hütten abstehen müssen.

Zu Atvidaberg in Ostgothland (Erdm. J. f. ök. und techn. Ch. XII, 207. — Bgwkfr. XIII, 401) ist das Suluschmelzen durch Bredberg bedeutend verbessert.

f. **Norwegische Kupferhüttenprozesse.** Zu Röraas (Russegg. Reis. IV, 571) wird ein Erzgemenge von Kupferkies, Buntkupfererz, Eisenkies, Blende und Bleiglanz mit durchschnittlich 5 Prct. Kupfer in Haufen geröstet, in Halbhohöfen auf Stein verschmolzen, dieser todtgeröstet, schwarz gemacht und das Schwarzkupfer im kleinen Herd zur Gaare gebracht.

Zu Kaafjord (Russegg. Reis. IV, 601, 613) in Lappland werden Erze mit 7—8 Prct. Kupfer in offenen Haufen geröstet. Das Rohschmelzen und die beiden folgenden Lechschmelzen geschehen im Schachtofen, das Schwarzmachen und Raffinieren des Schwarzkupfers aber im Flammofen. Dieser Prozess soll nach Russegger (a. a. O.) zweckmässiger sein, als der in England, z. B. zu Swansea in Wales *) gebräuchliche, wo sämmtliche Operationen im Flammofen vorgenommen werden, und die beim Rohschmelzen und dem Lechschmelzen fallenden Schlacken kupferreicher sein sollen, als zu Kaafjord. Auf dem Elbuferkupferwerk bei Hamburg, wo der Englische Prozess eingeführt ist, hat man jedoch nicht Grund, über die Reichhaltigkeit der Schlacken zu klagen.

Man verschmilzt hier nach einer Mittheilung des Herrn Nilson Erze vom Rhein, aus Chili, Südaustralien etc., wobei Schlacken mit $\frac{3}{8}-\frac{1}{2}$ Pfd. Kupfer und Rohstein (regulus) mit 30—40 Pfd. Kupfer fallen. Dieser wird in freien Haufen oder im Flammofen geröstet und liefert beim Verschmelzen Schlacke mit 2—5 Prct. Kupfer (zum Rohschmelzen) und Weissmetall mit 60 Prct. Kupfer, wovon wiederum nach dem Rösten und Durchstechen Pimpled mit 70—80 Prct. Kupfer und Schlacke mit 8 Prct. Kupfer (zum Rohschmelzen) resultieren. Beim Verschmelzen des gerösteten Pimpleds erfolgen Schlacken mit 10—20 Prct. Kupfer (zum Weissmetallschmelzen) und Schwarzkupfer (blistered copper) mit 90—95 Prct. Kupfer, welches beim Raffinieren Schlacke mit 30—60 Prct. Kupfer (zum Weissmetallschmelzen) und raffiniertes Kupfer mit $99\frac{1}{2}-99\frac{3}{4}$ Prct. Kupfer liefert.

---

*) Le Play Beschreib. der Hüttenprozesse, welche in Wales zur Darstellung des Kupfers angewendet werden. Deutsch von Hartmann. 1851.

4. Abschnitt.
Blei-, Kupfer- und Silberhüttenbetrieb zur Lautenthaler Hütte.

Zur Lautenthaler Hütte *) kommen fast dieselben Arbeiten vor, wie zur Altenauer, und der ganze Betrieb zerfällt ebenfalls in die Blei- und Kupferarbeit.

A. *Bleiarbeit.*

Die Lautenthaler Bleiarbeit weicht von der der andern Oberharzer Hütten in Bezug auf die Leitung und Eintheilung der Schmelzarbeiten mehrfach ab; z. B. theilt man das Schmelzen anstatt in 12 in 8 Abschnitte, und der von je 2 Abschnitten gefallene Stein bildet nach gehöriger Verröstung den 1—2., 3—4., 5—6., 7—8. Steinabschnitt des ersten Durchstechens; dann folgt der 1—4. und 5—8. Abschnitt des zweiten Durchstechens; der hierbei resultierende Stein bildet den 1—8. Abschnitt des dritten und vierten Durchstechens.

Allgemeines.

Das Verschmelzen des Rauches und Krätzschlieges geschieht nicht gemeinschaftlich, sondern gewerkschaftlicher Verhältnisse wegen separiert etc. Der Silbergehalt des Rauches geht dem Schlieg und somit den Gewerken, das Blei desselben aber der Hütte zu Gute. Hauptsächlich bedingt aber der bedeutende Zinkblendegehalt der Erze ein abweichendes Schmelzverfahren. Die Bleiarbeit zerfällt in folgende einzelne Arbeiten:

1. Schliegarbeit.

Die Lautenthaler Hütte verschmilzt die aufbereiteten Erze von den Gruben Hülfe Gottes, Regenbogen, Herzog August und Lautenthals Glück, deren Metallgehalte aus der Tabelle pag. 56

Erze.

---

*) Zimmermanns Harzgeb. I, 435.

zu ersehen sind. Die Erze von Hülfe Gottes enthalten Schwerspath, Quarz, etwas Blende und Spatheisenstein, die vom Regenbogen hauptsächlich Quarz, vom Herzog August Bleischweif, Thonschiefer, Kalkspath, Quarz, Schwefelkies und Blende und die Lautenthaler Gruben viel Blende und Kalkspath.

Blendeanalysen. Die Zusammensetzung der verschiedenen zu Lautenthal vorkommenden Blendesorten ist nach B. Osann (I—III.) und Dumenil [1]. (IV.—V.) folgende:

	Zn	Fe	Cd[2])	S	Sma
I.	62,77	3,57	0,45	33,14	99,93
II.	61,32	4,10	0,58	32,11	98,11
III.	63,07	3,66	0,35	32,22	98,70
IV.	58,69	4,95	—	34,16	97,80
V.	58,75	5,40	4,00		99,61

I. Braune grossblättrige Bl. — II. Stängliche Bl. — III. Kleinblättrige Bl. — IV. Derbe braune Bl. — V. Krystallisierte braune Bl.

Silbergehalt der Blende. Der Silbergehalt rein ausgeklaubter Blenden beträgt $1/16$ — $1/4$ Lth. im Centner.

Nach Malaguti's und Durochers [3] neuesten Versuchen enthalten die meisten Blenden einen Silbergehalt (Spuren bis 0,88 Prct.), der meist nicht von eingesprengtem Bleiglanze herrührt: Beim Rösten findet ein mit der Rösttemperatur wachsender bedeutender Silberverlust statt. Wird geröstete silberhaltige Blende mit Kohle destillirt, so enthält das Zink nur Spuren von Silber, dagegen setzt sich dieses in Kügelchen an den Wänden der Retorte an.

Goldgehalt der Blende. Wie bereits pag. 152 angeführt ist, enthält die Lautenthaler Blende einen geringen, nicht scheidewürdigen Goldgehalt.

Goldgewinnungsmethoden. Zur Gewinnung des Goldes sind folgende hauptsächlichsten Methoden in Anwendung.

I. Abtheilung. Gewinnung des Goldes aus Goldsand. (Karst. Met. I, 233).

1. Abschnitt. Durch blosses Verwaschen. Amerika (Karst. Arch. XVII, 321. — Ann. d. min. 1. Sér. II, 199; 2. Sér. I, 178; III, 283. — Bgwkfr. IV, 68; XI, 649. — Berg- u. hüttenm. Ztg. 1842. p. 752. — E. schwege Pluto Brasiliensis. Berlin. 1833.) Sibirien (Bgwkfr. VII, 87; IX, 79; X, 481. — Berg- u. hüttenm. Ztg. 1842.

---

[1]) Lamp. Suppl. z. Hüttkde. II, 234.
[2]) Ueber Kadmiumgewinnung siehe Karst. Arch. 1. R. V, 208; VI, 424; 2. R. I, 411; Bgwkfr. VII, 117.
[3]) Berg- u. hüttenm. Ztg. 1851. Nr. 1.

p. 148, 289; 1844. p. 567; 1845. p. 713, 755; 1847. p. 705. — Lamp. Fortschr. 1839. p. 100. — Rose Reise nach dem Ural, dem Altai etc. I. II. Berlin 1837 und 1842. — Zerrenner Anleitung zum Gold-, Platin- und Diamanten-Waschen. Leipzig. 1851). Californien (Bgwkfr. XII. 671, 767, 783, 800; XIII. 26, 142, 256, 288, 351, 371, 398, 575, 591, 822; XIV. 1, 31, 46. — Berg- und hüttenm. Ztg. 1850. p. 52, 88, 159, 495. — Dingl. CXII, 116; CXIV, 287. — Pogg. Ann. LXXVIII, 96). Rhein (Bgwkfr. I, 373; XI, 43, 307, 713. — Dumas IV, 441). Baiern (Berg- und hüttenm. Ztg. 1846. p. 614). Schwarzburg-Rudolstadt (Berg- und hüttenm.-Ztg. 1842. p. 837). Schlesien (Karst. Arch. 2. R. II, 209. — Bgwkfr. XII, 395).

2. Abschnitt. Durch Amalgamation in Mörsern und Trögen. Ungarn, Siebenbürgen, Croatien, Bannat, Russland, Portugal, Brasilien, Tibet etc. (Winkler Europ. Amalgamation 1848. p. 9. — Dumas IV, 443. — Bgwkfr. III, 286; IV, 62).

3. Abschnitt. Durch Verschmelzen von eisenhaltigem Goldsand in Hohöfen und Abscheiden des Goldes aus dem erfolgenden goldhaltigen Roheisen durch Schwefelsäure (Bgwkfr. I, 478. — Karst. Arch. 2. R. XI, 406. — Lamp. Fortschr. 1839. p. 220).

Abtheilung. Gewinnung des Goldes aus goldhaltigen Schwefelkiesen (Goldkiesen).

1. Abschnitt. Durch Verwitternlassen und Verwaschen. Marmato (Dumas IV, 432. — Ann d. min. 2 Sér. I, 319. — Karst. Arch. 2. R. XVII, 176).

2. Abschnitt. Durch Mahlen und Amalgamieren.
  1. Kapitel. Amalgamieren in Mörsern. Siebenbürgen (Bgwkfr. X, 214. — Karst. Met. I, 246).
  2. Kapitel. Amalgamieren in Mühlen. Piemont (Ann. d. min. 2 Sér. V, 181. — Dumas IV, 434. — Winkler Europ. Amalg. 1848. p. 10. — Karst. Met. I, 236). Salzburg und Tyrol (Russegg. Aufbereitung 1841. p. 151).
  3. Kapitel. Amalgamieren durch die Quecksilbersäule nach Lill. Schmöllnitz (Berg- und hüttenm. Ztg. 1842. p. 308).

3. Abschnitt. Durch Waschen, Rösten mit Kochsalz und Amalgamieren. Salzburg (Dumas IV, 436. — Karst. Met. I, 241); Versuche zu Freiberg mit Amalgamationsrückständen (Berg- u. hüttenm. Ztg. 1848. p. 628, 649) und mit Magnetkies. — Becquerells galvanisches Verfahren im Bgwkfr. V, 53. — Berg- u. hüttenm. Ztg. 1842. p. 718.

4. Abschnitt. Nach Plattner durch Ausziehen des Goldes mittelst Chlorwasser und Ausfällen desselben aus seiner Lösung

durch Eisenvitriol oder Arsenikchlorür. Versuche von Allain und Bartembach (Polyt. Cent. 1849. p. 1343; 1850. p. 109. — Dingl. CXIII, 292; CXV, 58), von Duflos (Bgwkfr. XIII, 387. — Erdm. J. f. pract. Ch. XLVIII, Hft. 3), von Richter (Erdm. J. f. pract. Ch. LI, 151. — Bgwkfr. XIV, 202. — Berg- und hüttenm. Ztg. 1850. Nr. 52), von Grützner (Dess. Augusthische Silber-Extraction 1851, p. 164)

III. **Abtheilung.** Gewinnung des Goldes aus Silber-, Kupfer- und Bleierzen. Derartige Erze werden allen Prozessen, welche zur Abscheidung des Silbers, Kupfers und Bleis erforderlich sind, unterworfen, wobei sich der Goldgehalt zum grössten Theil im ausgebrachten Silber zu concentrieren pflegt. Unterharz, Ungarn, Siebenbürgen (Erdm. J. f. pract. Ch. I, 193, 479. — Bgwkfr. X, 208, 225).

IV. **Abtheilung.** Scheidung des Goldes vom Silber.

1. **Abschnitt.** Auf trocknem Wege.

    1. **Kapitel.** Durch Schmelzung mit Schwefelantimon (Scheidung durch Guss und Fluss), Erhitzen des entstandenen Antimongoldes bei Luftzutritt und Schmelzen des Rückstandes mit Borax, Salpeter und Glas. (Karst. Met. V, 668. — Schubarth techn. Ch. 1839. II, 404).

    2. **Kapitel.** Durch Cementation (Karst. Met. V, 667. — Bgwkfr. VIII, 398. — Berg- und hüttenm. Ztg. 1845. p. 347).

2. **Abschnitt.** Auf nassem Wege.

    1. **Kapitel.** Scheidung des Goldes mittelst Salpetersäure (Quartation), wenn Gold und Silber in dem Verhältnis von 1:3 vorhanden sind. Bei geringerem Goldgehalte muss dieser vorher angereichert werden, z. B. durch Schmelzen der Legierung mit Schwefel (Lamp. Httkde. 2. Thl. 1. Bd. p. 335), durch Schmelzen mit Schwefel und Glätte nach Pfannenschmied. Früheres Verfahren zu Oker. (Erdm. J. f. pract. Ch. IX, 74); Kremnitz (Lamp. Httkde. 1. Suppl. p. 105. — Prechtl Encycl. XII, 293).

    2. **Kapitel.** Scheidung mittelst Schwefelsäure für Legierungen mit variablem Goldgehalt. $\frac{1}{1000}$ bis $\frac{2}{1000}$ Gold ist noch scheidewürdig. (Erdm. J. XII, 406). Die Scheidung wird ausgeführt:

    1) In Gefässen von Platin. (Prechtl Encycl. XII, 319. — Erdm. J. f. ök. u. techn. Ch. IV, 424. — Erdm. J. f. pract. Ch. IX, 49. — Lamp. Fortschr. 1839. p. 94). Verfahren auf den Münzen zu München und Petersburg. (Lamp. Fortschr. p. 132. — Polyt. Cent. 1838. p. 151).

    2) In Gefässen von Gusseisen. (Erdm. J. f. pract. Ch. IX, 49. — Lamp. Fortschr. 1839. p. 94). Verfahren auf der

Münze zu Wien, zu Kremnitz (Erdm. J. f. pract. Ch.
IX, 73), zu Frankfurt (Bgwkfr. XII, 41), zu Paris
(Karmarsch und Heeren techn. Wörterb. I, 942);
Beits Goldscheidung in Hamburg.
3) In Gefässen von Porzellan. Oker.
Nach Pettenkofer (Dingl. CIV, 118. — Bgwkfr. XII, 3;
XIII, 177. — Berg- u. hüttenm. Ztg. 1847. p. 710) wird das
Gold am feinsten, wenn das Scheidegut auf 16 Theile nicht viel
mehr als 4 und nicht viel weniger als 3 Theile Gold, das Uebrige
Silber und Kupfer enthält. Der Silbergehalt muss $\frac{2}{3}$ der Legierung ausmachen. $\frac{1}{1000}$ Kupfer und höchstens $\frac{1}{4}$ Prct. Blei sollen
der Scheidung nicht hinderlich sein; bei einem grösseren Gehalt
an diesen Metallen muss das Scheidegut zuvor gereinigt werden,
und zwar

1) durch Feinschmelzen mittelst Salpeter. Am besten für kupferhaltige Legierungen, deren Feingehalt nicht unter 10 Lth.
und deren Goldgehalt nicht über 6 Grän beträgt. Nimmt
man auf 100 Theile des vorhandenen Kupfers 48 Theile
Salpeter, so erfolgt die grösstmögliche Feine von 15 Lth.
10 Gr. bis 15 Lth. 12 Gr. (Dumas IV, 453. — Erdm. J.
f. pract. Ch. I, 245).

2) Durch Glühen kupferreicher Legierungen und Behandeln
derselben mit verdünnter Schwefelsäure in bleiernen
Pfannen, wobei Kupferoxyd gelöst, das goldhaltige Silber
aber wenig angegriffen wird. (Dumas IV, 455. — Karst.
Met. V, 417). Verfahren bei der Scheidung des niederhältigen Goldes auf der Münze zu Wien.

3) Durch Feinbrennen des blei-, wismuth- und kupferhaltigen
Scheidegutes. Oker.

3. Kapitel. Scheidung mittelst Königswassers und Ausfällen des
aufgelösten Goldes durch Eisenvitriol (Dingl. LXXVI, 38;
XCVI, 490; XCI, 232. — Pogg. Ann. LXXIII, 8), Oxalsäure
(Erdm. J. f. pract. Ch. XLIX, 118. — Dingl. CX, 375), Ameisensäure (Dingl. LXXVI, 38), Arsenik- und Antimonchlorür
(Dingl. XCI, 232. — Erdm. J. f. pract. Ch. XLVIII, Heft 3). —
Die Zerlegung des ungelösten Chlorsilbers kann geschehen
durch Schmelzen mit Pottasche oder nach Gay-Lussac besser
mit frisch gebranntem Kalk (Dingl. CIV, 42), mittelst Zucker
und Aetzkalilauge nach Levol (Berzel. Jahresb. 1845.
p. 186) und Casaseca (Dingl. CXX, 300), durch Schmelzen
mit Kohlenpulver oder Kolophonium und Salpeter (Dingl. LXXXV,
77; XCVI, 175), nach Hornung mittelst Kupfer und Ammoniak

(Dingl. CII, 320), durch Zerlegen mittelst Eisen oder Zink auf galvanischem Wege und Umschmelzen des reducierten Silbers mit gleichen Theilen Pottasche und Kochsalz (Dingl. CIX, 373), nach Wittstein durch Glühen mit feuchtem Kohlenstaub (Polyt. Cent. 1849. p. 1196) etc.

Versuchte Zugutemachung der Blende Man hat verschiedentlich Versuche angestellt, die Lautenthaler Blende auf Zink zu benutzen, aber ohne günstigen Erfolg. Mangel an feuerfestem Thon, Kostbarkeit des Brennmaterials und die schwer zu erreichende billige und vollkommene Abröstung der Blende waren der Grund des Mislingens. Dieselbe oxydiert sich in grösseren Stücken nur schwierig unter Entwicklung von schwefliger Säure und Zurücklassung eines Gemenges von Zinkoxyd und schwefelsaurem Zinkoxyd, während der Kern unzersetzt bleibt. Bei dem gleichzeitigen, nicht unbedeutenden Eisengehalt wird beim Reducieren der noch Schwefel enthaltenden gerösteten Blende leichtflüssiges Schwefeleisen gebildet, welches sich an den Destilliergefässen ansetzt, diese verdirbt und durch Einhüllung von Zinkoxyd der Reduction entgegenwirkt. Zu Lautenthal geschah die Röstung nach Varins Methode [1]) in einem Schachtofen mit Rost, worin die Blende nach gehöriger Entzündung zwar fortbrannte, aber nur äusserlich abröstete. Der gutgeröstete Theil, von dem unzersetzten Kern vollständig getrennt, bestand aus 70,00 Zinkoxyd; 15,00 Eisenoxyd; 1,25 Zinkvitriol; 3,00 unzersetzter Blende; 6,00 Quarz und Thonschiefer und 3,50 Feuchtigkeit.

Nur bei wiederholter Röstung im Schachtofen, wie zu Corfali [2]) in Belgien und zwar am besten bei Anwendung von Gebläseluft, wie zu Linz [3]) am Rhein, oder durch Rösten der Blende im ganz zerkleinten Zustande in Flammöfen, wie z. B. zu Achenrain [4]) in Tyrol, zu Davos [5]) in Graubündten mit Kalk, in England [6]), Belgien [7]) und versuchsweise in Sachsen [8]) gelingt ihre Oxydation mehr oder weniger vollständig, so dass sie sich bei gleichzeitigem Vorhandensein von feuerfestem Thon und billigem Brennmaterial vortheilhaft zu Gute machen lässt. Während zweimal im Schachtofen geröstete Blende zu Corfali nur 19—20 Prct. Zink lieferte, so erfolgten nach dem Rösten derselben im Flammofen 30 Prct. Zuweilen bedient man sich der beim Rösten der Blende entweichenden schwefligen Säure zur Darstellung der Englischen Schwefelsäure. Zu diesem Zwecke sind eigene Röstofen construiert, z. B. von Anthon [9]), Graham [10]). Der

---

[1]) Ann. d. min. 2. Sér. VI, 446; — Dumas IV, 58; — Lamp. Fortschr. 1839. p. 247. — [2]) Bgwkfr. X, 270. — [3]) Ann. d. min. 4. Sér. V, 449. [4]) Bgwkfr. IX, 289, 305. — [5]) Bgwkfr. IX, 310. — Dingl. XXXVI, 172; — Dumas IV, 60; — Ann. d. min. 2. Sér. IV, 105. — Lamp. Fortschr. 1839. p. 247. — [6]) Bgwkfr. VI, 337, XI, 8; — Polyt. Cent. VII, 533. — [7]) Bgwkfr. X, 270. [8]) Bgwkfr. IX, 561. [9]) Bgwkfr. X, 217. — [10]) Bgwkfr. XI, 11. — Polyt. Cent. 1846. p. 533.

von letzterem angegebene ist seiner Einrichtung nach dem in der Okerschen Schwefelsäurefabrik gebräuchlichen sehr ähnlich.

Die Anwendung von Wasserdämpfen beim Rösten der Blende bringt wenig Nutzen, nur bei einer sehr hohen Temperatur wird sie unter Bildung von Zinkoxyd und Schwefelwasserstoff zersetzt.

Die alleinige Anwendung der Blende am Harze geschieht im gemahlenen Zustande als Anstrichfarbe unter dem Namen Steingelb[1]). Die neuesten Versuche, Zinkweiss[2]) auf nassem Wege daraus darzustellen, scheiterten an der Kostspieligkeit des Verfahrens, welches zur Abscheidung der färbenden Unreinigkeiten eingeschlagen werden muste. Versuche, aus der Blende Chlorzinklösung zum Conservieren von Holz (Eisenbahnschwellen, Grubenhölzern) nach Burnetts[3]) Methode zu bereiten, sind gegenwärtig noch im Gange.

Die bekannten Zinkgewinnungsmethoden beruhen auf der bei Rothglühhitze erfolgenden Reduction des Zinkoxyds — des gebrannten Galmeis oder der gerösteten Blende — durch Kohlenoxydgas und auf der bei Weissglühhitze eintretenden Destillation des dampfförmig gewordenen Zinks, wobei es, um die Oxydation desselben durch die gleichzeitig erzeugte Kohlensäure und die in den Destilliergefässen enthaltene Luft möglichst zu beschränken, darauf ankommt, die Zinkdämpfe nach ihrer Reduction sofort in einen stark abgekühlten Raum zu leiten. Die Oxydation der Zinkdämpfe durch Kohlensäure findet nämlich bei einer nur wenig niedrigeren Temperatur statt, als die Reduction des Oxyds durch Kohlenoxydgas; dagegen geschieht erstere bei niedriger Temperatur nicht. Ein Theil der erzeugten Kohlensäure wird durch die in den Destilliergefässen enthaltene glühende Kohle gleich wieder in Kohlenoxydgas umgewandelt[4]). Harkort[5]) hat sich neuerdings ein Verfahren patentieren lassen, die Zinkerze in Destillationsgefässen direct durch Kohlenoxydgas zu reducieren.

Reiner Zinkspath hält 65,20 Zinkoxyd mit 52 Zink und 34,80 Kohlensäure; sein Zinkoxydgehalt variirt jedoch gewöhnlich zwischen 28 und 64 Prct. Kieselgalmei hält 63,2 bis 71,3 Prct. Zinkoxyd; reine Blende 66,7 Prct. Zink und 33,3 Schwefel.

Der Hauptunterschied der bekannten Zinkgewinnungsmethoden liegt in der verschiedenen Einrichtung der Destilliergefässe, und es lassen sich in dieser Beziehung folgende Methoden unterscheiden:

---

[1]) Mitthl. d. Hannov. Gew. Ver. 1838. p. 68. — Karst. Arch. 2. R. X, 16; — Lamp. Fortschr. 1839. p. 245. — [2]) Ueber Zinkweiss: Bgwkfr. XII. 143, 478, 640, 748; XIV. 14, 78; — Polyt. Cent. 1847. p. 457; 1849. p. 51, 829; 1850. p. 927. — Dingl. CXVI. 54, 290; CXII, 270. — [3]) Polyt. Cent. 1847. p. 115. — [4]) Ueber Reduction durch CO siehe: Ann. d. Ch. et de Physique XLIII, 222. — Erdm. J. f. pr. Ch. VI, 386. — Dingl. LXVIII, 49; CXX, 428. — Bgwkfr. V, 65; XI, 629.

1. **Die Schlesische Methode.** Gebrannter Galmei wird mit Kohle oder Koks in Muffeln erhitzt, die in einem nach Art der Glasöfen construirten Destillierofen stehen. Oberschlesien[1]), Stollberg[2]) bei Aachen.

2. **Die Belgische Methode.** Die Beschickung wird in horizontalen oder etwas geneigten Thonröhren erhitzt, welche in einem Galeerenofen über einer Rostfeuerung liegen und mit einer Vorlage versehen sind. Diese Methode erfordert weniger Brennmaterial, dagegen mehr Thon, als die Schlesische. Belgien[3]) für Galmei und Blende; für Blende zu Achenrain[4]), Davos[5]) und Linz[6]).

3. **Die Kärnthner Methode.** Die Erhitzung der Beschickung geschieht in vertikalen Röhren mit unterstehender Vorlage. Sie ist wegen ihrer grossen Mängel wohl kaum noch in Anwendung; früher war sie es zu Dölach[7]) in Kärnthen und zu Dognasca[8]) im Banat.

4. **Die Englische Methode.** Sie hat mit der Schlesischen die Construction des Glasofens, und mit der Kärnthner die Art der Destillation gemein. Die Destilliergefässe bestehen aus Tiegeln mit einer Röhre im Boden, durch welche die Zinkdämpfe in den Condensationsraum gelangen. Sie erfordert viel Brennmaterial und gestattet keine bedeutende Production. Bristol, Birmingham, Scheffield für Galmei[9]) und Blende[10]).

5. **Zinkgewinnung in Schachtöfen.** Sie geschieht z. B. am Unterharz beim Verschmelzen zinkischer Bleierze auf dem sogenannten Zinkstuhl.

Die von Dyar[11]), Rochaz[12]), Shear[13]), Duclos[14]), Menzel[15]), Schmelzer[16]) und Brooman[17]) angegebenen Methoden sind wohl nur als Vorschläge zu betrachten. Broomans Methode möchte das Meiste für sich haben.

---

[1]) Ann. d. min. 1. Sér. XII, 249; 3. Sér. XVII, 45; 4. Sér. IV, 477; V, 275; XIII, 271. — Karst. Arch. 1. R. II, 66; 2. R. XXII, 616. — Polyt. Cent. 1849. p. 297. — Bgwkfr. VI, 380; VIII, 94; XI, 505. — Berg- und hüttenm. Ztg. 1850. p. 407. — [2]) Ann. d. min. 4. Sér. X, 511. — Bgwkfr. VI, 10. — Berg- und hüttenm. Ztg. 1847. p. 289. — Russegg. Reis. IV, 388. — [3]) Ann. d. min. 4. Sér. V, 165, 227. — Bgwkfr. X, 245. — Karst. Arch. 1. R. XVI, 424; XVIII, 351. — Erdm. J. f. pract. Ch. XLIX, 318. — [4]), [5]) und [6]) siehe pag. 210. — [7]) Gilberts Ann. XXII, 252; Hollunders met. Reise. 1824. p. 373. — [8]) Zeitschrift Hesperus 1823. p. 479. — [9]) Karst. Arch. 1. R. XIII, 357; XVIII, 351. — [10]) Bgwfr. VI, 377; VII, 533; XI, 8. — [11]) Bgwkfr. V, 9. — Polyt. Cent. 1847. p. 1296. — [12]) Dingl. CXI, 100. — Polyt. Cent. 1848. p. 1339. — Bgwkfr. XII, 748. — [13]) Polyt. Cent. 1847. p. 1402. — Bgwkfr. XII, 430. — [14]) Bgwkfr. VI, 377. — [15]) Lamp. Fortschr. 1839. p. 242. — [16]) Bgwkfr. XIII, 113. — [17]) Polyt. Cent. 1851. p. 235.

Die im Jahre 1839 auf Clausthaler Hütte angestellten Versuche, Zink im Schachtofen (Taf. IV, Fig. 75) aus gerösteter Blende darzustellen, lieferten nur etwas Zinkoxyd.

Das bei der Destillation in unregelmässigen Gestalten erhaltene Zink (Roh-, Werk-, Tropfzink) wird durch Umschmelzen in eisernen Kesseln geläutert, in welchem Zustande es aber noch nicht, wie die folgenden Analysen zeigen, völlig rein ist. *Zinkanalysen.*

	I.	II.	III.	IV.	V.	VI.	VII.	VIII.	IX.	X.
Pb	0,4	0,47	0,43	0,30	3,33	0,27	0,91	0,80	0,85	0,43
Fe	0,4	0,28	0,14	0,35	0,10	Spur	0,17	1,50	0,73	0,24
Cd	—	—	—	—	0,30	0,23	0,16	—	—	—
C	—	0,04	0,0036	—	—	—	—	—	—	—

I. Lütticher Zink zweite Qualität; die erste ist fast ganz rein. — II. und III. Schles. Zink, hält bis 0,2 Prct. Kadmium. — IV. Zink von Iserlohn, hart und von mittlerer Güte. — V, VI, VII. Oestreichische Zinksorten. — VIII. Chinesisches Zink, sehr schlecht. — IX. Unterharzer Zink, arsenikhaltig. — X. Ostindisches Zink.

Schäuffele fand (Polyt. Cent. 1850. p. 830) in 1 Kilogramm Französ. Zink 0,00426—0,019 Gramm Arsenik, in Schlesischem 0,00097—0,00853 Gramm, in Zink von Altenberg 0,00062—0,00522, von Corfali 0,00005—0,00457 Gramm.

Die Gattierung der Schliege ist hier viel leichter, als zur *Schliegsgattierung.* Clausthaler und Altenauer Hütte, weil nur 4 Gruben Erze liefern, deren Qualität sich in Bezug auf die schlackengebenden Bestandtheile wenig ändert. Es kommt hauptsächlich darauf an, die kieseligen Schliege vom Regenbogen richtig auf die mehr basischen der 3 andern Gruben zu vertheilen, und man pflegt bei der Anfertigung einer Masche von 16 Rösten Inhalt hierbei das Verhältnis von 7 Herzog August, 5 Lautenthals Glück, 3 Hülfe Gottes und 1 Regenbogen zu nehmen. Der durchschnittliche Metallgehalt einer gattierten Masche beträgt 62—64 Pfd. Blei und 3—3¼ Lth. Silber. Ein Abschnitt enthält 8—9 Maschen.

Diese weicht wegen vorwaltend blendiger Beschaffenheit der *Schliegbeschickung.* Schliege in mehrfacher Beziehung von der der Clausthaler und Altenauer Hütte ab, namentlich aber dadurch, dass man weniger Eisen und mehr Schlacken zuschlägt.

Eine beschickte Schicht besteht aus 38 Ctr. Schlieg, 4 Ctr. Eisen, 3—4 Ctr. Herd und Vorschlägen, 1½—2 Ctr. Abstrich, 14 Karren à 2½ Ctr. Steinschlacken und 12 Karren à 2½ Ctr. Schliegschlacken. Der Zuschlag von bleiischen Producten richtet sich nach den Vorräthen.

Während zur Clausthaler Hütte bei dem grössern Eisenzuschlag sich der Werkefall zum Steinfall etwa wie 4:3 verhält, so möchte dies Verhältnis zu Lautenthal etwa 6:7 sein. Man arbeitet hier absichtlich mittelst verringerten Eisenzuschlages auf einen grössern Steinfall hin, indem man dadurch die Blende mehr in den Stein zu führen und dann das Zink durch wiederholtes Rösten und Durchstechen desselben allmälig zu entfernen sucht. In Folge dessen entstehen freilich, den Grundsätzen der Niederschlagsarbeit zuwider, mehr Steinschlacken, als zur Schliegarbeit erforderlich sind.

Gleichzeitig wird durch den geringern Zuschlag von Eisen, welches im Ueberschuss vorhanden, die Blende bei hoher Temperatur zerlegt, weniger Veranlassung zur Bildung von Ofenbrüchen gegeben. Vortheilhaft ist es stets, zinkische Erze bei möglichst schwacher Hitze zu schmelzen und nur kurze Zeit im Schmelzraum verweilen zu lassen, weil in solchem Falle die Verflüchtigung weniger beträchtlich wird und sich das Zink zum grössten Theil zwischen Schlacke und Stein vertheilt. Damit in Verbindung steht die Anwendung niedrigerer Oefen, in welchen sich nur eine wenig hohe Temperatur erzeugt, bei welcher keine vollständige Zerlegung der Blende durch das Eisen stattfindet. Ins Werkblei geht das Zink weniger.

Die bedeutenden Schlackenzuschläge sollen die grosse Menge Blende, welche wegen ihrer Strengflüssigkeit nachtheilig auf den Schmelzgang einwirkt, mechanisch einhüllen und aus dem Ofen wegführen. Damit nun die entstehenden, in höchst feinen Theilen Blende eingemengt haltenden Schlacken ihre Flüssigkeit nicht verlieren, müssen sie stark mit Basen übersättigt werden, was man durch einen reichlichen Zuschlag von Steinschlacken bewirkt.

Obgleich im Allgemeinen durch Vermehrung der Schmelzmasse der Brennmaterialaufwand vergrössert wird, so wirken doch die Steinschlacken, ausser als Auflockerungsmittel, stark auflösend auf die übrige Schmelzmasse, welche durch die leicht zum Fluss kommenden Schlacken selbst zum schnellen Schmelzen fortgerissen wird, in Folge dessen dieses vollkommener und der

Metallverlust geringer wird. Während die Clausthaler und Altenauer Schliegschlacken Gemenge von Singulo- und Bisilicaten sind, so sind die Lautenthaler kaum Singulosilicate. Sie sind dünnflüssig, erstarren rasch, zerspringen beim Erkalten, haben mehr das Ansehen der Oberharzer Steinschlacken und eignen sich nicht zur Darstellung von Schlackensteinen. Zu letzterer Verwendung können sie jedoch, freilich aber wohl nur auf Kosten eines grössern Bleiverlustes und vermehrter Ofenbruchbildung, tauglich gemacht werden, wenn anstatt des gewöhnlichen Verhältnisses von 14 Karren Steinund 12 Karren Schliegschlacken, das von 10:18 oder 14:14 genommen wird, je nachdem resp. 1 oder 2 Röste kieseliger Schlieg vom Regenbogen in die Masche gebracht worden sind.

Man hat ihnen, um die Bildung der zinkischen Ofenbrüche zu beschränken und deren schädlichen Einfluss auf den Schmelzgang zu vermindern, eine grössere Weite und geringere Höhe, als den andern Oberharzer Schliegöfen gegeben. Ausser dass die geringere Höhe der Oefen aus den früher erörterten Gründen die Bildung der Zinkdämpfe beeinträchtigt, so soll sie auch das Entweichen derselben aus der Gicht gestatten. Da nun das Schmelzen mit dunkler Gicht geschieht, niedrige Oefen aber leicht flammen und dabei ein öfteres Ausgiessen der Gicht stattfinden muss, so wird hierdurch das Ansetzen der Ofenbrüche wegen Abkühlung der Ofenwände sehr begünstigt. Von der Bildungsweise der Ofenbrüche war pag. 93 die Rede.

Schliegöfen.

Die Schliegöfen, nach Art der Sumpföfen zugemacht, haben folgende Dimensionen: Höhe vom Sohlstein bis zur Gicht 14′; Höhe des Herdbleches von der Hüttensohle 1′ 9′′; Höhe der Form über dem Herdbleche 1′ 4′′; Durchmesser der Gichtöffnung 2′; Tiefe in der Formgegend 3′ 10′′; Breite der Vorwand 1′ 8′′; Breite der Hinterwand in der Formgegend 2′; Böschung der Hinterwand vom Sohlstein bis zur Gicht 10′′; Böschung vom Bogen der Vorwand bis zur Gicht 1′ 10′′; Böschung des Sohlsteins von der Hinterwand bis in den Herd 10′′; Entfernung des vorderen Herdblechs vom Ofen 3′; Durchmesser der Formmündung 2,5′′.

Wegen der mehr basischen Beschaffenheit der Beschickung findet ein leichtes Erstarren der Schmelzmassen, ein Bühnen, im Herde statt. Die Ausräumung dieser erstarrten Massen muss

Schmelzgang.

sorgfältig geschehen, und um sie bequemer bewerkstelligen zu können, lässt man den Vorsetzstein nur 4″ unter das Herdblech reichen, während er auf andern Hütten bis auf 5″ darunter geht. Anfangs setzt man in einer 24stündigen Schicht $1\frac{1}{2} - 1\frac{3}{4}$, dann 2 Schichten durch; erst nach dem 6ten Tage ist der Ofen in gutem Gange und es dürfen dann bei der gebräuchlichen Verdingarbeit höchstens $2\frac{1}{4}$ Schichten weggearbeitet werden. Die Schmelzcampagne, welche wegen der raschen Anhäufung der zinkischen Ofenbrüche höchstens 3 Wochen dauert, wird mit dem Durchsetzen eines Gemenges von $\frac{2}{3}$ gerösteten Ofenbrüchen und $\frac{1}{3}$ geröstetem Rauchstein beendigt.

Ausweis. Von einer beschickten Schicht erfolgen bei einem Aufwand von 25 Mss. Kohlen:

1. $16\frac{2}{3}$ Ctr. Werkblei mit $4\frac{1}{4} - 4\frac{1}{2}$ Lth. Silber, zum Abtreiben.

Werkblei-Analyse nach Jordan:

Pb	Cu	Ag	Fe	Summa
96,50	0,44	0,11	2,96	100,01.

2. 20 Ctr. Stein mit 40—42 Pfd. Blei und $2\frac{1}{4} - 2\frac{1}{2}$ Lth. Silber, zur Steinarbeit; ist gewöhnlich bleireicher, als der Stein der übrigen Hütten, und hat grosse Neigung zu krystallieren (pag. 89).

Bleistein-Analysen:

	Pb	Fe	Cu	Zn	Sb	S	Summa
I.	59,33	19,60	1,10	0,17	0,13	18,92	99,25
II.	53,31	21,56	0,23	2,24	0,38	19,33	97,05
III	65,78	13,03	1,15	0,67	0,18	17,27	98,08
IV.	60,69	20,36	0,49	0,55	0,36	16,40	98,85
V.	63,787	13,721	1,533	2,253	—	18,706	100,00

I—III. Nach Bodemann. I. In grossen Krystallen, nach Bodemann $= FeS + 2(Fe^2S, PbS, Cu^2S)$, nach Rammelsberg $= 6FeS, 5PbS$. — II. Derber Bleistein von demselben Stücke, auf welchem die Krystalle Nr. I. sassen; Formel nach Bodemann wie I., nach Rammelsberg 3 Fe S, 2 Pb S. — III. In grossen Krystallen, nach Bodemann $= FeS + (Fe^2S, PbS, Cu^2S)$, nach Rammelsberg $= 3FeS, 4PbS$. — IV. Krystallisierter Bleistein nach Brüel, nach Bodemann $= FeS + 8(Fe^2S, PbS, Cu^2S)$, nach Rammelsberg $= 5FeS, 4PbS$. — V. Nach Bromeis (Hausm. Beitr. 1850. p. 12).

3. Ofenbrüche, bestehen im Wesentlichen aus sublimiertem Zink und Schwefel und stellen sich als braune, gelbe und grüne Zink-

blende dar, während sie sich in Kupferschiefer-Schmelzöfen mit schwarzer Farbe zu erzeugen pflegen. Sie sind gewöhnlich derb, von ausgezeichnet blättrigem oder strahligem Gefüge, oft mit dünnstenglichen Absonderungen. Krystallbildungen sind sehr selten. Nach Hausmann (Beitr. 1850. p. 54) haben sich Krystalle von gelblich grünem Zinkoxyd, ähnlich denen der Eisenhohöfen, an Barnsteinen von der innern Seite des Mantels eines Schliegofens gefunden. Werden hinter dem Schlieg her durchgesetzt.

4. Schlacken mit 5 Pfd. Blei und $1/32$ Lth. Silber. Gehen theils in die Schmelzarbeiten zurück, werden theils zu Schlackensteinen geformt, theils an den Unterharzer Bleihüttenbetrieb abgegeben.

Im Jahre 1849 erfolgten von 1120 Rösten Schlieg mit 8285 Mk. $12\frac{1}{2}$ Lth. Silber und 26878,54 Ctr. Blei bei einem Aufwand von 4303 Ctr. Eisen und 25450 Mss. Kohlen in 1134 zwölfstündigen Schichten: 18660 Ctr. Werkblei und 22653 Ctr. Bleistein.

2. Steinarbeit.

Beim Rösten der blendigen Steine erzeugt sich viel Zinkoxyd, *Allgemeiner* welches mit der Kieselerde ein sehr strengflüssiges Silicat bildet. Dieses würde beim demnächstigen Durchstechen des Röstgutes, um zu schmelzen und eine gehörig flüssige Schlacke zu bilden, viel Bleioxyd aufnehmen, wenn die Schmelzbarkeit desselben nicht durch eine hinreichende Menge anderer Basen, namentlich von Eisenoxydul, herbeigeführt würde. Aus diesem Grunde wird die neu entstehende Steinschlacke sehr basisch, sie ist ein Subsilicat, während die andern Oberharzer Steinschlacken Singulosilicate sind.

Während man früher bei den letzten Durchstechen mit dem *Beschickung* Eisenzuschlag stieg, wird er jetzt für alle Durchstechen gleich genommen.

Die Beschickung für eine Schicht besteht beim ersten Durchstechen aus 8 Karren unreinen Rauch- oder Schliegschlacken, 36 Ctr. gerösteten Stein, 1 Ctr. Eisen, 4 Ctr. Herd, 3 Ctr. gelber Krätze (verwaschene mergelhaltige Vorschläge), 6 Karren unreinen Schliegschlacken, 2 Karren Schur und Bühnen; — beim zweiten Durchstechen: 10 Karren unreinen Schliegschlacken, 36 Ctr. gerösteten Stein, $1\frac{1}{2}$ Ctr. Eisen, 4 Ctr. Herd, 1 Karren schwarzer Krätze (beim Durchrättern des Herdgestübbes erhalten), 4 Karren unreinen Schliegschlacken; — beim dritten Durchstechen: 8 Karren unreinen Schliegschlacken, 36 Ctr. geröstetem Stein, 1 Ctr. Eisen, 3 Ctr. Herd, 1 Karren Saigerkrätze, 2 Karren unreinen Kupferschlacken, 4 Karren unreinen Schliegschlacken; — beim vierten Durchstechen: 8 Karren unreinen Schliegschlacken, 36 Ctr. geröstetem Stein, 1 Ctr. Eisen, 3 Ctr. Herd, 1 Karren unreinen Kupferschlacken, 5 Karren unreinen Schliegschlacken.

Versuche, das Eisen durch Kalk oder Braunspath zu ersetzen, ergaben zwar, trotz eines grössern Aufwandes an Brennmaterial, eines grösseren Steinfalles und Verlustes an Silber und Blei, einen nicht unbedeutenden Vortheil durch die Ersparung an Eisen, allein die ins Schliegschmelzen kommenden kalkigen Steinschlacken machten die Schliegschlacken zähe, strengflüssig und unrein, indem sich Stein und Schlacke nicht gehörig sonderten. Die Oefen versetzten sich so stark, dass kaum 8tägige Campagnen gemacht werden konnten. Diese Nachtheile überwogen obige Vortheile, so dass man wieder zum Eisen seine Zuflucht nahm.

Steinöfen. Diese haben in neuerer Zeit eine Verringerung ihrer Dimensionen erlitten, und zwar ist die Schachtweite in der Formhöhe an der Vorwand von 1' 6" auf 1' 4", dieselbe an der Formwand von 2' auf 1' 8", die obere Schachtweite vorn und hinten von 2' 2" auf 2'; die Tiefe des Ofenschachts in der Formhöhe von 3' 7" auf 3' 2" gebracht; die Formhöhe über dem Bleche = 1' 2" und die Böschung der Formwand = 3" ist dieselbe geblieben.

In Folge dieser Veränderung hat sich das Verhältnis des Werkefalls zum Steinfall, welches früher 3:3 oder 3:4 betrug, auf 3:2, also günstiger gestellt, dagegen sind aber die Werke kupferreicher geworden, und erst weiter fortgesetzte Versuche werden die Grösse dieses Kupferverlustes erweisen. Das Silberausbringen scheint sich günstiger, als früher, stellen zu wollen. Dieses Resultat erklärt sich aus der auf pag. 9 angeführten Beobachtung, dass Schwefelblei, Schwefelkupfer und Schwefelsilber bei höherer Temperatur, wie eine solche durch Verengerung des Schmelzraums entsteht, vollständiger durch Eisen zersetzt werden, als bei niedrigerer Temperatur, wo sich jene Schwefelungen lieber mit dem Schwefeleisen zu Stein vereinigen. Ob eine Verengerung der Schliegöfen, also eine höhere Schmelztemperatur vortheilhaft sein wird, muss bezweifelt werden, weil den pag. 214 ausgesprochenen Grundsätzen zufolge zinkische Erze eine möglichst niedrige Temperatur verlangen.

Die Steinarbeit wird ebenso, wie auf den andern Hütten geführt, nur ist sie wegen nothwendiger Erzeugung basischerer Schlacken noch hitziger.

Schmelzgang.

- Von einer Steinschicht fallen bei einem Aufwand von 1 Mss. Quandelkohlen und 16 Blgn. Koks in 7—8 Stunden etwa:

Ausweis.

1. 11—12 Ctr. Werkblei mit $4^3/_4$—$5^1/_2$ Lth. Silber; zum Abtreiben.

Analysen nach Jordan:

	Pb	Cu	Ag	Fe	Summa
Erstes Durchstechen	98,04	0,52	0,12	1,32	100,00
Zweites Durchstechen	98,67	0,56	0,13	0,64	100,00
Drittes u. viertes Durchstechen	99,00	0,60	0,12	0,28	100,00.

2. 10—11 Ctr. Stein mit verschiedenem Metallgehalt, je nach den verschiedenen Durchstechen, gewöhnlich mit 34—38 Pfd. Blei und $2^1/_4$—$2^1/_2$ Lth. Silber.

3. Schlacke, geht wieder in die Schmelzarbeiten zurück.

Im Jahre 1849 erfolgten beim ersten Durchstechen von 22653 Ctr. Stein mit 636 Ctr. Eisen, 273 Mltr. Rösteholz, 2370 Mss. Kohlen und 9490 Blgn. Koks in 397 zwölfstündigen Schichten 7060 Ctr. Werkblei und 7155 Ctr. Bleistein; beim zweiten Durchstechen von 7155 Ctr. Stein mit 271 Ctr. Eisen, 69 Mltr. Rösteholz, 1010 Mss. Kohlen und 1910 Blgn. Koks in 123 zwölfstündigen Schichten 2200 Ctr. Werkblei und 2010 Ctr. Stein; — beim dritten und vierten Durchstechen von 2010 Ctr. Stein mit 100 Ctr. Eisen, 30 Mltr. Rösteholz, 100 Mss. Kohlen und 900 Blgn. Koks in 49 zwölfstündigen Schichten 541 Ctr. Werkblei und 324 Ctr. Kupferstein.

3. **Rauch- und Kehrig- oder Fegschliegarbeit.**

Es wird derselben aller Rauch, ferner der bei der Nass- und Gehaltsprobe, sowie der beim Reinigen des Schliegmagazins und der Sohliegabladeplätze gesammelte Schlieg (Kehrig) im Schliegofen unterworfen.

Umfang.

Eine beschickte Schicht enthält 16 Karren Schliegschlacken, 12 Karren = 36 Ctr. Hüttenrauch, 1 Ctr. Eisen, 3 Ctr. Herd,

Beschickung.

6 Karren Steinschlacken, 1 Karren = 4 Ctr. Fegschlieg, 1 Karren = 3 Ctr. Steindreck (Abfall vom Zerschlagen des Bleisteins), 1 Ctr. Eisen, 3 Ctr. Herd, 4 Karren Steinschlacken.

Ausweis. Davon resultieren 11 Ctr. Werkblei und 11½ Ctr. Stein mit 23—25 Mss. Kohlen. Letzterer kommt theils zum ersten Durchstechen, theils zu den Ofenbrüchen, welche immer nach dem Schliegschmelzen durchgesetzt werden. Wegen des bedeutenden Zinkoxydgehaltes des Rauches ist die Beschickung strengflüssig, und müssen deshalb bedeutende Schlackenzuschläge gegeben werden. Es ist gewis zweckmässiger, den Rauchstein auf die angegebene Weise zu behandeln, als denselben, wie dies zu Clausthaler Hütte geschieht, immer wieder beim Rauchschmelzen zuzusetzen.

Im Jahre 1849 erfolgten von 232 Rösten Rauch und 26 Rösten Kehrig mit 520 Ctr. Eisen und 4550 Mss. Kohlen in 194 zwölfstündigen Schichten 2830 Ctr. Werkblei und 2981 Ctr. Bleistein.

4. Schmelzofenschliegarbeit.

Beschickung. Der Schmelzofenschlieg, bei der Aufbereitung der Schur erzeugt, wird in folgender Weise beschickt: 14 Karren Schliegschlacken, 8 Karren Schmelzofenschlieg, 1½ Ctr. Eisen, 2 Ctr. Herd, 8 Karren Steinschlacken, 4 Karren Schmelzofenschlieg (in Summa 38 Ctr.), 2 Ctr. Herd und 4 Karren Steinschlacken, wovon in 12 Stunden mit 22 Mss. Kohlen 14½ Ctr. Werkblei und 10 Ctr. Stein erfolgen.

Ausweis. Im Jahre 1849 erfolgten von 22 Rösten Schmelzofenschlieg mit 33 Ctr. Eisen und 450 Mss. Kohlen in 20 zwölfstündigen Schichten 320 Ctr. Werkblei und 216 Ctr. Bleistein.

5. Abtreiben.

Treibofen. Das Abtreiben weicht von dem der andern Hütten wenig ab. Der mit einer gemauerten Kuppel versehene Treibofen gleicht in seiner Gestalt ganz dem Altenauer Verblaseofen (Taf. III, Fig. 58—60) und hat folgende Dimensionen: Ganze Höhe 9' 2"; Durchmesser des Herds 9' 6"; Höhe des Schlackenherds in der Mitte 1'; Höhe desselben am Kranzgemäuer 1' 10"; Höhe des Steinherds 6"; Fall desselben von der Mitte bis zum Glättloche 2"; Höhe des Glättloches vom Kranze des Steinherdes bis unter den Bogen der Ziegelhaube 2' 2''; Breite des Glättloches 1' 1''; Höhe des Mergelherdes am Kranzgemäuer 10''; Höhe des Mergelherdes in der Mitte 3—4''; Entfernung der Kannenlöcher vom Kranze des Steinherdes 1'; Entfernung der beiden Kannenlöcher von einander 1' 8''; Durchmesser der Kannenöffnung 2''; Stärke der Kranzmauer 1'; Höhe derselben 3' 10''; Höhe des Kreuzabzuges 1'; Breite desselben 1'; Höhe der Eintrageöffnung 2' 8''; Breite derselben 3' 4''; Stärke der Höllenmauer in der Mitte 1' 3''; Höhe derselben 3'; Stärke des Ziegelkranzes 1'; Durchmesser der Haubenöffnung 1' 8''; Höhe der Feuerbrücke vom Kranze des Steinherdes 1' 2''; Breite der Feuerbrücke 2' 2''; Entfernung des Windofenbogens von der Feuerbrücke 1' 4''; Höhe des Windofens von der Hüttensohle 6' 6''; Breite des Windofens 5' 6''; Länge desselben 7'; Entfernung des Rostes von der Hüttensohle 3' 3''; Breite des Rostes 1' 8''; Tiefe desselben 4' 6''; Oeffnung des Schürlochs 18'' □; Höhe des Aschenfalles 2' 4''; Breite desselben 3' 6''.

Von einem Treiben mit 160 Ctr. Werkblei erfolgen in 31—32 Stunden bei einem Aufwand von 20 Himten frischem und einem gleichen Quantum alten Mergel und 8—8½ Schck. Waasen: 45—56 Mk. Blicksilber, 116—117 Ctr. Glätte, 3½—5 Ctr. Vorschläge, 33 Ctr. Herd, 7—8 Ctr. gelber und 4½—4¾ schwarzer Abstrich.

Im Jahre 1849 sind von 32030 Ctr. vertriebenen Werken bei einem Aufwande von 1779¾ Schck. Waasen und 4009 Himten Mergel erfolgt: 22580 Ctr. Glätte, und zwar 2530 Ctr. Kaufglätte und 20050 Ctr. Frischglätte, 9060 Mk. 11 Lth. Blicksilber = 8374 Mk. 9 Lth. Brandsilber, 1180 Ctr. Vorschläge, 6290 Ctr. Herd, 880 Ctr. schwarzer Abstrich zur Hartbleifabrikation und 1495 Ctr. gelber Abstrich.

6. Glättfrischen.

Neuerdings sind einzelne Dimensionen des Glättfrischofens verringert, und zwar die Schachtweite in der Formgegend an der Vorwand von 1' 6'' auf 1' 4''; desgleichen an der Formwand von 2' auf 1' 8''; die obere Schachtweite hinten und vorn von 2' 2'' auf 2'; geblieben ist die Höhe vom Sohlstein bis zur Gicht 6' 6''; Tiefe in der Formgegend 3'; Formhöhe vom Bleche ab 1' 2''; Böschung der Formwand 6''.

|Verfahren.| Das Frischen geschieht wie auf den übrigen Hütten. Eine Campagne umfasst 3 Frischen, wobei von 710 Ctr. Schliegglätte oder 715 Ctr. Steinglätte 630 Ctr. oder 450 Stück Frischblei, 8—9 Ctr. Bleidreck und 9 Ctr. Frischschlacken mit 140 Mss. Kohlen in 36 Stunden erfolgen. Prinzipmässig rechnet man auf 3 Ctr. Glätte 1 Mss. Kohlen.

Ausweis. Im Jahre 1849 sind 20050 Ctr. Glätte in 84 Frischen à 12 Stunden mit 4080 Mss. Kohlen verfrischt und dabei 13000 Stck. oder 17837 Ctr. 25 Pfd. Frischblei incl. Krätzblei erfolgt.

7. Bleidreckfrischen.

Verfahren. Der beim Glättfrischen erhaltene Bleidreck wird mit Steinschlacken und eigenen Schlacken durchgesetzt. 181 Ctr. lieferten mit 62 Mss. Kohlen 82 Saigerstücke, von welchen auf 3 Herden mit 8 Mss. Kohlen 100 Stück (148 Ctr. 69 Pfd.) Krätzblei erfolgten.

8. Abstrichsaigern und Frischen.

Ausweis. Das Abstrichsaigern geschieht im Treibofen. Ein Einsatz von 44 Ctr. ist in 8—9 Stunden bei einem Aufwand von $3\frac{1}{4}$—4 Schck. Waasen und einer Production von 8—10 Ctr. Werkblei mit 1—$1\frac{1}{4}$ Lth. Silber abgesaigert.

Im Jahre 1849 erfolgten von 880 Ctr. Abstrich mit $69^{23}/_{60}$ Schck. Waasen: 222 Ctr. Werke und 614 Ctr. gesaigerter Abstrich.

Beim Abstrichfrischen werden in einer Campagne 330 Ctr. Abstrich mit etwa 250 Blgn. Koks und 30 Mss. Holzkohlen in 84 Stunden durchgesetzt, und es erfolgen dabei 360 Stck. oder 196 Ctr. Hartblei.

Im Jahre 1849 sind von 614 Ctr. gesaigertem Abstrich mit 440 Blgn. Koks und 50 Mss. Kohlen 625 Stck. oder 346 Ctr. Hartblei erhalten. Zwei Proben von Lautenthaler Hartblei hielten resp. 31,1 und 26,1 Prct. Antimon und beide 0,18 Prct. Kupfer.

Anhang zu A. 1—8.

1. Metallausbringen.

Das Metallausbringen zur Lautenthaler Hütte war in den Jahren 1848 und 1849 folgendes:

	1848		1849	
	Ag ℔	Pb ℔	Ag ℔	Pb ℔
Schliegarbeit	63,26	43,77	62,59	44,26
1. Steindurchstechen . . .	24,72	16,45	25,38	16,93
2. Steindurchstechen . . .	9,69	5,96	8,88	5,06
3. u. 4. Steindurchstechen	3,86	1,72	3,61	1,41
Rauch- u. Schmelzofen-Schliegarbeit	0,56	10,23	0,60	7,52
Summa . .	102,09	78,13	101,06	75,18

Das Bleiausbringen ist ungefähr um 1 Prct. zu wenig angegeben, weil der Arbeit Abstrich entzogen worden ist.

Im Jahre 1849 wurden aus 1 Rost Schlieg durchschnittlich ausgebracht in 1,71 zwölfstündigen Schichten : 7 Mk. 7,63 Lth. Silber, 20 Ctr. 16 Pfd. Glätte oder 18 Ctr. 4 Pfd. Frischblei und 29 Pfd. Kupferstein mittelst 30,29 Mss. Kohlen, 10,98 Blgn. Koks, 0,33 Mltr. Rösteholz, 5,23 Ctr. Eisen, 1 Schck. 35 Stck. Waasen und 3,58 Hmt. Mergel.

Der Bleiverlust beträgt durchschnittlich 18—20 Prct., nämlich bei den Schlieg-, Röst- und Steinarbeiten 6—7 Prct., beim Treiben 9—10 Prct. und beim Frischen $2\frac{1}{4}$ — 3 Prct.

Das Silberausbringen beträgt fast immer $1\frac{1}{2}$—2 Prct. mehr, als die Probe angibt.

2. Vergleichung des Lautenthaler Schmelzprozesses mit dem zu Przibram.

Zu Przibram*) werden sehr blendige Erze, die man aus Furcht vor Silberverlusten nicht sehr weit aufbereitet, bei einem Durchschnittsgehalt von $7\frac{1}{4}$ Lth. Silber und 38 Pfd. Blei in Schlieg- und Gräupelform 3mal in Rösthäusern abgeröstet, dann in Posten von 25 Ctr. mit $1\frac{1}{2}$—2 Ctr. Roheisen, $13\frac{1}{4}$ Ctr. Eisenfrischschlacken, $1\frac{1}{4}$ Ctr. Herd und $\frac{1}{4}$ Ctr. reicher Glätte in Tiegelöfen mit offener Brust durchgeschmolzen. Dabei resultieren 20—24löthige Werke und Schlacken mit 2—5 Pfd. Blei und $\frac{1}{8}-\frac{1}{16}$ Lth. Silber, welche letztere abgesetzt werden. Eine besondere Steinbildung findet nicht statt, was theils wohl der Abwesenheit von Kupfer und der Ofenconstruction, hauptsächlich aber dem bedeutenden Blendegehalte zugeschrieben werden muss. Die Blende hat grosse Neigung, mit der Schlacke zusammenzuschmelzen — wie die Rohsteinproben lehren — und keinen gesonderten Stein zu bilden. Auffallend ist, dass die erzeugte nicht unbedeutende Menge Schwefeleisen ganz in die Schlacke geht, welcher dadurch, so wie überhaupt durch den hohen Eisengehalt der Beschickung ein sehr

Przibramer Schmelzproject.

---

*) Citate siehe pag. 38 sub C a.

frischer Character mitgetheilt wird. Sie hat mit den Lautenthaler Schliegschlacken und den andern Oberharzer Steinschlacken grosse Aehnlichkeit, ist sehr dünnflüssig, raucht stark, erstarrt rasch, zerfällt beim Erkalten in kleine Bruchstücke und hat grosse Neigung zum Krystallisieren.

Die rasche Bildung des Ofenbruchs ist hier ebenfalls der Grund kurzer, höchstens 3wöchentlicher Campagnen, indem sich eine starke Vorwand bildet, die das Schmelzen zu sehr nach hinten drängt, während dagegen zu Lautenthal ein völliges Zusetzen des Ofens in einer gewissen Höhe stattfindet.

Bei näherer Vergleichung beider Prozesse ergibt sich, dass der Brennmaterialverbrauch beim Przibramer Erzschmelzen sich günstiger stellt, als zu Lautenthal. Während zu Przibram auf 100 Ctr. Erz 110,28 Tonnen à 4¼ Cbf. Kohlen beim Verschmelzen, 11,16 Tonnen ins Gestübbe und 3,88 Tonnen Lösche aufs Gestübbe, also in Summa 125,32 Tonnen = 62 Mss. à 10 Hannov. Cbf. Kohlen kommen, so sind beim Lautenthaler Schliegschmelzen auf 100 Ctr. Schlieg etwa 68—70 Mss. Kohlen, ausser den zur Steinarbeit nöthigen, erforderlich. Dagegen kommt der hohe Holz- und Kohlenverbrauch zu Przibram in Abrechnung, der auf 100 Ctr. Erz zu rösten 7,66 Klftr. Scheitholz à 90 Cbf., 4,72 Tonnen Kohlen und 2,51 Tonnen Lösche beträgt.

Der Vortheil der theueren Erzröstung wird bei dem danach nöthig werdenden hohen Eisenzuschlag von 8—8¼ Prct. und der dabei erforderlichen bedeutenden Menge von Eisenfrischschlacken sehr zweifelhaft. Ausserdem hält das Schwefeleisen verhältnismässig viel Silber in der Schlacke zurück und der ganze Schmelzprozess ist wegen der variierenden Beschaffenheit des Röstgutes schwierig zu leiten. Versuche mit der reinen Niederschlagsarbeit zu Przibram fielen wegen des bedeutenden Blendegehalts der Erze sehr ungünstig aus, namentlich trennten sich Stein und Schlacke nicht gehörig.

Versuche zu Lautenthal, durch vorheriges Rösten der Schliege im Flammofen der Bildung von Ofenbrüchen beim Schmelzen entgegen zu wirken, führten zu keinem erwünschten Resultate, weil sich das beim Rösten gebildete ZnO, SO^3 beim reducierenden Schmelzen immer wieder in ZnS verwandelte.

Der von Rivot und Zeppenfeld ausführlich beschriebene Schmelzprozess zu Pontgibaud[*]) ist dem Przibramer ähnlich, nur findet das Rösten der Schliege in einem Flammofen statt.

---

[*]) Ann. d. min. 4. Sér. Tom. XVIII, livr. 5 und 6. — Berg- und hüttenm. Ztg. 1851. Nr. 17 et seq.

B. Kupferarbeit.

Sie zerfällt in die Kupferkies-, Krätzkupfer-, Kupferschur- und Kupfersaigerkrätz-Arbeit.   *Eintheilung.*

1. Kupferkiesarbeit.

Der auf der Grube Lautenthalsglück mit Blende, Kalkspath, Bleiglanz, Quarz und Schwefelkies vorkommende Kupferkies wird theils durch Handscheidung, theils durch Verwaschen aufbereitet und hält dann 10—30 Pfd. Kupfer.   *Erze.*

Es werden jährlich etwa 2000 Ctr. Kies fast ganz auf dieselbe Weise zugutegemacht, wie zur Altenauer Hütte; nur wird das beim Mittelsteinschmelzen etwa fallende Schwarzkupfer gedarrt, um das darin enthaltene Blei abzuscheiden und den Silbergehalt theilweise in den Pickschiefer zu bringen. Dieser uneigentlich Darren genannte Prozess wird auf dem Saigerherde bei starker Holzfeuerung ausgeführt, und erfolgt dabei: *Schmelzprozeß.*

a. Darrkrätz, hauptsächlich aus Bleioxyd bestehend; kommt zum Saigerkrätzschmelzen.

b. Darrlinge, welche nach dem Abpicken silberreichen Pickschiefer, der ins Saigerkrätzschmelzen geht, und gepickte Darrlinge liefern, welche je nach ihrer Reinheit gleich auf dem kleinen Herde gaargemacht oder zuvor auf demselben verblasen werden. Beim Verblasen erhält man 2—3 Ctr. Schwarzkupfer bei einem Stechen der Form von 3—4° etwa 3 Stunden flüssig und lässt die dabei erzeugte Schlacke entweder abfliessen oder zieht sie ab. Wird der Gaarspahn etwas biegsam und nimmt eine rothe Farbe an, so ist der Prozess beendigt.

Das Roh- und Steinschmelzen wird in Brillenöfen vorgenommen, deren Dimensionen man neuerdings theilweise verändert hat, nämlich die Formhöhe vom untern Trittstein ab von 2' 3/4" auf 1' 9"; Breite der Vorwand in der Formgegend von 1' 8" auf 1' 4"; desgleichen der Formwand von 2' 1" auf 1' 6"; obere Schachtweite hinten und vorn von 2' 4" auf 2'; Tiefe in der Formgegend von 3' 6" auf 3' 2"; Böschung an der Formwand 3"; ganze Höhe 6' 10".

Eine Kiesschicht besteht aus 20 Ctr. geröstetem Stein, 10 Karren à 2 Ctr. Rohsteinschlacken und 4 Karren à 2 Ctr. Kiesschlacken; eine Steinschicht aus 36 Ctr. geröstetem Stein und 32—36 Ctr. Kiesschlacken.

Nach Bodemann bestand eine Lautenthaler Kiesschlacke aus:

SiO_2	CaO	Al_2O_3	PbO	Cu_2O	FeO	ZnO	ZnS	Summa
38,77	4,87	3,33	1,88	0,19	45,32	2,23	3,81	100,40

welche Zusammensetzung nach Plattner der Formel

$$x[3(FeO, CaO, PbO), 2SiO_2] + y[3(FeO, ZnO), SiO_2] + Al_2O_3, SiO_2$$

oder speciell der Formel

$$7[3(FeO, CaO, PbO), 2SiO_2] + 3(FeO, ZnO), SiO_2 + Al_2O_3, SiO_2$$

entspricht.

Eine krystallisierte Kupfersteinschlacke von Lautenthal enthielt nach Walchner (Hausm. Beitr. 1850. p. 28 und 31):

SiO_2	FeO	MnO	CuO	MgO	KO	Al_2O_3	Summa
29,25	63,32	1,46	2,65	1,31	0,19	1,25	99,43

Ausweis. Die Resultate der Kiesarbeit vom Jahre 1847 sind folgende: Rohschmelzen: Von 2446 Ctr. Kies, mit 2242 Ctr. Rohsteinschlacken beschickt, erfolgten in 71 zwölfstündigen Schichten und 6 Zumachen mit 2000 Blgn. Koks, 140 Mss. Kohlen und 6 Mltr. Rösteholz 1201 Ctr. Rohstein. — Rohsteinschmelzen: 1201 Ctr. Rohstein gaben in 16 zwölfstündigen Schichten und 2 Zumachen mit 1600 Blgn. Koks, 60 Mss. Kohlen und 6 Mltr. Rösteholz 774 Ctr. Mittelstein. — Mittelsteinschmelzen: Von 774 Ctr. Mittelstein resultierten in 12 zwölfstündigen Schichten und 1 Zumachen mit 550 Blgn. Koks, 15 Mss. Kohlen und 6 Mltr. Rösteholz 342 Ctr. erster Spurstein und 50 Ctr. Schwarzkupfer. — Erstes Spursteinschmelzen: 342 Ctr. Stein lieferten in 1 Zumachen mit 220 Mss. Kohlen und 6 Mltr. Rösteholz 104 Ctr. Schwarzkupfer und 168 Ctr. zweiten Spurstein. — Zweites Spursteinschmelzen: Von 168 Ctr. Stein fielen in 1 Zumachen mit 140 Mss. Kohlen und 4 Mltr. Rösteholz 56 Ctr. Schwarzkupfer und 60 Ctr. dritter Spurstein. — Drittes Spursteindurchstechen: 60 Ctr. Stein lieferten in 1 Zumachen mit 45 Mss. Kohlen und 1½ Mltr. Rösteholz 22 Ctr. Schwarzkupfer

und 16 Ctr. dritten Spurstein zur nächstjährigen Kiesarbeit. —
Gaarmachen: Sämmtliche Schwarzkupfer, 220 Ctr., gaben,
auf 94 Herden gaargemacht, mit 220 Mss. Kohlen 202 Ctr. 69 Pfd.
gutes Kieskupfer.

2. Krätzkupferarbeit.

Zur Lautenthaler Hütte fallen bei der Bleisteinarbeit jährlich   *Umfang.*
400—500 Ctr. Kupferstein mit 20—30 Pfd. Kupfer und 2—3 Lth.
Silber, dessen Zugutemachung auf Kupfer und Silber die Krätzkupferarbeit bezweckt.

Derselbe ist von dem zur Altenauer Hütte gebräuchlichen   *Schmelzprozeß.*
wenig verschieden, nur werden die durch den Frisch- und Saigerprozess entsilberten Kiehnstöcke vor dem Verblasen noch auf
dem Saigerherde, ganz so wie die Mittelsteinschwarzkupfer der
Kiesarbeit, gedarrt.

Während der Kupferfrischofen früher bei 20″ Tiefe in der Formgegend 14″ hintere und 18″ vordere Breite hatte, welche Dimensionen sich nach oben zu resp. auf 20 und 24″ erweiterten, so hat
man demselben neuerdings bei derselben Tiefe 17½″ hintere
und 12″ vordere Breite in seiner ganzen Höhe gegeben. Dadurch
ist ein hitzigerer Schmelzgang bewirkt, eine gleichmässigere
Legirung erzeugt und an Zeit und Brennmaterial gespart.

Von im Jahre 1848 verarbeiteten 407 Centnern Kupferblei-   *Ausweis.*
stein erfolgten nach viermaligem Durchstechen bei einem Aufwande von 475 Mss. Kohlen und 13 Mltr. Rösteholz 110 Ctr.
Schwarzkupfer und 10 Ctr. Dünnstein.

Die 110 Ctr. Schwarzkupfer gaben mit dem doppelten Gewicht Blei beschickt in 2 Frischen 110 Frischstücke, die wiederum
beim Saigern auf 8 Herden 111 Ctr., und beim Darren der dabei entstandenen Kiehnstöcke 3 Ctr. Saigerblei lieferten. Die
erfolgten 100 Ctr. gepickten Darrlinge gaben nach dem Verblasen 85 Ctr. Verblasenkupfer und beim Gaarmachen auf
32 Herden 69 Ctr. Krätzgaarkupfer.

3. Kupferschurarbeit.

Die Ausschurkrätze und Ofenschur von sämmtlichen Kupfer-   *Umfang.*
schmelzarbeiten, die Verblase- und Gaarschlacken der Kies- und
Krätzarbeit, so wie auch die sämmtliche Gaarkrätze wird im

Krätzpochwerk aufbereitet und der davon erfolgende Kupferschurschlieg gemeinschaftlich mit dem bei den verschiedenen Kupfersteindurchstechen resultierenden Rauche in einem Krummofen verschmolzen. Als Zuschlag dienen Kies- und Bleisteinschlacken vom ersten Durchstechen.

Productenerfolg. Man erhält bei diesem Schmelzen:

a. bleiische Schwarzkupferkönige, welche gesaigert, gedarrt, gepickt, verblasen und gaargemacht werden.

b. Kupferstein; wird geröstet und mit Kiesschlacken noch einige Male durchgestochen. Die dabei gefallenen Schwarzkupfer werden gemeinschaftlich mit den gesaigerten Schwarzkupferkönigen vom ersten Schmelzen verblasen und gaargemacht. Auch unterwirft man wohl die zweite Schwarzkupfersorte vorher noch einem Darren.

Die nebenbei erfolgende Ofenschur- und Ausschurkrätze, der Kupferrauch und die Gaarherdkrätze kommen wieder zur Schurarbeit; Saigerkrätz, Darrkrätz, Pickschiefer, Gaar- und Verblasenschlacken aber zum Kupfersaigerkrätzschmelzen.

Ausweis. Von 234 Ctr. Schurschlieg erfolgten:

a. 100 Ctr. Kupferstein, welcher bei wiederholtem Rösten und Durchstechen 53 Ctr. Schwarzkupfer und 34 Ctr. Stein lieferte, wovon letzterer in die nächstjährige Arbeit geht.

b. 61 Ctr. bleiisches Schwarzkupfer, welches mit den 53 Ctr. Schwarzkupfer von a auf 12 Herden gedarrt und auf 27 Herden gaargemacht wurde, wobei 67 Ctr. Schurgaarkupfer erfolgten.

4. Kupfersaigerkrätzarbeit.

Umfang. Derselben werden die unreinsten kupferhaltigen Abfälle unterworfen, namentlich die Saigerkrätze von der Schur- und Krätzkupferarbeit, die Darrkrätze und der Pickschiefer von sämmtlichen Kupferarbeiten, ferner die Verblasen- und Gaarschlacken von der Schur- und Kupfersaigerarbeit.

Productenerfolg. Beim Durchstechen dieser Producte mit Schlacken von derselben Arbeit, oder auch mit Bleisteinschlacken vom ersten Durchstechen über einen Krummofen mit Kohlen bei heller Gicht erfolgen neben Schlacken, die wieder zu dieser Arbeit oder zum

Bleidreckfrischen oder auf die Halde kommen, Saigerstücke. Diese werden gesaigert, dann wegen ihres Schwefelgehalts 5—6mal geröstet und mit Kiesschlacken durchgestochen. Dabei erfolgt:

a. Glimmeriges Schwarzkupfer, welches gedarrt, gepickt, verblasen und auf dem kleinen Herd gaargemacht wird. Ist die schlechteste Kupfersorte.

b. Kupferstein. Nachdem dieser geröstet und durchgestochen ist, resultiert wieder glimmeriges Schwarzkupfer und Kupferstein, der ins zweite und dritte Durchstechen der Kupferschurarbeit geht.

c. Schlacke, über die Halde.

Die sonstigen Abfälle, Ausschurkrätz, Ofenschur, Hüttrauch und Gaarherdkrätze kommen zur Kupferschurarbeit; Gaarschlacken, Verblasenschlacken, Pickschiefer, Darrkrätze gehen ins Kupfersaigerkrätzschmelzen zurück.

Zur Lautenthaler Hütte sind nach dem Durchschnitt der Jahre *Generalproduction*. 1845 bis 1849 jährlich dargestellt: 9220 Mk. 4 Lth. Blicksilber = 8515 Mk. 7 Lth. Brandsilber, 19975$\frac{2}{5}$ Ctr. Frischglätte, 2970 Ctr. Kaufglätte, 17777 Ctr. 59$\frac{3}{5}$ Pfd. Frischblei, 325 Ctr. 65$\frac{2}{3}$ Pfd. Hartblei, 96 Ctr. 20$\frac{3}{5}$ Ctr. Krätzkupfer und 205 Ctr. 18$\frac{4}{5}$ Pfd. Kieskupfer.

5. Abschnitt.
Blei-, Silber-, Kupfer- und Arsenikhüttenbetrieb zur St. Andreasberger Hütte.

Allgemeines. Wegen gänzlicher Verschiedenheit der Erze finden beim Andreasberger Schmelzprozess manche Abweichungen von dem der andern Oberharzer Hütten statt. Diese werden besonders veranlasst durch die Verhüttung reicher Silbererze, sogenannter Wascherze (gediegen Silber, Antimonial- und Arseniksilber, sprödes und geschmeidiges Glaserz, Rothgiltigerz, seltener Hornerz, Silberschwärze und Gänseköthig), in deren Begleitung sich nickel- und kobalthaltige Erze, silberhaltiges gediegenes Arsenik (Scherbenkobalt), Arsenikkies und Fahlerze befinden. Bleiglanz kommt in verhältnismässig geringerer Menge zur Verarbeitung, als auf den andern Hütten.

Die vorkommenden Schmelzoperationen zerfallen in die **Blei-, Kupfer- und Arsenikarbeiten**. Die Abweichungen der ersteren von denen der andern Hütten bestehen hauptsächlich in der **getrennten armen und reichen Schliegarbeit**, so wie in dem mehrmaligen Verblasen und Durchstechen der Kupferbleisteine, um deren bedeutenden Arsen- und Antimongehalt möglichst zu entfernen, bevor sie auf Kupfer verarbeitet werden.

A. *Bleiarbeit.*

Erze und ihre Aufbereitung. Der Bleiarbeit werden sämmtliche oben aufgeführte Blei-, Silber- und Kupfererze übergeben, nachdem sie vorher einer zweckmässigen Aufbereitung unterworfen sind. Der meist hohe Silbergehalt der Erze, so wie auch das geringe specifische Gewicht der Fahlerze macht ihre Aufbereitung schwierig und eine reine Scheidung unmöglich, weshalb die angelieferten Schliege einen nicht unbeträchtlichen Theil der Gangarten und des Nebengesteins beigemengt enthalten, wodurch, namentlich bei dem Mangel an Kieselerde, für die Schlackenbildung ein ungünstiges Verhalten herbeigeführt wird. Erze mit einem Gehalt über 5 Mk. Silber (Wascherze) werden nur trocken, aber möglichst rein geschieden und auf der Hütte trocken gepocht. Bleiische Stuffröste kommen in verhältnismässig geringer Menge zur Hütte, weil der Bleiglanz selten derb und rein bricht. Die separiert aufbereiteten Arsenikschliege unterwirft man vor dem Verschmelzen einer Röstung, wobei arsenige Säure als Nebenproduct und ein Rückstand mit 2—4 Mk. Silbergehalt erhalten wird. Alle übrigen Erze werden verpocht und verwaschen als Setz-, Graben-, Schwänzel-, Grobgewaschen-, Kehr- etc.-Schlieg nach der Hütte geschafft. Die reichen Erze mit über 5 Mk. Silber werden bis auf Pfunde ausgewogen und in einer verschliessbaren Kammer auf dem Beschickungsboden aufbewahrt; alle andern Erze werden nach Rösten oder zwölftel Rösten übernommen und ins Schliegmagazin gebracht. Ein Rost trockener Schlieg wiegt 37—39 Ctr., ein Rost nasser etwa 40 Ctr. Das Probennehmen geschieht wie auf den andern Hütten.

Im Jahre 1849 erfolgten bei der Aufbereitung von 850 Treiben und 15 Tonnen Erz $9\frac{1}{6}$ Röste Wascherz, $21\frac{1}{2}$ Röste Arsenikschlieg, $1\frac{5}{12}$ Röste Ocher und $212\frac{5}{6}$ Röste Armschlieg, in Summa $244\frac{11}{12}$ Röste im Gewicht von 9289,42 Ctr. und mit einem Gehalt von 6438 Mk. $13\frac{1}{4}$ Lth. Silber und 3810 Ctr. 51 Pfd. Blei. Der ungefähre Metallgehalt beträgt im Ctr. $11\frac{1}{8}$ Lth. Silber und 41 Pfd. Blei, kann aber zwischen 1 Lth. bis 50 Mk. Silber und 5—70 Pfd. Blei variieren.

Der Metallgehalt der einzelnen Schliegsorten in einem Centner, so wie die Qualität der metallischen und erdigen Beimengungen in denselben ist aus folgender Tabelle zu ersehen:

Gruben	Wascherz			Arsenikschlg.			Ocher			Armschlieg			Qualität der Beimengungen
	Ag Mk.	Lth.	Pb Ctr.	Ag Mk.	Lth.	Pb Ctr.	Ag Mk.	Lth.	Pb Ctr.	Ag Mk.	Lth.	Pb Ctr.	
...son, Juliane Charlotte	6	4½	10	1	5¼	11	—	—	—	—	9¾	28	Silber- u. arsenikreich; bleiarm; quarzig.
...har. Neufang	9	15½	14	1	13½	11	3	2½	2	—	14	19	Silber- u. arsenikreich; bleiarm; Kalksp. u. Qrz. Ocher findet sich i. d. Gangklüften.
...ade Gottes, ;manns Trost, ...bendröthe	9	7½	14	—	—	—	—	—	—	—	3½	59	Bleireich; silberarm; Quarz u. Kalkspath; etwas Blende.
Andreaskreuz	—	—	—	—	—	—	—	—	—	—	3¾	58	Bleireich; silberarm; viel Quarz u. Kalkspath; etwas Blende u. Fahlerz.
Felicitas	—	—	—	—	—	—	—	—	—	—	6¼	21	Viel Fahlerz; Kupferkies, Quarz u. Kalkspath; wenig Bleiglanz.

Analysen einiger Andreasberger metallischer Mineralien:

	Ag	Pb	Fe	Ni	Co	Cu	As	Sb	S	Cl	PbS	Thon
I.	1,00	—	0,25	—	—	—	—	98,00	—	—	—	—
II.	75,25	—	—	—	—	—	—	24,25	—	—	—	—
III.	69,46	—	—	—	—	—	4,83	24,64	—	—	—	—
IV.	8,88	—	24,60	—	—	—	49,10	15,46	0,85	—	—	—
V.	58,95	—	—	—	—	—	—	22,85	16,61	—	—	—
VI.	2,56	43,06	4,52	—	—	12,60	16,88	19,57	—	—	—	—
VII.	—	—	0,87	28,95	—	—	—	63,73	—	—	6,44	—
VIII.	—	—	0,84	27,05	—	—	—	59,71	—	—	12,36	—
IX.	—	—	5,22	18,36	6,79	—	64,23	—	0,60	—	—	—
X.	0,01	—	36,44	—	—	—	55,00	—	—	8,34	—	—
XI.	1,19	—	1,55	—	—	36,39	1,54	34,75	24,58	—	—	—
XII.	24,64	—	—	—	—	—	—	—	—	8,28	—	67,08

I. Gediegen Antimon nach Klapproth (Dess. Beitr. III, 172). — II. Antimonsilber nach Abich (Crell. Ann. 1798. II, 3). — III. Desgl. von Gnade Gottes nach Bodemann. — IV. Arsensilber vom Samson nach Rammelsberg = (Fe S² + Fe As) + 5 (5Fe⁴As³ + Ag Sb³) (Berg- und hüttenm. Ztg. 1850. p. 268). — V. Dunkel Rothgültigerz nach Bonnsdorf (Hausmann Mineralog. II, 1. pag. 188). — VI. Dunkel Zundererz vom Neufang nach Bornträger (Ibid. p. 1567). — VII. Antimonnickel nach Stromeyer (Ibid. p. 59). — VIII. Desgleichen. — IX. Derbes Kobalterz nach Bodemann. — X. Arsenikkies von Felicitas nach Jordan (Erdm. J. f. pr. Ch. X, 436). — XI. Fahlerz von Andreaskreuz nach Jordan (Ibid. IX, 94). — XII. Buttermilcherz nach Klapproth (Hausm. a. a. O. p. 1474), ein Gemenge von Chlorsilber und Thon. — Gänseköthigerz ist nach Rammelsberg (Berg- und hüttenm. Ztg. 1850. p. 219) ein Gemenge von verschiedenen Oxydationsstufen des As, Sb und Fe.

Plattner hat (Jahrb. f. d. Sächs. Berg- u. Hüttenm. 1843. p. 1) nachgewiesen, dass silberreiche, arsen-, nickel- und kobalthaltige Erze im trocken aufbereiteten Zustande längere Zeit an der Luft aufbewahrt, unter Entwicklung von Wärme Sauerstoff und Wasser aufnehmen, wodurch ihr Silbergehalt sich verringert. — Nickel- und arsenhaltige Erze werden in feuchter Luft leicht verändert (Hausm. Beitr. z. met. Krystallkde. 1850. p. 51).

1. Schliegarbeit.

Das jährlich zur Anlieferung kommende Schliegquantum von etwa 250 Rösten — darunter 8—10 Rösten Wascherz und 25 Rösten Arsenikschlieg — wird in 4 Abschnitten verschmolzen, und zwar verhüttet man im ersten und zweiten reiche und arme Schliege, im dritten die Fahlerze und im vierten die Arsenikrückstandsschliege. Der dabei resultierende Stein wird in 2 Abschnitten verarbeitet. Zum Ausbringen des Silbers, Bleies und Kupfers aus dem in 4 solchen Abschnitten verschmolzenen Erzquantum sind 2—2½ Jahre erforderlich.

Eintheilung.

Eine weitere Eintheilung der Schliegarbeit ist die in arme und reiche. Der reichen werden solche Erze unterworfen, welche 5—20 Mk. Silber enthalten; sind sie noch reicher, so werden sie beim Abtreiben mit zugesetzt (eingetränkt). Alle anderr Erze kommen zur armen Arbeit. In den Jahren 1840—1848 betrug der Silbergehalt in 1 Centner armen Schlieg durchschnittlich 7 Lth., bei reichem Schlieg 6 Mk. 15 Lth.

Der variable Gehalt der Schliege an Silber und Blei, sowie die Beimengung bedeutender Quantitäten unhaltigen Gesteins und fremder Metalle macht das Gattieren schwieriger, als auf den andern Hütten. Die reichen strengflüssigen Schliege werden in Maschen von 16—18 Rösten mit bleireichen leichtflüssigen Schliegen von Abendröthe und Andreaskreuz rostweise übereinander gestürzt, oberflächlich in so viele Abtheilungen getheilt, als die Masche Röste enthält und je 1 Rost auf den Beschickungsboden gelaufen. Arme Schliege gattiert man für sich und theilt ihnen wohl die Arsenikrückstände in Quantitäten von 10—12 Ctr. auf je einen Rost zu; die Fahlerze gattiert man besonders mit bleiischen Schliegen von Abendröthe. Unter Umständen kommen letztere zu einer armen oder reichen Arbeit, je nachdem man ihnen reiche Erze zutheilt oder nicht.

Gattieren.

Beschicken   Der Bleigehalt der bleiischen Schliege reicht nicht hin, um den Silbergehalt zu decken, weshalb noch bedeutende Mengen bleiischer Zuschläge (Glätte, Abstrich) gegeben werden müssen, deren Quantität sich nach dem Silbergehalt der Masche richtet. Dieser wird nach der Probe ausgemittelt und danach ein solcher Zusatz an bleiischen Producten gegeben, dass auf 1 Lth. Silber 7—8 Pfd. Blei bei der reichen und 12—15 Pfd. Blei bei der armen Arbeit kommen. Eine reiche Masche bestand z. B. aus $2^1/_6$ Rösten Samson, $^5/_6$ Rösten Juliane Charlotte, $1^{11}/_{12}$ Rösten Catharina Neufang, $6^1/_6$ Rösten Abendröthe und $6^1/_{12}$ Rösten Andreaskreuz, in Summa 18 Röste mit 787 Mk. $7^1/_4$ Lth. Silber und 336 Ctr. 73 Pfd. Blei oder in 1 Rost 43 Mk. 12 Lth. Silber und 18 Ctr. 10 Pfd. Blei. Der erforderliche Zuschlag betrug pro Rost 36 Ctr. Glätte und 8 Ctr. Abstrich mit etwa 38 Ctr. Blei, wonach auf 43 Mk. 12 Lth. Silber 56 Ctr. 70 Pfd. Blei oder auf 1 Lth. Silber 9,1 Pfd. Blei kommen. — Eine arme Masche bestand aus $2^5/_6$ Rösten Samson, $3^1/_3$ Rösten Neufang, $6^3/_4$ Rösten Abendröthe, $5^5/_{12}$ Rösten Andreaskreuz, in Summa $18^1/_3$ Röste mit 260 Mk. 11 Lth. Silber und 346 Ctr. 74 Pfd. Blei, also mit 14 Mk. 8 Lth. Silber und 19 Ctr. 26 Pfd. Blei pro Rost. Zu 1 Rost sind vorgeschlagen 10 Ctr. Glätte und 8 Ctr. Abstrich mit etwa 15 Ctr. Blei, es kommen demnach auf 14 Mk. 8 Lth. Silber 44 Ctr. 26 Pfd. Blei, oder auf 1 Lth. Silber 14,7 Pfd. Blei.

Der Zuschlag an Eisen (pro Rost $3^1/_2$—5 Ctr.) ist etwas grösser als auf den andern Hütten, weil neben dem Schwefel auch Arsen — an Silber gebunden — durch dasselbe abgeschieden werden soll. Da man nun durch die kleine Probe den relativen Gehalt an Arsen und Blei aus dem erfolgenden Bleikönig nicht bestimmen kann, so muss der nöthige Eisenzuschlag durch Versuche ausgemittelt werden, während auf den andern Hütten die stöchiometrische Rechnung zu Hülfe genommen werden kann. Man normiert ihn gewöhnlich so, dass der Erfolg an Werkblei den an Bleistein etwas übertrifft.

Die Qualität und Quantität der zuzuschlagenden Schlacken variiert je nach dem Ofengange und der betreffenden Arbeit, ist aber weit beträchtlicher (24 bis 34 Karren à $2^1/_2$ Ctr. pro

Rost), als auf Clausthaler und Altenauer Hütte (14—18 Karren), weil eine bedeutende Menge schwerschmelzigen unhaltigen Gesteins zu verschlacken ist. Bei dem Mangel an Kieselerde sind die erfolgenden Schliegschlacken kaum Singulosilicate, die Steinschlacken Subsilicate, wodurch im Allgemeinen ein unreinerer Ofengang veranlasst wird. Man steigert den Zuschlag der hitzigen Steinschlacken wegen ihrer günstigen Einwirkung auf den Schmelzgang möglichst hoch. Die eisenoxydulreichen heissgrädigen Schlacken vom ersten Steindurchstechen werden bei dem Ueberschuss an Basen, namentlich durch den Kalk zersetzt, und das ausgeschiedene Eisenoxydul wirkt entweder direct oder nachdem es sich zu Metall reduciert hat, entschwefelnd auf den Bleiglanz, ausserdem machen diese Schlacken den Ofengang hitzig, geben aber leicht zu einem Bühnen Veranlassung; die Schliegschlacken und Steinschlacken von späteren Durchstechen (Durchstechschlacken) befördern mehr die Auflösung der Gangmassen, machen das Schmelzen ruhig und geben eine reinere, mehr glasige Schlacke. Auch werden Glätt- und Abstrichfrischschlacken zur Gewinnung ihres Metallgehalts zugeschlagen. Bei dem bedeutenden Gehalte der Beschickung an oxydiertem Blei und dem erforderlichen hohen Schlackenzusatz fallen die Schliegschlacken bleireicher aus, als auf den andern Hütten. Sie halten 8—10 Pfd. Blei nach der dokimastischen Probe.

Die Beschickungen selbst werden etwa in folgenden Verhältnissen zusammengesetzt: eine reiche Schicht aus 36 Ctr. Schlieg, 36 Ctr. Glätte, 8 Ctr. Abstrich, $4\frac{1}{2}$—5 Ctr. Eisen, 15 Karren à $2\frac{1}{2}$ Ctr. Stein- und 15 Karren Durchstechschlacken; eine arme oder eine Fahlerzschicht aus 38 Ctr. Schlieg, 8 Ctr. Glätte, 10 Ctr. Abstrich, 4 Ctr. Eisen, 12 Karren Stein und 12 Karren Durchstechschlacken; eine Arsenikrückstandsschicht aus 38 Ctr. Armschlieg, 10 Ctr. Rückstand, 30 Ctr. Glätte, 10 Ctr. Abstrich, 4 Ctr. Eisen, 12 Karren Stein-, 12 Karren Durchstech-, 8 Karren Schlieg- und 2 Karren Frischschlacken. — Die einzelnen Lagen einer beschickten Schicht sind in folgender Weise angeordnet: $\frac{1}{3}$ Schlacken, $\frac{1}{2}$ gattierter Schlieg, $\frac{1}{2}$ Eisen und bleiische Vorschläge, $\frac{1}{3}$ Schlacken, $\frac{1}{2}$ Schlieg, $\frac{1}{2}$ Eisen und bleiische Vorschläge und $\frac{1}{3}$ Schlacken zu oberst. Während auf den andern Hütten eine beschickte Schicht 90—100 Ctr. wiegt, so beträgt ihr Gewicht bei reicher Arbeit etwa 180 Ctr., bei armer 130 Ctr.

Schmelzöfen. Die einförmigen Schliegöfen weichen von denen der andern Hütten nicht bedeutend ab. Ihre ganze Höhe beträgt 23′; die Tiefe im Schmelzraum 3′ 4″, im Kohlensack 3′ 4″ und an der Gicht 2′; die Weite an der Form 2′, im Kohlensack 2′ und an der Vorwand 1′ 8″. Die Form liegt wegen der grössern Strengflüssigkeit der Beschickung 2″ tiefer, als auf den andern Hütten, nämlich 1′ 2″ über dem Herdbleche, in Folge dessen sich auch das Zumachen (mit Gestübbe aus ⅔ Kohle und ⅓ Thonschiefermehl) etwas ändert. Auf Clausthaler und Altenauer Hütte erhält die Ofensohle von der Form ab einen bedeutenden und nach dem Herde zu einen geringeren Fall, der Herd ist etwa 14″ tief und der Vorsetzstein wird in der gespaltenen Brust etwa 4″ tief unter dem Herdblech eingesenkt; — zu Andreasberg dagegen gibt man der Ofensohle von der Form bis zum Herde einen gleichmässigen Fall, macht den Herd nur 10″ tief und die gespaltene Brust bleibt ganz offen, indem statt des Vorsetzsteins Barnsteine quer über die Spur gelegt werden. Bei dieser Einrichtung lassen sich die häufig entstehenden Ansätze leichter aus dem Herd ausräumen. — Die Mauersteine bestehen aus gebranntem Thonschiefermehl.

Schmelzgang. Der bedeutende Arsen- und Antimongehalt, so wie der Mangel an Kieselerde in der Beschickung macht die Schliegarbeit schwierig. Man verarbeitet mit jedem Ofen zuerst eine arme Schicht, damit sich die Nase bildet und die Störungen, die im Anfang der Arbeit immer vorkommen, dabei beseitigt werden; dann fährt man mit einer reichen so lange fort, als der Ofen noch gut geht und schliesst, sobald durch eintretende Unregelmässigkeiten beim Schmelzen Verluste zu befürchten sind, mit armer Beschickung. In den ersten Tagen setzt man auf 1 Füllfass Kohlen zu 16—18 Pfd. 2 Tröge à 50 Pfd., später durchschnittlich 3 Tröge Beschickung, also auf 1 Pfd. Kohle 8 Pfd. Beschickung. Bei der reichen Arbeit muss das Schmelzen sehr langsam und vorsichtig geführt werden, weil bei raschem Gange durch zu rapide Arsenverflüchtigung ein bedeutender Silberverlust entstehen würde. Während man auf Clausthaler Hütte in 24 Stunden

2—2½ Röste durchsetzt, verschmilzt man hier in derselben Zeit nur ⅓—¾ Rost. Ausserdem erschwert das Arsenik die Nasenbildung und gibt zur Erzeugung von Ofenbrüchen Veranlassung, welche ein Hängenbleiben des Satzes herbeiführen und deren Anhäufung nur 2—3 wöchentliche Campagnen gestattet. In der grössten Hälfte derselben muss die Beschickungssäule niedergestockelt werden. Die Arsenikrückstandarbeit geht am schlechtesten und gestattet in der Regel nur 14tägige Campagnen; am wenigsten Schwierigkeiten macht das Verschmelzen der Fahlerze mit bleireichen Rösten, so dass man die Campagnen dabei auf 5—6 Wochen bringt.

In den Spalten des Gemäuers finden sich zuweilen schöne Krystalle von arseniger Säure, ähnlich den beim Rösten der Amalgamier-Beschickung zu Freiberg und in den Kupferöfen zu Riechelsdorf sich bildenden.

Die Nase wird 14—18″ lang gehalten, weil die strengflüssige Beschickung einen engern Schmelzraum erfordert. In neuerer Zeit sind 2 Oefen von der Vorwand nach der Form zu um 6″ kürzer gemacht, in Folge dessen die Nasenführung erleichtert und der Schmelzgang verbessert ist. Bei der reichen Schliegarbeit kommen nach den Manometer-Beobachtungen von A. Eicke bei 18‴ Düsendurchmesser und 10,7‴ Quecksilberpressung pro Minute 146 Cbf. Luft in den Ofen.

Beim Schliegschmelzen resultieren folgende Producte:

Producte.

1. **Werkblei**, sehr spröde, antimon- und arsenreich, mit 12—14 Lth. Silber bei der reichen und mit 3—5 Lth. bei der armen Arbeit. Hat wegen seiner Unreinigkeit eine rauhe Oberfläche und kommt zum Treiben.

2. **Stein**, sehr antimon- und arsenreich, mit 50—60 Pfd. Blei und 5—8 Lth. Silber bei der reichen und mit 30—50 Pfd. Blei und 3—5 Lth. Silber bei der armen Arbeit. Wird geröstet der Steinarbeit übergeben und hat folgende Zusammensetzung:

	Pb	Fe	Cu	Mn	As	Sb	S
I.	35,68	31,55	3,79	0,25	1,07	1,49	23,97.
				Zn			
II.	61,71	17,91	0,77	0,18	1,30	—.	18,13.

I. Nach Bodemann = $FeS + (Fe^2S, PbS, Cu^2S, AgS, SbS^2, AsS^2)$, aus sehr bleireicher Beschickung. — II. Kryst. Bleistein nach Avenarius (Hausm. Beitr. 1850. p. 12).

3. **Speise**, setzt sich bisweilen zwischen Stein und Werkblei ab und hat nach Bodemann folgende Zusammensetzung:

Pb	Fe	Cu	Ag	Sb	As	S
90,52	2,58	0,34	0,14	1,24	0,13	5,05

4. **Schlacke** mit 8—10 Pfd. Blei und $^1/_{16}$ Lth. Silber; ist sehr kalkhaltig und nicht viel saurer, als die Steinschlacke, was auf ein Misverhältnis in der Beschickung hindeutet. Nur wenn die Schliegschlacke saiger und die Steinschlacke frisch ist, kann man den Schmelzprozess durch den Zuschlag der einen oder andern Schlackenart gehörig einrichten. Kommt theils zur Steinarbeit, theils auf die Halde.

Analyse einer bei gewöhnlichem (I.) und bei rascherem Ofengange (II.) gefallenen Schlacke nach E. Kast:

	SiO^3	FeO	Al^2O^3	CaO	MgO	KO	NaO	PbO	CuO	AsO^3	SbO^3
I.	34,82	24,61	9,77	11,72	1,21	2,34	0,54	12,31	0,33	0,26	0,21
II.	30,04	22,66	7,96	15,93	0,97	3,80	0,86	14,13	0,34	0,30	0,27

I. Ist reines Singulosilicat; in II. verhält sich der Sauerstoff der Säure und Basen wie 15,76 : 18,23.

5. **Ofenbrüche**, werden geröstet und beim ersten und zweiten Steindurchstechen zugeschlagen.

6. **Hüttenrauch** und **Ofenschur** kommen zur Krätzarbeit.

Ausweis   Im dritten Schliegabschnitte des Jahres 1850 wurden 54²/₃ Röste, von denen 3⁵/₁₂ Röste Wascherz waren, in 56 beschickten Schichten bei einem Metallgehalt von 1456 Mk. 6¹/₂ Lth. Silber und 561 Ctr. 69 Pfd. Blei und bei einem Zuschlag von 1330 Ctr. Glätte, 548 Ctr. Abstrich und 196 Ctr. Eisen verschmolzen. Es erfolgten davon in 246 zwölfstündigen Schichten bei einem Aufwand von 2220 Mss. Kohlen und 120 Schck. Waasen: 940 Ctr. Bleistein und 1600 Ctr. Werkblei, welche beim Vertreiben 1053 Mk. 2 Lth. Blick- und 975 Mk. 14 Lth. Brandsilber, 656 Ctr. Glätte, 347 Ctr. Herd und 728 Ctr. Abstrich lieferten. Das Silberausbringen bei der Schliegarbeit beträgt 59—60 Prct. Die Arbeit geht, zum Unterschiede von den andern Hütten, nicht im Accord, sondern im Tagelohne. Schmelzer und Vorläufer machen wöchentlich 6 zwölfstündige Schichten, wobei ersterer für jede 12 Ggr., letzterer 8 Ggr. 4 Pf. erhält. Ausserdem bekommen sie für das Zumachen und Ausblasen des Ofens 1 zwölfstündige Schicht.

2. Steinarbeit.

Sämmtlicher Bleistein wird in zwei Abschnitten (1 und 2, 3 und 4) verarbeitet und zwar wird die 4—5malige Röstung desselben, die ganz ähnlich wie auf den andern Hütten geschieht, von zwei Arbeitern verrichtet, welche für 100 Ctr. Stein zu wenden 6 Ggr. 7 Pf. erhalten. Der Bleistein schmilzt beim Rösten wegen seines bedeutenden Gehaltes an Arsenikeisen leicht zusammen und hat wegen Mangel an Schwefeleisen wenig Neigung, von selbst fortzurösten. *Rösten des Steins*

Es erzeugt sich beim Steinrösten, ähnlich wie zu Oker, häufig arsenige Säure in octaedrischen Krystallen oder auch in rindenförmigen und stalactitischen Gestalten. Zuweilen sind die Krystalle von beigemengtem Realgar und Rauschgelb roth oder gelb gefärbt, ähnlich wie das auf der Grube Catharine Neufang vorkommende schlackige Rauschgelb.

Die Beschickung weicht von der der anderen Hütten in mehrfacher Beziehung ab. Es sind nämlich zur möglichst vollständigen Ausziehung des Silbers aus dem Stein viel bleiische Vorschläge erforderlich, und ein Roheisenzusatz findet gar nicht statt, weil die dadurch veranlasste Bildung von Schwefeleisen den Rückhalt an Silber im Stein erhöhen und die Steinschlacken dann noch basischer werden würden, als sie es schon sind. Jede Vermehrung der Basen wirkt aber bei dem Mangel der Andreasberger Geschicke an Kieselerde nur unvortheilhaft auf den Schmelzgang. Bei der reichen Arbeit besteht eine beschickte Schicht aus 35 Ctr. geröstetem Stein, 20—24 Ctr. bleiischen Vorschlägen (gewöhnlich Herd und Abstrich, nur wenn ersterer nicht hinreichend vorhanden ist, auch wohl Glätte) und 37—38 Ctr. unreinen Schliegschlacken; bei der armen Arbeit nimmt man dieselbe Quantität Stein und Schlacken, aber nur 12—16 Ctr. Vorschläge. Beim ersten und zweiten Durchstechen werden auch noch je nach dem Vorrathe auf 1 Schicht 1—3 Ctr. geröstete Ofenbrüche zugeschlagen. *Erstes Steindurchstechen.*

Als Schmelzöfen dienen die gewöhnlichen Schliegöfen und auch Krummöfen von folgenden Dimensionen: Höhe 5′; Tiefe 3′ 6″; Weite an der Gicht 2′; Weite an der Form 1′ 8″; Höhe der Form über dem Bleche 1′ 2″. Im Hohofen fallen von derselben Beschickung weniger Werke und mehr Stein, als im

Krummofen, wahrscheinlich deshalb, weil die im Krummofen sich verflüchtigenden Stoffe im Hohofen wieder mit dem Schmelzgut in Berührung kommen und dann in den Stein gehen. Das Schmelzen geschieht bei 14—16'' langer Nase. Eine Schicht von circa 100 Ctr. Gewicht wird nicht ganz in 24 Stunden von 2 Arbeitern, welche dieselben Löhne, wie die beim Schliegschmelzen erhalten, weggearbeitet. Es kommen pro Minute bei 18''' Düsendurchmesser und 12,9''' Quecksilberpressung etwa 159 Cbf. Luft in den Krummofen, und bei 14''' Düsendurchmesser und 14,6''' Pressung 102 Cbf. Luft in den Hohofen, und es machen die Oefen vierzehntägige Campagnen. Durch starkes Bühnen wird der Ofengang oft gestört.

Das erzeugte **Werkblei** ist seiner Unreinheit wegen sehr matt, erstarrt leicht und muss rasch ausgekellt werden; der **Stein** bildet eine dickflüssige, mussige Masse, welche leicht erstarrt und sich dann nicht gehörig vom Werkblei sondert. Er lässt sich nicht in Scheiben abheben, sondern muss mittelst eines Streichholzes vom Werkblei abgezogen werden. Besonders durch den Zuschlag des Abstrichs wird der Stein antimonhaltig, und wird ersterer zweckmässiger beim Schliegschmelzen zugesetzt, weil dann das Antimon durch mehrmalige Röstung des Schliegsteines besser zu entfernen ist*).

Zweites bis viertes Steindurchstechen. Bei den folgenden Steindurchstechen nimmt man um so weniger bleiische Zuschläge, je mehr der Silbergehalt abnimmt. Der Stein wird immer kupferreicher und hitziger, verliert allmälig seine mussige Beschaffenheit und sondert sich besser vom Werkblei. Die **Schlacke** wird wegen abnehmenden Eisengehaltes immer steifer und glasiger, das Bühnen ist weniger zu fürchten und der Ofen gestattet 3—6 wöchentliche Campagnen.

Rauher Steinverblasen. Der beim vierten Durchstechen fallende Bleistein (**Rauhstein**) wird zu verschiedenen Malen bei Zutritt von Gebläseluft eingeschmolzen und längere Zeit flüssig erhalten, um Antimon und Arsen durch Verflüchtigung und Verschlackung abzuscheiden. Der zu dieser Operation (Steintreiben) dienende Gebläseflamm-

---

*) Berthier, Wirkung des Bleies auf die Arsenik-Schwefelverbindungen des Fe, Co, As und Cu in Erdm. J. f. pr. Ch. X, 13.

ofen (Steintreibofen) gleicht ganz einem Treibofen mit gemauerter Haube und weicht nur in folgenden Dimensionen vom Andreasberger Treibofen ab: Höhe der Haube von der Mitte des Steinherdes 5' 6''; Mitte des Steinherdes über der Hüttensohle 1' 8''; Ansteigen des Steinherdes nach dem Bleche, den Kannen und dem Balken 8''; Höhe der Kannen über der Mitte des Steinherdes 1' 3''; desgleichen des Balkens 1' 4''; desgleichen des Glättloches 1' 6½''. Auf den von ordinairem Gestübbe (⅓ Thonschiefermehl und ⅔ Kohle) geschlagenen Herd werden beim ersten oder rauhen Verblasen 37 Ctr. Stein eingesetzt, und zwar in die Nähe der Feuerbrücke und in die Hölle, dann eingeschmolzen und der Wirkung des Gebläses so lange (8—10 Stunden) ausgesetzt, bis sich die in reichlicher Menge erzeugten Metalldämpfe allmälig verlieren. Nachdem die auf der Oberfläche sich bildende schlackige Masse mit dem Streichholze entfernt ist, öffnet man die Brust, lässt das Schmelzgut in einen Stechherd und von da auf die Hüttensohle ablaufen und etwa 16 Stunden lang erkalten. Es erfolgen bei einem Aufwand von 3—4 Schck. Waasen 1—4 Ctr. **Werkblei** (durch Einwirkung der Kohle im Gestübbe auf das gebildete Bleioxyd erzeugt und im Stechherd sich ansammelnd) und 30—36 Ctr. sogenanntes **Schlackenzeug**, worunter man das mit dem Streichholz Abgezogene sowohl, als das Abgezapfte versteht.

Dieses wird im Krummofen mit unreinen Schliegschlacken und bleiischen Vorschlägen durchgesetzt, und der neben **Werkblei** und **Durchstechschlacke** erfolgende Stein (guter Stein) dem zweiten oder guten Verblasen in Chargen von 46 Ctr. übergeben. Man feuert ihn ebenfalls flüssig und lässt das Gebläse unausgesetzt 12—16 Stunden lang wirken. Haben sich die Dämpfe etwas vermindert und ist die schaumige Schlacke entfernt, so nimmt man mit einer Kelle Schöpfproben und beobachtet den Bruch des erstarrten Steines. Dieser ist anfangs grobkörnig, geht dann ins Strahlige und zuletzt ins Feinkörnige über, bei welcher Beschaffenheit man seine Concentration für hinreichend hält und das Treiben abzapft. Man erhält hierbei 1—3 Ctr. **Werkblei** (zum Abtreiben), 10—12 Ctr. **Kupferstein** mit 20—25 Pfd. Kupfer und 2—3 Lth. Silber (zur Kupferarbeit) und 30—32 Ctr. Schlackenzeug (zum Schlackenzeugdurchstechen), welches von Zeit zu Zeit von der geschmolzenen Oberfläche mit dem Streichmeissel abgezogen ist. Der Waasenaufwand beträgt 4—5 Schck., und ein Gestübbeherd hält 8—10 Treiben aus. Beim Steintreiben braucht man pro Minute gegen 255 Cbf. Luft. (Quecksilberpressung 28''', Düsendurchmesser 19''').

Steintreibausweis. Beim dritten und vierten Steinabschnitt des Jahres 1848 sind verblasen: 1406 Ctr. rauher Stein, und davon erfolgt 112 Ctr. Werke und 1331 Ctr. Schlackenzeug bei einem Aufwand von 119 Schck. Waasen. Beim Durchstechen des Schlackenzeugs vom ersten und zweiten Verblasen resultierten 1564 Ctr. guter Stein, welche beim zweiten Verblasen 103 Ctr. Werkblei, 1037 Ctr. Schlackenzeug und 416 Ctr. Kupferstein bei einem Aufwand von 104½ Schck. Waasen lieferten. Beim Verblasen sind 2 Mann, ein Treiber und ein Schürer, beschäftigt; ersterer erhält für ein Treiben 1 Thlr. 8 Ggr., letzterer 16 Ggr.

Hauptausweis. Beim ersten und zweiten Steinabschnitt 1849 sind auf 293 Schichten à 35 Ctr. gerösteten Stein vorgeschlagen: 160 Ctr. Glätte, 2460 Ctr. Herd und 2282 Ctr. Abstrich. Es erfolgten davon in 691 zwölfstündigen Schichten à 20 Ggr. 4 Pf. bei einem Aufwande von 4060 Mss. Kohlen, 5200 Ctr. Werkblei und 323 Ctr. Kupferstein mit 20—25 Pfd. Kupfer und 2—3 Lth. Silber.

3. Krätzarbeit.

Zweck. Sie bezweckt die Zugutemachung der jährlich fallenden 30—40 Rost zu Schlieg gezogenen Abfälle von den Bleiarbeiten und des Hüttenrauchs, dessen Menge etwa 0,8 Prct. vom verarbeiteten Schliegquantum beträgt. (Im Jahre 1818 erfolgten von 248¼ verarbeiteten Schliegrösten 2 Röste Rauch.)

Beschickung. Eine beschickte Schicht besteht aus 40 Ctr. Hüttrauch und Krätzschlieg (mit 30—40 Pfd. Blei und 1½—16 Lth. Silber), 4 Ctr. Glätte, 8 Ctr. Abstrich, 2—3 Ctr. Eisen, 20 Karren Steinschlacken, und zwar 10 Karren Steinschlacken vom ersten Durchstechen und 10 Karren von den späteren Durchstechen.

Schmelzgang. Das Schmelzen geht leichter, als beim Schlieg; man setzt alle 24 Stunden häufig etwas mehr als eine Schicht durch. Eine Campagne dauert 5—6 Wochen.

Eine im Schliegofen in 24 Stunden durchgesetzte Beschickungs- *Producte*
schicht liefert folgende Producte:
1. 20—30 Ctr. Werkblei mit 5—7 Lth. Silber, zum Abtreiben.
2. 4—6 Ctr. Krätzstein, welcher mit dem rauhen Stein vom vierten Durchstechen zum ersten Verblasen kommt.
3. Schlacken, in der Regel zähe, mit schwarzem glänzenden Bruche und zuweilen hohem Metallgehalte.

Im Jahre 1848 erfolgten von 38 Ctr. Rösten Krätzschlieg *Ausweis*. und 2 Rösten Rauch in 40 Schichten bei einem Aufwand von 125 Karren Kohlen, 70½ Schck. Waasen, 120 Ctr. Eisen, 168 Himten Asche und 29 Himten Mergel, und bei einem Zuschlage von 160 Ctr. Glätte und 320 Ctr. Abstrich: 1000 Ctr. Werkblei — wovon wieder 324 Mk. 4 Lth. Blicksilber = 293 Mk. 15 Lth. Brandsilber, 451 Ctr. Glätte, 220 Ctr. Herd und 373 Ctr. Abstrich resultierten — und 296 Ctr. Krätzstein. Dieser lieferte in 5 Verblasen bei einem Aufwande von 26½ Schck. Waasen 32 Ctr. Werkblei — welche in obigen 1000 Ctr. mit inbegriffen sind — und 276 Ctr. Schlackenzeug, welches der Steinarbeit übergeben ist.

4. Treibarbeit.

Die Andreasberger Treibarbeit weicht in mehrfacher Be- *Abweichungen*. ziehung von der der andern Hütten ab. Der Herd des Treibofens fasst nur 100 Ctr. Werkblei bei folgenden Dimensionen: Durchmesser im Ringe oben 6'; unten 8'; Durchmesser der Haube 7' 6''; Höhe derselben 1' 2''; Mitte des Steinherdes über der Hüttensohle 2' 6''; Ansteigen des Steinherdes von der Mitte nach dem Bleche, nach den Kannen und nach dem Balken 4''; Fall von der Mitte des Steinherdes nach dem Glättloche 2''; Höhe des Blechs über der Mitte des Steinherdes 10''; desgleichen der Kannen 11''; desgleichen des Balkens 1' 1½''; Höhe des Glättlochs über dem Steinherde 2'; Weite des Glättlochs 11''; lichte Höhe des Blechbogens 2' 1''; desgleichen Weite 2' 4''; Weite zwischen den Kannen von Mitte zu Mitte 1' 6''; Weite der Kannenlöcher 7½''; Höhe derselben 1'; Höhe der Ringmauer von der Mitte des Steinherdes bis dahin, wo die Haube aufsteht 3' 7''; Länge des Windofens exclusive der Stirnmauer 6' 10''; lichte

Länge derselben 4′; lichte Breite des Gewölbes nebst Blindbogen 4′ 4″; lichte Weite des Schürloches im Quadrate 1′ 6″; Höhe des Windofengewölbes vom Balken nach dem Schürloche zu 4″; desgleichen nach den Kannen zu 1′; Höhe des Schürlochs über der Hüttensohle 2′ 8″; mittlere Breite des Balkens 1′ 3″; 7 Stück Traillen liegen in 3″ Entfernung von einander.

Oekonomischer Rücksichten halber schlägt man den Herd des Treibofens aus Asche, weil dieselbe von den Lauterberger und Herzberger Seifensiedern billig zu beziehen ist, Mergel sich aber in der Nähe nicht findet. Nur zur Brust und zum Mittel des Herdes nimmt man mit etwas Mergel versetzte Asche.

Die Andreasberger Werke sind sehr unrein, in Folge dessen strengflüssiger, als auf den andern Hütten und erfordern ein schärferes stechenderes Gebläse, um das Treiben gehörig durcheinander zu bringen und die Verschlackung und Verflüchtigung des Antimons und Arsens zu befördern. In Folge dessen erhöht sich der Verbrauch an Waasen und die Production an Abstrich. Sobald dieser entfernt und die Glättperiode eingetreten ist, wird das Treiben dem der andern Hütten mehr ähnlich, jedoch ist die Glätte stets unreiner, erfordert mehr Hitze, um nicht zu erstarren, und gestattet wegen der schärfern Feuerung nicht die Bildung von Glättbatzen. Sie läuft über die Brust auf die Hüttensohle hinab, wird mit einer Schaufel zur Seite geworfen, zerfällt beim Erkalten nicht, gibt also keine rothe Kaufglätte und lässt sich nur schwierig zerkleinen.

Eine fernere Abweichung ist noch die, dass beim zweiten Treibofen über dem Blechloche Rauchkammern angebracht sind, in denen jährlich 10—15 Ctr. Rauch mit 1 Lth. Silber, 66 Prct. Blei und 2—3 Prct. Arsengehalt gewonnen werden, der früher als Malerfarbe verkauft worden ist, neuerdings aber wegen seines Silbergehalts verhüttet werden soll.

Eintränken reicher Silbererze*). Eigenthümlich ist die hier gebräuchliche Methode, reiche Silbererze mit einem Gehalt von 20 Mk. und darüber beim Treiben armer Werke einzutränken. Sobald der Abstrich an-

---

*) Berthier Behandlung des Graukupfererzes von Sainte-Marie-aux-Mines durch directe Cupellation. Erdm. J. f. pract. Ch. VIII, 516.

fängt, in Glätte überzugehen, stellt man das Gebläse ab, streut
den reichen Schlieg in Quantitäten von 1—2 Ctr. in einer
eisernen Kelle aufs Treiben und feuert etwa 1 Stunde scharf.
Das Erz röstet hierbei ab, sein Silbergehalt senkt sich ins Blei,
es kommt Alles in dünnen Fluss und die erdigen Bestandtheile
geben bei gleichzeitig angelassenem Gebläse eine Schlacke, welche
mit dem Streichholz abgezogen und bei einem Gehalt von einigen
Lothen Silber der Schlieg- oder Steinarbeit vorgeschlagen wird.
Dann nimmt das Treiben seinen gewöhnlichen Verlauf.

Von einem Treiben zu 100 Ctr. fallen bei einem Verbrauch *Ausweis.*
von 16—20 Himten Asche, 2 Himten Mergel und 7—8 Schck.
Waasen: 40—50 Ctr. Abstrich mit 70—76 Pfd. Blei und $1/4$—$3/4$ Lth.
Silber; 40—50 Ctr. Glätte mit 86—90 Pfd. Blei und $1/4$—$3/4$ Lth.
Silber; 20—24 Ctr. Herd mit 70—80 Pfd. Blei und $1/2$—$1 1/4$ Lth.
Silber; 30—50 Mk. Silber bei armen Werken und 70—100 Mk.
bei reichen. Die Glätte wird zum geringsten Theile verfrischt,
zum grössten bei den Schmelzarbeiten wieder vorgeschlagen;
der Abstrich geht theils ins Schmelzen zurück, theils wird er
auf Hartblei verfrischt; Herd wird hauptsächlich bei der Steinarbeit vorgeschlagen.

Im Jahre 1850 erfolgten von 1200 Ctr. Werkblei bei einem
Verbrauch von 90 Schck. Waasen, 210 Himten Asche und
22 Himten Mergel: 1002 Mk. 1 Lth. Blicksilber = 933 Mk. 12 Lth·
Brandsilber, 450 Ctr. Glätte, 260 Ctr. Herd und 580 Ctr. Abstrich. Eingetränkt wurde $1/4$ Rost Wascherz zu 9 Ctr. 15 Pfd.
mit 460 Mk. 15 Lth. Silber.

Ein Treiben von 100 Ctr. (wegen Unreinheit der Werke
nicht grösser genommen) dauert 18—20 Stunden, nämlich das
Einsetzen der Werke 2—3 Stunden, das Einfeuern 2—3 Stunden,
das Weichfeuern 2—3 Stunden, die Abzugbildung 4 Stunden,
die Glättperiode 8—9 Stunden; der Treiber erhält dafür 3 Thlr.
8 Ggr., der Schürknecht 1 Thlr. 16 Ggr. Der Bleiverlust beträgt 10—13 Prct.

5. Glättfrischen.

Das Frischen geschieht wie auf den andern Hütten in einem *Verfahren.*
Spurofen mit verdecktem Auge und gemauertem Nasenstuhl
von folgenden Dimensionen: Höhe 5′; Tiefe 3′ 6″; Weite an der

Gicht 1' 6"; Weite an der Form 1' 4"; Höhe der Form über dem Bleche 11½". Der Nasenstuhl ist 11 — 12" dick, reicht noch 6" vertikal über die Form und verjüngt sich dann nach oben. Gewöhnlich wird nur Glätte von armen Treiben verfrischt; die von reichen kommt in die Schmelzarbeiten zurück. Ein Anhalten bei der Arbeit gibt das Aussehen der Schlacke; dünne, leichtflüssige Schlacke deutet auf zu geringen, sehr zähe, helle, poröse und schwammige Schlacke auf zu hohen Satz. Es kommen bei 15''' Düsendurchmesser und 17,5''' Pressung pro Minute etwa 128 Cbf. Wind in den Ofen.

Producte Die bei dieser Arbeit fallenden Producte sind:
1. Frischblei, mit $\frac{1}{8}$—$\frac{1}{4}$ Lth. Silber, von sehr mittelmässiger Qualität. Analysen davon siehe pag. 156.
2. Bleidreck wird im Frischofen verfrischt und das dabei erfolgende Blei beim Krätzkupferfrischen mit vorgeschlagen.
3. Frischschlacke mit 24 — 25 Pfd. Blei, kommt zum Schliegschmelzen.

Ausweis. Im Jahre 1849 sind 560 Ctr. Glätte bei einem Verbrauch von 28 Karren Kohlen verfrischt und dabei 502 Ctr. 65 Pfd. Blei = 89,7 Prct. erfolgt, während principmässig nur 89 Prct. ausgebracht zu werden brauchen. 100 Ctr. Glätte werden in 10—12 St. durchgesetzt und erfordern etwa 5 Karren Kohlen. 1 Frischmeister und 2 Frischknechte erhalten für 100 Ctr. Glätte zu verfrischen, einschliesslich des davon fallenden Bleidrecks, 1 Thlr. 7 Ggr. 6 Pf., wovon der Frischmeister die Hälfte, die beiden Frischknechte die andere Hälfte bekommen.

6. Abstricharbeit.

Saigern. Der auf dem Gestübbeherd des Steintreibofens in Quantitäten von 44 Ctr. einem saigernden Schmelzen unterworfene Abstrich liefert in 8—10 Stunden bei einem Aufwande an 3—3½ Schck. Waasen 1—3 Ctr. Werkblei und 40—43 Ctr. gesaigerten Abstrich. Die dabei beschäftigten beiden Arbeiter erhalten jeder 1 Thlr.

Frischen. Dieses geschieht wie auf den andern Hütten. Im Jahre 1849 sind ausgesaigert und verfrischt 924 Ctr. Abstrich und davon bei einem Kohlenverbrauch von 33 Karren 400 Ctr. 41 Pfd. Hartblei mit etwa $\frac{3}{32}$ Lth. Silber erfolgt. Eine Probe Hartblei von der letzten Arbeit hielt 16 Prct. Antimon und 1,2 Prct. Kupfer. Die Abstrichschlacken mit zuweilen 30 Pfd. Blei werden beim Schliegschmelzen zugesetzt. Beim nochmaligen Durchstechen derselben für sich erfolgten zwar nur 13 Pfd. haltige Schlacken, allein ökonomische Rücksichten machten diese Arbeit unvortheilhaft, und waren jene reichen Schlacken als Zuschlag beim Schliegschmelzen wohlfeiler zu verarbeiten.

100 Ctr. Abstrich werden in 2 zwölfstündigen Schichten durchgesetzt bei einem Aufwand an 4 Karren Kohlen. Der Frischmeister erhält für eine zwölfstündige Schicht 18 Ggr., jeder der beiden Frischknechte 12 Ggr.

Auswd.

Anhang zu A.

1. Summarischer Metallverlust und Materialaufwand.

Nach einer Zusammenstellung des Bergamts-Assessors Koch wurden der Hütte in den Jahren 1837—1846 der Probe nach übergeben: 77069 Mk. 10 Lth. Silber und 43005 Ctr. 3 Pfd. Schwarzblei. Ausgebracht wurden: 74996 Mk. 11 Lth. Silber und 13646 Ctr. 70 Pfd. Schwarzblei, wonach ein Silberverlust von 2072 Mk. 15 Lth. $=$ 2,7 Prct., und ein Schwarzbleiverlust von 29358 Ctr. 33 Pfd. $=$ 68,2 Prct. stattgefunden hat.

Metallverlust[1]).

Der Silberverlust[2]) ist verhältnismässig gering, wenn man den bedeutenden Arsen- und Antimongehalt und den verhältnismässig geringen Bleigehalt der Schliege berücksichtigt, und es ist nur dem höchst sorgfältig geleiteten, freilich einen grösseren Materialverbrauch und mehr Arbeitslöhne bedingenden Schmelzprozess zuzuschreiben, dass er nicht bedeutender wird.

Silberverlust.

Ueber den Silberverlust bei metallurgischen Prozessen auf andern Hütten liegen folgende Erfahrungen vor:

Winkler (Lamp. Fortschr. 1839. p. 56) fand beim Rösten bleiischer Erze einen Silberverlust von 4,19 Prct., und zwar war er am so grösser, je bleiärmer sich das Erz zeigte; beim Rösten von Rohstein im Flammofen betrug er 0,57, in Röststätten 0,89 Prct. Beim Rösten zinkischer Erze zu Sala (Lamp. Fortschr. 1839. p. 58) ergab sich ein Silberverlust von 7 Prct.

---

[1]) Ueber die Schwierigkeiten bei Bestimmung der Metallverluste: Lamp. Grundr. 1827. p. 245.

[2]) Ueber die Flüchtigkeit des Silbers siehe: Malaguti und Durocher über das Vorkommen und die Gewinnung des Silbers. Deutsch von Hartmann. 1851. p. 13.

Tantscher (Karst. Arch. 2 R. IV, 289; Bgwkfr. II, 240) fand bei Probeschmelzungen von Camsdorfer antimon- und arsenhaltigen Fahlerzen, welche mit Kupfernickel und Speiskobalt einbrachen, bis zum Schwarzkupfer 21 Prct. Silberverlust, wovon 2—3 Prct. als nicht durch Verflüchtigung beim Rösten entstanden anzunehmen sind. Er machte dabei folgende Erfahrungen:

1. Ein Silberverlust findet schon beim Schmelzen antimon- und arsenhaltiger Silbererze durch Verflüchtigung statt, und er wird am grössten beim Rösten der dabei erzeugten Rohsteine und Speisen.

2. Ein strenges Schmelzen und ein Nickelgehalt der Erze vermehrt den Verlust, und die Verflüchtigung wird um so stärker, je zusammengesetzter die Producte sind und je stärker und anhaltender man röstet. Dass ein Nickelgehalt die Verflüchtigung des Silbers befördert, hat Lampadius (Erdm. J. f. ök. und techn. Ch. IV, 279; XVI, 204) durch einen Versuch dargethan, wonach sich, wenn man Körner von Nickel und Silber dem Sauerstofffeuer in der Kohlengrube aussetzt, die Verdampfung des Silbers weit stärker zeigt, als wenn dasselbe für sich geschmolzen wird.

3. Ein gemeinschaftliches Rösten ungleichartiger Producte, z. B. Steine und Speisen, geht immer ungleichartig vor sich, und auch die weitere Verarbeitung solcher Producte (z. B. Unterharzer Königskupfer und Rohstein) geschieht zweckmässig getrennt.

4. Nur durch Condensation der Dämpfe können die Röstverluste vermindert werden.

Tscheffkin (Lamp. Fortschr. 1839. p. 56) erhielt beim Rösten silberhaltiger Rohsteine theils in Stadeln, theils in Flammöfen einen Silberverlust von 2¼ — 28 Prct.

Malaguti und Durocher[*]) haben neuerdings bei ihren Versuchen, den Silberverlust beim Rösten verschiedener silberhaltiger Fossilien zu bestimmen, folgende Resultate erhalten: Beim Rösten der Blende findet ein bedeutender Silberverlust statt und zwar steigt derselbe mit wachsender Temperatur; bei Schwefelkies ist er selbst bei starker Hitze gering; Bleiglanz verliert ein Viertel bis ein Drittel seines Silbergehaltes. Nach jenen Chemikern findet sich das verflüchtigte Silber weniger in den Ofenbrüchen und Flugstaubkammern, als an damit überzogenen Theilen des innern Ofengemäuers, welches deshalb gepocht und sorgfältig verwaschen werden muss.

Bleiverlust. Der bedeutende Bleiverlust beim Andreasberger Prozess kann nicht auffallen, wenn man erwägt, welche kräftigen Oxydationsprozesse zur Ent-

---

[*]) Ann. d. min. 4. Sér. XVII, 17. — Bgwkfr. XIII, 621. — Berg- u. hüttenm. Ztg. 1850. p. 513. — Malaguti und Durocher über das Vorkommen und die Gewinnung des Silbers. Deutsch von Hartmann. Quedlinburg. 1851.

fernung des Arsens und Antimons erforderlich sind, um demnächst ein brauchbares Kupfer zu erzeugen. Ausserdem ist zu berücksichtigen, dass der beim Probieren erhaltene und als Blei in Anrechnung gebrachte Regulus viel Arsen und Antimon enthält und die Glätte immer wieder in die Schmelzarbeiten zurückgeht.

In den genannten 10 Jahren wurden auf 2912 verschmolzene Röste *Materialaufwand.* verbraucht: 27594 Karren Kohlen, 11342 Schck. Waasen, 4955 Malter Rösteholz und 13158 Ctr. Eisengranalien; oder auf 1 Rost 9,5 Karren Kohlen, 3,9 Schck. Waasen, 1,7 Mltr. Rösteholz und 4,52 Ctr. Eisengranalien.

Zur Clausthaler und Altenauer Hütte beträgt der Materialverbrauch auf 1 Rost Schlieg etwa 5 Karren Kohlen, 1⅔ Schck. Waasen, 0,36 Mltr. Rösteholz und 5,14 Ctr. Eisengranalien.

2. Versuche zur Verbesserung des Hüttenprozesses.

In Folge des langsamen Schmelzens, des dadurch herbeigeführten grössern *Allgemeines.* Aufwandes an Material und Löhnen, so wie durch das übliche Steinverblasen werden die Schmelzkosten fast bis aufs Doppelte von denen der übrigen Oberharzer Hütten erhöht. Dieser Umstand, so wie das wegen mangelnden Bleies in der Beschickung gegen die Probe zu gering ausfallende Silberausbringen hat zur versuchsweisen Verhüttung der Andreasberger Schliege auf Altenauer Hütte Veranlassung gegeben. Das Silberausbringen war, wie wegen des bedeutenden Bleigehaltes der Altenauer Geschicke a priori zu vermuthen stand, grösser, der Aufwand an Schmelzmaterialien nicht viel bedeutender, als beim gewöhnlichen Schmelzen, und dieses gieng ohne erhebliche Schwierigkeiten vor sich; dagegen wurden die Producte arsenhaltig. Es kommt demnach zur Frage und soll durch Versuche ausgemittelt werden, ob es vortheilhafter ist, bleireiche und am besten kieselige Schliege von den andern Oberharzer Gruben nach Andreasberg zu schaffen, wo ausserdem die Kohlen billig sind, oder die reichen Andreasberger Schliege auf Altenauer Hütte zu verschmelzen.

B. *Kupferarbeit.*

Die Kupferarbeit beschränkt sich nur auf die Zugutemachung *Allgemeines.* des bei der Bleiarbeit fallenden und durch mehrmaliges Verblasen gereinigten silberhaltigen Kupfersteins. Dieser wurde früher zu verschiedenen Malen geröstet und durchgestochen; das dabei fallende Schwarzkupfer verblasen, gefrischt, gesaigert, gedarrt und gaargemacht, ganz ähnlich, wie es noch gegenwärtig zu Oker geschieht. Seit 1836 hat man jedoch statt der Saigerung das hydrostatische Schmelzen (pag. 196) eingeführt, welches indessen neuerdings der Saigerung wieder gewichen ist, und es finden gegenwärtig folgende Operationen zur Gewinnung des Kupfers statt:

1. Rösten und Durchstechen des Kupfersteins.

Verfahren. Der verblasene Kupferbleistein wird sehr stark (7—15mal) geröstet und in Quantitäten von 35 Ctr. mit 8—10 Karren reinen Schliegschlacken im Bleisteinofen durchgestochen. Das Wenden des Rostes muss deshalb so oft geschehen, weil der Stein wegen seines bedeutenden Gehaltes an Schwefelantimon leicht zusammenschmilzt und das Vermögen, von selbst fortzubrennen, nur in geringem Masse besitzt. Man pflegt die Operationen des Röstens und Durchstechens mit dem neuen Stein noch 4—5mal zu wiederholen, wo dann bei den ersten zwei oder drei Durchstechen noch kein Schwarzkupfer, sondern neben etwas treibwürdigem Werkblei nur Kupferstein erfolgt, der dann jedesmal einer 10—15maligen Röstung unterworfen wird. Ein Einbringen von Kohlenkleinlagen in die Rösthaufen würde gewis in Bezug auf die Entfernung des Antimons und Arsens gute Dienste leisten (pag. 28). Bei den letzten Durchstechen fällt erst Schwarzkupfer. Der Kupferstein wird nach den einzelnen Durchstechen immer gutartiger, zäher, strengflüssiger und brennt leichter fort. Vor dem letzten Durchstechen wird er möglichst todt geröstet. Stein und Schwarzkupfer separieren sich im Vorherde; ersterer wird mit einem Streichholze abgezogen, letzteres in eiserne Formen ausgekellt. Der letzte wenige Kupferstein geht in die nächstjährige Arbeit über.

In 24 Stunden setzt man gewöhnlich $1\frac{1}{4}$—$1\frac{1}{2}$ Schichten à 35 Ctr. Stein und 8 Karren Schlacken unter denselben Verhältnissen durch, wie bei der Bleisteinarbeit.

Ausweis. Im Jahre 1845 erfolgten von 650 Ctr. Kupferstein mit 35 Pfd. Kupfer und $2\frac{3}{4}$ Lth. Silber bei sechsmaligem starken Rösten und Durchstechen und bei einem Aufwande von 151 Mltr. Rösteholz und 106 Karren Kohlen 73 Ctr. Werkblei und 252 Ctr. Schwarzkupfer mit durchschnittlich 4 Lth. Silber.

2. Frischen und Saigern der Schwarzkupfer.

Diese Operationen werden eben so, wie auf den andern Hütten, ausgeführt. Die Beschickung für 1 Frischstück besteht aus 175 Pfd. Blei und 75 Pfd. Schwarzkupfer. Obige 252 Ctr. Schwarzkupfer lieferten in 7 Frischen 333 Frischstücke à 250 Pfd., welche mit 91 Krätzsaigerstücken von der vorigjährigen Arbeit zusammen gesaigert 369 Ctr. Kiehnstöcke und 307 Ctr. Werkblei gaben. Zum Frischen und Saigern giengen 45 Karren à 9 Mss. Kohlen, und es hielten die Armwerke 2, die Mittelwerke 3 und die Reichwerke 4 Lth. Silber.

3. Darren der Kiehnstöcke.

Die Kiehnstöcke werden, abweichend von der Methode zur Lautenthaler Hütte (pag. 225), in einem kleinen Darrofen (Taf. IV, Fig. 76 u. 77) mit 2 nach hinten ansteigenden Bänken gedarrt. Derselbe ist im Gewölbe 5′ 4″ weit und 2′ 6″ hoch und fasst 30—40 Ctr. Kiehnstöcke. Nach dem Einsetzen derselben beginnt man bei vorn geschlossenem Gewölbe die Feuerung mit Rösteholz in den Darrgassen und unterhält dieselbe 10—12 Stunden lang, bis die Schlackenbildung nachlässt und die Farbe der Schlacken roth wird. Die noch glühenden Darrlinge werden alsdann schnell in kaltem Wasser abgekühlt und der noch an denselben haftende Pickschiefer mittelst Hammer und Besen entfernt.

Obige 369 Ctr. Kiehnstöcke lieferten bei einem Aufwand von 14 Mltr. Rösteholz 259 Ctr. Darrlinge. Darrkrätz und Darrschlacke kommen zur Krätzfrischarbeit.

4. Verblasen der Darrlinge.

Die gepickten Darrlinge werden in Quantitäten von 37 Ctr. im Steintreibofen verblasen. Das Kupfer ist bei einem Verbrauch von 8—10 Schck. Waasen noch etwa 10—16 Stunden gaar, wenn der Gaarspahn dünner und hellgelb wird. Man zapft dasselbe in Stechherde ab und giesst es in Formen zu 20 Pfd. schweren Stücken aus. Zwei Arbeiter leiten die Operation, von denen der eine 1 Thlr. 8 Ggr., der andere 16 Ggr. erhält.

Von obigen 259 Ctr. Darrlingen erfolgten bei einem Aufwande von 70 Schck. Waasen in 7 Verblasen 184 Ctr. Schwarzkupfer. Der Krätz kommt zur Krätzfrischarbeit; die Verblasenschlacken werden verpocht und verwaschen, wobei man noch Schwarzkupferkörner (in diesem Falle 10 Ctr.) gewinnt. Der Verblasenschlackenschlieg wird bei der Bleikrätzarbeit vorgeschlagen.

5. Gaarmachen der Verblasenkupfer.

Verfahren. Dieses geschieht, wie gewöhnlich, auf dem kleinen Herde, welcher mit einem Rauchfang versehen ist. Ein Einsatz von 2½—3 Ctr. ist nach 4—7 Stunden gaar. Die eintretende grüne Flammenfärbung und das Abfliessen rother Schlacke geben das Zeichen zum Probeholen. Bei gaarem Kupfer muss der Gaarspahn eine rauhe Oberfläche, geringe Dicke, Biegsamkeit und kupferrothe Farbe besitzen, mit dunkelrothen Spitzen.

Eine Analyse von Gaarkupfer siehe pag. 177.

Ausweis. Von obigen 184 Ctr. Verblasenkupfern resultierten bei einem Aufwand von 350 Mss. Kohlen 160 Ctr. Gaarkupfer. Der Gaarmacher erhält pro Centner Gaarkupfer 6 Ggr., wovon er aber seinen Gehülfen lohnen muss. Die Kupferproduction variierte in den Jahren 1837—1846 zwischen 47 und 160 Ctr.

6. Krätzfrischen.

Verfahren. Saiger-, Darr- und Gaarkrätz, so wie auch Darr- und Gaarschlacken werden mit Glätte verfrischt und die erhaltenen Saigerstücke mit denen vom Gutfrischen zusammen gesaigert.

C. *Arsenikarbeit.*

Erze. Der auf den Gruben Samson und Neufang derb, stalactitisch oder in Kalkspath eingesprengt vorkommende Scherbenkobalt (ged. Arsenik*) wurde früher als unhaltig weggeworfen oder zur Wegebesserung benutzt. Als man aber einen nicht unbedeu-

---

*) Neuerdings ist die allgemeine Verbreitung des Arsens nachgewiesen, und zwar von Walchner (Dingl. CIII, 227. — Berg- u. hüttenm. Ztg. 1846. Ergänz. Hft. p. 79; 1847. p. 282. — Erdm. J. f. pr. Ch. XL, 113) in der Ackererde, in Eisensteinen und Quellenabsätzen; von Stein (Erdm. J. LI, 302; LIII, 37) in Holz, Holzkohlen und Holzasche; von Daubrée (Dingl. CXXI, 223) in mineralischen Brennstoffen, in ver-

tenden Silbergehalt darin entdeckte, versuchte man ihn beim Schliegschmelzen mit zuzusetzen; allein der Ofengang wurde dadurch so verschlechtert und ein so bedeutender Silberverlust durch Verflüchtigung herbeigeführt, dass man bald von diesen Versuchen abliess und es vorzog, seit 1832 den Scherbenkobalt für sich zu rösten und dabei arsenige Säure als Nebenproduct zu gewinnen, den silberhaltigen Rückstand aber dem Schliegschmelzen bis zu 10 Ctr. auf 1 Schicht (seit 1838) zuzutheilen. Die Einführung dieser Arsenikarbeit ist vom Hüttenmeister Seidensticker geschehen.

Der Scherbenkobalt wird mittelst des Hammers möglichst rein geschieden und bei Wasserzutritt durch ein Blech mit 48 Oeffnungen pro $\Box''$ gepocht, wobei das gebrauchte Wasser wieder in die Höhe gepumpt, zum Anfeuchten benutzt und zur Absetzung des aufgenommenen Schlammes von Zeit zu Zeit in einen Behälter geleitet wird, sobald es dick geworden ist. Man erhält hierbei Schlieche und Schlämme in dem Verhältnis von etwa 10 : 1. Erstere enthalten gegen 65 Prct. Arsenik, $4\frac{1}{2}$ Pfd. Blei, von eingesprengtem Bleiglanz, und durchschnittlich 1 Mk. Silber im Centner, von eingesprengtem Rothgültig und Antimonsilber herrührend.

Aufbereitung.

Der aufbereitete Scherbenkobalt wird in Posten von 4—6 Ctr., durchschnittlich $4\frac{1}{2}$ Ctr., durch eine verschliessbare Oeffnung *a* des Gewölbes auf den etwa $103\frac{3}{4}'$ langen, 7' breiten, aus 2 Barnsteinlagen bestehenden, nach hinten 7" ansteigenden und mit einer eisernen Muffel *c* überdeckten Herd *b* des Röstofens (Taf. IV, Fig. 78 - 80) gebracht, nachdem er auf dem Gewölbe

Erzeugung von Giftmehl.

---

schiedenen Gesteinen und im Meerwasser; von Dupasquier (Dingl. XXXVIII, 235) im Kochsalz; von Orfila (Pharm.-Centrbl. 1839. p. 818) im thierischen Körper, besonders in den Knochen, was aber Steinberg (Erdm. J. XXXV, 384), sowie auch Schnedermann und Knop (ibid. XXXVI, 471) bestreiten. Letztere untersuchten die Knochen eines Schweines, welches sich $\frac{3}{4}$ Jahre lang zur Andreasberger Hütte befunden hatte, ohne Arsen darin wahrzunehmen.

Das Anlaufen des Arsens an der Luft rührt nach Hausmann (Karst. Arch. 2 R. XXII, 637) weniger von dem Sauerstoff, als von dem Wassergehalte desselben her.

des Ofens zuvor abgewärmt worden ist, hier etwa 3" hoch ausgebreitet und mit einer eisernen Kratze, die auf einer hölzernen Walze g läuft, durch die Arbeitsöffnung f von Zeit zu Zeit umgerührt. Um zu verhüten, dass die gebildete arsenige Säure mit Asche, Russ, Kohle etc. verunreinigt und beim demnächstigen Raffinieren reduciert werde, leitet man die Flamme nicht über den Herd, sondern nach beiden Seiten durch 7 Züge n unter den Herd durch. Sie wird dann durch 3 Querzüge o wieder vereinigt und tritt durch letztere über die aus gusseisernen Bogen gebildete, dünn übermauerte Muffel und von da in eine besondere Esse q, wodurch dieser Ofen in die Reihe der Muffelöfen tritt. Er hat eine etwas andere Construction als der Reichensteiner (Ann. d. min.. 4. Sér. 11. Tom. 1. livr. de 1847 pag. 77). und Sächsische Arsenikofen (Lamp, Hüttkde. II. Thl. 3. Bd. pag. 229; — dessen Fortschr. 1839. pag. 267. — Dumas IV, 106).

Die Feuerung mit Buchenholz geschieht anfangs sehr mässig und wird mittelst eines in der Esse befindlichen Schiebers r geleitet. Das Umrühren darf anfangs nicht zu oft geschehen, weil sonst die arsenige Säure von übergerissenem metallischen Arsen verunreinigt wird; gegen das Ende der Röstung, welche für 1 Posten 14—22 Stunden, durchschnittlich 19 Stunden, dauert, wird unter öfterem Umrühren stärker gefeuert.

Die arsenige Säure tritt während des ganzen Prozesses durch eine mit einem Schieber l (zur Regulierung des Zuges oder zur Aufhebung desselben beim Einbringen der Schliege) versehene Oeffnung i in der Hinterseite des 2' hohen Herdraumes zunächst in gemauerte Gewölbe (Giftfänge) k und von da noch in 14 hölzerne Kammern, von denen sich dreimal 4 übereinander und 2 unter dem Dache des Giftthurms befinden.

Den aus dem Schornstein des Giftthurms entweichenden Rauch nimmt man bei der Feuerung mit zum Anhalten; er darf nur eben bemerkbar sein. Zeigen sich gar keine Dämpfe mehr, so ist die Röstung beendigt und der Rückstand, welcher ungefähr die Hälfte vom Gewicht des angewandten Schlieges beträgt und fast sämmtliches Silber enthält, wird in einen zwischen Herd und Arbeitsöffnung angebrachten vertikalen Schlitz d gezogen, der mit einem horizontalen Schieber und einem Rauchfang versehen ist. Die arsenige Säure wird von Zeit zu Zeit vorsichtig aus den Giftfängen ausgeräumt[1]). 4—6 Ctr., durchschnittlich 4½ Ctr., erfordern zum völligen Abrösten 14—22, durchschnittlich 19 Stunden Zeit, bei einem Aufwand von 38—60, durchschnittlich 43 Cbf. Buchenholz.

1. **Weisses Arsenikmehl**, welches theils verkauft (der Centner zu 3 Thlr.), theils raffiniert wird. Dasselbe enthält nach Bodemann: 1 Prct. $Fe^2 O^3$ und $Al^2 O^3$ haltigen Kalk, ½ Prct. $Sb\ O^4$, 1 Prct. quarzigen Rückstand und ¾ Prct. Feuchtigkeit, in Summa 3¼ Prct. Fremdes.

Producte.

Der Antimongehalt[2]) rührt ausser von beigemengtem Antimonsilber von gediegenem Antimon her, welches die nierenförmigen Scherbenkobaltstücke in dünnen, stark glänzenden, weissen Schichten überzieht.

2. **Rückstand**, im Wesentlichen aus arsensaurem und kohlensaurem Kalk bestehend, hält 2—4 Mk. Silber und 12—16 Prct. Arsenik und kommt zur armen Bleiarbeit (pag. 235).

In einer 24stündigen Schicht arbeiten gleichzeitig 2 Mann, von denen der eine die Herdarbeit leitet und pro Schicht 1 Thlr. 4 Ggr. bekömmt, der andere aber bei einem Lohne von 22 Ggr. pro Schicht die Feuerung besorgt. Ein Arbeiter macht wöchentlich drei 24stündige Schichten. Von 100 Pfd. Arsenikschlieg erfolgen bei 3½stündiger Röstezeit und 9 Cbf. Brennmaterialaufwand etwa 48 Prct. weisses Arsenikmehl und 51½ Prct. Rückstand.

Ausweis.

Zur Reinigung und Umwandlung des pulverigen Arsenikmehls in eine glasartige Masse wird dieses nochmals umsublimiert. Es dienen hierzu 4 gusseiserne Kessel (Taf. IV, Fig. 81—84) von etwa 2′ 4″ Tiefe, 1′ 10″ Durchmesser und 2″ Stärke im Boden, welche, jeder mit einer besonderen Feuerung versehen, in einer Reihe neben einander stehen und mit ihrem Kranze in gusseisernen Rahmen aufgehängt sind. Die Kessel bestehen aus 2 durch Schrauben verbundenen und mit Eisenkitt lutierten

Raffination des Arsenikmehls.

---

[1]) Brockmann die metallurgischen Krankheiten des Oberharzes. 1851. p. 60.
[2]) Wiggers über den Antimonoxydgehalt der Andreasberger arsenigen Säure. — Ann. d. Chem. u. Pharm. Bd. 41. pag. 347.

Theilen a und a', damit der untere Theil, welcher öfters durchbrennt, ausgewechselt werden kann. Jeder derselben wird mit etwa 3½ Ctr. Arsenikmehl angefüllt, mit einem, aus drei 1' 3" hohen Theilen bestehenden, cylindrischen gusseisernen Aufsatz (Trommel) g versehen und auf diesen der konische Hut h gesetzt, aus welchem eine eiserne Knieröhre i in den Giftfang, eine durch eine horizontale eiserne Zunge l getheilte Kammer, führt. Man versetzt den Inhalt des Kessels durch vorsichtiges Feuern mit Buchenholz in einen breiartigen Zustand, worauf sich die arsenige Säure alsbald in Dampfform erhebt, sich rindenförmig oben stärker als unten an der Trommel ansetzt und bei richtig geleiteter Temperatur zu einem weissen Glase schmilzt. Bei zu hoher Temperatur erzeugt sich wieder pulverförmige arsenige Säure, welche in den Giftfang geht, und wenig Arsenikglas; bei zu niedriger Temperatur zwar viel, aber ein trübes, unansehnliches Glas. Es müssen sich die Wände der Trommel so weit erwärmen, dass sich die heissen Dämpfe noch absetzen und schmelzen können, ohne dass plötzliche Verdichtung eintritt. Die Raffination wird deshalb in tiefen Kesseln mit aufgesetzter Trommel vorgenommen, weil dadurch der mechanische Druck verstärkt und die arsenige Säure vor der Verflüchtigung stärker erhitzt werden kann. Je grösser dieser mechanische Druck ist, desto mehr und desto besseres Glas resultiert.

Man fährt mit der Feuerung so lange (etwa 8 Stunden) fort, bis alles Mehl sublimiert ist, was man daran erkennt, dass eine, durch die während der Arbeit mit einem eisernen Pfropfen verschlossene Oeffnung n des Hutes, eingebrachte eiserne Nadel nicht mehr weiss beschlägt. Alsdann stellt man das Feuern ein, lässt den Apparat bis zum andern Morgen (14—16 Stunden) abkühlen, nimmt die cylindrischen Aufsätze ab und bricht das Arsenikglas, welches sich als zweizöllige Rinde daran angesetzt hat, mit eisernen Meiseln los. Dieses Glas (Rohglas), von mechanisch aufgerissenen Unreinigkeiten grau gefärbt, unterwirft man einer zweiten Raffination, wobei ein völlig klares, farbloses Product mit muschligem Bruche, zuweilen schön krystallisiert, erfolgt.

Da gewöhnlich 2 Kessel im Gange sind, so wird in dem einen Giftmehl, in dem andern Rohglas sublimiert. Beim Umsublimiren von Rohglas setzt man gewöhnlich 1 Ctr. mehr ein, als vom Mehl, weshalb denn auch die Operation einige Stunden länger dauert.

Die Producte der Raffination sind:

1. **Weisses Arsenikglas** (As $O^3 = 75,81$ As $+ 14,19$ O) geht, sorgfältig in Tonnen verpackt, der Centner zu 5 Thlr. bis 5 Thlr. 8 Ggr., in den Handel.

Das Arsenikglas (amorphe arsenige Säure) ist im frischen Zustande ein vollkommenes Glas mit muschligem Bruch, Glasglanz und Durchsichtigkeit. Ohne eine Mischungsveränderung zu erleiden und ohne den festen Zustand zu verlieren, wird der zuvor farblose Körper mit der Zeit weiss, porzellanartig, opal- und wachsartig glänzend, indem der amorphe Zustand, unter gleichzeitigem Eintritt von Differenzen in Härte, specifischem Gewicht und Löslichkeit, in den krystallinischen übergeht, ähnlich wie beim Opal und Quarz. Wegen der von aussen nach innen an verschiedenen Stellen sehr abweichend fortschreitenden Entglasung scheint zu folgen, dass in dem Glase gewisse Verschiedenheiten des Agregatzustandes stattfinden. Dass die Ursache dieser isomeren Zustände eine eintretende Krystallbildung ist, hat Hausmann (Polyt. Centrbl. 1850, p. 881; Leonh. Jahrb. 1850, pag. 694) an einem Stück Arsenikglas von Andreasberger Hütte nachgewiesen, welches anstatt des muschligen Bruches erst eine dünnstängliche Absonderung angenommen hatte, welche allmälig fortschreitend, sich mit einer grossen Anzahl grösserer und kleinerer Octaeder besetzt fand.

2. **Kesselrückstand** von dunkelgrüner Farbe und porösem Ansehen. Ist bislang an einem sichern Orte vergraben, soll aber, da er noch 40—60 Prct. As O^3 enthält, für die Folge gepocht und wieder mit dem Arsenikschlieg verröstet werden. Besteht nach Bodemann aus 63—67 Prct. Sb und As, ersteres etwa 10—15 Prct.; 15—18 Prct. O an Sb und As gebunden; 12,3—16 Prct. Si O^3, Al^2 O^3, Ca O, Fe^2 O^3; Spur bis 1/4 Lth. Ag; kein Pb, Co und S.

3. **Weisses Arseniksublimat** aus den Giftfängen. Geht (unter dem Namen Sublimat) theils in den Handel, theils in die folgende Raffination über. Ist weisser und schöner als das von der Röstarbeit.

Beim Raffiniren sind 2 Arbeiter beschäftigt, welche das am Tage zuvor bereitete Glas aus den Cylindern schaffen, den Kesselrückstand entfernen, die Kessel wieder mit Mehl oder

Rohglas füllen und dieses sublimieren. Der ältere Arbeiter bekommt dafür 1 Thlr. 4 Ggr., der jüngere 22 Ggr. Dieselben besorgen auch die Verpackung des Glases in mit eisernen und hölzernen Reifen versehene Tonnen, deren Fugen innen mit baumwollenem Zeuge verklebt werden.

In 3 Jahren erfolgten von 1729 Ctr. Arsenikschlieg bei einem Aufwand von 303 Mltr. Buchenholz 1122 Ctr. silberhaltige Rückstände und 801 Ctr. Arsenikglas

Schädlichkeit der Arsenikdämpfe.
Die in der Luft vertheilten arsenikalischen Dämpfe wirken nach Stöckhard (Bgwkfr. XIII, 619; — Berg- u. hüttenm. Zig. 1850, p. 344), falls nicht gleichzeitig Blei- und schwefeligsaure Dämpfe im Spiele sind (vid. p. 94), ungleich milder auf den thierischen und vegetabilischen *) Organismus, als weisser Arsenik in Substanz, oder als Staub oder Auflösung.

Anhang zu C.

Versuche, Realgar darzustellen.

Allgemeines.
Alle Methoden, Realgar ($As^2 = 70,029\ As + 29,971\ S$) darzustellen, laufen darauf hinaus, metallisches Arsen mit Schwefel in einem richtigen Verhältnis zu vereinigen, sei es nun durch eine gemeinschaftliche Behandlung geeigneter Erze (Arsenikkies = $FeS^2 + FeAs^2$ und Schwefelkies = FeS^2), oder durch Zusammenschmelzen und nachheriges Sublimieren von Fliegenstein und Schwefel.

Bei dem Mangel an Arsenikkies und dem bedeutenden Silbergehalt des Scherbenkobalts — welcher grösstentheils verloren gehen würde — war man zu Andreasberg nur auf die Anwendung der silberfreien arsenigen Säure beschränkt. Versuche, sie direct mit Schwefel zusammenzuschmelzen, gaben bei einem bedeutenden Schwefelverlust, wegen Bildung von schwefeliger Säure, ein Product, welches weder der Zusammensetzung noch der Farbe nach dem Realgar des Handels entsprach. Der nicht unbedeutende Gehalt an arseniger Säure würde dasselbe ausserdem für manche technische Zwecke unanwendbar gemacht haben. Das Giftmehl musste deshalb zuvor in thönernen Retorten mit Kohle reduciert werden. Mit dem so erzeugten

---

*) Wirkung der Metalle und besonders des Arseniks auf die Pflanzen. Pogg. Ann. XIV. 499. 506: XX. 488. — Erdm. J. f. pract. Ch. XLV. 122.

Arsen erhielt man zwar einen verkäuflichen Realgar, allein die Darstellungskosten waren so hoch, dass eine Fabrikation im Grossen darauf wohl nicht rentiert hätte. Dies wäre vielleicht der Fall gewesen, wenn bei der Reduction der arsenigen Säure durch Kohle ein verkäuflicher Fliegenstein, wie man ihn darzustellen beabsichtigte, entstanden wäre. Es gibt zwei allotropische Modificationen des metallischen Arsens, von Berzelius mit Asα und Asβ bezeichnet. Erstere Asα entsteht (Pögg. Ann. LXI, 7; — Bodem. Probierkst. p. 316), wenn Arsengas mit andern erhitzten Gasarten z. B. CO^2, CO in einen nicht stark erhitzten Recipienten tritt; es hat eine dunkle Farbe, krystallinische Structur und oxydiert sich leicht an der Luft. Dieses Arsen ist keine Handelswaare, sondern eignet sich wegen seines Agregatzustandes sehr zur Darstellung des Realgars.

Die andere Modification Asβ bildet sich, wenn Arsendämpfe stark erhitzt in einen Recipienten treten, dessen Temperatur nur wenig unter der der Arsendämpfe liegt, so dass sich das Arsen in einer Atmosphäre von Arsengas absetzt. Es ist fast weiss, stark glänzend, dicht, wenig oxydierbar und Handelsproduct.

Bei den Andreasberger Versuchen beabsichtigte man nun die letztere Modification für den Handel darzustellen und die nebenbei erfolgende erstere zur Realgardarstellung zu verwenden. Man erhielt aber fast nur Arsen von der erstern Modification Asα.

Fliegenstein wird z. B. dargestellt durch Sublimation von Arsenikkies in Thoncylindern mit Vorlagen zu Reichenstein (Ann. d. min. 4. Sér. XI, 74); aus arseniger Säure zu Altenberg (Dumas IV, 110).

Man nahm bei den Versuchen, Realgar darzustellen, ganz das Sächsische Verfahren (Lamp. Hdbch. d. Httkde. II. Thl. 3. Bd. p. 23) zum Muster, den Arsenik und Schwefel in thönernen Röhren, die in 2 Reihen über einander in einem Galeerenofen (Taf. IV, Fig. 85—88) erhitzt werden, zu sublimieren und das erhaltene ungleichartige Product in gusseisernen Pfannen oder Kesseln umzuschmelzen. Die Qualität des Products liess kaum zu wünschen übrig.

Erklärung der Figurentafeln.

Tafel I. Fig. 1—9. Zweiförmiger Schliegofen zur Clausthaler Hütte. Fig. 1. Vorderansicht. Fig. 2. Hinteransicht. Fig. 3. Vertikaldurchschnitt nach I K (Fig. 5). Fig. 4. Vertikal-Durchschnitt nach A B ohne Herdbau. Fig. 5. Horiz.-Dchschn. nach G H ohne Herdbau. Fig. 6. Horiz.-Dchschn. nach E F. Fig. 7. Horiz.-Dchschn. oben an der Gicht nach C D. Fig. 8. Horiz.-Dchschn. nach G H mit Herdbau. Fig. 9 Vertik.-Dchschn. nach A B mit Herdbau.
   a. Flammloch. **b.** Räumloch zum Herabholen des hängen gebliebenen Satzes mittelst der Räumnadel; gewöhnlich mit einem Bernstein verschlossen. **c.** Unterer Theil des Ofenschachtes, wo die Vorwand (h, Fig. 9) so eingemauert wird, dass sie 1—1½" in den Ofen hineinspringt. **d.** Herdblech. **e.** Flugstaubkammern. **f.** Abzugkanal, welcher die dem Ober- und Stechherd entsteigenden Bleidämpfe den Gestübbekammern zuführt. **g.** Beschickungsboden. **h.** Vorwand. **i.** Vorsetzstein. **k.** Lehmsohle. **l.** Gestübbesohle. **m.** Werkepfannen. **n.** Regulatorkasten. **o.** Stechherd in roher Mauerung (Fig. 5, 6 u. 7) und mit Gestübbe ausgestampft (Fig. 8).
   Das Rauhgemäuer sämmtlicher Oberharzer Schmelzöfen ist von Grauwacke aufgeführt; das Gestell besteht bis auf 5—6' Höhe aus Sandstein; der Kernschacht oder die den eigentlichen Schacht umgebende Mauer aus Barnsteinen, desgleichen auch die Flugstaubkammern.

Fig. 10. Hölzerner Spitzbalg; innere Einrichtung des Unterkastens im Grundriss.

Tafel II. Fig. 11—19. Schmelzgezähe. Fig. 11. Forke. Fig. 12. Brusträumer. Fig. 13. Kelle. Fig. 14. Stecheisen. Fig. 15. Herdschaufel. Fig. 16. Räumeisen. Fig. 17. Herdklotz. Fig. 18. Stichholz. Fig. 19. Hohlkrücke.

Fig. 20 u. 21. Versuchs-Rastofen zur Clausthaler Hütte nach der Zustellung in der 7ten Schmelz-Campagne. 1842. Fig. 20. Vertik.-Dchschn. nach A B. Fig. 21. Horiz.-Dchschn. nach C D.
   Das Gestell und der untere Tümpelstein bestanden aus buntem Sandstein, und von den 3 Formen wurden nur die in den beiden Seitenwänden liegenden abwechselnd gebraucht, die in der Rückwand befindliche Reserveform kam nicht zur Anwendung. Die eine der beiden ersteren Formen lag 5" nach dem Rücksteine, die andere 5" nach vorn zu. Die Weite des Gestells nach den beiden Formseiten betrug unten 1' 4", oben 2' 8"; dieselbe vom Lothe ab nach der Rückseite und dem Tümpelsteine unten 10", oben 1' 4"; Höhe des Gestells vom Bodenstein bis zur Rast 3' 8"; Neigung der Rast 45°; Länge des Herdes unten 4' 6".
   a. Sohlstein. **b.** Kreuzkanäle unter demselben. **c.** Wallstein. **d.** Tümpeleisen **e.** Gestell. **f.** Schlackentriff.

Fig. 22 u. 23. Englischer Versuchs-Flammofen zur Clausthaler Hütte, nach dem Principe des zu Deebank in Flintshire gebräuchlichen erbaut im Jahre 1832. Fig. 22. Grundriss. Fig. 23. Längendurchschnitt nach A B.
a. Stechherd mit Eisenreifen gebunden. **b.** Werkesumpf. **c.** Schräger Schlot. **d.** Schieber. **e.** Trichter zum Einlassen des Erzes.

Fig. 24 u. 25. Französischer Versuchs-Flammofen zur Clausthaler Hütte, im Jahre 1849 eingerichtet. Fig. 24. Grundriss. Fig. 25. Längendurchschnitt nach A B.

Fig. 26—30. Bleisteinschmelzofen (Krummofen) zur Clausthaler Hütte. Fig. 26. Vorderansicht. Fig. 27. Horiz.-Dchschn. nach E F. Fig. 28. Vertik.-Dchschn. nach A B. Fig. 29. Horiz.-Dchschn. nach C D. Fig. 30. Vertik.-Dchschn. nach G H.

a. Schlitz im Herdblech zum Einlegen des Stiches, welcher beim Herdschlagen oben mit der letzten Lage Gestübbe durch einen Barnstein geschlossen wird (Taf. I, Fig. 8). **b.** Tragsteine von Sandstein. **c.** Sohlstein von Sandstein. **d.** Rauhgemäuer von Grauwacke. **e.** Gestell bis auf 5—6' Höhe von Sandstein; die Vorderseite desselben **f.** besteht aus einer 1' starken Barnsteinschicht der Vorwandsmauer. **g.** Vorbau von Barnsteinen. **h.** Rast. **i.** Oeffnung zum Eintragen des Satzes. **k.** Flugstaubkammer. **l.** Thür zum Reinigen derselben **m.** Feuchtigkeitsabzüge. **n.** Stechherd.

Fig. 31—36. Treibofen zur Clausthaler Hütte. Fig. 31. Vorderansicht. Fig. 32. Horiz.-Dchschn. nach C D. Fig. 33. Vertik.-Dchschn. nach E F. Fig. 34. Stellbrett (Grundriss von W. Fig. 33) zur beliebigen Stellung der beweglichen Düsen. Fig. 35 Kanne. Fig. 36. **a.** Angel; **b.** Blatt.

a. Windofen. **b.** Schürloch. **c.** Zugkanal unter dem Roste. **d.** Ringmauer. **e.** Kreuzabzüge in der Grundmauer. **f.** Schlackenherd. **g.** Steinherd. **h.** Mergelherd. **i.** Flammloch. **k.** Balken oder Feuerbrücke. **l.** Windofengewölbe. **m.** Blindbogen. **n.** Glättfloch. **o.** Blechloch. **p.** Vorhängeblech. **q.** Kannenlöcher. **r.** Aeussere Höllenmauer. **f.** Abzüge vom Schlackenherd. **s.** Dampffang. **t.** Haube. **u.** Krahnvorrichtung. **v.** Regulatorkasten **w.** Stellbrett. **x.** Schraube zum Emporheben oder Senken der Düsen. **y.** Schlitz zum Hin- und Herschrauben der Düsen.

Der Windofen ist von Sandsteinen gebaut, die Höllenmauer theils von Sand-, theils von Barnsteinen, oder auch in neuerer Zeit von Schlackensteinen aufgeführt. Die Ringmauer von der Hüttensohle bis zur Blechöffnung besteht aus Barnsteinen und von da ab bis oben zum Kranze aus ungebrannten Thonschiefersteinen, desgleichen auch das Windofengewölbe, der Blindbogen, der Blechbogen und der Bogen des Glättloches; nur die Seiten des Schürloches, der Kannenlöcher, des Glättloches und der Blechöffnung sind von Barnsteinen. Der Blindbogen wird oft 3mal erneuert, ehe das Windofengewölbe einer Ausbesserung bedarf.

Tafel III. Fig. 37. Treibofen, Vertik.-Dchschn. nach A B (Taf. II. Fig. 32).

Fig. 38—47. Treibgezähe. Fig. 38. Glättmeissel. Fig. 39. Glätthaken. Fig. 40. Abziehhaken. Fig. 41. Mergelkrahle. Fig. 42. Hölzerner Kolben. Fig. 43. Bleikolben. Fig. 44. Gusseisernes Fäustel. Fig. 45. Schrappe. Fig. 46. Spurscheere. Fig. 47. Silbermeissel.

Fig. 48—52. Silberfeinbrennofen zu Clausthal. Fig 48. Vorderansicht. Fig. 49. Vertik.-Dchschn. nach A B. Fig. 50. Horiz.-Dchschn. nach C D. Fig. 51. Muffel im Grundriss. Fig. 52. Muffel und Test, Durchschnitt in vergrössertem Massstabe.

a. Grosser Ofen für 4 Teste. **b.** Kleiner Ofen für 1 Test. **c.** Horizontal. Hauptkanal. **d.** Kleine Zuglöcher. **e.** Vertikale mit **c.** verbundene Züge. Hinter jedem grossen Ofen liegen 4 derselben, hinter jedem kleinen 1. **f.** Vertikale Zugkanäle, welche durch den Unterbau bis zum Hauptzuge und von da, wie die Züge **e**, durch die Hinterwand gehen. **g.** Eiserne Platte. **h.** Testpfanne **i.** Vertiefungen zum Einstecken von Eisenstäben zum Erhitzen der Blicksilber. **k.** Kleine lose Mauer von Barnsteinen dicht an der Muffel, und mit einer 8" breiten und 6" hohen Arbeitsöffnung **l** versehen.

Fig. 53—54. Glättfrischofen zur Clausthaler Hütte. Fig. 53. Vertik.-Dchschn. nach A B. Fig. 54. Grundriss.

a. u. **b.** Bleipfannen. **c.** Stechherd. **d.** Trittstein. **e.** Sohlstein. **f.** Rauhgemäuer. **g.** Gestell. **h.** Vorbau. **i.** Vorwand. **k.** Oeffnung, welche nach dem Zumachen durch mit Lehm bestrichene Scheitholzkohlen geschlossen wird. **l.** Vorherd. **m.** Nasenstuhl von Gestübbe.

Fig. 55—57. Brillenofen zur Altenauer Hütte. Fig. 55. Vorderansicht. Fig. 56. Vertik.-Dchschn. nach C D. Fig. 57. Horiz.-Dchschn. nach A B.

a. Sohlstein. **b.** Rauhgemäuer. **c.** Gestell. **d.** Trittstein. **e.** Vorwand. **f.** Vorsetzstein, welcher zur Bildung der Augen an jeder Seite unten etwas ausgehauen ist. **g.** Lehmsohle. **h.** Gestübbesohle. **i.** Stechherd. Das Eintragen des Satzes etc. geschieht auf dem Kopfe.

Fig. 58—60. Kupferverblaseofen zur Altenauer Hütte. Fig. 58. Vorderansicht. Fig. 59. Horiz.-Dchschn. nach A B. Fig. 60. Vertik.-Dchschn. nach C D.

a. Windofen. **b.** Schürloch. **c.** Ringmauer. **d.** Kreuzkanäle in der Grundmauer, mit Steinplatten belegt. **e.** Schlackenherd. **f.** Steinherd. **g.** Gestübbeherd **h.** Flammloch. **i.** Balken. **k.** Blindbogen. **l.** Schlackenloch. **m.** Stichöffnung, während des Prozesses mit einem Barnstein geschlossen. **n.** Blechloch. **o.** Kannenlöcher. **p.** Oeffnung in der Kuppel; mit einem eisernen Deckel **q** verschliessbar. **r.** Aeussere Höllenmauer. **s.** Räume für die Stechherde, welche von einer 6" starken, durch Eisenreife gebundenen Barnsteinmauer **t** eingeschlossen sind.

Fig. 61—63. Kleiner Gaarherd zur Altenauer Hütte. Fig. 61. Vorderansicht. Fig. 62. Grundriss. Fig. 63. Seitenansicht.

a. Abzugkanal auf der Sohle. **b.** Horiz.-Abzüge durch die Mitte des Herdes. **c.** Eisenplatte. **d.** Herd. **e.** Formöffnung. **f.** Kühlbottich. Das Gemäuer besteht aus Barnsteinen.

Fig. 64—66. Kupferfrischofen zur Altenauer Hütte, mit Herdbau. Fig. 64. Vorderansicht. Fig. 65. Vertik.-Dchschn. nach A B. Fig. 66. Horiz.-Dchschn. nach C D.

a. Rauhgemäuer. **b.** Gestell. **c.** Barnsteinmauer. **d.** Trittstein. **e.** Vorwand. **f.** Vorsetzstein. **g.** Gemauerter Nasenstuhl, unter der Form von Barnsteinen, über der Form von Sandstein. **h.** Gestübbe. **i.** Vorherd. **k.** Frischpfanne.

Tafel IV. Fig. 67—69. Saigerherd zur Altenauer Hütte. Fig. 67. Vorderansicht. Fig. 68. Durchschnitt nach A B. Fig. 69. Grundriss.

a. Saigerscharten. **b.** Saigerritze. **c.** Saigergasse. **d.** Saigergassensohle. **e.** Haken zum Aufsetzen der Saigerbleche. **f.** Zugschacht. **g.** Gestübbeherd zur Aufnahme des Saigerbleies. **h.** Abzüge.

Fig. 70—74. Schmelzofen zur Entsilberung des Kupfersteins durch die Bleisäule zur St. Andreasberger Hütte. Fig. 70. Vertik.-Dchschn. durch die Form. Fig. 71. Grundriss. Fig. 72. Harfe. Fig. 73. Brustholz. Fig. 74. Herdklotz.

a. Innerer Herdraum, b. Aeusserer Herd. c. Eisenplatte, mit Gestübbe beschlagen. d. Spurstein. e. Schlackenabfluss. f. Stechherd. g. Gemauerter Nasenstuhl. h. Sohlstein. i. Lehmsohle. k. Gestübbe. l. Vorwand. Das Zumachen des Ofens geschieht auf die Weise, dass man die Gestübbesohle k schlägt, in a die Harfe (Fig. 72), unter d das Brustholz (Fig. 73), in b den Herdklotz (Fig. 74) und dann auf den Bärnstein (Spurstein) d die eiserne Platte c setzt, das Ganze mit Gestübbe (14 Theile Kohle und 5 Theile Thonschiefer) umstampft, die hölzernen Schablonen sodann herausnimmt und den Herd 24 Stunden lang vorsichtig abwärmt.

Fig. 75. Versuchs-Zinkofen zur Clausthaler Hütte. Vertik.-Dchschn. durch die Form.

a. Innerdrss Schacht zur Aufnahme der gerösteten Blende. b. Windzuführung. c. Oeffnung zum Entweichen der Zinkdämpfe in den Condensationsraum d, auf dessen schräger Gestübbesohle e sich das Zink niederschlagen und von da abgestochen werden sollte. f. Oeffnung zur Reinigung von e. g. Oeffnung zum Herausziehen der Rückstände.

Fig. 76 u. 77. Darrofen zur Andreasberger Hütte. Fig. 76. Vorderansicht. Fig. 77. Vertik.-Dchschn. nach A B.

a. Darrbalken. b. Darrgasse. c. Darrsohle. d. Eisen zum Auflegen von Scheitholz. e. Zugschacht.

Fig. 78—80. Arsenikröstofen zur Andreasberger Hütte. Fig. 78. Vertik.-Dchschn. nach A B. Fig. 79. Vertik.-Dchschn. nach C D. Fig. 80. Horiz.-Dchschn. nach E F.

a. Oeffnung zum Einbringen des Arsenikschliegs. b. Röstherd. c. Gusseiserne, eine Muffel bildende Bögen. d. Schlitz im Herd, durch welchen die Rückstände in den Raum e gelangen. f. Arbeitsöffnung mit der Walze g zur Leitung des Gezähes. h. Schlotte zur Entfernung zurücktretender Dämpfe. i. Oeffnung, durch welche die arsenige Säure in den Giftfang k tritt. l. Schieber zur Regulirung des Zuges. m. Doppelte Lage Bärnsteine. n. Züge, durch welche die Flamme unter den ganzen Herd geleitet wird. Sie sind durch die Züge o mit einander verbunden, und aus diesen tritt die Flamme neben und über die Muffel in den Raum p, welcher mit der Esse q in Verbindung steht. Der Zug in letzterer kann durch den Schieber r regulirt werden. s. Hohler Raum zwischen dem Feuer- und Traggewölbe. t. Ueberwölbte Feuerungsvorrichtung mit Rost, mit den Zügen n in Verbindung. u. Aschenfall. v. Rauchschlotte über der Feuerung. w. Verschliessbare Oeffnungen zum Reinigen der Flammenzüge.

Fig. 81—84. Arsenikraffinirapparat zur Andreasberger Hütte. Fig. 81. Vorderansicht. Fig. 82. Vertik.-Dchschn. nach A B. Fig. 83. Horiz.-Dchschn. nach C D. Fig. 84. Desgl. nach E F.

a. u. á gusseiserne Kessel. b. Feuerung. c. Rost. d. Aschenfall. e. Füchse, welche je zwei von einer Feuerungsvorrichtung durch eben gemeinschaftlichen Kanal e in die gemeinsame Schlotte f führen. g. Gusseiserne Cylinder (Trommeln) mit dem Hut h und einer knieförmigen Röhre i, welche in die durch eine eiserne horizontale Zunge l in zwei Abtheilungen getheilte Verdichtungskammer k führt. n. Schlotte in der oberen Kammerabtheilung. m. Oeffnung im Hute zum Einbringen einer eisernen Nadel. o. Schürloch. p. Kanal, welcher den Feuerungsraum mit der Schlotte f verbindet.

Fig. 85—88. Galeerenöfen zur Darstellung von Realgar zur Andreasberger Hütte. Fig. 85. Seitenansicht. Fig. 86. Vorderansicht. Fig. 87. Vertik.-Dchschn. nach A B. Fig. 88. Horiz.-Dchschn. nach C D.

Zusätze und Berichtigungen.

Pag.	Zeile	
3	7	v. u.: das Bergwerkswohlfahrter Pochwerk und die Dorotheer Erzwäsche sind gewerkschaftlich.
10	20	v. o. lies: Aufarbeitung statt Aufbereitung.
10	1	v. u. ist hinter XLIX, 469 noch L, 449 einzuschalten.
14	11	v. u.: Ueber die Concentration der Freiberger Bleispeise siehe Grützner, die Augustinsche Silberextraction. 1851. p. 133.
16	18	v. u. lies: Henschel statt Henkel, und pag. seq. Heusler statt Häussler.
20	17	v. o. lies: Da nun 1 Cbf. trockne Luft bei 0° und 28" Barometerstand 658,37 Gran = 0,085 Pfd. wiegt, und 1 Cbf. Luft von 0° = 1,056 Cbf. von 15° C ist, so ist 1 Pfd. Luft von 15° = 12,4 Cbf. (Siehe auch pag. 53, Zeile 4 v. u.)
35	1	v. u.: Nach Böttger wird das Kochen, Steigen u. Spritzen des Kupfers wahrscheinlich durch das Entweichen von schwefliger Säure hervorgebracht, welche sich in dem flüssigen Metalle theils durch Einwirkung von unzersetztem Schwefelmetall auf bereits gebildetes Kupferoxydul erzeugt, theils über dem Metallbade weg von dem flüssigen Kupfer absorbiert wird. Zur Verhütung des Steigens zieht Böttger einem Bleizusatze (wodurch sich auf Kosten der schwefligen Säure Bleioxyd und Schwefelblei bildet) das Polen vor, das Umrühren des flüssigen Metalles mit saftigen Birkenstäben, wodurch die schweflige Säure mechanisch entfernt und gleichzeitig das Kupferoxydul reducirt wird. (Hertel im Bgwkfr. XIV, 701.)
36	24	v. o. ist hinter Eisen Blei einzuschalten.
41	4	v. o. hinter England ist zu bemerken: Raffination des Cementsilbers im Mansfeldschen und zu Freiberg (Grützner, die Augustinsche Silberextraction. Braunschweig. 1851. p. 118).
42	9	v. o.: Patera hat neuerdings nachgewiesen, dass die Entsilberung nach Augustins Methode vollständiger und schneller gelingt, wenn man die Erhitzung der Kochsalzlauge durch Anwendung eines kräftigen Druckes oder auch die Salzlauge selbst durch eine verdünnte Lösung von unterschwefligsaurem Natron ersetzt, welches letztere von John Perig zu Swansea 1848 zur Silberextraction zuerst vorgeschlagen ist. 1 Theil Chlorsilber wird von 60 Theilen Kochsalz und 2 Theilen unterschwefligsaurem Natron gelöst. Aus reichen Silbererzen zieht Patera Schwefelarsen und Schwefelantimon zweckmässig durch Digestion mit kaustischen Alkalien vor der Entsilberung aus (Jahrb. d. K. K. geolog. Reichsanst. 2. Jahrg. 3. Vierteljahr. p. 52. — Berg- u. hüttenm. Ztg. 1851. Nr. 43).

Pag.	Zeile	
42	3	v. u. ist einzuschalten: 6. Kapitel. Gurlts Methode mittelst Kupferchlorid (Dingl. CXX, 433. — Berg- u. hüttenm. Ztg. 1851. p. 692).
43	11	v. u.: Die Augustin sche Entsilberungsmethode ist in neuester Zeit mit den nöthig gewordenen Abänderungen zur Muldner Hütte bei Freiberg für sämmtliche concentrierte Kupfersteine im Gange, und lassen sich dieselben dadurch zur Zufriedenheit entsilbern. Hiernach sind die pag. 199, Zeile 19 v. o. und pag. 202, Zeile 11 v. o. gemachten Angaben zu berichtigen.
49	2	v. o.: eine ausführliche Notiz über das Balgengemäss ist pag. 108, Zeile 2 v. u. gegeben, wo es jedoch pag. 109, Zeile 4 v. u. statt Obernkirchen Hannover heissen muss.
54	6	v. u.: Die neueste Abhandlung über die Oberharzer Aufbereitung von Rivot findet sich in Ann. d. min. 4. Sér. XIX, 463. — Berg- u. hüttenm. Ztg. 1851. Nr. 35.
55	4	v. u. lies: 6904 Treiben 11¼ Tonnen statt 6910 Tr. 2¼ Tonn.
57	10	v. u. Fahlerz von Clausthal nach Sander: 35,7 Cu; 4,5 Fe; 8,9 Ag; 0,9 Pb; 26,8 Sb; 24,1 S; Summa 100,9 (Haidingers Forschungen etc. 1843. p. 69).
59	18	v. u.: c. Probe mit schwarzem Flusse allein. Victor Friedrichshütte.
60	11	v. u.: Das Nähere über die gestatteten Differenzen bei Bleiproben siehe pag. 71, Zeile 15 v. u.
60	20	v. o.: Zur Theorie der Pottaschenprobe: Bei Einwirkung des Sauerstoffs auf die KS, PbS haltige Schlacke während des Kaltgehens bildet sich neben KO, SO_3 etwas PbO, welches beim letzten Heissthun in der Weise auf das unzersetzte PbS einwirkt, dass sich aus beiden metallisches Blei abscheidet, nach Analogie des Kärnthner Flammofenprozesses (pag. 100). Pottasche schmilzt bei starker Hellrothglühhitze; Soda, Borax und Kochsalz bei gewöhnlicher Rothglühhitze; Kalihydrat bei schwacher Rothgluth; Kochsalz verflüchtigt sich bei starker Rothgluth; Aetzkali in der Weissglühhitze.
64	14	v. o.: hinter Gay-Lussac ist einzuschalten: Regnault (Dingl. CXIX, 52).
67	5	v. u.: hinter Mansfeld schen ist einzuschalten: (Bgwkfr. I, 22.)
77	17	v. o.: Die Doppelöfen, wie sie vom Hüttenmeister Wellner an der Halsbrücker Hütte bei Freiberg angegeben worden, sind noch nicht abgeworfen; Oefen von denselben Dimensionen, jedoch ohne Scheider, sind vom Hüttenmeister Leschner zur Muldner Hütte ebenfalls vortheilhafter gefunden, als einförmige Oefen.
106	3	v. o.: In neuerer Zeit sind zu Freiberg die Röststadeln wieder mit beweglichen Dächern versehen, um Regen und Schnee abzuhalten und ein Auslaugen der sich bildenden Metalloxydsalze zu verhüten.
106	7	v. u.: Berzelius und Themson geben der Mennige die Formel: PbO, Pb^2O^2; Jacquelain nach seinen neuesten Untersuchungen: $PbO, Pb^2O^3 = Pb^3O^4$ (Erdm. J. f. pract. Ch. LIII, 151).
108	9	v. u.: hinter und ist einzuschalten: 1 Centner; ebenso hinter und pag. 109, Zeile 1 v. o.

Pag.	Zeile	
119	11	v. o.: statt 8—10 Tagen lies: 4—6 Wochen, und statt 2—4 Wochen lies: 3—4 Monate.
124	13	v. u.: statt desgleichen lies: Fall des Steinherdes von der Mitte.
126	9	v. o.: die Formen beim Treibofen zu Freiberg liegen jetzt in einem Niveau.
133	3	v. o.: Trotz des Nachsetzens von Werkblei beim Abtreiben erzeugt sich auf den Freiberger Hütten eine sehr brauchbare Glätte von gelber Farbe, sobald man hinreichend grosse Bruststücke (Batzen) bildet. Frischblei daraus erzeugt, fällt rein von Kupfer aus, wenn man das eingemengte Kupferoxyd durch einen Zuschlag von Schwefelkies in einen Stein überführt; Antimon und Arsen lassen sich durch ein einfaches Verblasen, wobei sich Abstrich bildet, leicht entfernen.
136	12	v. o.: vor zugegangen fehlt er.
137	15	v. u.: hinter Mergel ist und überflüssig.
137	2	v. u.: Silberblick. Die Entstehung des Farbenspiels beim Blicken des Silbers auf der Kapelle dürfte nach dem, was Hausmann über das Anlaufen der Mineralkörper beobachtet hat (Karst Arch. 2. R. XXII, 631), wohl darin ihren Grund haben, dass der sich immer von neuem bildende und von der Kapelle eingesogen werdende höchst dünne Ueberzug von Bleioxyd auf dem Silber das Licht durchlässt, welches dann mit einer gewissen Farbe von der Oberfläche des letzteren zurückgeworfen wird. Die Art der Farbe ist von der Stärke des Ueberzugs abhängig, und indem derselbe bei der convexen Oberfläche des geschmolzenen Metalles nach dem Rande zu allmälig stärker wird, treten auch verschiedene Farben in einer gewissen Reihenfolge hervor. Diese wiederholt sich so lange, als das am Rande des Metalles von der Kapelle eingesogene Bleioxyd auf der Oberfläche wieder ergänzt wird, was mit dem Feinwerden des Silbers aufhört. Das stete Rotieren des flüssigen Metalles rührt wahrscheinlich daher, dass sich dasselbe oberflächlich abkühlt und die abgekühlte schwerere Schicht nach unten geht, um einer heisseren leichteren Platz zu machen. Nach Levol (Dingl. XCVIII, 285) rührt das Blicken davon her, dass der vom geschmolzenen Silber absorbierte Sauerstoff an das von der Kapelle aufgenommene Kupferoxydul tritt und dieses in Oxyd verwandelt. Durch diese chemische Verbindung wird der Lichtschein (das Blicken) hervorgebracht. Bei nicht kupferhaltigem Silber tritt der Sauerstoff aus und bewirkt das Spratzen. Nach Berthier ist das Kupfer in der Kapelle immer als Oxydul vorhanden, weil das Metall sowohl, als sein Oxyd von der geschmolzenen Glätte stets in Oxydul umgewandelt wird.
155	9	v. u.: statt Fig. 52 lies Fig. 54.
161	14	v. u.: Neuere Hartbleianalysen vom Jahre 1851:

	I.	II.	III.	IV.	V.	VI.	VII.
Pb	25,30	19,40	31,1	50,6	31,1	26,1	16,0
Cu	0,18	0,18	0,37	0,18	0,18	0,18	1,2

I. und II. Clausth. H. — III. Alten. ordin. H. — IV. Alten. Schlackenh. — V. und VI. Lautenth. H. — VII. Andreasb. H.

Pag.	Zeile	
163	—	Von E. Kast sind zur Altenauer Hütte bei den einzelnen Bleiarbeiten folgende Manometerbeobachtungen angestellt: bei 4 Schliegöfen resp. 10,7'''; 13,1'''; 11,8''' und 17,1''', durchschnittlich 13,18'''. Bei 2 Steinöfen 9, 8 und 12,6, durchschnittlich 11,2'''. Beim Glättfrischen 11,9'''. Beim Treiben während des Weichfeuerns 7,2''', in der Abstrichperiode 5,5''', beim Oeffnen der Glättgasse 4,5''', in der Glättperiode 8,5—10''', während des Blickes 8,2'''. Beim Bleidreckfrischen 11'''. Die Düsen sämmtlicher Oefen haben 2'' Durchmesser.
169	3	v. o.: statt Stunden lies Minuten.
170	17	v. o.: Kiesrohschlacke von Altenauer Hütte nach G. Ulrich: SiO^3 FeO Al^2O^3 PbO ZnO CuO MnO CaO MgO S 32,7 52,4 6,32 1,2 0,3 Spur 6,00 1,42 2,44.
192	3	v. u.: Die Verarbeitung von nickelhaltigem Magnetkies auf Nickel geschah auf dem Nickelwerke Klefva in Schweden bislang auf die unvollkommene Weise, dass man den gerösteten Magnetkies in Schachtöfen zu nickelhaltigen Eisensauen verschmolz, diese wiederholt in offenen Garherden mit Quarz behandelte, die gebildeten Schlacken abliess, das Metall granulirte und mit einem Gehalt von 70—80 Prct. Ni, 22—18 Prct. Cu und 1½ bis 2½ Prct. Fe in den Handel brachte. Neuerdings hat Bredberg die Concentration des Nickels dadurch weit vollständiger und billiger erreicht, dass er den in freien Haufen gerösteten Magnetkies, ähnlich wie die Kupfererze zu Atvidaberg (pag. 204), in einem Hohofen mit solvierenden Zuschlägen auf einen Stein verschmilzt, diesen zu verschiedenen Malen in zerkleintem Zustande in einem Flammofen röstet und wiederholt auf Stein, durchsticht. Die gleichmässige Röstung des zerkleinten Steins im Flammofen bewirkt demnächst einen vollständig reinen und guten Gang beim Schmelzen im Schachtofen, und es wird dabei die Bildung von Eisensauen ganz vermieden. Dieses Anreicherungsschmelzen liefert einen verkäuflichen Stein, welcher nickelreicher, als die Sächsische Speise ist. Auch gieng die Concentration im Flammofen statt im Schachtofen gut vor sich, jedoch arbeitete letzterer billiger (Erdm. J. f. pract. Ch. LIII, 242). Roscher zieht Nickel und Silber aus Speiskobalt dadurch aus, dass er das geröstete Erz mit Pottasche, Quarz, Wismuth, Blei und Kohle schmilzt, wobei sich neben Smalte eine Legierung von Wismuth, Blei, Silber und Nickel bildet. Beim Saigern derselben werden die ersten 3 Metalle abgeschieden, das Nickel dagegen bleibt an Arsen gebunden zurück. (Russegg. Reis. IV, 541.)
245	5	v. u. Seit kurzem setzt man zum Röstgut von Zeit zu Zeit Kohlenlösch, um erzeugte arsensaure Salze zu reduciren. Kräftiger als Kohle wirken nach Gersdorff (Bgwkfr. IV, 514) wasserstoffhaltige Körper, z. B. Holzspäne.

Schema zur Zinngewinnung.

Alles Zinn wird durch Reduction des Zinnsteins (SnO_2 = 78,62 Sn + 21,38 O) gewonnen, nachdem derselbe zuvor im Flammofen geröstet, dann mechanisch aufbereitet und auch wohl mit Salzsäure behandelt ist. Die Zinngewinnung umfasst folgende Operationen:

1. Abtheilung. Reduction des Zinnsteins.

1. **Abschnitt.** In Schachtöfen. Johann Georgenstadt, Altenberg, Geyer, Ehrenfriedersdorf, Marienberg in Sachsen. (Jahrb. f. d. Sächs. Berg- und Hüttenm. 1830. p. 152, 217, 221, 235; 1831. p. 206; 1832. p. 228; 1836. p. 119; 1839. p. 13; 1848. p. 81. — Lamp. Fortschr. 1839. p. 222. — Karst. Arch. 1. R. VI, 358; 2. R. XXII, 662. — Lamp. Hüttkde. II. Thl. 3. Bd. p. 1; — Supplem. I, 111 — Ann. d. min. 1. Sér. VIII. 499, 837; IX. 281, 463, 625; 2. Sér. III. 177, 471. — Erdm. J. f. ök. u. techn. Ch. I, 210; IV, 116; IX, 381 — Bgwkfr. III, 353; V, 207. — Karst Met. V, 24.) Schlackenwald, Lauterbach, Zinnwald etc. in Böhmen. (Karst. Met. I, 525. — Berg- u. hüttenm. Ztg. 1842, p. 98.) Cornwallis für Seifenzinn (Karst. Arch. 1. R. VI, 355).

2. **Abschnitt.** In Flammöfen. Cornwallis (Karst. Arch. 1. R. III, 98; VI, 347; XIII, 130. — Ann. d. min. 1. Sér. IX, 827; X. 331. 401; XI, 207; 2. Sér. VI, 3; 4. Sér. XX, 65. — Bgwkfr. II, 185; V, 325. — Hartm. Repert. II, 506. — Russeggers Reis. IV, 455).

2. Abtheilung. Raffinieren oder Läutern des bei der Reduction erhaltenen eisenhaltigen Zinnes.

1. **Abschnitt.** Durch Absaigern (Pauschen), wobei gereinigtes Zinn und Dörner erfolgen. Sachsen. (Untersuchung der Zinnsorten. Freiberg. Jahrb. 1848. p 84. — Erdm. J. f. pract Ch. Bd. 48. p. 31. — Dingl. CXIV, 207. — Lamp. Fortschr. p. 230.)

2. **Abschnitt.** Durch Umschmelzen und Umrühren des Rohzinnes mit nassem Holze und Abschäumen der beim Aufkochen emporsteigenden Unreinigkeiten. Die Rückstände werden nach vorherigem saigernden Schmelzen abgesetzt. Cornwallis.

3. Abtheilung. Schlackentreiben. Zur Ausscheidung des mechanisch eingemengten Zinnes werden die Zinnschlacken noch 1- oder 2mal im Krummofen mit den Saigerdörnern, den Härtlingen (beim reducirenden Schmelzen gebildeten eisenreichen Bühnen) und sonstigem Gekrätze umgeschmolzen. Sachsen.

Schema zur Quecksilbergewinnung.

Das Hauptmaterial zur Darstellung des Quecksilbers bildet der Zinnober (Hg S = 86,28 Hg + 13,71 S), dessen Schwefelgehalt durch Zuschläge gebunden oder durch Oxydation entfernt und das frei gewordene Quecksilber alsdann überdestilliert wird. Man unterscheidet folgende Quecksilbergewinnungsmethoden:

1. Abtheilung. Zersetzung des Zinnobers in ganz geschlossenen Räumen mittelst Zuschlägen und Verdichtung der Dämpfe in Vorlagen.
    1. Abschnitt. Erhitzung des Zinnobers in einem Glockenofen mit Eisenhammerschlag. Horzowitz in Böhmen (Bergbaukde. I, 200. — Gmelins Chemie 1844. III, 468.
    2. Abschnitt. Erhitzung des Zinnobers in eisernen Retorten mit kohlens. Kalke. Obermoschel, Landsberg, Potzberg und Stahlberg in Rheinbaiern (Journ. d. min. Nr. 6, 7, 17; VII, 321; IX, 431. — Karst. Arch. 1. R. III, 36; 2. R. XXII, 375. — Taschenbuch für gesammte Mineralogie. 1. Jahrg. 1807. p. 20. — Bgwkfr. I, 256, Berg- u. hüttenm. Ztg. 1850. p. 398. — Karst. Met. IV, 555. — Dumas IV, 292.)
    3. Abschnitt. Erhitzen des Zinnobers in irdenen Retorten mit Kalk. Szalathna in Siebenbürgen (Beckers Reisen in Ungarn. II. 156).
2. Abtheilung. Zersetzung des Zinnobers in halb verschlossenen Räumen (Schachtöfen).
    1. Abschnitt. Gleichzeitig durch Kalk und durch den Sauerstoff der Luft. Californien (Bgwkfr. XIII, 193).
    2. Abschnitt. Durch den Sauerstoff der Luft allein (durch Rösten), wobei sich schweflige Säure und Quecksilberdämpfe bilden.
        1. Kapitel. Die Condensation der Quecksilberdämpfe geschieht in gemauerten Kammern. Idria in Illyrien, Krainerische oder Leithner Methode (Ferber Beschreib. der Quecksilberbergwerke zu Idria, Berlin. 1774. — Muche Anleitung zur Kenntnis des Quecksilber-Bergwerks zu Idria. Wien 1780. — Karst. metallurg. Reise. Halle. 1821. — Annal. de Chim. XCI, 161 u. 225. — Bgwkfr. XI, 337. — Dumas IV, 300. — Karst. Met. IV, 558.)
        2. Kapitel. Die Quecksilberdämpfe werden in röhrenförmig zusammengefügten Thongefässen (Aludeln) condensiert. Almaden in Spanien (Journ. de Phys. LXXXI, 331. — Polyt. Centrbl. 1849. p. 357. — Bgwkfr. VI, 190; VIII, 569; XIII, 72. — Dumas IV, 294.)
3. Abtheilung. Zersetzung des Zinnobers in freien Haufen durch Röstung. Altwasser in Ungarn. (Karst. Arch. XVII. Hft. 1. — Bgwkfr. VI, 96).

Ueber die Reinigung des Quecksilbers siehe Dingl. XCVIII, 45; C, 244; CIII, 398; CV, 399; CVIII, 398, CXII, 123. — Bgwkfr. VIII, 377; Gmelins Chem. 1844. III, 468.

Register.

I. Sach- und Namen-Register, die Nicht-Oberharzer Hüttenprozesse betreffend.

Achenrain pag. 210, 212.
Allemont 37.
Almaden 169.
Alstonmoore 142.
Attaische Hütten 27, 198.
Altenberg 159, 168.
Altenmoos 143.
Amerika 41, 42, 102, 206.
Anglesea 26.
Anthons Blenderöstofen 210.
Antonshütte 13, 14.
Arany-Idka 41.
d'Arcets Entsilberungsmethode 42.
Alvidaberg 204.
Augustins Kochsalzlaugerei 7, 16, 34, 42, 43, 198, 200, 201, 202, 264.

Baiern pag. 13, 207.
Banat 5, 25, 38, 41, 207.
Barnaul 159.
Becquerells Entsilberungsmethode etc. 42, 207.
Belgien 6, 210, 212.
Birmingham 15, 212.
Bleiberg 102.
Böhmen 13, 39, 168.
Brasilien 207.
Bristol 212.
Brixlegg 41.
Broomans Zinkgewsmethode. 212.

Californien pag. 207, 169.
Camsdorf 14, 248.
Chessy 26, 170, 172, 174.
Chili 42.
Chinesisches Zink 213.
Gommern 5, 8.
Conflans 143.
Corfali 5, 102, 210, 213.
Cornwallis 168.
Croatien 207.

Davos pag. 210, 212.
Derbyshire 5.

Dillenburg 13, 16, 26, 177, 192, 203.
Dölach 212.
Dognasca 212.
Drontheim 177.
Duclos Zinkgewinnungsmethode 212.
Dyars Zinkgewinnungsmethode 212.

Elbuferkupferwerk pag. 26, 204.
Emser Hütte 5, 38.
England 6, 26, 31, 33, 41, 101, 149, 204, 210, 212.

Fahlun pag. 5, 8, 12, 25, 26, 39, 44, 68, 98, 170, 175, 203.
Frankfurt 209.
Frankreich 6, 59, 102.
Französisches Zink 213.
Freiberg 5, 6, 7, 13, 14, 25, 33, 38, 39, 40, 41, 42, 43, 44, 65, 68, 77, 78, 81, 91, 92, 106, 107, 111, 114, 117, 122, 126, 127, 132, 133, 142, 143, 146, 148, 155, 159, 162, 170, 172, 174, 175, 199, 202, 207, 237, 264.

Grahams Blenderöstofen pag. 210.
Graubündten 4, 100.
Grünthal 40, 190, 192, 202.
Gurlts Entsilberungsmethode 199, 265.
Gustav Adolphs Silberwerk 5, 39, 40, 44, 203.

Hamburg pag. 26, 204, 209.
Hannoversche Münze 66.
Hauchs Entsilberungsmethode 42.
Hessen 30.
Holywell 40, 148.
Holzappel 4, 5, 8, 39, 100, 132, 142, 162.
Horzowitz 169.

Japanisches Kupfer pag. 177.

Idria 169.
Iserlohn 213.

Kaafjord pag. 204.
Kärnthen 4, 100, 102, 212.
Katzenthal 142.
Klefva 167.
Kolywansche Hütten 39.
Kongsberg 37, 39.
Kremnitz 208, 209.

Lamotte de Chambery pag. 42.
Landsberg 169.
Lills Amalgamationsmethode 207.
Lincouln 119.
Linz 4, 120, 210, 212.
Lüttich 213.

Malagutis Entsilberungsversuche pag. 42.
Malbosc 119, 120.
Mansfeld 25, 26, 30, 32, 33, 34, 40, 41, 42, 43, 66, 107, 170, 171, 173, 174, 175, 177, 178, 193, 201.
Marmato 207.
Marseille 147.
Menzels Zinkgewinnungsmethode 212.
Mexiko 41.
Moldawa 26.
München 208.
Müsen 39, 40, 178, 196.

Napiers Kupfergewinnungsmethode pag. 26, 27.
Nassau 13, 15, 16, 26, 177, 192, 203.
Neustadt an der Dosse 185, 190.
Newcastle 40, 148.
Niederbruck 177.
Northumberland 5.
Norwegen 26, 177, 204.

Obermoschel pag. 169.
Oberschlema 41.
Oestreich 213.
Offenbanya 41.
Ostindisches Zink 213.

Paris pag. 209.
Pattisons Entsilberungsmethode 40, 146.
Perm 26.
Pesey 5, 6, 39, 102.
Petersburg 208.
Pfannenschmids Goldconcentrationsprozess 108.
Piemont 207.
Plattners Entgoldungsmethode 207.
Polen 34.
Pontgibaud 5, 38, 123, 142, 143, 145, 149, 224.
Portugal 207.

Potzberg 169.
Poullaouen 5, 42, 102, 142.
Przibram 5, 7, 38, 102, 141, 223.

Ramee pag. 120.
Reichenstein 254, 259.
Rheinische Goldwäschereien 207.
Rheinische Hütten 141.
Riechelsdorf 25, 170, 171, 174, 175, 177, 193, 194, 201, 237.
Rivots Kupfergewinnungsmethode 27.
Rochazs Zinkgewinnungsmethode 212.
Röraas 204.
Russland 207.

Sachsen pag. 13, 59, 210, 254, 159, 168.
Sala 8, 12, 38, 39, 40, 92, 98, 126, 149, 247.
Salzburg 207.
Schemnitz 5, 7, 39.
Schlesien 207, 212, 213.
Schmelzers Zinkgewgsmethode. 212.
Schmöllnitz 26, 41, 120, 207.
Schneeberg 153.
Schottland 5, 39, 59, 101.
Schwarzenfels 13.
Schwarzburg-Rudolstadt 207.
Schweden 34, 177, 203, 267.
Shears Zinkgewinnungsmethode 212.
Sibirien 6, 178, 206.
Siebenbürgen 122, 207, 208.
Spanien 4, 100.
Stadtbergen 26, 177.
Stahlberg 169.
Stollberg 40, 148, 212.
Swansea 204.
Szalathna 169.
Sziklowa 41.

Tarnowitz pag. 5, 6, 38, 40, 41, 59, 75, 81, 117, 126, 148, 149, 155, 159.
Thomsons Kupferreinigungsmethode 37, 193.
Tibet 207.
Tyrol 207.

Ungarn pag. 13, 25, 39, 41, 119, 122, 207, 208.
Unterharz 5, 6, 13, 14, 39, 40, 41, 81, 124, 133, 193, 208, 209, 211, 212, 213, 239, 250.

Varins Röstmethode pag. 210.
Vedrin 5.
Victor-Friedrichs-Silberhütte 5, 15, 38, 40, 75, 81, 118, 145, 146, 149, 265.
Vienne 5.
Villefort 39, 142, 143.

Wales pag. 5.
Wasseralfingen 106.
Wien 209.
Wolfsberg 119.

Zalathna pag. 41.
Ziervogels Wasserlaugerei 42, 43, 198, 199, 201.

II. Allgemeine Schemata und Angaben zur Gewinnung der Metalle.

Antimon pag. 119.
Arsen 252, 267.
Blei 4.
Cadmium 206.
Gold 206.
Kobalt 12.
Kupfer 25.

Nickel 15, 192, 267.
Quecksilber 269.
Silber 37.
Wismuth 153.
Zink 211.
Zinn 268.

III. Verzeichnis der Anlagen.

I. Stammbaum von der Clausthaler und Altenauer Bleiarbeit pag. 162.
II. „ „ „ Altenauer Kupferkiesarbeit pag. 178.
III. „ „ „ Altenauer Krätzkupferarbeit pag. 195.
IV. „ „ „ Lautenthaler Bleiarbeit pag. 224.
V. „ „ „ Lautenthaler Kupferkiesarbeit pag. 227.
VI. „ „ „ Lautenthaler Krätzkupferarbeit pag. 227.
VII. „ „ „ Lautenthaler Kupferschurarbeit pag. 228.
VIII. „ „ „ Lautenthaler Kupfersaigerkrätzarbeit pag. 229.
IX. „ „ „ Andreasberger Blei- und Arsenikarbeit pag. 247 und 258.
X. „ „ „ Andreasberger Kupferarbeit pag. 252.